石油化工装置
工艺管道安装设计手册
第五篇 设计施工图册

（第二版）

张德姜 王怀义 丘 平 主编

中国石化出版社

内 容 提 要

本套设计手册共五篇，按篇分册出版。第一篇设计与计算；第二篇管道器材；第三篇阀门；第四篇相关标准；第五篇设计施工图册。

第一篇在说明设计与计算方法的同时，力求讲清基本道理与基础理论，以利于初学设计者理解安装设计原则，从而提高安装设计人员处理问题的应变能力。在给出大量设计资料的同时，将有关国家及行业标准贯穿其中，还适当介绍 ASME、JIS、DIN、BS 等标准中的有关内容。

第二、三篇为设计提供有关管道器材、阀门的选用资料。

第四篇汇编了有关的设计标准及规定。

第五篇的施工图图号与第一、二篇中提供的图号一一对应，以便设计者与施工单位直接选用。

本书图文并茂，表格资料齐全，内容丰富，不仅可作为设计人员的工具书，同时又是培训初学设计人员的教材。

图书在版编目(CIP)数据

石油化工装置工艺管道安装设计手册. 第 5 篇，设计施工图册 / 张德姜，王怀义，丘平主编. —2 版. —北京：中国石化出版社，2014.5（2024.5重印）
ISBN 978-7-5114-2752-6

Ⅰ.①石… Ⅱ.①张… ②王… ③丘… Ⅲ.①石油化工设备－管线设计－技术手册②石油化工设备－管道施工－技术手册 Ⅳ.①TE969－62

中国版本图书馆 CIP 数据核字(2014)第 062188 号

中国石化出版社出版发行

地址：北京市东城区安定门外大街 58 号
邮编：100011 电话：(010)57512500
发行部电话：(010)57512575
http://www.sinopec-press.com
E-mail:press@sinopec.com
北京建宏印刷有限公司印刷
全国各地新华书店经销

*

787×1092 毫米 16 开本 23 印张 2 插页 571 千字
2024 年 5 月第 2 版第 3 次印刷
定价:68.00元

序

编写设计手册对提高设计水平，加快设计速度，有着十分重要的作用。各种设计手册对设计人员是不可缺少的工具书。古人云：“工欲善其事，必先利其器”，所以编好设计手册，是设计部门十分重要的二线工作。

在20世纪70年代编制的《炼油装置工艺管线安装设计手册》，曾在设计、施工部门广泛应用，对我国炼油厂的基本建设起过良好作用。随着科学技术的迅速发展，各种规范、标准在不断更新或补充、完善；各类器材设备的变化也日新月异。原来的手册已不能完全反映当前的实际和设计水平，难以满足配管设计人员的使用要求。因此，在原手册的基础上，重新编写了这本《石油化工装置工艺管道安装设计手册》，以满足广大设计人员的需要。

工艺安装(配管)专业是工程设计中的主体专业，工艺安装设计的水平对装置的总投资、装置的风格、外观、操作、检修和安全等均有着重大的作用。同一个工艺流程由不同的工艺安装设计部门进行设计，往往会获得两种截然不同的效果。

由于工艺安装专业是一门运用多种学科的综合技术，因此，对从事该专业设计的人员，便提出了既要有专业的理论知识和丰富实践经验，又要有广博的相邻专业的基本知识的要求。

新的手册中，包括设计方法、常用计算、器材选用以及国内外有关标准和规范等，内容广泛，数据翔实。参加编写的人员，都是长期从事管道设计、理论和经验都十分丰富的同志。他们在编写过程中，既总结了国内配管设计的经验，又消化吸收了引进装置中有关的先进技术；所以这本手册是一本不可多得的好工具书，不仅对从事石油化工及炼油工艺装置工艺管道设计的同志十分有用，而且对一切从事管道安装设计的同志，也是一本有重要参考价值的工具书。

我国的石油化工工业，在经历了艰难创业和开拓前进的历程后，正面临着迅猛发展的形势。本手册的出版，在石化工业的建设中，必将会起十分有益的作用。

中国石化北京设计院技术委员会主任　徐承恩

中国石化洛阳石化工程公司技术委员会副主任　彭世浩

再版前言

石油化工管道安装设计(配管设计)是石油化工装置设计的主体专业，配管设计水平直接关系到装置建设投资和装置投产后能否长期、高效、安全、平稳操作。石油化工管道输送的管内介质多种多样，工作压力从低压、中压到高压，超高压管道工作压力最高可达300MPa以上，管道内介质高温、高压、可燃、易爆、有毒，而且装置具有技术密集、规模大、连续化生产的特性；管道所处环境比较恶劣和管道组成件品种繁多等特点。随着石油化工装置的日益大型化，对管道的安全性要求也越来越高。石油化工管道绝大部分为压力管道，国家质量监督检验检疫总局特种设备安全监察局规定压力管道设计单位必须取得相应级别的设计资格后，方能从事设计工作；压力管道设计、校核、审批人员都必须进行考核，合格后方能取得设计许可资格。为满足和适应新形势的要求，我们对《石油化工装置工艺管道安装设计手册》(以下简称《手册》)进行了全面修订。

《手册》于1994年出版、发行以来，经数次修订，满足了当前设计的需要。长期以来《手册》深受石油和石油化工战线上广大读者青睐，《手册》第二版于2001年获中国石化科技进步二等奖，《手册》第四版获2010年中国石油和化学工业优秀出版物奖(图书奖)一等奖。《手册》第四版出版以来、有许多项国家、行业标准进行了修订更新，这次第五版修订重点是力求反映近十年来石油化工装置大型化发展和近五年来相关的国家、行业标准的最新标准和技术，以满足和适应石油化工形势发展的需要。

本《手册》虽经多次修订重版，但因时间仓促，错误和不当之处难免，希望广大读者继续为本《手册》提出宝贵意见。

出版说明

《石油化工装置工艺管道安装设计手册》第五篇《设计施工图册》共分四章，汇集了《石油化工装置工艺管道安装设计手册》有关篇章的施工图。其中：

第一章“石油管道法兰”是第二篇第三章“法兰、法兰盖、法兰紧固件及垫片”石油管道法兰的施工图；

第二章“小型设备”是第二篇第五章“管道用小型设备”的部分施工图；

第三章“管道支吊架”是第一篇第十五章“管道支吊架”的施工图；

第四章“管道与设备绝热”是第一篇第二十一章“管道和设备的绝热”的结构施工图。

施工图图号说明：

第一章“石油管道法兰”

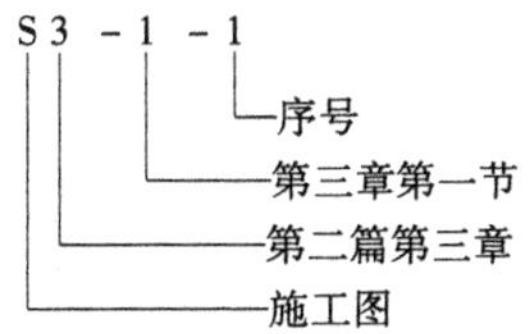

第二章“小型设备”

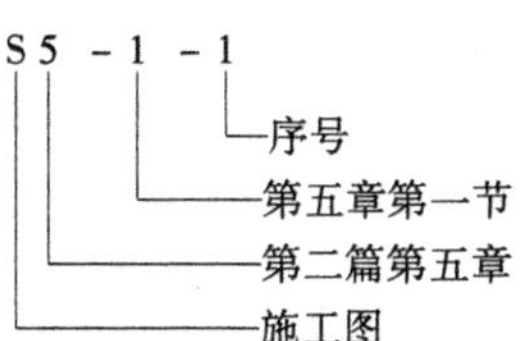

第三章“管道支吊架”

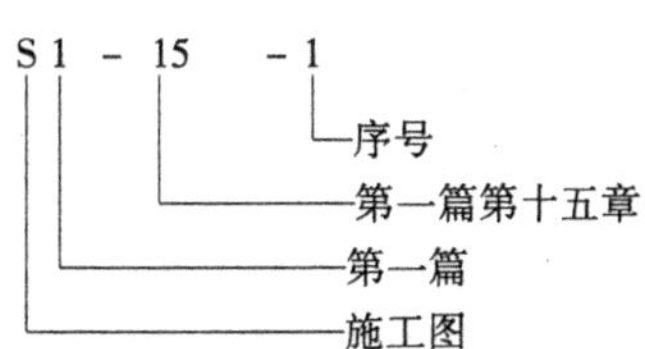

第一章由徐心兰、张德姜汇编；

第二章由徐心兰、张德姜、吴青芝、刘谨如汇编；

第三章由王斌斌、张德姜、韩英劭、李月莉汇编，王丰、顾比伦、王怀义、徐心兰审校；

第四章由王丰汇编，王怀义审校。

目　录

第一章　石油管道法兰

第二章　小型设备

第三章　管道支吊架

第四章　管道与设备绝热

第一章

石油管道法兰

本施工图适用于公称压力为0.6、1.0和1.6MPa光滑面平焊钢法兰。

(一)公称压力 *PN*0.6和1.0MPa光滑面平焊法兰结构(见下图)

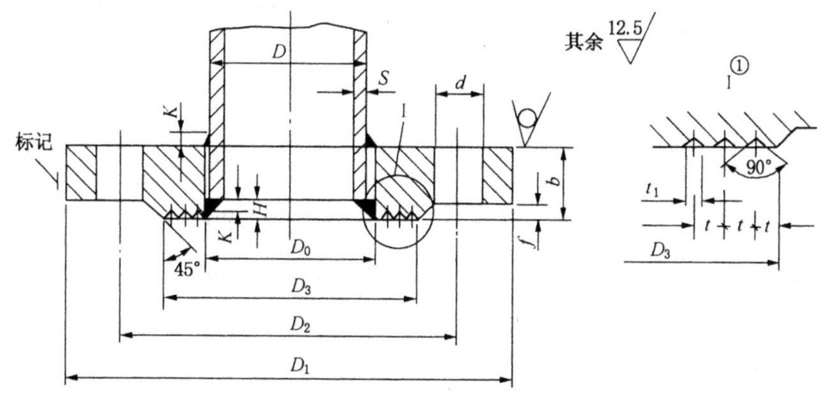

*PN*0.6、1.0光滑面平焊钢法兰

① 光滑面法兰密封面上的沟槽，只有当订货有此要求时才加工。

(二)公称压力 *PN*0.6、1.0MPa光滑面平焊钢法兰尺寸(表1、表2)

表1　*PN*0.6光滑面平焊钢法兰尺寸　(mm)

公称直径 DN	管子外径 D	法兰												焊接			法兰理论重量(相对密度7.85)/kg
		内径 D_0	外径 D_1	螺栓孔中心圆直径 D_2	连接凸出部分直径 D_3	连接凸出部分高度 f	连接凸出部分沟槽间距 t	连接凸出部分沟槽宽度 t_1	沟数	法兰厚度 b	螺栓孔直径 d	螺栓孔数量/个	螺栓直径	焊缝的直角边 K	管壁最小厚度 S	管子离法兰端面的距离 H	
10	17	18	75	50	32	2	4	1	2	12	12	4	M10	3	3	4	0.30
15	22	23	80	55	40	2	4	1	2	12	12	4	M10	3	3	4	0.33
20	27	28	90	65	50	2	4	1	2	14	12	4	M10	3	3	4	0.53
25	34	35	100	75	60	2	4	1	2	14	12	4	M10	4	3.5	5	0.63
32	42	44	120	90	70	2	4	1	2	16	14	4	M12	4	3.5	5	1.04
40	48	50	130	100	80	3	4	1	2	16	14	4	M12	4	3.5	5	1.17
50	60	62	140	110	90	3	4	1	2	16	14	4	M12	4	3.5	5	1.30
65	76	78	160	130	110	3	4	1	2	16	14	4	M12	5	4	6	1.62
80	89	91	185	150	125	3	5	1	3	18	18	4	M16	5	4	6	2.43
100	114	116	205	170	145	3	5	1	3	18	18	4	M16	5	4	6	2.68
125	140	142	235	200	175	3	5	1	3	20	18	8	M16	5	4	6	3.62
150	168	170	260	225	200	3	5	1	3	20	18	8	M16	5	4.5	6	4.00

表 2　*PN*1.0 光滑面平焊钢法兰尺寸　　(mm)

公称直径 *DN*	管子外径 *D*	法兰												焊接			法兰理论重量(相对密度 7.85)/kg
		内径 D_0	外径 D_1	螺栓孔中心圆直径 D_2	连接凸出部分直径 D_3	连接凸出部分高度 f	连接凸出部分沟槽间距 t	连接凸出部分沟槽宽度 t_1	沟数	法兰厚度 b	螺栓孔直径 d	螺栓孔数量/个	螺栓直径	焊缝的直角边 K	管壁最小厚度 S	管子离法兰端面的距离 H	
10	17	18	90	60	40	2	4	1	2	12	14	4	M12	3	3	4	0.44
15	22	23	95	65	45	2	4	1	2	12	14	4	M12	3	3	4	0.50
20	27	28	105	75	55	2	4	1	2	14	14	4	M12	3	3	4	0.73
25	34	35	115	85	65	2	4	1	2	14	14	4	M12	4	3.5	5	0.87
32	42	44	135	100	78	2	4	1	2	16	18	4	M16	4	3.5	5	1.34
40	48	50	145	110	85	3	4	1	2	18	18	4	M16	4	3.5	5	1.71
50	60	62	160	125	100	3	4	1	2	18	18	4	M16	4	3.5	5	2.01
65	76	78	180	145	120	3	4	1	2	20	18	4	M16	5	4	6	2.80
80	89	91	195	160	135	3	5	1	3	20	18	4	M16	5	4	6	3.20
100	114	116	215	180	155	3	5	1	3	22	18	8	M16	5	4	6	3.60
125	140	142	245	210	185	3	5	1	3	24	18	8	M16	5	4	6	5.10
150	168	170	280	240	210	3	5	1	3	24	23	8	M20	5	4.5	6	6.15

(三)公称压力 *PN*1.6MPa 光滑面平焊钢法兰尺寸(见下图)

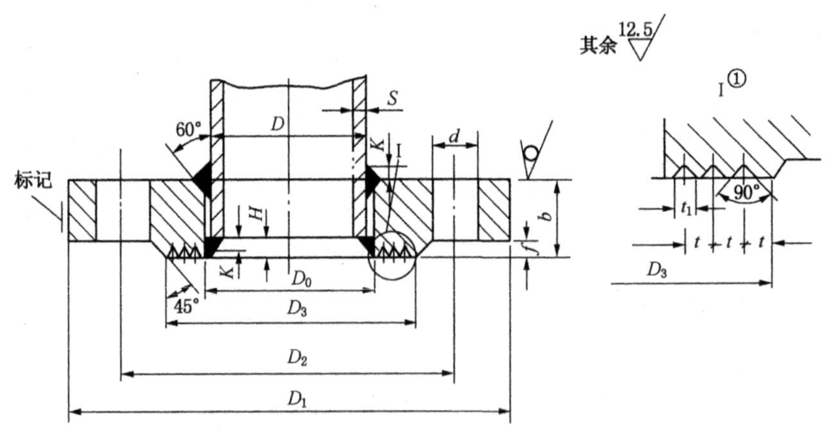

*PN*1.6 光滑面平焊钢法兰

① 光滑面法兰密封面上的沟槽，只有当订货有此要求时才加工。

(四)公称压力 *PN*1.6MPa 光滑面平焊钢法兰尺寸(表 3)

表 3　*PN*1.6 光滑面平焊钢法兰尺寸　(mm)

公称直径 *DN*	管子外径 *D*	法兰													焊接			法兰理论重量(相对密度 7.85)/kg
		内径 D_0	外径 D_1	螺栓孔中心圆直径 D_2	连接凸出部分直径 D_3	连接凸出部分高度 *f*	连接凸出部分沟槽间距 *t*	连接凸出部分沟槽宽度 t_1	沟数	法兰厚度 *b*	螺栓孔直径 *d*	螺栓孔数量/个	螺栓直径	焊缝的直角边 *K*	管壁最小厚度 *S*	管子离法兰端面的距离 *H*	
10	17	18	90	60	40	2	4	1	2	14	14	4	M12	3	3	4	0.53
15	22	23	95	65	45	2	4	1	2	14	14	4	M12	3	3	4	0.59
20	27	28	105	75	55	2	4	1	2	16	14	4	M12	3	3	4	0.85
25	34	35	115	85	65	2	4	1	2	18	14	4	M12	4	3.5	5	1.15
32	42	44	135	100	78	2	5	1	3	18	18	4	M16	4	3.5	5	1.53
40	48	50	145	110	85	3	5	1	3	20	18	4	M16	4	3.5	5	1.85
50	60	62	160	125	100	3	5	1	3	22	18	4	M16	4	3.5	5	2.52
65	76	78	180	145	120	3	5	1	3	24	18	4	M16	5	4	6	3.40
80	89	91	195	160	135	3	5	1	3	24	18	8	M16	5	4	6	3.71
100	114	116	215	180	155	3	5	1	3	26	18	8	M16	5	4	6	4.50
125	140	142	245	210	185	3	5	1	3	28	18	8	M16	5	4	6	6.02
150	168	170	280	240	210	3	5	1	3	28	23	8	M20	5	4.5	6	7.27

(五)技术要求(见“法兰技术要求”之内容)。

本施工图适用于公称压力为1.6、2.5和4.0MPa光滑面对焊钢法兰。

(一)公称压力 *PN*1.6、2.5和4.0MPa光滑面对焊钢法兰结构(见下图)

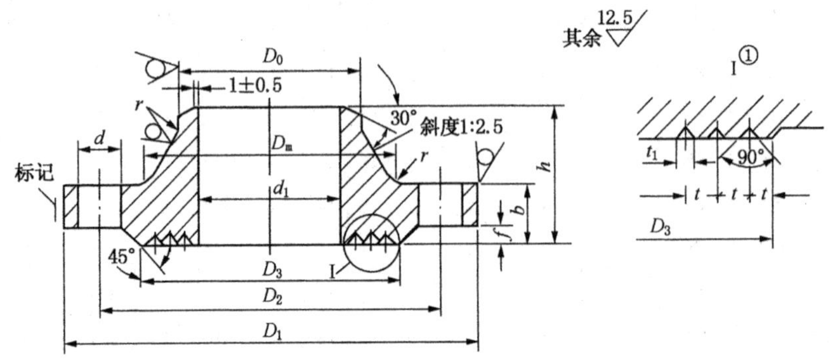

*PN*1.6、2.5、4.0光滑面对焊钢法兰

① 光滑面法兰密封面上的沟槽，只有当订货有此要求时才加工。

(二)公称压力 *PN*1.6、2.5、4.0MPa光滑面对焊钢法兰尺寸(表1～表3)

表1　*PN*1.6光滑面对焊钢法兰尺寸　(mm)

公称直径 *DN*	管子外径 *D*	法兰																法兰理论重量(相对密度7.85)/kg
		颈部外径 D_0	内径 d_1	外径 D_1	螺栓孔中心圆直径 D_2	连接凸出部分直径 D_3	连接凸出部分高度 *f*	连接凸出部分沟槽间距 *t*	连接凸出部分沟槽宽度 t_1	沟数	法兰厚度 *b*	法兰高度 *h*	颈部最大直径 D_m	圆弧半径 *r*	螺栓孔直径 *d*	螺栓孔数量/个	螺栓直径	
10	17	18	11	90	60	40	2	4	1	2	14	35	26	4	14	4	M12	0.60
15	22	23	16	95	65	45	2	4	1	2	14	35	30	4	14	4	M12	0.66
20	27	28	20	105	75	55	2	4	1	2	14	38	38	4	14	4	M12	0.85
25	34	35	27	115	85	65	2	4	1	2	14	40	45	4	14	4	M12	1.02
32	42	43	35	135	100	78	2	5	1	3	16	42	55	4	18	4	M16	1.54
40	48	49	41	145	110	85	3	5	1	3	16	45	64	4	18	4	M16	1.80
50	60	61	52	160	125	100	3	5	1	3	16	48	76	5	18	4	M16	2.31
65	76	77	66	180	145	120	3	5	1	3	18	50	94	5	18	4	M16	3.28
80	89	90	78	195	160	135	3	5	1	3	20	52	110	5	18	8	M16	4.22
100	114	116	102	215	180	155	3	5	1	3	20	52	130	5	18	8	M16	4.61
125	140	142	128	245	210	185	3	5	1	3	22	60	156	6	18	8	M16	6.11
150	168	170	155	280	240	210	3	5	1	3	22	60	180	6	23	8	M20	7.17

表 2　*PN*2.5 光滑面对焊钢法兰尺寸　　　　(mm)

公称直径 *DN*	管子外径 *D*	法兰																法兰理论重量(相对密度7.85)/kg
		颈部外径 D_0	内径 d_1	外径 D_1	螺栓孔中心圆直径 D_2	连接凸出部分直径 D_3	连接凸出部分高度 f	连接凸出部分沟槽间距 t	连接凸出部分沟槽宽度 t_1	沟数	法兰厚度 b	法兰高度 h	颈部最大直径 D_m	圆弧半径 r	螺栓孔直径 d	螺栓孔数量/个	螺栓直径	
10	17	18	11	90	60	40	2	4	1	2	16	35	26	4	14	4	M12	0.69
15	22	23	16	95	65	45	2	4	1	2	16	35	30	5	14	4	M12	0.74
20	27	28	20	105	75	55	2	4	1	2	16	36	38	5	14	4	M12	0.94
25	34	35	27	115	85	65	2	4	1	2	16	38	45	5	14	4	M12	1.14
32	42	43	35	135	100	78	2	5	1	3	18	45	56	5	18	4	M16	1.74
40	48	49	41	145	110	85	3	5	1	3	18	48	64	5	18	4	M16	2.03
50	60	61	52	160	125	100	3	5	1	3	20	48	76	5	18	4	M16	2.68
65	76	77	66	180	145	120	3	5	1	3	22	52	96	6	18	8	M16	3.62
80	89	90	78	195	160	135	3	5	1	3	22	55	110	6	18	8	M16	4.68
100	114	116	102	230	190	160	3	6	1.5	3	24	62	132	6	23	8	M20	6.39
125	140	142	128	270	220	188	3	6	1.5	3	26	68	160	8	25	8	M22	8.87
150	168	170	155	300	250	218	3	6	1.5	3	28	72	186	8	25	8	M22	11.26

表 3　*PN*4.0 光滑面对焊钢法兰尺寸　　　　(mm)

公称直径 *DN*	管子外径 *D*	法兰																法兰理论重量(相对密度7.85)/kg
		颈部外径 D_0	内径 d_1	外径 D_1	螺栓孔中心圆直径 D_2	连接凸出部分直径 D_3	连接凸出部分高度 f	连接凸出部分沟槽间距 t	连接凸出部分沟槽宽度 t_1	沟数	法兰厚度 b	法兰高度 h	颈部最大直径 D_m	圆弧半径 r	螺栓孔直径 d	螺栓孔数量/个	螺栓直径	
10	14 17	15 18	8 11	90	60	40	2	4	1	2	16	35	26	4	14	4	M12	0.69
15	18 22	19 23	12 16	95	65	45	2	4	1	2	16	35	30	5	14	4	M12	0.74
20	25 27	26 28	18 20	105	75	55	2	4	1	2	16	36	38	5	14	4	M12	0.94
25	32 34	33 35	25 27	115	85	65	2	4	1	2	16	38	45	5	14	4	M12	1.14
32	38 42	39 43	31 35	135	100	78	2	5	1	3	18	45	56	5	18	4	M16	1.75
40	45 48	46 49	38 41	145	110	85	3	5	1	3	18	48	61	5	18	4	M16	2.03
50	57 60	58 61	48 51	160	125	100	3	5	1	3	20	48	76	5	18	8	M16	2.56
65	76	77	66	180	145	120	3	5	1	3	22	52	96	6	18	8	M16	3.76
80	89	90	78	195	160	135	3	5	1	3	24	58	112	6	18	8	M16	4.83
100	108 114	110 116	96 102	230	190	160	3	6	1.5	3	26	68	138	6	23	8	M20	6.76
125	133 140	135 142	120 127	270	220	188	3	6	1.5	3	28	68	160	8	25	8	M22	9.09
150	159 168	161 170	145 155	300	250	218	3	6	1.5	3	30	72	186	8	25	8	M22	13.05

(三)技术要求(见"法兰技术要求"之内容)

本施工图适用于公称压力为 2.5 和 4.0MPa 凹凸面对焊钢法兰。

(一)公称压力 *PN*2.5 和 4.0MPa 凹凸面对焊法兰结构(见下图)

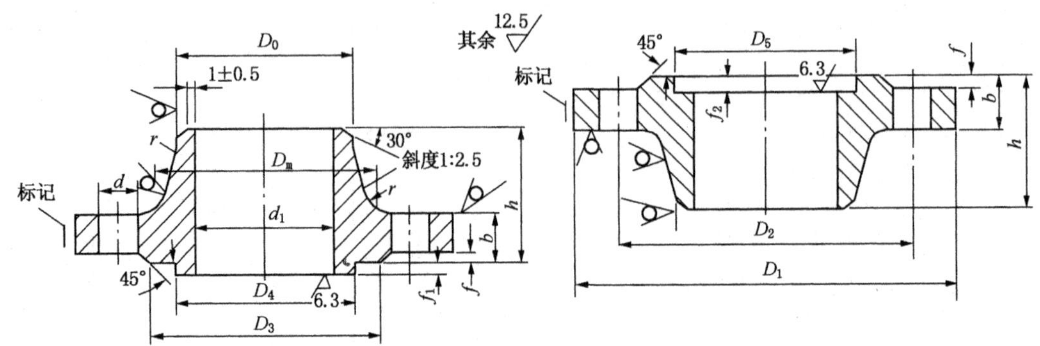

*PN*2.5、4.0 凹凸面对焊钢法兰

(二)公称压力 *PN*2.5、4.0MPa 凹凸面对焊钢法兰尺寸(表 1、表 2)

表 1　*PN*2.5 凹凸面对焊钢法兰尺寸　(mm)

公称直径 *DN*	管子外径 *D*	法　兰																法兰理论重量(相对密度 7.85)/kg	
		颈部外径 D_0	内径 d_1	外径 D_1	螺栓孔中心圆直径 D_2	连接凸出部分直径 D_3	连接凸出部分高度 *f*	凸出部分直径 D_4	凹下部分直径 D_5	凸出部分和凹下部分的高度和深度 $f_1=f_2$	法兰厚度 *b*	法兰高度 *h*	颈部最大直径 D_m	圆弧半径 *r*	螺栓孔直径 *d*	螺栓孔数量/个	螺栓直径	凸面	凹面
10	17	18	11	90	60	40	2	34	35	4	16	35	26	4	14	4	M12	0.72	0.66
15	22	23	16	95	65	45	2	39	40	4	16	35	30	5	14	4	M12	0.77	0.70
20	27	28	20	105	75	55	2	50	51	4	16	36	38	5	14	4	M12	0.99	0.88
25	34	35	27	115	85	65	2	57	58	4	16	38	45	5	14	4	M12	1.20	1.08
32	42	43	35	135	100	78	2	65	66	4	18	45	56	5	18	4	M16	1.82	1.66
40	48	49	41	145	110	85	3	75	76	4	18	48	64	5	18	4	M16	2.14	1.93
50	60	61	52	160	125	100	3	87	88	4	20	48	76	5	18	4	M16	2.80	2.56
65	76	77	66	180	145	120	3	109	110	4	22	52	96	6	18	8	M16	3.80	3.45
80	89	90	78	195	160	135	3	120	121	4	22	55	110	6	18	8	M16	4.87	4.49
100	114	116	102	230	190	160	3	149	150	4.5	24	62	132	6	23	8	M20	6.65	6.14
125	140	142	128	270	220	188	3	175	176	4.5	26	68	160	8	25	8	M22	9.28	8.46
150	168	170	155	300	250	218	3	203	204	4.5	28	72	186	8	25	8	M22	13.00	12.11
200	219	222	202	360	310	278	3	259	260	4.5	30	80	245	8	25	8	M22	18.80	17.40
250	273	278	254	425	370	332	3	312	313	4.5	32	85	300	10	30	12	M27	28.05	26.35
300	325	330	303	485	430	390	4	363	364	4.5	36	92	352	10	30	16	M27	35.55	33.25
350	377	382	351	550	490	448	4	421	422	5	40	98	406	10	34	16	M30	52.40	50.20
400	426	432	398	610	550	505	4	473	474	5	44	115	464	10	34	16	M30	67.55	64.25
450	480	486	452	660	600	555	4	523	524	5	46	115	514	12	34	20	M30	86.58	82.28
500	530	536	501	730	660	610	4	575	576	5	48	120	570	12	41	20	M36	96.56	91.56

表 2　*PN*4.0 凹凸面对焊钢法兰尺寸

（mm）

公称直径 *DN*	管子外径 *D*	法兰																	法兰理论重量（相对密度 7.85）/kg	
		颈部外径 D_0	内径 d_1	外径 D_1	螺栓孔中心圆直径 D_2	连接凸出部分直径 D_3	连接凸出部分高度 f	凸出部分直径 D_4	凹下部分直径 D_5	凸出部分和凹下部分的高度和深度 $f_1=f_2$	法兰厚度 b	法兰高度 h	颈部最大直径 D_m	圆弧半径 r	螺栓孔直径 d	螺栓孔数量/个	螺栓直径		凸面	凹面
10	17	18	11	90	60	40	2	34	35	4	16	35	26	4	14	4	M12		0.72	0.67
15	22	23	16	95	65	45	2	39	40	4	16	35	30	5	14	4	M12		0.81	0.74
20	27	28	20	105	75	55	2	50	51	4	16	36	38	5	14	4	M12		1.02	0.92
25	34	35	27	115	85	65	2	57	58	4	16	38	45	5	14	4	M12		1.24	1.11
32	42	43	35	135	100	78	2	65	66	4	18	45	56	5	18	4	M16		1.92	1.76
40	48	49	41	145	110	85	3	75	76	4	18	48	64	5	18	4	M16		2.21	2.00
50	60	61	52	160	125	100	3	87	88	4	20	48	76	5	18	4	M16		2.92	2.68
65	76	77	66	180	145	120	3	109	110	4	22	52	96	6	18	8	M16		3.94	3.59
80	89	90	78	195	160	135	3	120	121	4	24	58	112	6	18	8	M16		5.02	4.64
100	114	116	102	230	190	160	3	149	150	4.5	26	68	138	6	23	8	M20		7.56	6.97
125	140	142	128	270	220	188	3	175	176	4.5	28	68	160	8	25	8	M22		10.3	9.48
150	168	170	155	300	250	218	3	203	204	4.5	30	72	186	8	25	8	M22		13.5	12.6
200	219	222	200	375	320	282	3	259	260	4.5	38	88	250	10	30	12	M27		25.0	23.6
250	273	278	252	445	385	345	3	312	313	4.5	42	102	310	10	34	12	M30		36.7	35.0
300	325	330	301	510	450	408	4	363	364	4.5	46	116	368	12	34	16	M30		52.3	50.0
350	377	382	351	570	510	465	4	421	422	5	52	120	418	12	34	16	M30		66.3	64.1
400	426	432	398	655	585	535	4	473	474	5	58	142	480	12	41	16	M36		105.4	102.0
450	480	486	450	680	610	560	4	523	524	5	60	146	530	14	41	20	M36		114.0	109.7

（三）技术要求（见“法兰技术要求”之内容）

本施工图适用于公称压力为6.4、10.0和16.0MNPa梯形槽面对焊钢法兰。

(一)公称压力*PN*6.4、10.0和16.0MPa梯形槽面对焊钢法兰结构(见下图)

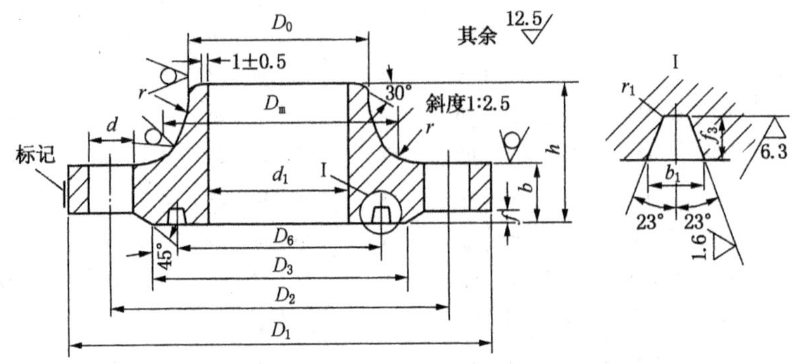

*PN*6.4、10.0、16.0的梯形槽面对焊钢法兰

(二)公称压力*PN*6.4、10.0、16.0MPa梯形槽面对焊钢法兰尺寸(表1~表3)

表1　*PN*6.4梯形槽面对焊钢法兰尺寸　(mm)

公称直径 DN	管子外径 D	法兰																	法兰理论重量(相对密度7.85)/kg
		颈部外径 D_0	内径 d_1	外径 D_1	螺栓孔中心圆直径 D_2	连接凸出部分直径 D_3	连接凸出部分高度 f	梯形槽中心直径 D_6	梯形槽宽度 b_1	梯形槽深度 f_3	梯形槽内圆弧半径 r_1	法兰厚度 b	法兰高度 h	颈部最大直径 D_m	圆弧半径 r	螺栓孔直径 d	螺栓孔数量/个	螺栓直径	
10	14 17	15 18	9 11	100	70	50	2	35	9	6.5	0.8	22	52	34	4	14	4	M12	1.11
15	18 22	19 23	13 16	105	75	55	2	35	9	6.5	0.8	22	52	38	5	14	4	M12	1.31
20	25 27	26 28	19 20	125	90	68	2	45	9	6.5	0.8	24	60	48	5	18	4	M16	2.05
25	32 34	33 35	26 27	135	100	78	2	50	9	6.5	0.8	24	60	52	5	18	4	M16	2.50
32	38 42	39 43	31 35	150	110	82	2	65	9	6.5	0.8	26	64	64	5	23	4	M20	3.52
40	45 48	46 49	38 40	165	125	95	3	75	9	6.5	0.8	28	72	74	5	23	4	M20	4.20
50	57 60	58 61	49 50	175	135	105	3	85	12	8	0.8	30	74	86	5	23	4	M20	5.20
65	76	77	64	200	160	130	3	110	12	8	0.8	32	76	106	6	23	8	M20	7.30
80	89	90	77	210	170	140	3	115	12	8	0.8	36	80	120	6	23	8	M20	8.64
100	108 114	110 116	96 100	250	200	168	3	145	12	8	0.8	40	88	140	6	25	8	M22	12.60
125	133 140	135 142	119 125	295	240	202	3	175	12	8	0.8	44	106	172	8	30	8	M27	19.60
150	159 168	161 170	142 151	340	280	240	3	205	12	8	0.8	48	120	206	8	34	8	M30	30.36
200	219	222	198	405	345	300	3	265	12	8	0.8	54	126	264	10	34	12	M30	46.90
250	273	278	246	470	400	352	3	320	12	8	0.8	62	136	316	10	41	12	M36	65.75
300	325	330	294	530	460	412	4	375	12	8	0.8	66	148	370	12	41	16	M36	83.04

表 2　*PN*10.0 梯形槽面对焊钢法兰尺寸　　（mm）

公称直径 *DN*	管子外径 *D*	法兰																	法兰理论重量(相对密度7.85)/kg
		颈部外径 D_0	内径 d_1	外径 D_1	螺栓孔中心圆直径 D_2	连接凸出部分直径 D_3	连接凸出部分高度 f	梯形槽中心直径 D_6	梯形槽宽度 b_1	梯形槽深度 f_3	梯形槽内圆弧半径 r_1	法兰厚度 b	法兰高度 h	颈部最大直径 D_m	圆弧半径 r	螺栓孔直径 d	螺栓孔数量/个	螺栓直径	
10	14 17	15 18	8 11	100	70	50	2	35	9	6.5	0.8	22	50	34	4	14	4	M12	1.11
15	18 22	19 23	12 16	105	75	55	2	35	9	6.5	0.8	22	50	38	5	14	4	M12	1.31
20	25 27	26 28	18 20	125	90	68	2	45	9	6.5	0.8	24	58	48	5	18	4	M16	2.13
25	32 34	33 35	25 27	135	100	78	2	50	9	6.5	0.8	24	58	52	5	18	4	M16	2.45
32	38 42	39 43	31 35	150	110	82	2	65	9	6.5	0.8	30	68	64	5	23	4	M20	3.72
40	45 48	46 49	37 40	165	125	95	3	75	9	6.5	0.8	32	76	76	5	23	4	M20	4.10
50	57 60	58 61	45 48	195	145	112	3	85	12	8	0.8	34	78	86	5	25	4	M22	7.27
65	76	77	62	220	170	138	3	110	12	8	0.8	38	90	110	6	25	8	M22	10.24
80	89	90	75	230	180	148	3	115	12	8	0.8	42	98	124	6	25	8	M22	12.34
100	108 114	110 116	92 98	265	210	172	3	145	12	8	0.8	48	110	146	6	30	8	M27	17.71
125	133 140	135 142	112 119	310	250	210	3	175	12	8	0.8	52	126	180	8	34	8	M30	27.31
150	159 168	161 170	136 145	350	290	250	3	205	12	8	0.8	58	142	214	8	34	12	M30	39.37
200	219	222	190	430	360	312	3	265	12	8	0.8	66	157	276	10	41	12	M36	63.86
250	273	278	236	500	430	382	3	320	12	8	0.8	74	184	340	10	41	12	M36	105.06
300	325	330	284	585	500	442	4	375	12	8	0.8	80	205	400	12	48	16	M42	148.90

表 3　*PN*16.0 梯形槽面对焊钢法兰尺寸　　（mm）

公称直径 *DN*	管子外径 *D*	法兰																	法兰理论重量(相对密度7.85)/kg
		颈部外径 D_0	内径 d_1	外径 D_1	螺栓孔中心圆直径 D_2	连接凸出部分直径 D_3	连接凸出部分高度 f	梯形槽中心直径 D_6	梯形槽宽度 b_1	梯形槽深度 f_3	梯形槽内圆弧半径 r_1	法兰厚度 b	法兰高度 h	颈部最大直径 D_m	圆弧半径 r	螺栓孔直径 d	螺栓孔数量/个	螺栓直径	
10	14 17	15 18	8 11	110	75	52	2	35	9	6.5	0.8	26	52	40	4	18	4	M16	1.70
15	18 22	19 23	11 15	110	75	52	2	35	9	6.5	0.8	26	52	40	4	18	4	M16	1.70
20	25 27	26 28	18 20	130	90	62	2	45	9	6.5	0.8	32	60	45	4	23	4	M20	2.93
25	32 34	33 35	23 25	140	100	72	2	50	9	6.5	0.8	34	60	52	4	23	4	M20	3.65
32	38 42	39 43	28 32	165	110	85	2	65	9	6.5	0.8	36	66	62	5	25	4	M22	5.56

续表

公称直径 DN	管子外径 D	法兰																法兰理论重量(相对密度7.85)/kg
		颈部外径 D_0	内径 d_1	外径 D_1	螺栓孔中心圆直径 D_2	连接凸出部分直径 D_3	连接凸出部分高度 f	梯形槽中心直径 D_6	梯形槽宽度 b_1	梯形槽深度 f_3	梯形槽内圆弧半径 r_1	法兰厚度 b	法兰高度 h	颈部最大直径 D_m	圆弧半径 r	螺栓孔直径 d	螺栓孔数量/个	螺栓直径	
40	45 48	46 49	34 37	175	125	92	3	75	9	6.5	0.8	40	72	74	5	27	4	M24	6.49
50	57 60	58 61	45 48	215	165	132	3	95	12	8	0.8	44	98	106	5	25	8	M22	11.84
65	76	77	62	245	190	152	3	110	12	8	0.8	50	111	128	8	30	8	M27	17.10
80	89	90	70	260	205	168	3	130	12	8	0.8	54	118	138	8	30	8	M27	21.25
100	108 114	110 116	84 90	300	240	200	3	160	12	8	0.8	58	130	170	8	34	8	M30	30.78
125	133 140	135 142	105 112	355	285	238	3	190	12	8	0.8	70	150	206	10	41	8	M36	48.97
150	159 168	161 170	127 136	390	318	270	3	205	14	10	0.8	80	170	234	10	41	12	M36	68.79
200	219	222	178	480	400	345	3	275	17	11	0.8	92	200	298	10	48	12	M42	122.48
250	273	278	224	580	485	425	3	330	17	11	0.8	100	242	380	10	54	12	M48	199.80

(三)技术要求(见“法兰技术要求”之内容)

本施工图适用于公称压力为0.6、1.0、1.6和2.5MPa光滑面平焊大小钢法兰。

(一)公称压力 *PN*0.6、1.0、1.6和2.5MPa光滑面平焊大小钢法兰结构(见下图)

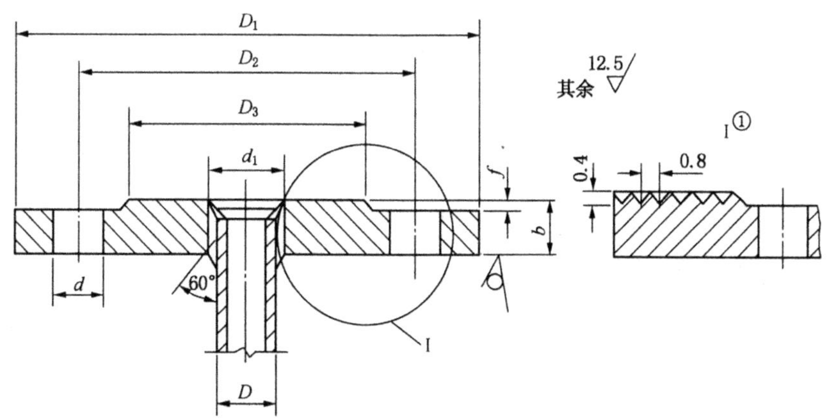

*PN*0.6、1.0、1.6、2.5光滑面平焊大小钢法兰

① 光滑面法兰密封面上的沟槽，只有当订货有此要求时才加工。

(二)公称压力 *PN*0.6、1.0、1.6、2.5MPa光滑面平焊大小钢法兰尺寸(表1～表4)

表1　*PN*0.6光滑面平焊大小钢法兰尺寸　(mm)

公称直径 $DN \times dn$	管子外径 D	法兰							螺栓			法兰理论重量(相对密度7.85)/kg
		内径 d_1	外径 D_1	螺栓孔中心圆直径 D_2	连接凸出部分直径 D_3	连接凸出部分高度 f	法兰高度 b	螺栓孔直径 d	数量/个	单头 直径×长度	双头 直径×长度	
65×25	32 34	33 35	160	130	110	3	16	14	4	M12×50	M12×70	2.2
65×40	45 48	46 49										2.1
65×50	57 60	58 61										1.9
80×25	32 34	33 35	185	150	125	3	18	18	4	M16×60	M16×80	3.3
80×40	45 48	46 49										3.2
80×50	57 60	58 61										3.0
80×65	76	77										2.7
100×25	32 34	33 35	205	170	145	3	18	18	4	M16×60	M16×80	4.1
100×40	45 48	46 49										4.0
100×50	57 60	58 61										3.9
100×65	76	77										3.6
100×80	89	90										3.3

续表

公称直径 DN×dn	管子外径 D	法兰							螺栓			法兰理论重量（相对密度7.85）/kg
		内径 d_1	外径 D_1	螺栓孔中心圆直径 D_2	连接凸出部分直径 D_3	连接凸出部分高度 f	法兰高度 b	螺栓孔直径 d	数量/个	单头直径×长度	双头直径×长度	
125×25	32 34	33 35	235	200	175	3	20	18	8	M16×60	M16×80	6.0
125×40	45 48	46 49										5.9
125×50	57 60	58 61										5.7
125×65	76	77										5.4
125×80	89	90										5.2
125×100	108 114	109 115										4.7
150×25	32 34	33 35	260	225	200	3	20	18	8	M16×60	M16×80	7.5
150×40	45 48	46 49										7.4
150×50	57 60	58 61										7.2
150×65	76	77										6.9
150×80	89	90										6.6
150×100	108 114	109 115										6.2
150×125	133 140	134 141										5.4
200×40	45 48	46 49	315	280	255	3	22	18	8	M16×70	M16×80	12
200×50	57 60	58 61										12
200×65	76	77										12
200×80	89	90										12
200×100	108 114	109 115										11
200×125	133 140	134 141										10
200×150	159 168	160 169										9.2
250×50	57 60	58 61	370	335	310	3	24	18	12	M16×70	M16×90	19
250×65	76	77										18
250×80	89	90										18
250×100	108 114	109 115										18
250×125	133 140	134 141										17
250×150	159 168	160 169										15
250×200	219	221										12

公称直径 $DN \times dn$	管子外径 D	法兰 内径 d_1	法兰 外径 D_1	法兰 螺栓孔中心圆直径 D_2	法兰 连接凸出部分直径 D_3	法兰 连接凸出部分高度 f	法兰 法兰高度 b	法兰 螺栓孔直径 d	螺栓 数量/个	螺栓 单头 直径×长度	螺栓 双头 直径×长度	法兰理论重量（相对密度7.85）/kg
300×50	57 60	58 61	435	395	362	4	24	23	12	M20×80	M20×100	27
300×65	76	77										27
300×80	89	90										27
300×100	108 114	109 115										26
300×125	133 140	134 141										25
300×150	159 168	160 169										24
300×200	219	221										21
300×250	273	275										17
350×80	89	90	485	445	412	4	26	23	12	M20×80	M20×100	37
350×100	108 114	109 115										36
350×125	133 140	134 141										35
350×150	159 168	160 169										33
350×200	219	221										30
350×250	273	275										26
350×300	325	328										21

表2　*PN*1.0 光滑面平焊大小钢法兰尺寸　（mm）

公称直径 $DN \times dn$	管子外径 D	法兰 内径 d_1	法兰 外径 D_1	法兰 螺栓孔中心圆直径 D_2	法兰 连接凸出部分直径 D_3	法兰 连接凸出部分高度 f	法兰 法兰高度 b	法兰 螺栓孔直径 d	螺栓 数量/个	螺栓 单头 直径×长度	螺栓 双头 直径×长度	法兰理论重量（相对密度7.85）/kg
65×25	32 34	33 35	180	145	120	3	20	18	4	M16×60	M16×80	3.5
65×40	45 48	46 49										3.3
65×50	57 60	58 61										3.2
80×25	32 34	33 35	195	160	135	3	20	18	4	M16×60	M16×80	4.1
80×40	45 48	46 49										4.0
80×50	57 60	58 61										3.8
80×65	76	77										3.5
100×25	32 34	33 35	215	180	155	3	22	18	8	M16×70	M16×90	5.5
100×40	45 48	46 49										5.4
100×50	57 60	58 61										5.2
100×65	76	77										4.8
100×80	89	90										4.5

公称直径 $DN \times dn$	管子外径 D	法兰 内径 d_1	法兰 外径 D_1	法兰 螺栓孔中心圆直径 D_2	法兰 连接凸出部分直径 D_3	法兰 连接凸出部分高度 f	法兰 法兰高度 b	法兰 螺栓孔直径 d	螺栓 数量/个	螺栓 单头直径×长度	螺栓 双头直径×长度	法兰理论重量（相对密度7.85）/kg
125×25	32 34	33 35	245	210	185	3	24	18	8	M16×70	M16×90	7.9
125×40	45 48	46 49										7.8
125×50	57 60	58 61										7.6
125×65	76	77										7.2
125×80	89	90										6.9
125×100	108 114	109 115										6.3
150×25	32 34	33 35	280	240	210	3	24	23	8	M20×80	M20×100	9.8
150×40	45 48	46 49										9.6
150×50	57 60	58 61										9.4
150×65	76	77										9.0
150×80	89	90										8.7
150×100	108 114	109 115										8.2
150×125	133 140	134 141										7.3
200×40	45 48	46 49	335	295	265	3	24	23	8	M20×80	M20×100	15
200×50	57 60	58 61										15
200×65	76	77										15
200×80	89	90										14
200×100	108 114	109 115										14
200×125	133 140	134 141										13
200×150	159 168	160 169										12
250×50	57 60	58 61	390	350	320	3	26	23	12	M20×80	M20×100	22
250×65	76	77										22
250×80	89	90										21
250×100	108 114	109 115										21
250×125	133 140	134 141										20
250×150	159 168	160 169										19
250×200	219	221										15

续表

公称直径 $DN \times dn$	管子外径 D	法兰							螺栓			法兰理论重量（相对密度7.85）/kg
		内径 d_1	外径 D_1	螺栓孔中心圆直径 D_2	连接凸出部分直径 D_3	连接凸出部分高度 f	法兰高度 b	螺栓孔直径 d	数量/个	单头直径×长度	双头直径×长度	
300×50	57 60	58 61	440	400	368	4	28	23	12	M20×80	M20×100	32
300×65	76	77										32
300×80	89	90										32
300×100	108 114	109 115										31
300×125	133 140	134 141										30
300×150	159 168	160 169										28
300×200	219	221										25
300×250	273	275										20
350×80	89	90	500	460	428	4	28	23	16	M20×80	M20×100	42
350×100	108 114	109 115										41
350×125	133 140	134 141										40
350×150	159 168	160 169										38
350×200	219	221										35
350×250	273	275										30
350×300	325	328										25

表 3 *PN*1.6 光滑面平焊大小钢法兰尺寸 （mm）

公称直径 $DN \times dn$	管子外径 D	法兰							螺栓			法兰理论重量（相对密度7.85）/kg
		内径 d_1	外径 D_1	螺栓孔中心圆直径 D_2	连接凸出部分直径 D_3	连接凸出部分高度 f	法兰高度 b	螺栓孔直径 d	数量/个	单头直径×长度	双头直径×长度	
65×25	32 34	33 35	180	145	120	3	24	18	4	M16×70	M16×90	4.2
65×40	45 48	46 49										4.0
65×50	57 60	58 61										3.8
80×25	32 34	33 35	195	160	135	3	24	18	8	M16×70	M16×90	4.8
80×40	45 48	46 49										4.6
80×50	57 60	58 61										4.4
80×65	76	77										4.0
100×25	32 34	33 35	215	180	155	3	26	18	8	M16×80	M16×90	6.6
100×40	45 48	46 49										6.4
100×50	57 60	58 61										6.2
100×65	76	77										5.8
100×80	89	90										5.4

续表

公称直径 $DN \times dn$	管子外径 D	法兰 内径 d_1	外径 D_1	螺栓孔中心圆直径 D_2	连接凸出部分直径 D_3	连接凸出部分高度 f	法兰高度 b	螺栓孔直径 d	螺栓 数量/个	单头 直径×长度	双头 直径×长度	法兰理论重量（相对密度7.85）/kg
125×25	32 34	33 35	245	210	185	3	28	18	8	M16×80	M16×100	9.4
125×40	45 48	46 49										9.0
125×50	57 60	58 61										9.0
125×65	76	77										8.6
125×80	89	90										8.2
125×100	108 114	109 115										7.5
150×25	32 34	33 35	280	240	210	3	28	23	8	M20×80	M20×100	12
150×40	45 48	46 49										12
150×50	57 60	58 61										12
150×65	76	77										11
150×80	89	90										11
150×100	108 114	109 115										10
150×125	133 140	134 141										9.3
200×40	45 48	46 49	335	295	265	3	30	23	12	M20×90	M20×110	19
200×50	57 60	58 61										19
200×65	76	77										18
200×80	89	90										18
200×100	108 114	109 115										17
200×125	133 140	134 141										16
200×150	159 168	160 169										14
250×50	57 60	58 61	405	355	320	3	32	25	12	M22×90	M22×120	30
250×65	76	77										29
250×80	89	90										29
250×100	108 114	109 115										28
250×125	133 140	134 141										27
250×150	159 168	160 169										25
250×200	219	221										21

续表

公称直径 DN×dn	管子外径 D	法兰 内径 d_1	法兰 外径 D_1	法兰 螺栓孔中心圆直径 D_2	法兰 连接凸出部分直径 D_3	法兰 连接凸出部分高度 f	法兰 法兰高度 b	法兰 螺栓孔直径 d	螺栓 数量/个	螺栓 单头 直径×长度	螺栓 双头 直径×长度	法兰理论重量（相对密度7.85）/kg
300×50	57 60	58 61	460	410	375	4	32	25	12	M22×100	M22×120	41
300×65	76	77										40
300×80	89	90										40
300×100	108 114	109 115										39
300×125	133 140	134 141										38
300×150	159 168	160 169										36
300×200	219	221										32
300×250	273	275										27
350×80	89	90	520	470	435	4	34	25	16	M22×100	M22×120	55
350×100	108 114	109 115										54
350×125	133 140	134 141										52
350×150	159 168	160 169										51
350×200	219	221										46
350×250	273	275										41
350×300	325	328										34

表4 *PN*2.5光滑面平焊大小钢法兰尺寸 （mm）

公称直径 DN×dn	管子外径 D	法兰 内径 d_1	法兰 外径 D_1	法兰 螺栓孔中心圆直径 D_2	法兰 连接凸出部分直径 D_3	法兰 连接凸出部分高度 f	法兰 法兰高度 b	法兰 螺栓孔直径 d	螺栓 数量/个	螺栓 单头 直径×长度	螺栓 双头 直径×长度	法兰理论重量（相对密度7.85）/kg
65×25	32 34	33 35	180	145	120	3	24	18	8	M16×70	M16×90	4.0
65×40	45 48	46 49										3.8
65×50	57 60	58 61										3.6
80×25	32 34	33 35	195	160	135	3	26	18	8	M16×80	M16×100	5.0
80×40	45 48	46 49										5.0
80×50	57 60	58 61										4.8
80×65	76	77										4.4
100×25	32 34	33 35	230	190	160	3	28	23	8	M20×80	M20×100	7.9
100×40	45 48	46 49										7.7
100×50	57 60	58 61										7.5
100×65	76	77										7.0
100×80	89	90										7.0

续表

公称直径 $DN \times dn$	管子外径 D	法兰							螺栓			法兰理论重量（相对密度7.85）/kg
		内径 d_1	外径 D_1	螺栓孔中心圆直径 D_2	连接凸出部分直径 D_3	连接凸出部分高度 f	法兰高度 b	螺栓孔直径 d	数量/个	单头 直径×长度	双头 直径×长度	
125×25	32 34	33 35	270	220	188	3	30	25	8	M22×90	M22×110	12
125×40	45 48	46 49										11
125×50	57 60	58 61										11
125×65	76	77										11
125×80	89	90										10
125×100	108 114	109 115										9.4
150×25	32 34	33 35	300	250	218	3	30	25	8	M22×90	M22×110	15
150×40	45 48	46 49										15
150×50	57 60	58 61										15
150×65	76	77										14
150×80	89	90										14
150×100	108 114	109 115										13
150×125	133 140	134 141										12
200×40	45 48	46 49	360	310	278	3	32	25	12	M22×100	M22×120	24
200×50	57 60	58 61										23
200×65	76	77										23
200×80	89	90										23
200×100	108 114	109 115										22
200×125	133 140	134 141										21
200×150	159 168	160 169										19
250×50	57 60	58 61	425	370	332	3	34	30	12	M27×100	M27×130	34
250×65	76	77										33
250×80	89	90										33
250×100	108 114	109 115										32
250×125	133 140	134 141										31
250×150	159 168	160 169										29
250×200	219	221										25

续表

公称直径 DN×dn	管子外径 D	法兰 内径 d_1	法兰 外径 D_1	法兰 螺栓孔中心圆直径 D_2	法兰 连接凸出部分直径 D_3	法兰 连接凸出部分高度 f	法兰 法兰高度 b	法兰 螺栓孔直径 d	螺栓 数量/个	螺栓 单头 直径×长度	螺栓 双头 直径×长度	法兰理论重量(相对密度7.85)/kg
300×50	57 60	58 61	485	430	390	4	36	30	16	M27×110	M27×130	51
300×65	76	77										51
300×80	89	90										51
300×100	108 114	109 115										50
300×125	133 140	134 141										48
300×150	159 168	160 169										46
300×200	219	221										42
300×250	273	275										36
350×80	89	90	550	490	448	4	42	34	16	M30×120	M30×150	76
350×100	108 114	109 115										75
350×125	133 140	134 141										73
350×150	159 168	160 169										71
350×200	219	221										65
350×250	273	275										59
350×300	325	328										51

(三)技术要求(见“法兰技术要求”之内容)

2014	法兰技术要求	

本技术要求适用于 PN0.6、1.0、1.6 光滑面平焊钢法兰，PN1.6、2.5、4.0 光滑面对焊钢法兰，PN2.5、4.0 凹凸面对焊钢法兰，PN6.4、10.0、16.0 梯形槽面对焊钢法兰和 PN0.6、1.0、1.6、2.5 光滑面平焊大小钢法兰。

1. 材料

(1) 钢制管法兰材料应符合表 1 规定，其化学成分、机械性能及其他技术要求应符合相应标准的规定。

(2) 锻件材料应符合 NB/T 47008、NB/T 47009、NB/T 47010 所规定的Ⅱ级锻件要求。

(3) 合金钢材料应进行热处理，其常温性能应符合表 2 的规定。

表 1

材料牌号	种类	标准号
Q235A	板材	GB/T 3274
20、25	板材	GB/T 711
	锻件	NB/T 47008
16Mn	板材	GB 713
	锻件	NB/T 47008
12CrMo、15CrMo	锻件	NB/T 47008
12Cr5Mo	锻件	NB/T 47008
06Cr18Ni10、022Cr19Ni10、06Cr18Ni11Ti(1Cr18Ni9Ti) 06Cr17Ni12Mo2、022Cr17Ni14Mo2	板材	GB/T 4237
	锻件	NB/T 47010

表 2

材料牌号	试样毛坯尺寸/mm	热处理制度	标准强度 σ_b/[N/mm²(kgf/mm²)]	屈服强度 σ_s/[N/mm²(kgf/mm²)]	伸长率 σ/%	收缩率 ψ/%	冲击值(U 型缺口) α_k/[J/cm²(kgf·m/cm²)]
			不小于				
12CrMo	30	900℃正火 650℃回火	412 (42)	265 (27)	24	60	137 (14)
15CrMo	30	900℃正火 650℃回火	411 (45)	294 (30)	22	60	118 (12)
12Cr5Mo	25	900~950℃淬火 600~700℃回火	588 (60)	392 (40)	18	—	—
06Cr18Ni11Ti	25	920~1150℃ 淬火	520 (53)	205 (21)	35	60	—
06Cr18Ni10	25	1010~1150℃ 淬火	520 (53)	205 (21)	35	—	—
1Cr18Ni9Ti	25	920~1150℃ 淬火	539 (55)	205 (21)	35	55	—
022Cr19Ni10	25	1010~1150℃ 淬火	480 (49)	175 (18)	35	—	—
06Cr17Ni12Mo2	25	1010~1150℃ 淬火	520 (53)	205 (21)	35	—	—
022Cr17Ni4Mo2	25	1010~1150℃ 淬火	480 (49)	175 (18)	35	—	—

2. 法兰尺寸极限偏差

平焊钢法兰、对焊钢法兰和平焊大小钢法兰的尺寸极限偏差按表3规定。

表3 (mm)

名称			偏差值
法兰外径		≤610 >610	±1.6 ±3.2
法兰内径	对焊法兰	DN≤250	±0.8
		DN350～400	±1.6
		DN≥450	+3.2 -1.6
	平焊法兰	DN≤250	+0.8 -0
		DN≥300	+1.6 -0
法兰厚度		<50	±1
		50～100	±1.5
法兰高度		DN≤250	±1.6
		DN≥300	±3.2
光滑面		凸出部分直径(D_3)	±0.8
		凸出部分高度(f)	±0.3
凹凸面		凸出部分直径(D_4)	±0.5
		凸出部分高度(f_1)	+0.5
		凹下部分直径(D_5)	±0.5
		凹下部分高度(f_2)	-0.5
梯形槽面		槽中心圆直径(D_6)	±0.15
		槽宽(b_4)	±0.4
		槽深(f_3)	+0.4
螺栓孔中心圆直径		螺栓孔≤30	±0.5
		螺栓孔>30	±1.0
螺栓孔径			±0.5
相邻两个螺栓孔间的弦距			±0.5
任何几个孔之间弦距的总误差			±1
法兰内径、连接凸出部分直径和螺栓孔中心圆直径与法兰外径的偏心值			≤0.5

3. 加工

(1) 法兰锻件(包括锻轧件)的级别及其技术要求应符合NB/T 47008～47010的相应要求。

①公称压力PN或0.6MPa、1.0MPa的碳素钢、奥氏体不锈钢锻件允许采用Ⅰ级锻件。

②除以下规定外，公称压力PN为1.6～6.3MPa的锻件应符合Ⅱ级或Ⅱ级以上锻件级别的要求。

③符合下列情况之一者，应符合Ⅲ级锻件的要求：

a) 公称压力PN≥10.0MPa法兰用锻件；

b）公称压力 $PN>4.0$MPa 的铬钼钢锻件；

c）公称压力 $PN>1.6$MPa 且工作温度≤－20℃的铁素体钢锻件。

（2）法兰背面应锪孔或进行机加工，任何锪孔或机加工，均不应使法兰的最小厚度小于规定值。

（3）法兰的螺栓支承面应在1°范围内与法兰密封面平行。

（4）光滑面法兰密封面上的沟槽，如订货不要求，可不予加工，此时法兰密封面粗糙度按$\overset{6.3}{\bigtriangledown}$加工。

4. 检验和试验

（1）法兰表面应光滑，不得有气泡、裂缝、斑点及其他降低法兰强度和法兰连接可靠性的缺陷。锻造表面应光滑，不得有锻造伤痕、裂纹等缺陷。

（2）无损探伤检验由用户和制造厂协商确定。

（3）管法兰原则上不进行单个法兰的水压试验，当法兰安装到管道上之后，其水压试验压力应不超过公称压力的1.5倍。

（4）加工完毕后，应在法兰加工表面涂防锈油。

5. 标记

每个法兰均应按施工图所示位置打上标记：

公称直径—公称压力—钢号

制造厂名或商标

6. 包装

（1）法兰密封面应采取适当措施保护好，防止划伤和撞击损伤。

（2）产品包装按订货规定，交货时应附有产品质量检验合格证。合格证内容为：制造厂名、制造日期、法兰类型、公称直径、公称压力、钢号及其化学成分和机械性能试验结果。

7. 附加技术要求

根据需要并经供需双方协商同意，需方可提出下列一项或数项附加技术要求，但应在订货合同中说明具体要求。

（1）采用表1以外的材料牌号。

（2）法兰锻件级别高于3.(1)的要求。

（3）法兰的无损检验要求(超声波、磁粉、渗透探伤)。

（4）法兰表面的防锈、涂漆要求。

（5）法兰密封面的表面粗糙度要求。

（6）奥氏体不锈钢的晶间腐蚀试验要求。

（7）其他。

第二章
小型设备

一、蒸汽分水器

2014	*DN*50 蒸汽分水器	施工图图号
		S5－1－1

总图、*A*—*A* 及零件图

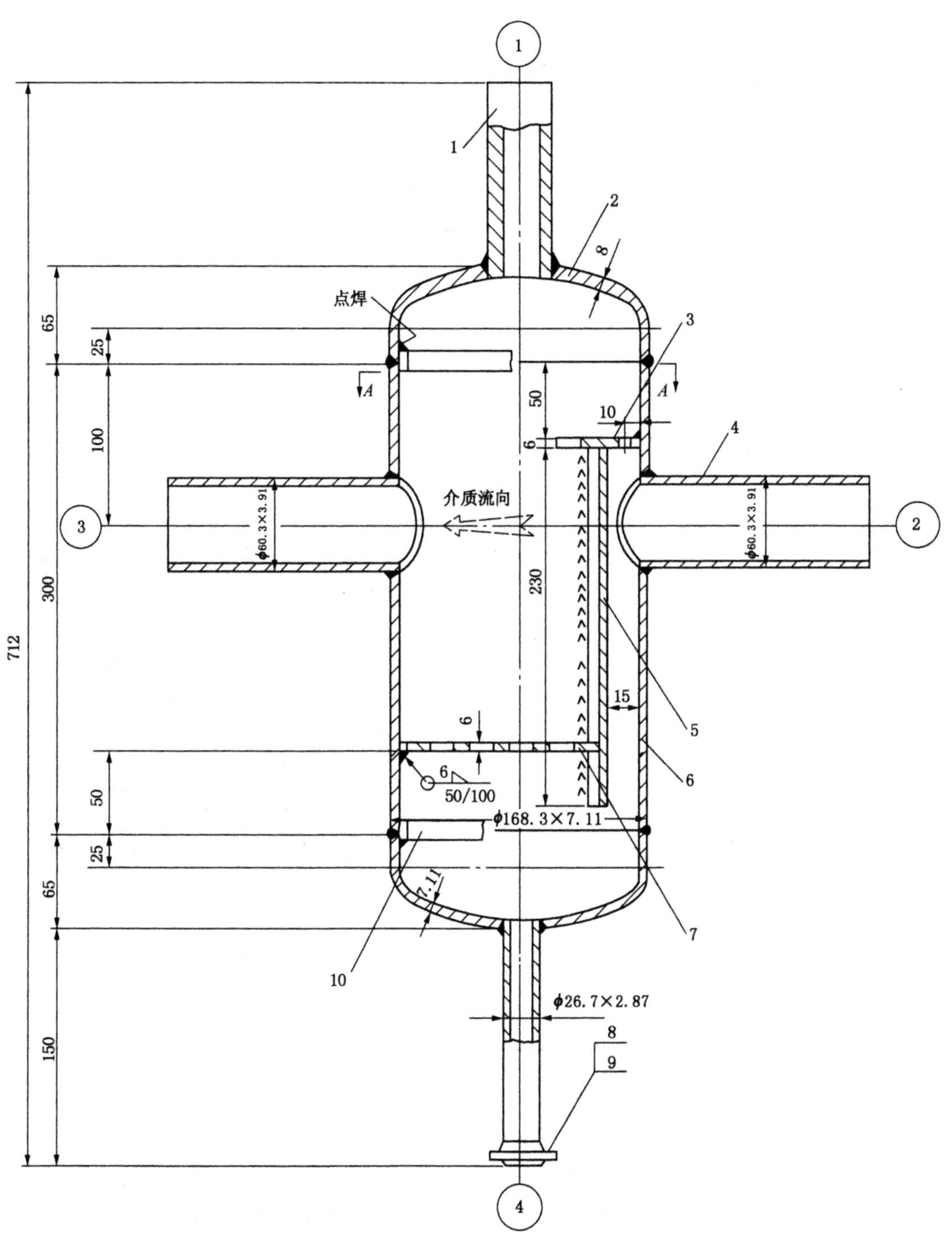

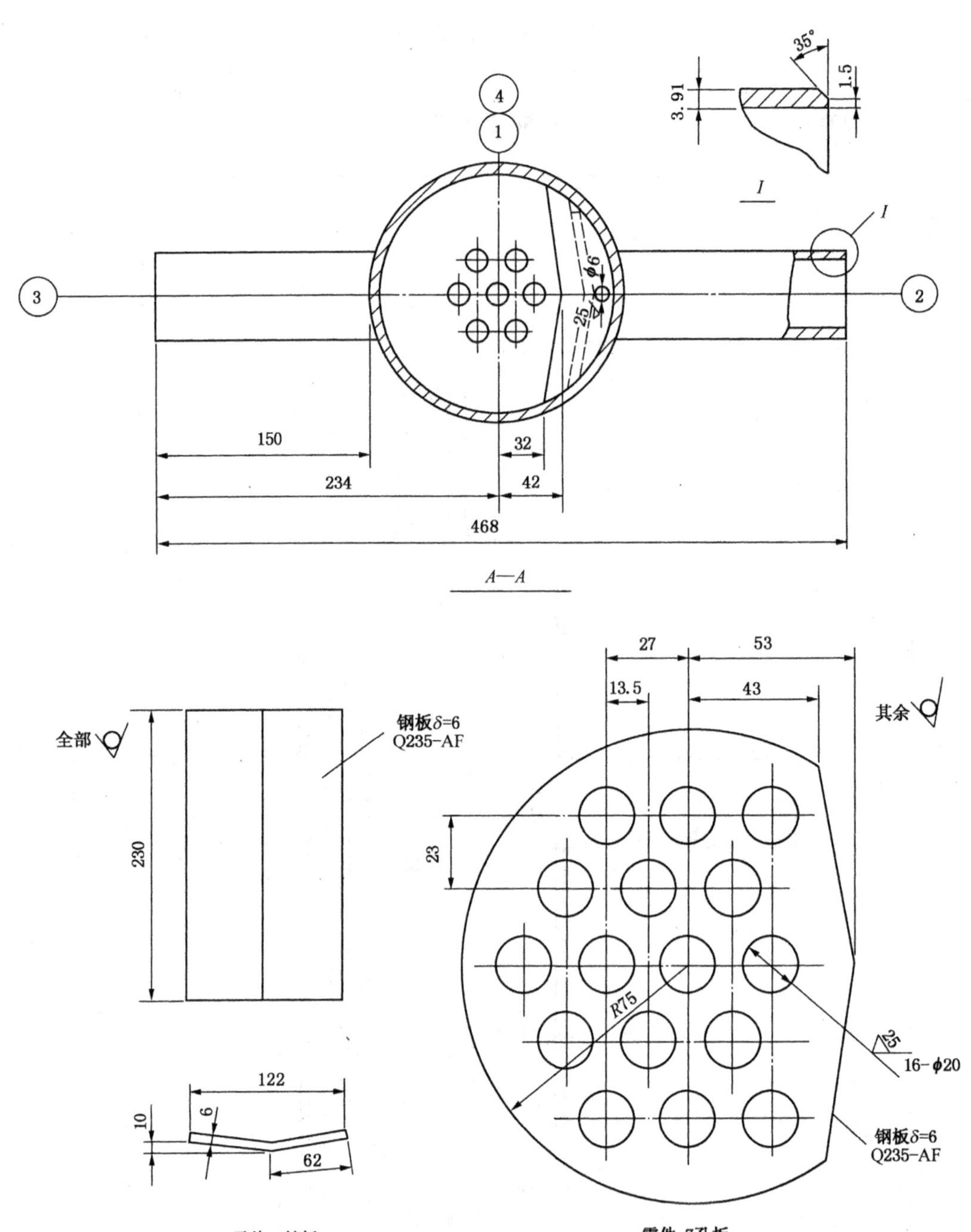

零件-5挡板

零件-7孔板

设 计 数 据

设计压力	1.3MPa	腐蚀裕度	2	容器类别	
设计温度	300℃	焊缝系数	0.8	容　　积	0.0066m^3
计算风压		保温材料		立置试压	2.14MPa
操作介质	水蒸气、水	保温厚度		最高工作压力	1.0MPa

设 备 重 量 (kg)

设备自重 20 保温重量	操作重 充水水重 7	最大重量

开 口 说 明

编号	名 称	件数	公称直径/mm	公称压力	焊接型式	伸出高度/mm
1	排气口	1	20	Class 2000	Ⅱ	见图
2	蒸汽进口	1	50	—	Ⅱ	见图
3	蒸汽出口	1	50	—	Ⅱ	见图
4	排水口	1	20	*PN*50bar	Ⅱ	见图

材 料 表 金属总重 ~22kg

件号	名 称	数量	材料规格	单重 kg	总重 kg	备 注
10	垫 圈	2	扁钢□40×4 Q235-AF	0.5	1	
9	接 管	1	无缝钢管 ϕ26.7×2.87 20号钢		0.25	GB/T 8163—2008
8	对焊钢法兰	2	*PN*50 *DN*20 20号钢	1.36	2.72	HG/T 20615—2009
7	孔 板	1	钢板6 Q235-AF		0.4	
6	筒 体	1	无缝钢管 ϕ168.3×7.11 20号钢		8.5	GB/T 8163—2008
5	挡 板	1	钢板6 Q235-AF		1.2	
4	接 管	2	无缝钢管 ϕ60.3×3.91 20号钢	0.87	1.74	GB/T 8163—2008
3	堵 板	1	钢板6 Q235-AF		0.1	
2	椭圆形封头	2	ϕ168.3×7.11 20R	2.3	4.6	SH/T 3048—2012
1	管 嘴	1	GZ-20×140-CL 2000 20号钢		1.28	S5-101-1

技术要求

1. 本设备封头用20R钢材的化学成分和机械性能应符合GB 713—2008《锅炉和压力容器用钢板》的规定。

2. 设备材料表中的无缝钢管应符合GB/T 8163—2008《输送流体用无缝钢管》的规定。

3. 本设备的对接焊缝型式应符合GB/T 985.1—2008或GB/T 985.2—2008所规定的焊缝结构型式，制造厂亦可自行决定，但焊缝系数不得低于0.80。

4. 设备的对接焊缝应进行局部超声波探伤检查。检查长度不得小于各条焊缝长度的20%，且不小于250mm，对A、B类焊缝应按JB/T 4730.3—2005《承压设备无损检测 第3部分：超声检测》进行，Ⅱ级为合格。

5. 除注明者外，所有塔接焊缝或角焊缝的焊脚尺寸均等于较薄板的厚度，且为连续焊。

6. 本设备制造完毕后应彻底除锈，在外表面涂一遍底漆，二遍灰色面漆，并用白色油漆在外表面标注介质流向箭头。

注：1）设备开口接管焊接型式见S5-102-1《开口接管焊接型式》。

2）保温材料及厚度由选用者根据建设项目情况确定。

总图、A—A 及零件图

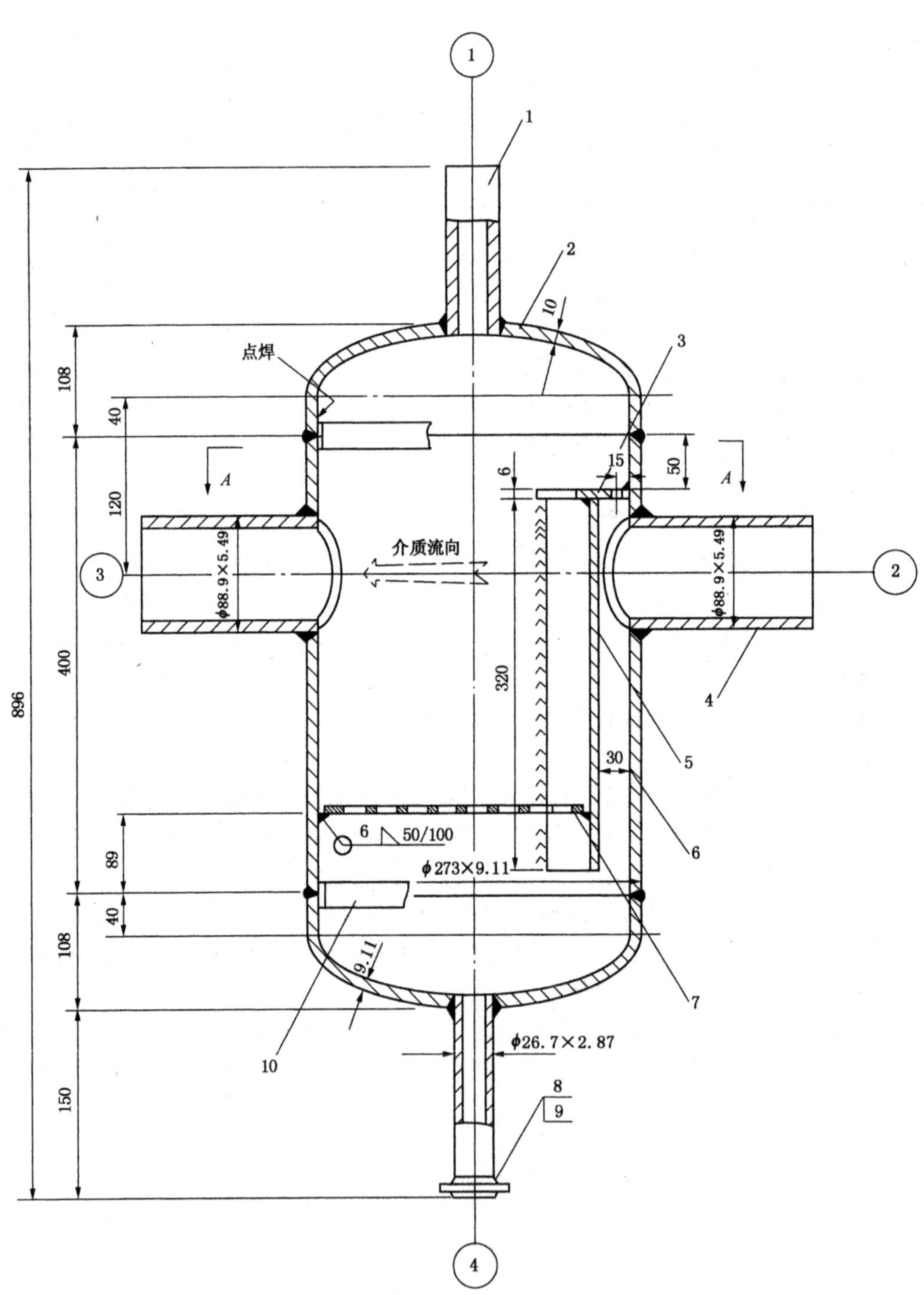

1
2
3
4
5
6
7
8
9
10
点焊
介质流向
A
108
40
120
400
896
89
40
108
150
320
6
15
50
30
10
9.11
ϕ88.9×5.49
ϕ273×9.11
ϕ26.7×2.87
6 50/100

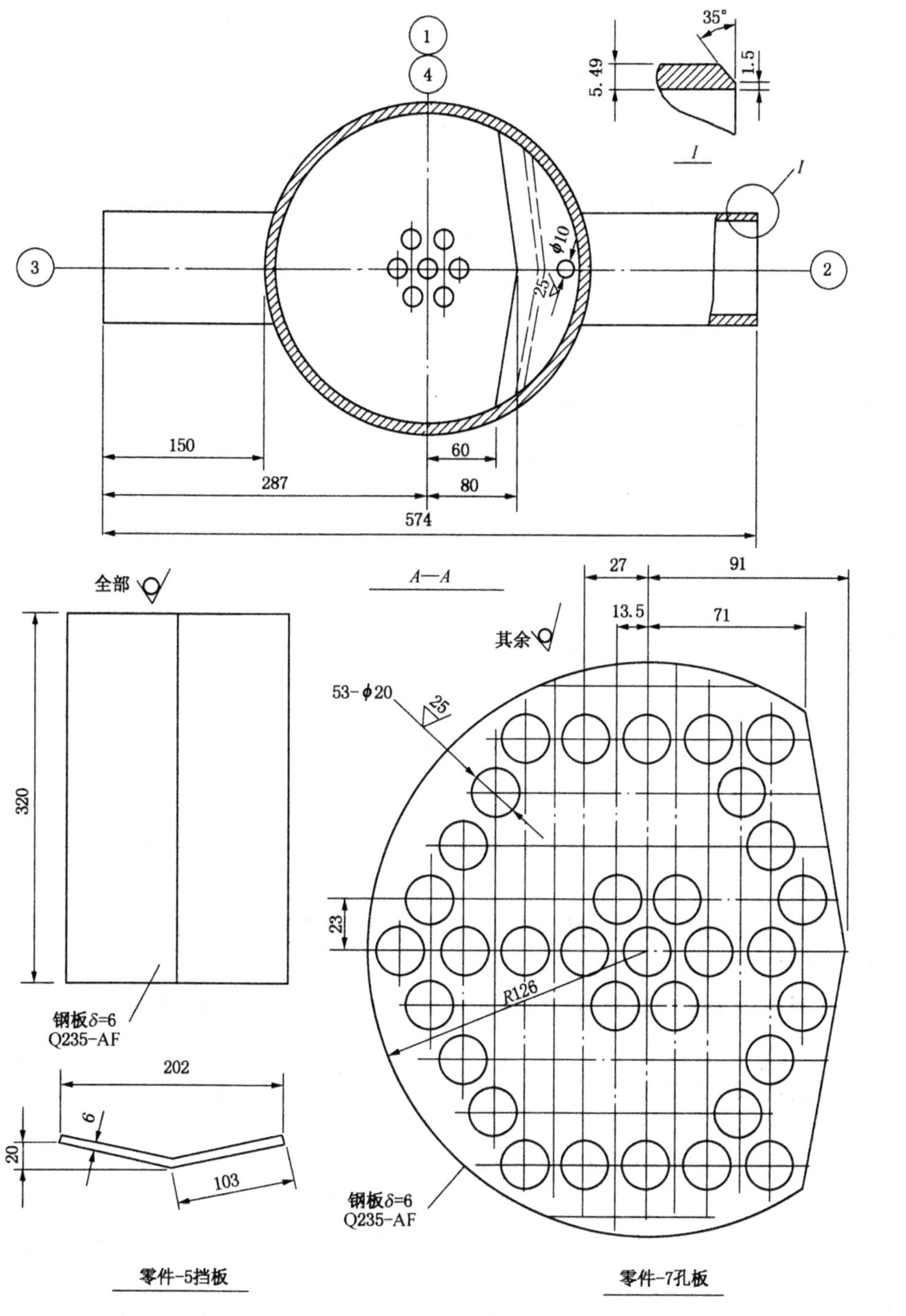

设 计 数 据

设计压力	1.3MPa	腐蚀裕度	2	容器类别	一类
设计温度	300℃	焊缝系数	0.8	容　积	0.033m³
计算风压		保温材料		立置试压	2.14MPa
操作介质	水蒸气、水	保温厚度		最高工作压力	1.0MPa

设备重量 (kg)

设备自重 55 保温重量	操作重 充水水重 33	最大重量

开口说明

编号	名称	件数	公称直径/mm	公称压力	焊接型式	伸出高度/mm
1	排气口	1	20	Class 2000	Ⅱ	见图
2	蒸汽进口	1	80	—	Ⅱ	见图
3	蒸汽出口	1	80	—	Ⅱ	见图
4	排水口	1	20	*PN*50bar	Ⅱ	见图

材料表 金属总重～56kg

件号	名称	数量	材料规格	单重	总重	备注
10	垫圈	2	扁钢▱40×4 Q235－AF	1	2	
9	接管	1	无缝钢管 ϕ26.7×2.87 20号钢		0.25	GB/T 8163—2008
8	对焊钢法兰	2	*PN*50 *DN*20 20号钢	1.36	2.72	HG/T 20615—2009
7	孔板	1	钢板6 Q235－AF		1.4	
6	筒体	1	无缝钢管 ϕ273×9.11 20号钢		24.1	GB/T 8163—2008
5	挡板	1	钢板6 Q235－AF		3.5	
4	接管	2	无缝钢管 ϕ88.9×5.49 20号钢	1.9	3.8	GB/T 8163—2008
3	堵板	1	钢板6 Q235－AF		0.5	
2	椭圆形封头	2	ϕ273×9.11 20R	7.71	15.41	GB/T 12459—2005
1	管嘴	1	GZ－20×140－CL 2000 20号钢		1.28	S5－101－1
				kg		

技术要求

1. 本设备应按 GB 150.1～150.4—2011《压力容器》和劳动部颁发的《压力容器安全技术监察规程》的有关规定制造和验收。

2. 设备材料中 20R 钢材的化学成分和机械性能应符合 GB 713—2008《锅炉和压力容器用钢板》的规定。

3. 设备材料表中的无缝钢管应符合 GB/T 8163—2008《输送流体用无缝钢管》的规定。

4. 本设备的对接焊缝型式应符合 GB/T 985.1—2008 或 GB/T 985.2—2008 所规定的焊缝结构型式，制造厂亦可自行决定，但焊缝系数不得低于 0.80。

5. 设备的对接焊缝应进行局部超声波探伤检查，检查长度不得小于各条焊缝长度的 20%，且不小于 250mm，对 A、B 类焊缝应按 JB/T 4730.3—2005《承压设备无损检测 第3部分：超声检测》进行，Ⅱ级为合格。

6. 除注明者外，所有塔接焊缝或角焊缝的焊脚尺寸均等于较薄板的厚度，且为连续焊。

7. 本设备制造完毕后应彻底除锈，在外表面涂一遍底漆，二遍灰色面漆，并用白色油漆在外表面标注介质流向箭头。

注：1）设备开口接管焊接型式是 S5－102－1《开口接管焊接型式》。

2）保温材料及厚度由选用者根据建设项目情况确定。

总图、A—A 及零件图

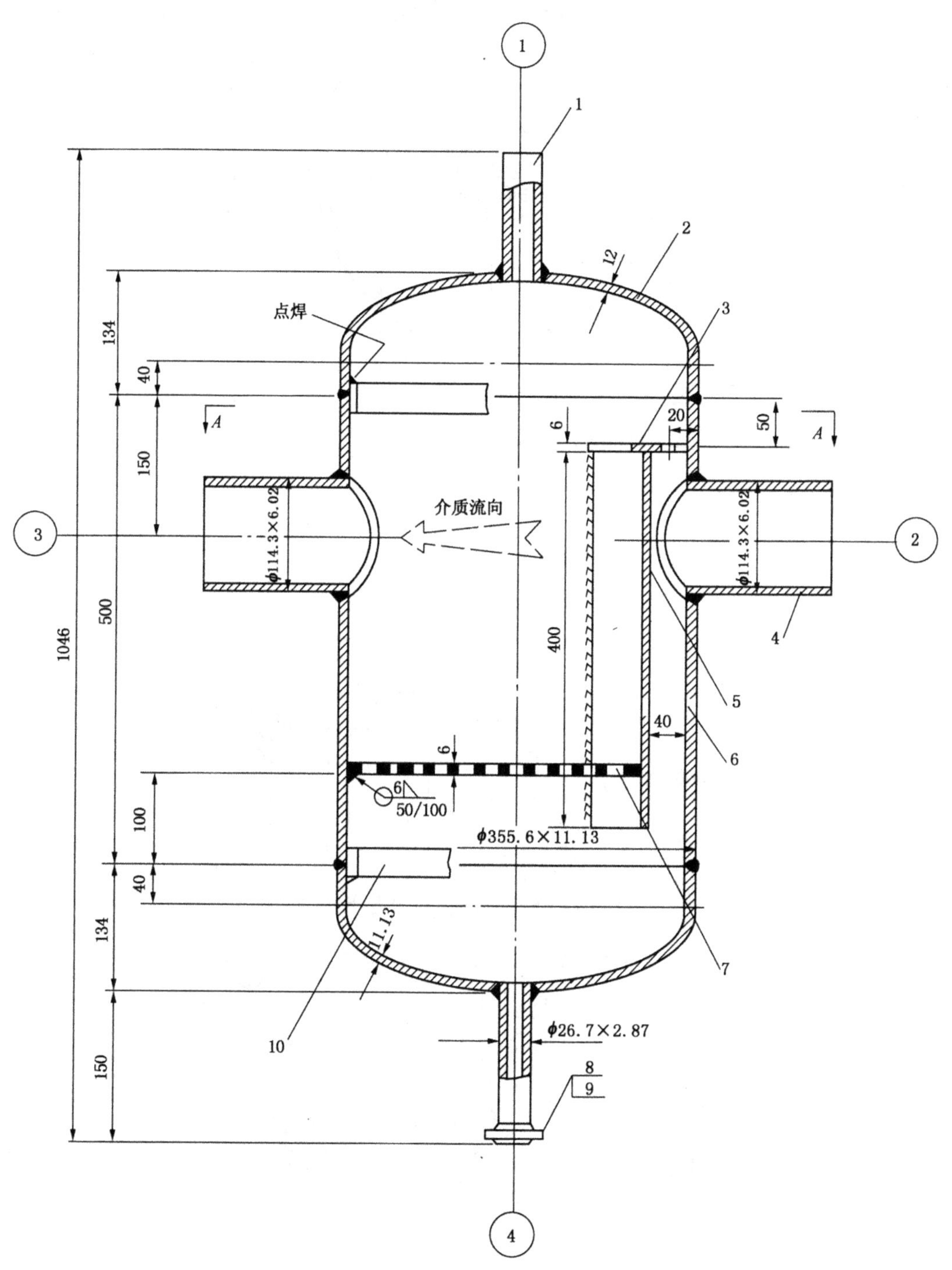
1
1
2
12
点焊
3
134
40
A
20
50
A
6
150
介质流向
3
φ114.3×6.02
φ114.3×6.02
2
4
1046
500
400
5
40
6
6
100
6
50/100
φ355.6×11.13
40
134
11.13
7
10
150
φ26.7×2.87
8
9
4

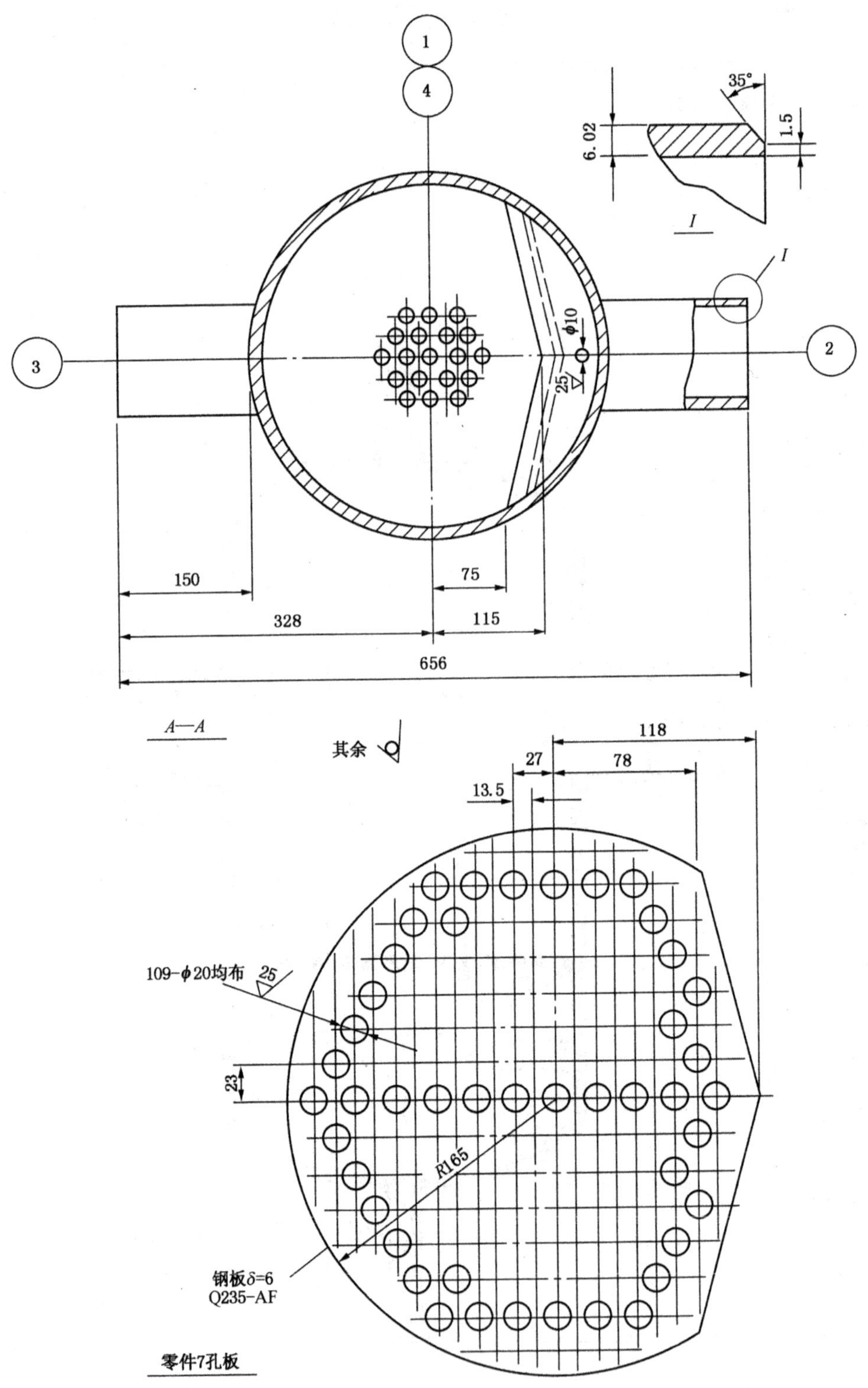
1
4
35°
6.02
1.5
I
I
φ10
25
3
2
150
75
328
115
656
A—A
其余
118
27
78
13.5
109-φ20均布
25
23
R165
钢板δ=6
Q235-AF
零件7孔板

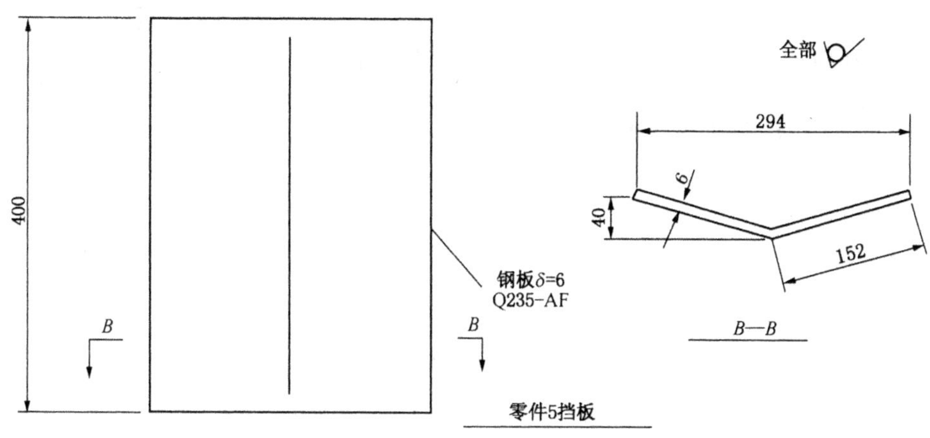

设计数据

设计压力	1.3MPa	腐蚀裕度	2	容器类别	一类
设计温度	300℃	焊缝系数	0.8	容　　积	0.058m^3
计算风压		保温材料		立置试压	2.14MPa
操作介质	水蒸气、水	保温厚度		最高工作压力	1.0MPa

设备重量

(kg)

设备自重　111	操作重	最大重量
保温重量	充水水重　58	

开口说明

编号	名　称	件数	公称直径/mm	公称压力	焊接型式	伸出高度/mm
1	排气口	1	20	Class 2000	Ⅱ	见图
2	蒸汽进口	1	100	—	Ⅱ	见图
3	蒸汽出口	1	100	—	Ⅱ	见图
4	排水口	1	20	*PN*50bar	Ⅱ	见图

材　料　表

金属总重～107kg

件号	名　称	数量	材料规格	单重 (kg)	总重 (kg)	备　注
10	垫　圈	2	扁钢▭40×4　Q235-AF	1.4	2.8	
9	接　管	1	无缝钢管 ϕ26.7×2.87　20号钢		0.25	GB/T 8163—2008
8	对焊钢法兰	2	*PN*50　*DN*20　20号钢	1.36	2.74	HG/T 20615—2009
7	孔　板	1	钢板6　Q235-AF		6.3	
6	筒　体	1	无缝钢管 ϕ355.6×11.13　20号钢		47.28	GB/T 8163—2008
5	挡　板	1	钢板6　Q235-AF		6.3	
4	接　管	2	无缝钢管 ϕ114.3×6.02　20号钢	2.75	5.5	GB/T 8163—2008
3	堵　板	1	钢板6　Q235-AF		0.8	
2	椭圆形封头	2	ϕ377×11.13　20R	16.6	33.2	SH/T 3408—2012
1	管　嘴	1	GZ-20×140-CL 2000　20号钢		1.28	S5-101-1

技术要求： 同S5-1-2。

总图、A—A、B—B 及零件图

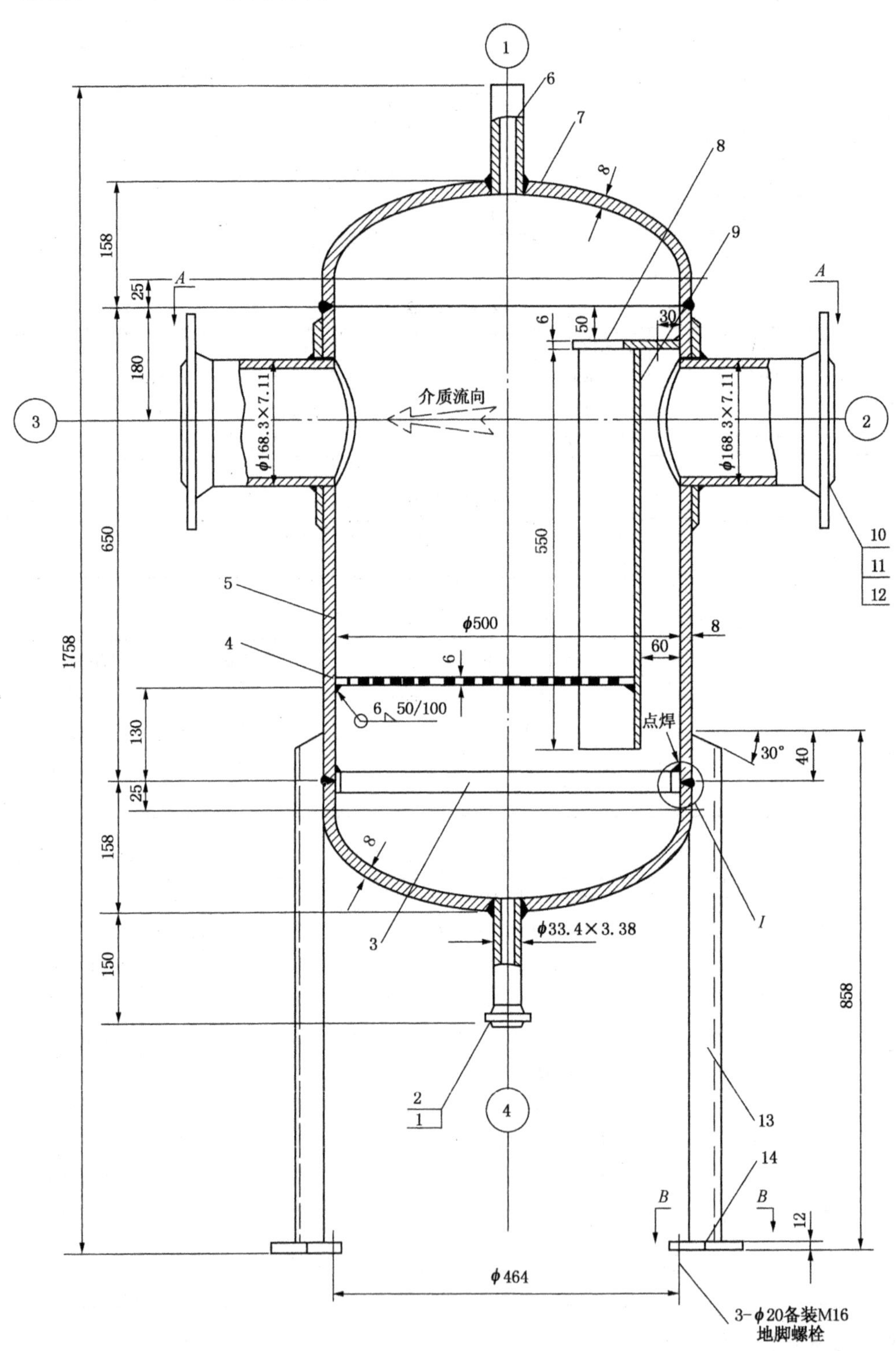
1
2
3
4
介质流向
ϕ168.3×7.11
ϕ500
ϕ33.4×3.38
ϕ464
点焊
6 50/100
3-ϕ20备装M16
地脚螺栓
1758
650
550
858
158
180
130
150
25
30°
A
B
I

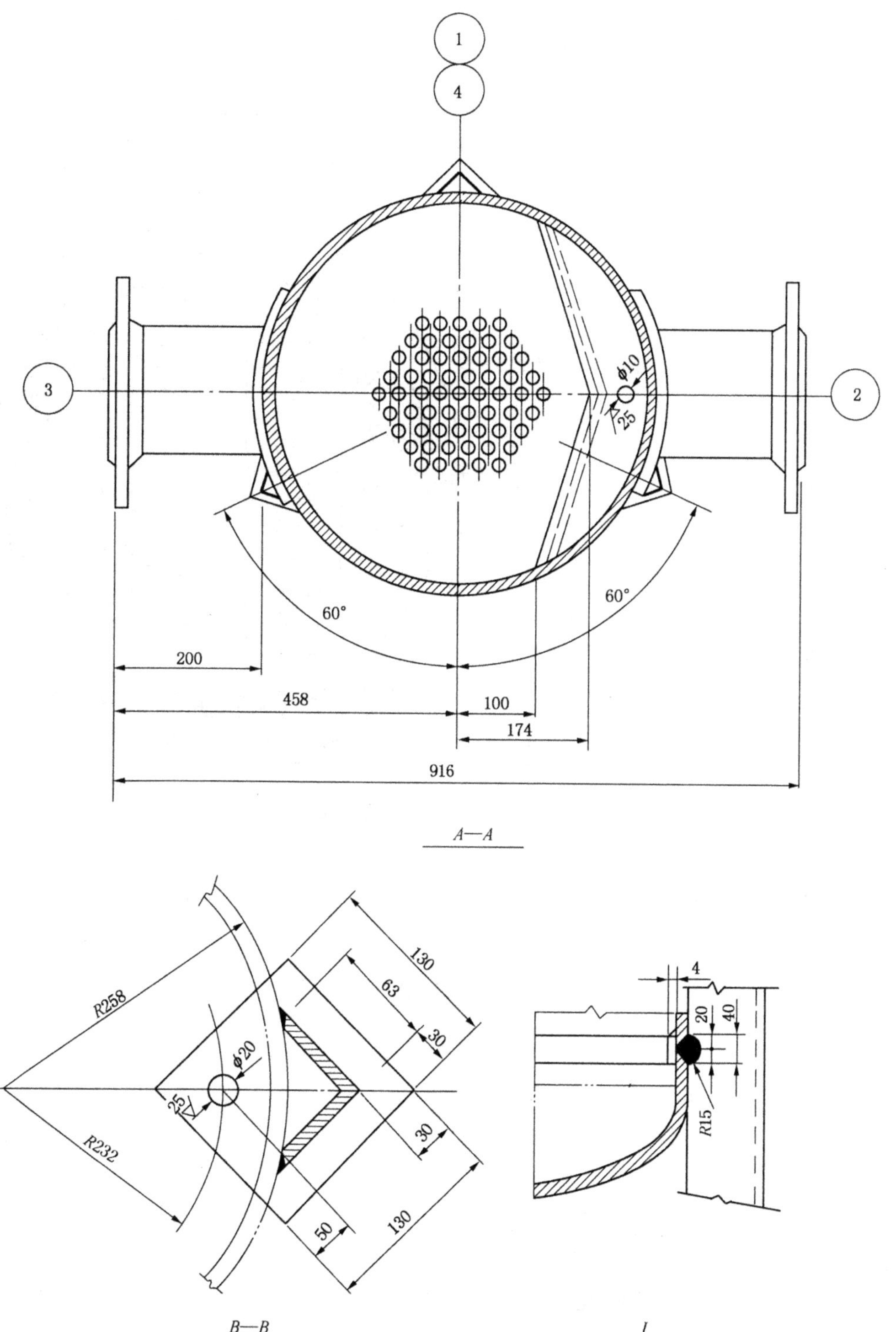
1
4
3
2
φ10
25
60°
60°
200
458
100
174
916
A—A
R258
R232
φ20
25
130
63
30
30
50
130
B—B
4
20
40
R15
I

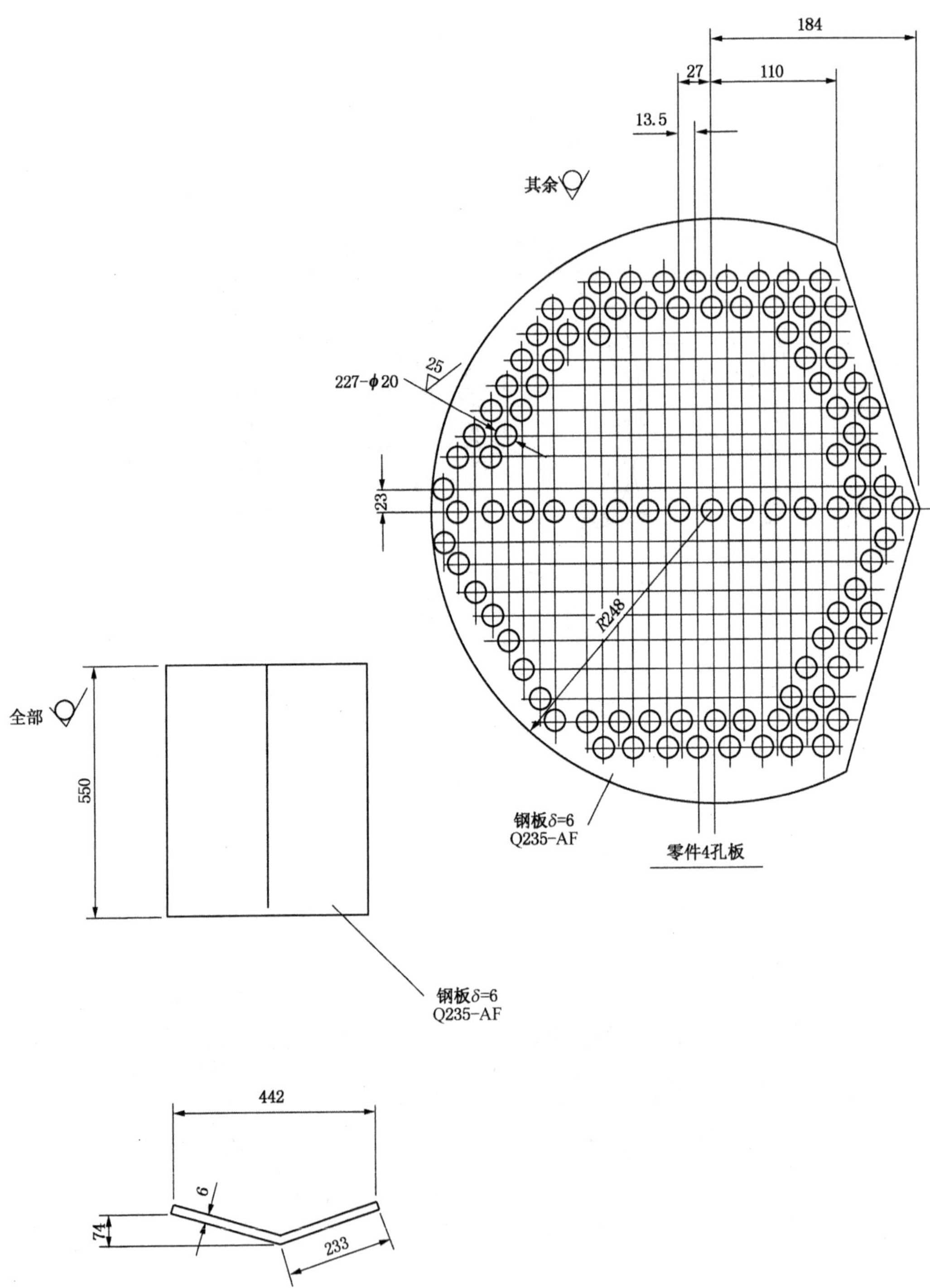
184
27
110
13.5
其余
227-ϕ20
25
23
R248
钢板δ=6
Q235-AF
全部
550
钢板δ=6
Q235-AF
442
6
74
233

零件4孔板

零件9挡板

设计数据

设计压力	1.3MPa	腐蚀裕度	2mm	容器类别	一类
设计温度	300℃	焊缝系数	0.8	容　积	0.147m³
计算风压		保温材料		立置试压	2.14MPa
操作介质	水蒸气、水	保温厚度		最高工作压力	1.0MPa

设备重量

(kg)

设备自重　196	操作重	最大重量
保温重量	充水水重　117	

开口说明

编号	名　称	件数	公称直径/mm	公称压力	焊接型式	伸出高度/mm
1	排气口	1	20	Class 2000	Ⅳ	见图
2	蒸汽进口	1	150	*PN*50bar	Ⅴ	见图
3	蒸汽出口	1	150	*PN*50bar	Ⅴ	见图
4	排水口	1	25	*PN*50bar	Ⅳ	见图

材　料　表

金属总重～246kg

件号	名　称	数量	材料规格	单重 (kg)	总重 (kg)	备　注
14	底　板	3	钢板12　Q235－AF	1.59	4.77	
13	支　腿	3	∠63×6　Q235－AF	4.97	14.91	
12	补强圈	2	*DN*150×8　20R	3.13	6.26	JB/T 4736—2002
11	接　管	2	无缝钢管 ϕ168.3×7.11　20号钢	3.6	7.6	GB/T 8163—2008
10	对焊钢法兰	4	*PN*50　*DN*150　20号钢	20.43	81.72	HG/T 20615—2009
9	挡　板	1	钢板6　Q235－AF		12.1	
8	堵　板	1	钢板6　Q235－AF		1.5	
7	椭圆形封头	2	ϕ500×8　20R	20.1	40.2	JB/T 4746—2002
6	管　嘴	1	GZ－20×140－15.68　20号钢		1.28	S5－101－1
5	筒　体	1	钢板8　20R		65	
4	孔　板	1	钢板6　Q235－AF		4.4	
3	垫　板	1	扁钢▭40×4　Q235－AF		2	
2	接　管	1	无缝钢管 ϕ33.4×3.38　20号钢		0.38	GB/T 8163—2008
1	对焊钢法兰	2	*PN*50　*DN*25　20号钢	1.82	3.64	HG/T 20615—2009

技术要求：同S5－1－2。

总图、A—A、B—B 及零件图

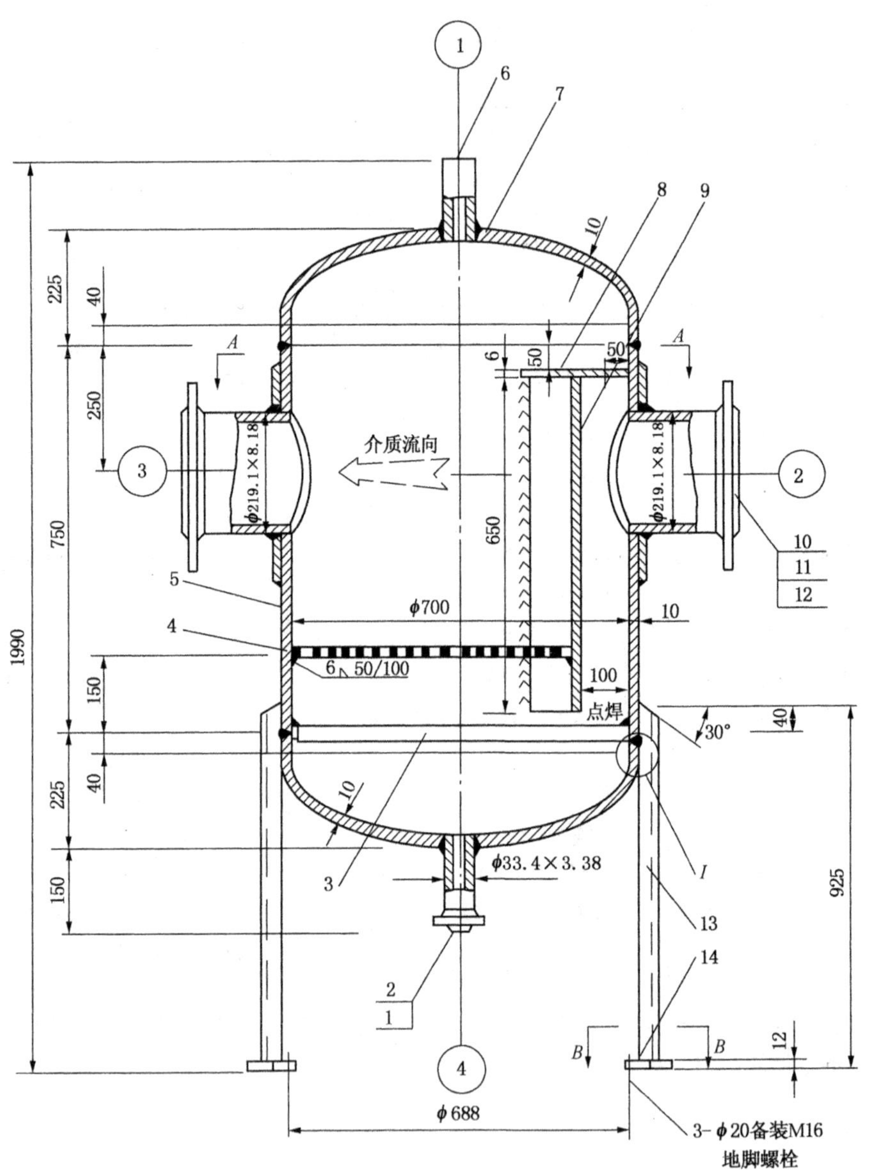
1
6
7
8
9
10
225
40
A
50
6
50
A
250
3
φ219.1×8.18
介质流向
φ219.1×8.18
2
650
750
10
11
12
5
φ700
10
1990
4
150
6 50/100
100
点焊
40
30°
225
40
10
3
φ33.4×3.38
I
925
150
13
14
2
1
B
B
12
4
φ688
3-φ20备装M16
地脚螺栓

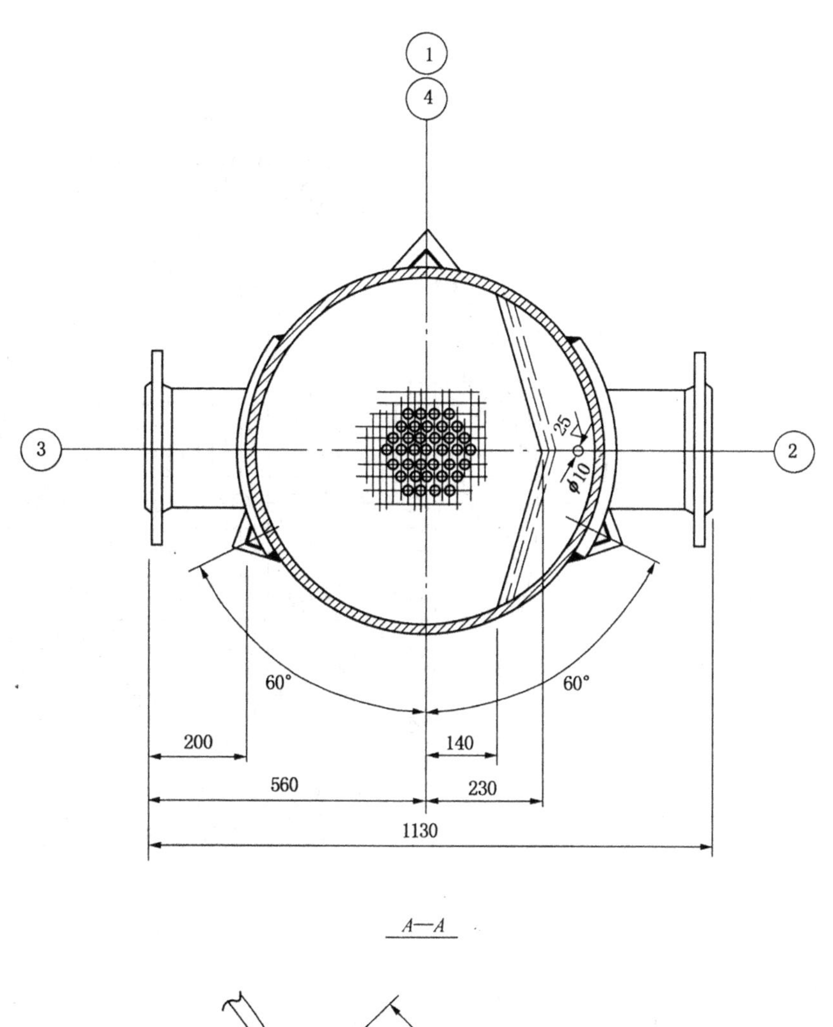
1
4
3
2
25
φ10
60°
60°
200
140
560
230
1130

A—A

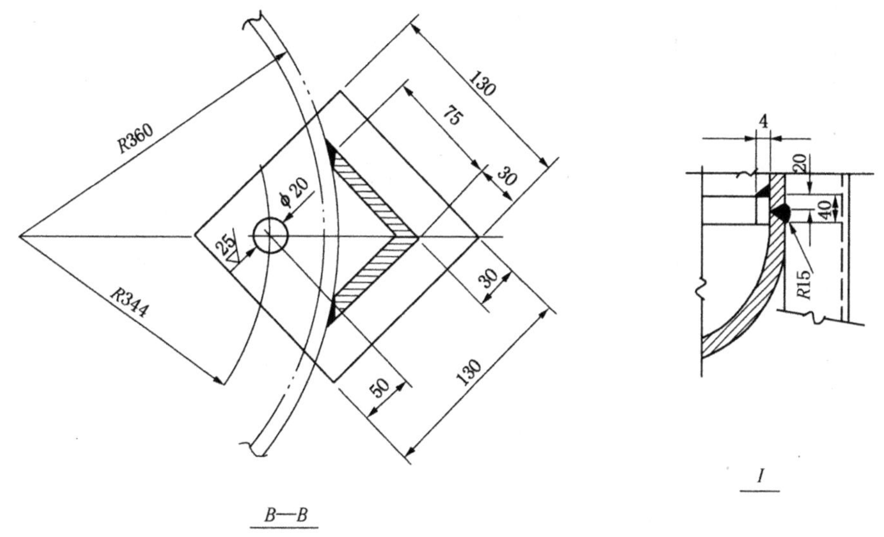
R360
R344
φ20
25
130
75
30
30
50
130
4
20
40
R15

B—B

I

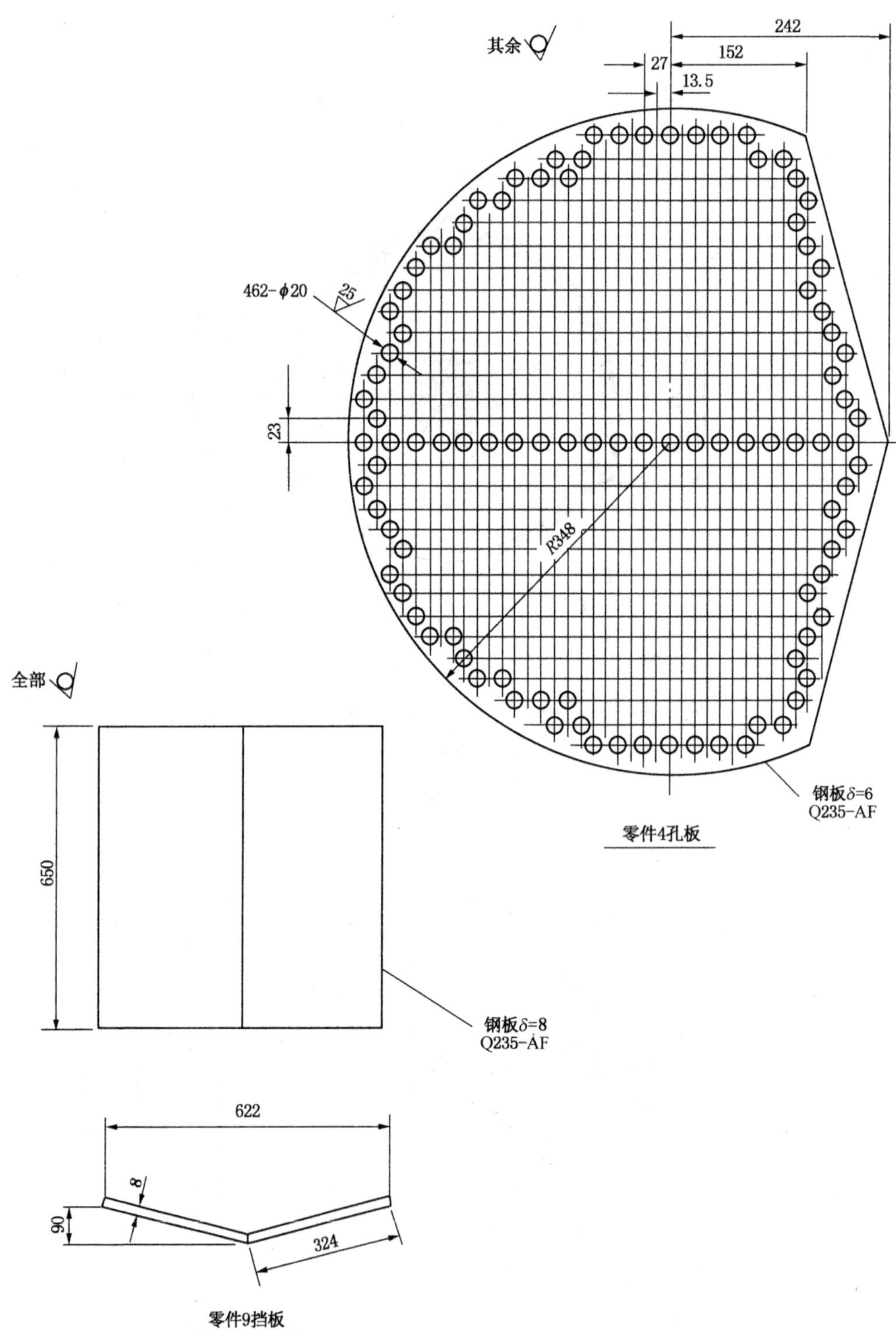

其余
242
152
27
13.5
462-φ20
25
23
R348
钢板δ=6
Q235-AF
零件4孔板
全部
650
钢板δ=8
Q235-AF
622
8
90
324
零件9挡板

设计数据

设计压力	1.3MPa	腐蚀裕度	2	容器类别	一类
设计温度	300℃	焊缝系数	0.8	容　积	0.32m^3
计算风压		保温材料		立置试压	2.14MPa
操作介质	水蒸气、水	保温厚度		最高工作压力	1.0MPa

设备重量

(kg)

设备自重　382	操作重	最大重量
保温重量	充水水重　318	

开口说明

编号	名　称	件数	公称直径/mm	公称压力	焊接型式	伸出高度/mm
1	排气口	1	20	Class 2000	Ⅳ	见图
2	蒸汽进口	1	200	*PN*50bar	Ⅴ	见图
3	蒸汽出口	1	200	*PN*50bar	Ⅴ	见图
4	排水口	1	25	*PN*50bar	Ⅳ	见图

材　料　表

金属总重～459kg

件号	名　称	数量	材料规格	单重 (kg)	总重 (kg)	备　注
14	底　板	3	钢板12　Q235－AF	1.59	4.77	
13	支　腿	3	∠75×8　Q235－AF	8.24	24.72	
12	补强圈	2	*DN*200×10　20R	6.8	13.6	JB/T 4736—2002
11	接　管	2	无缝钢管 ϕ219.1×8.18　20号钢	5.9	11.8	GB/T 8163—2008
10	对焊钢法兰	4	*PN*50　*DN*200　20号钢	31.33	125.32	HG/T 20615—2009
9	挡　板	1	钢板8　Q235－AF		26.4	
8	堵　板	1	钢板6　Q235－AF		3.5	
7	椭圆形封头	2	ϕ700×10　20R	50.2	100.4	JB/T 4746—2002
6	管　嘴	1	GZ－20×140－15.68　20号钢		1.28	S5－101－1
5	筒　体	1	钢板10　20R		132	
4	孔　板	1	钢板6　Q235－AF		8.2	
3	垫　板	1	扁钢▭40×4　Q235－AF		2.7	
2	接　管	1	无缝钢管 ϕ33.4×3.38　20号钢		0.38	GB/T 8163—2008
1	对焊钢法兰	2	*PN*50　*DN*25　20号钢	1.82	3.64	HG/T 20615—2009

技术要求：同S5－1－2。

总图、A—A、B—B 及零件图

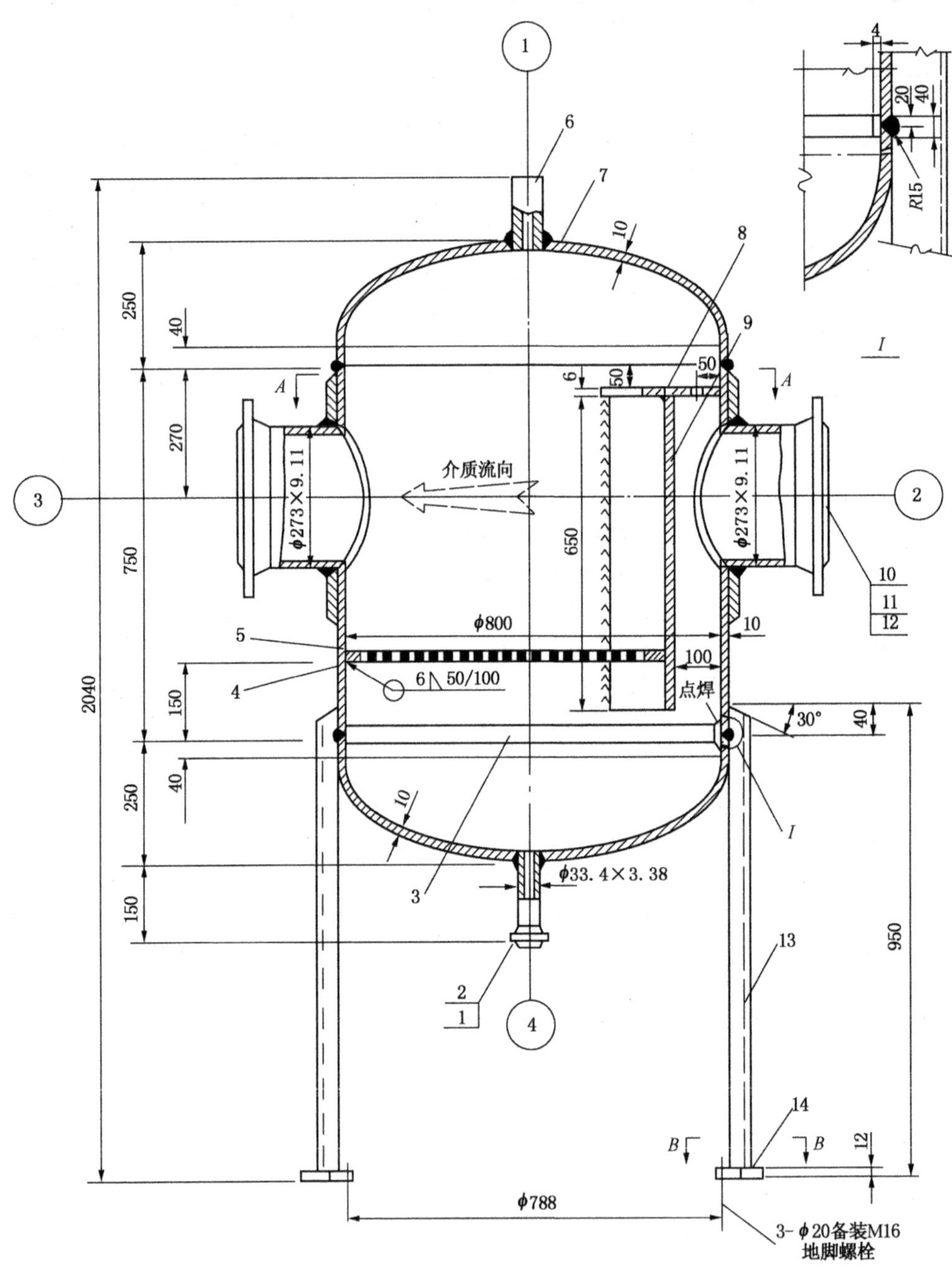
1
2
3
4
介质流向
φ273×9.11
φ800
φ788
φ33.4×3.38
6 50/100
点焊
30°
R15
I
A
B
2040
250
40
270
750
650
150
950
50
100
10
12
3-φ20备装M16
地脚螺栓

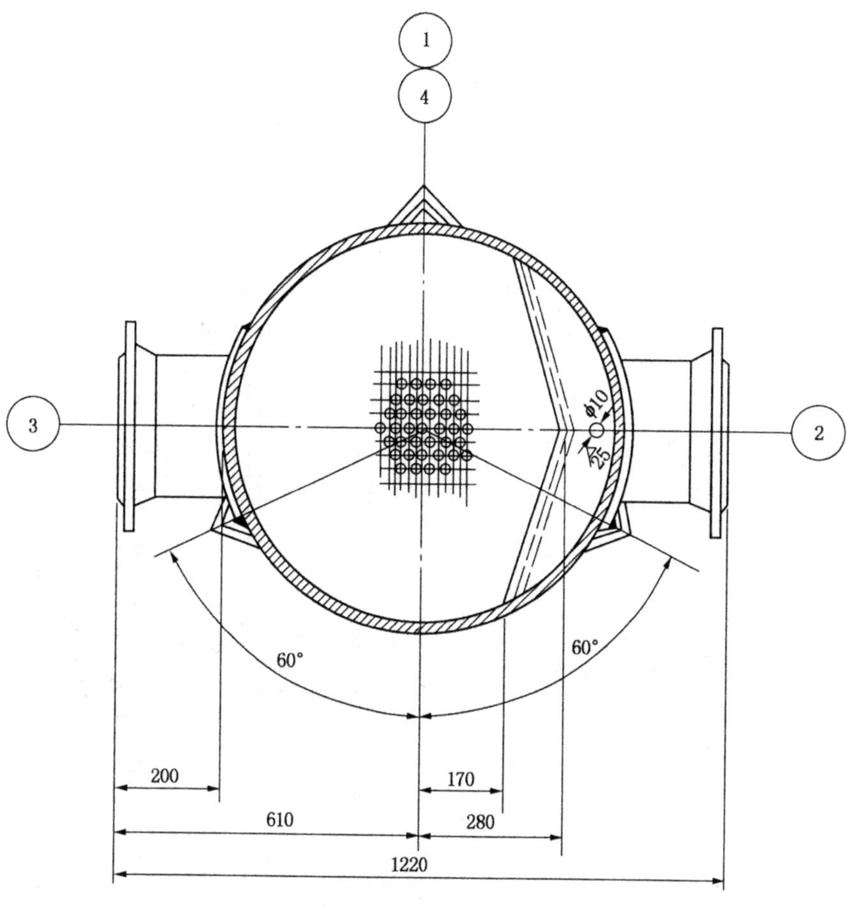
1
4
3
2
φ10
25
60°
60°
200
170
610
280
1220

A—A

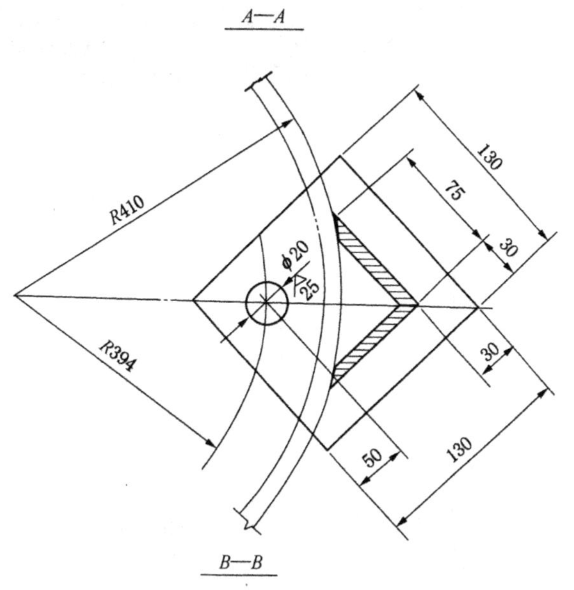
R410
R394
φ20
25
130
75
30
30
50
130

B—B

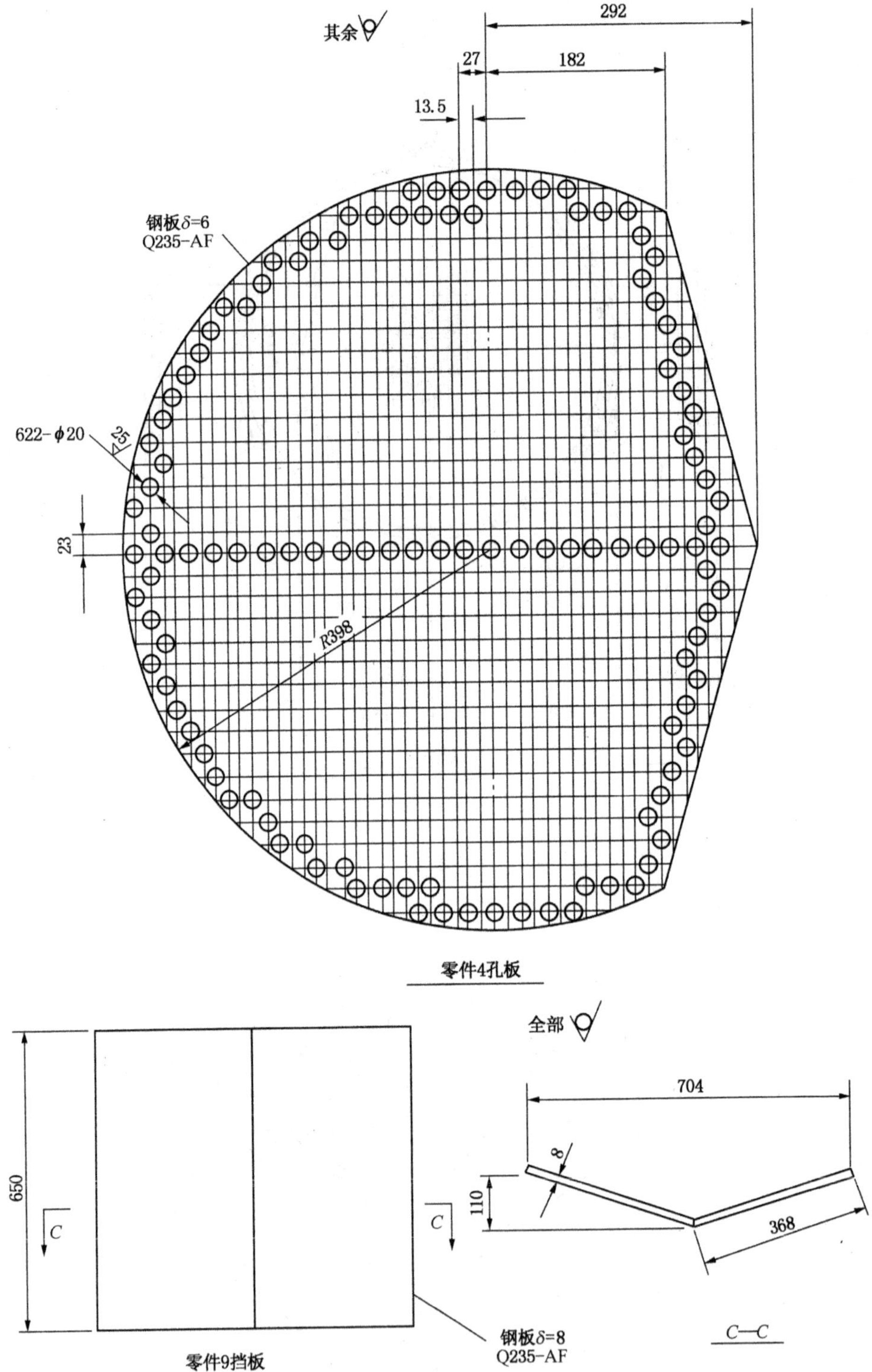

零件4孔板

零件9挡板

C—C

设计数据

设计压力	1.3MPa	腐蚀裕度	2	容器类别	一类
设计温度	300℃	焊缝系数	0.8	容　　积	0.55m^3
计算风压		保温材料		立置试压	2.14MPa
操作介质	水蒸气、水	保温厚度		最高工作压力	1.0MPa

设备重量

(kg)

设备自重	469	操作重		最大重量	
保温重量		充水水重	551		

开口说明

编号	名　称	件数	公称直径/mm	公称压力	焊接型式	伸出高度/mm
1	排气口	1	20	Class 2000	Ⅳ	见图
2	蒸汽进口	1	250	*PN*50bar	Ⅴ	见图
3	蒸汽出口	1	250	*PN*50bar	Ⅴ	见图
4	排水口	1	25	*PN*50bar	Ⅳ	见图

材料表

金属总重 ~575kg

件号	名　称	数量	材料规格	单重 (kg)	总重 (kg)	备　注
14	底　板	3	钢板 12　Q235-AF	1.59	4.77	
13	支　腿	3	∠75×8　Q235-AF	8.5	25.5	
12	补强圈	2	*DN*250×10　20R	9.47	18.94	JB/T 4736—2002
11	接　管	2	无缝钢管 ϕ273×9.27　20号钢	6.9	13.8	GB/T 8163—2008
10	对焊钢法兰	4	*PN*50　*DN*250　20号钢	45.4	181.6	HG/T 20615—2009
9	挡　板	1	钢板 8　Q235-AF		30	
8	堵　板	1	钢板 6　Q235-AF		3.7	
7	椭圆形封头	2	ϕ800×10　20R	63.6	127.2	JB/T 4746—2002
6	管　嘴	1	GZ-20×140-15.68　20号钢		1.28	S5-101-1
5	筒　体	1	钢板 10　20R		150	
4	孔　板	1	钢板 6　Q235-AF		11	
3	垫　板	1	扁钢▭40×4　Q235-AF		3.2	
2	接　管	1	无缝钢管 ϕ33.4×3.38　20号钢		0.38	GB/T 8163—2008
1	对焊钢法兰	2	*PN*50　*DN*25　20号钢	1.82	3.64	HG/T 20615—2009

技术要求： 同 S5-1-2。

总图、A—A、B—B 及零件图

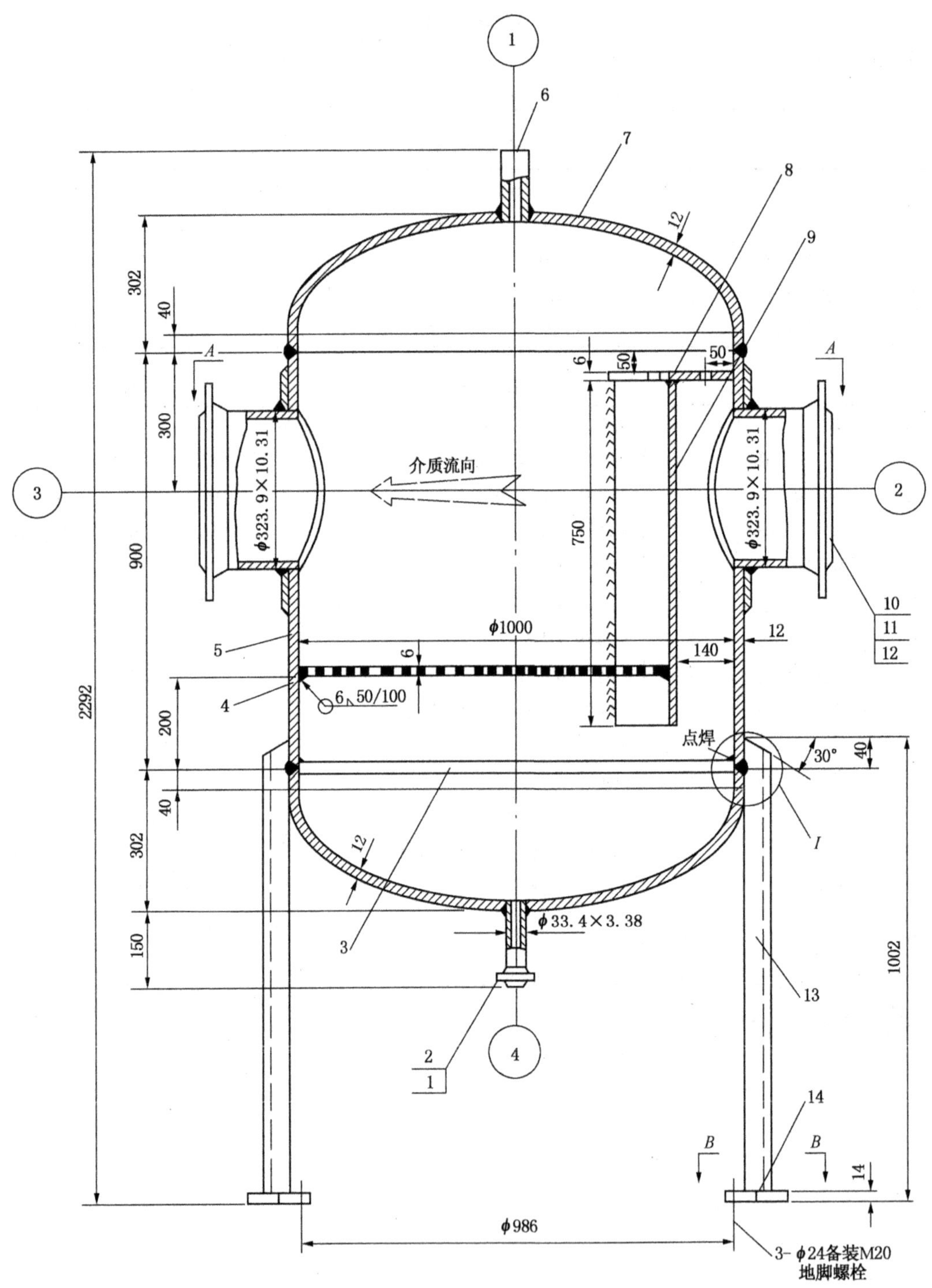
1
6
7
8
9
12
302
40
A
50
6
300
介质流向
3
2
φ323.9×10.31
750
900
2292
φ1000
5
12
140
10
11
12
6
4
6 50/100
200
点焊
30°
40
40
302
I
12
3
φ33.4×3.38
150
1002
13
2
1
4
14
B
B
14
φ986
3-φ24备装M20
地脚螺栓

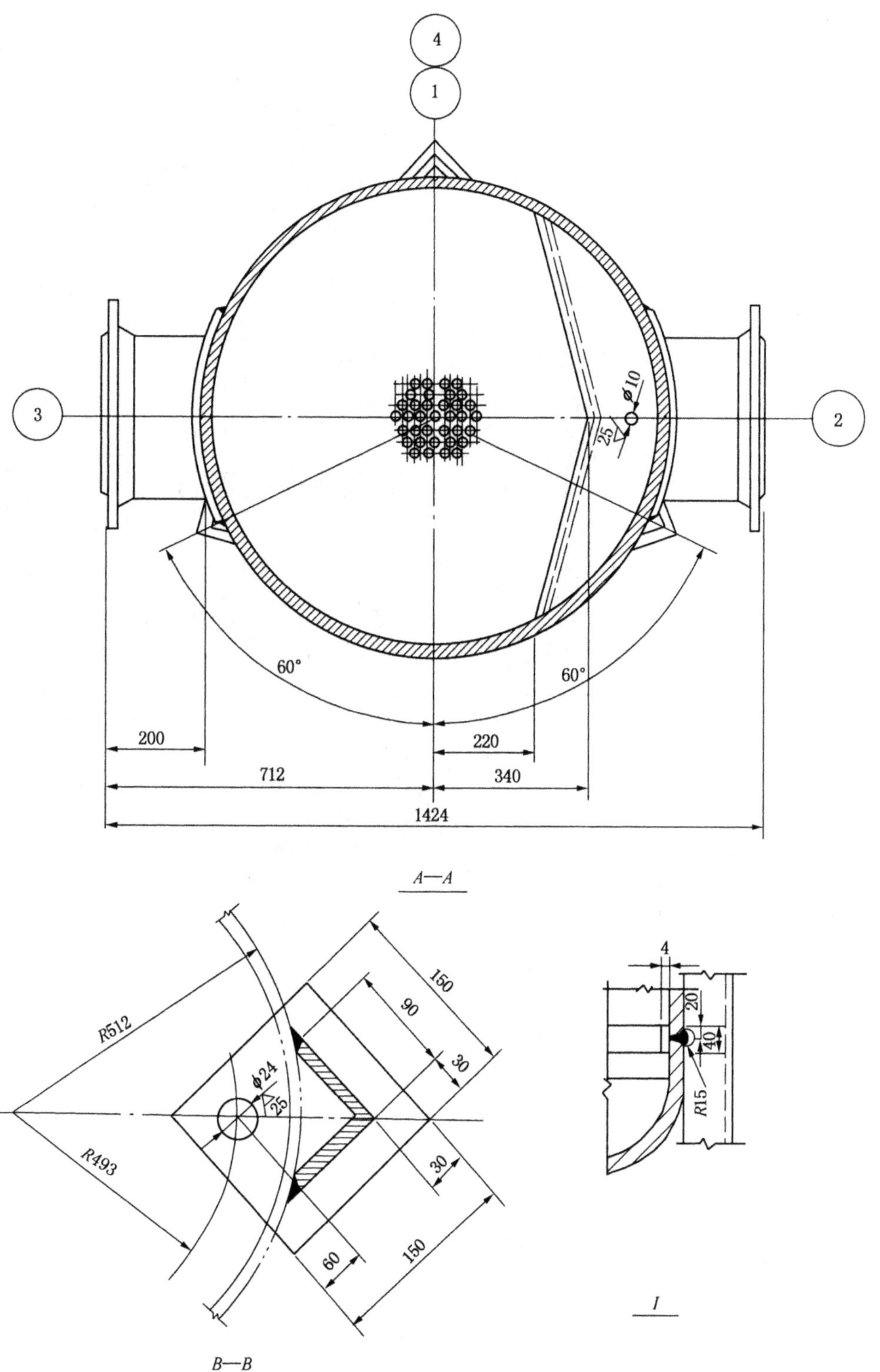
4
1
3
2
ϕ10
25
60°
60°
200
220
712
340
1424
A—A
R512
R493
ϕ24
25
150
90
30
30
60
150
B—B
4
20
40
R15
I

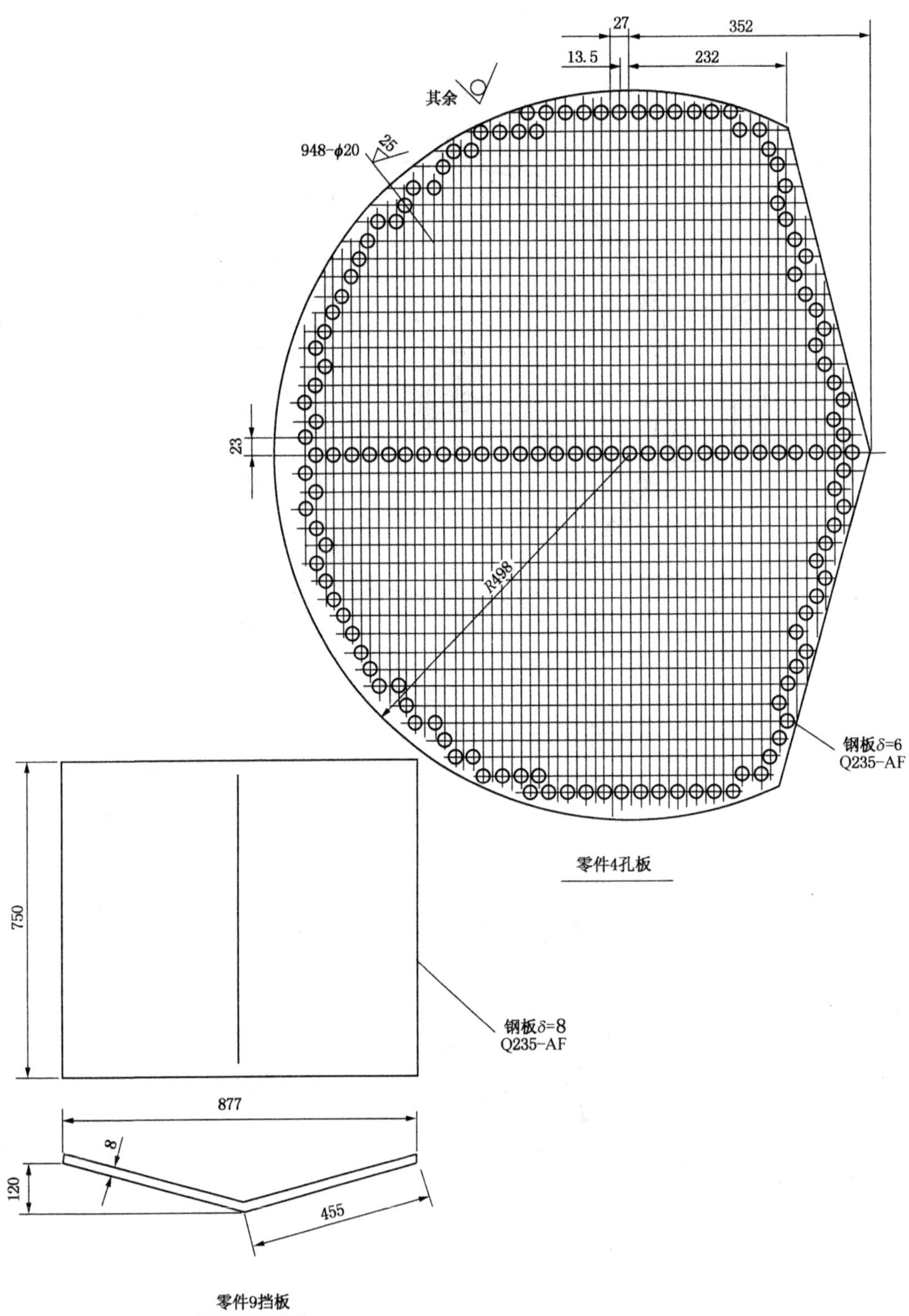
27
352
13.5
232
其余
948-φ20
25
23
R498
钢板δ=6
Q235-AF
750
钢板δ=8
Q235-AF
877
8
120
455

零件4孔板

零件9挡板

设计数据

设计压力	1.3MPa	腐蚀裕度	2	容器类别	一类
设计温度	300℃	焊缝系数	0.8	容　　积	0.93m^3
计算风压		保温材料		立置试压	2.14MPa
操作介质	水蒸气、水	保温厚度		最高工作压力	1.0MPa

设备重量

(kg)

设备自重　778	操作重	最大重量
保温重量	充水水重　931	

开口说明

编号	名　称	件数	公称直径/mm	公称压力	焊接型式	伸出高度/mm
1	排气口	1	20	Class 2000	Ⅳ	见图
2	蒸汽进口	1	300	*PN*50bar	Ⅴ	见图
3	蒸汽出口	1	300	*PN*50bar	Ⅴ	见图
4	排水口	1	25	*PN*50bar	Ⅳ	见图

材　料　表

金属总重～932kg

件号	名　　称	数量	材料规格	单重 (kg)	总重 (kg)	备　注
14	底　　板	3	钢板 14　Q235－AF	2.47	7.41	
13	支　　腿	3	∠90×10　Q235－AF	13.3	39.9	
12	补 强 圈	2	*DN*300×12　20R	14.4	28.8	JB/T 4736—2002
11	接　　管	2	无缝钢管 ϕ323.9×10.31　20 号钢	9.6	19.2	GB/T 8163—2008
10	对焊钢法兰	4	*PN*50　*DN*300　20 号钢	64.47	257.88	HG/T 20615—2009
9	挡　　板	1	钢板 8　Q235－AF		42.9	
8	堵　　板	1	钢板 6　Q235－AF		5.9	
7	椭圆形封头	2	ϕ1000×12　20R	117	234	JB/T 4746—2002
6	管　　嘴	1	GZ－20×140－15.68　20 号钢		1.28	S5－101－1
5	筒　　体	1	钢板 12　20R		269.5	
4	孔　　板	1	钢板 6　Q235－AF		17.3	
3	垫　　板	1	扁钢▱40×4　Q235－AF		4	
2	接　　管	1	无缝钢管 ϕ33.4×3.38　20 号钢		0.38	GB/T 8163—2008
1	对焊钢法兰	2	*PN*50　*DN*25　20 号钢	1.82	3.64	HG/T 20615—2009

技术要求：同 S5－1－2。

二、乏汽分油器

<table>
<tr><td rowspan="2">2014</td><td rowspan="2">DN80 乏汽分油器</td><td>施工图图号</td></tr>
<tr><td>S5－2－1</td></tr>
</table>

总图及零件图

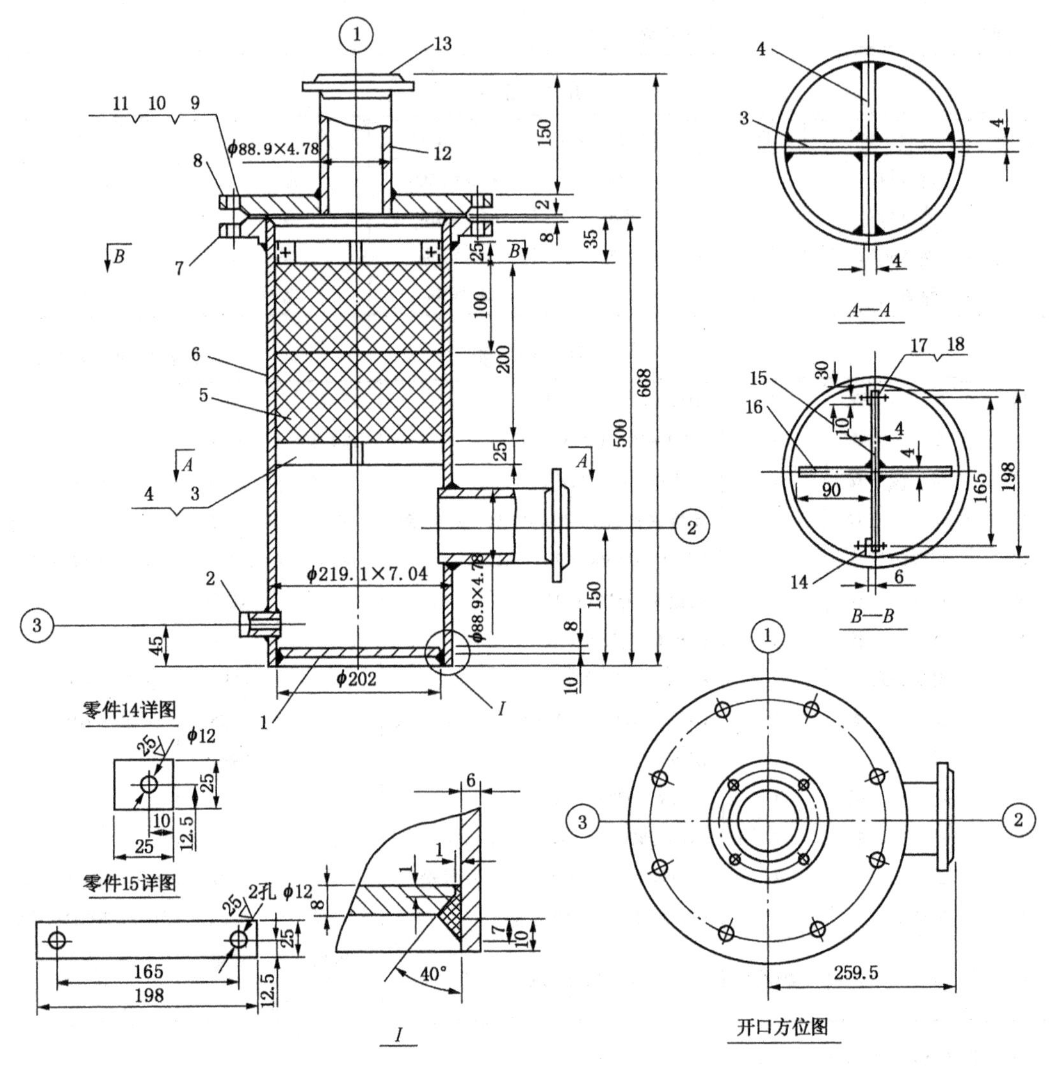

设 计 数 据

设计压力	0.3MPa	腐蚀裕度	2mm	容器类别	
设计温度	180℃	焊缝系数	0.6	容　　积	0.017m³
计算风压		保温材料		立置试压	0.385MPa
操作介质	水蒸气	保温厚度		最高工作压力	0.3MPa

设 备 重 量　　(kg)

设备自重	51	操作重		最大重量	
保温重量		充水水重	17		

开口说明

编号	名　称	件数	公称直径/mm	公称压力	焊接型式	伸出高度/mm
1	汽出口	1	80	*PN*20bar	Ⅱ	150
2	汽进口	1	80	*PN*20bar	Ⅱ	150
3	油出口	1	20	Class 2000	Ⅱ	

材　料　表　　金属总重 ~82kg

件号	名　称	数量	材料规格	单重 (kg)	总重 (kg)	备　注
18	螺　母	2	M10　Q235 - AF	0.01	0.02	GB/T 6170—2000
17	螺　栓	2	M10×20　Q235 - AF	0.02	0.04	GB/T 5782—2000
16	压　板(2)	2	□25×4　Q235 - AF	0.07	0.14	
15	压　板(1)	1	□25×4　Q235 - AF		0.15	
14	连接板	2	□25×4　Q235 - AF	0.02	0.04	
13	带颈平焊法兰	4	*PN*20　*DN*80　Q235 - B	4.01	16.04	HG/T 20615—2009
12	接　管	2	无缝钢管 ϕ88.9×4.78　20号钢	1.5	3	GB/T 8163—2008
11	垫　片	1	耐油橡胶石棉板　$\delta=2$　$\phi255/\phi220$			
10	螺　母	8	M16　Q235 - A	0.034	0.27	GB/T 6170—2000
9	螺　栓	8	M16×60　Q235 - A	0.122	0.98	GB/T 5782—2000
8	法兰盖	1	*PN*20　*DN*200　Q235 - B，开孔 ϕ90		25.84	HG/T 20615—2009
7	带颈平焊法兰	1	*PN*20　*DN*200　Q235 - B		12.9	HG/T 20615—2009
6	筒　体	1	无缝钢管 ϕ219.1×7.04　20号钢		18.4	GB/T 8163—2008
5	破沫网	2盘	40 - 100型丝网　1Cr18Ni9	0.5	1	
4	格栅条	2	□25×4	0.08	0.16	
3	格栅条	1	□25×4		0.17	
2	管　嘴	1	GZ - 20×80 - CL2000　20号钢		0.73	S5 - 101 - 1
1	底　板	1	钢板 8　Q235 - AF		2.1	GB/T 709—2006

技术要求：

1. 本设备底板(件—1)的材料应符合 GB/T 3274—2007《碳素结构钢和低合金结构钢热轧厚钢板和钢带》技术条件的规定。无缝钢管应符合 GB/T 8163—2008 之规定。
2. 除注明者外，所有搭接或角焊缝焊角高均等于相焊件中较薄件厚度，且为连续焊。
3. 设备制造完毕后应进行水压试验，其试验压力为 0.385MPa。
4. 件—5 破沫网卷成盘状安装。

注：1）本设备开口接管焊接见 S5 - 102 - 1，接管伸出高度系指设备外壁至法兰接合面距离。
2）保温材料及厚度由选用者根据建设项目情况确定。

2014	*DN*100 乏汽分油器	施工图图号
		S5－2－2

总图及零件图

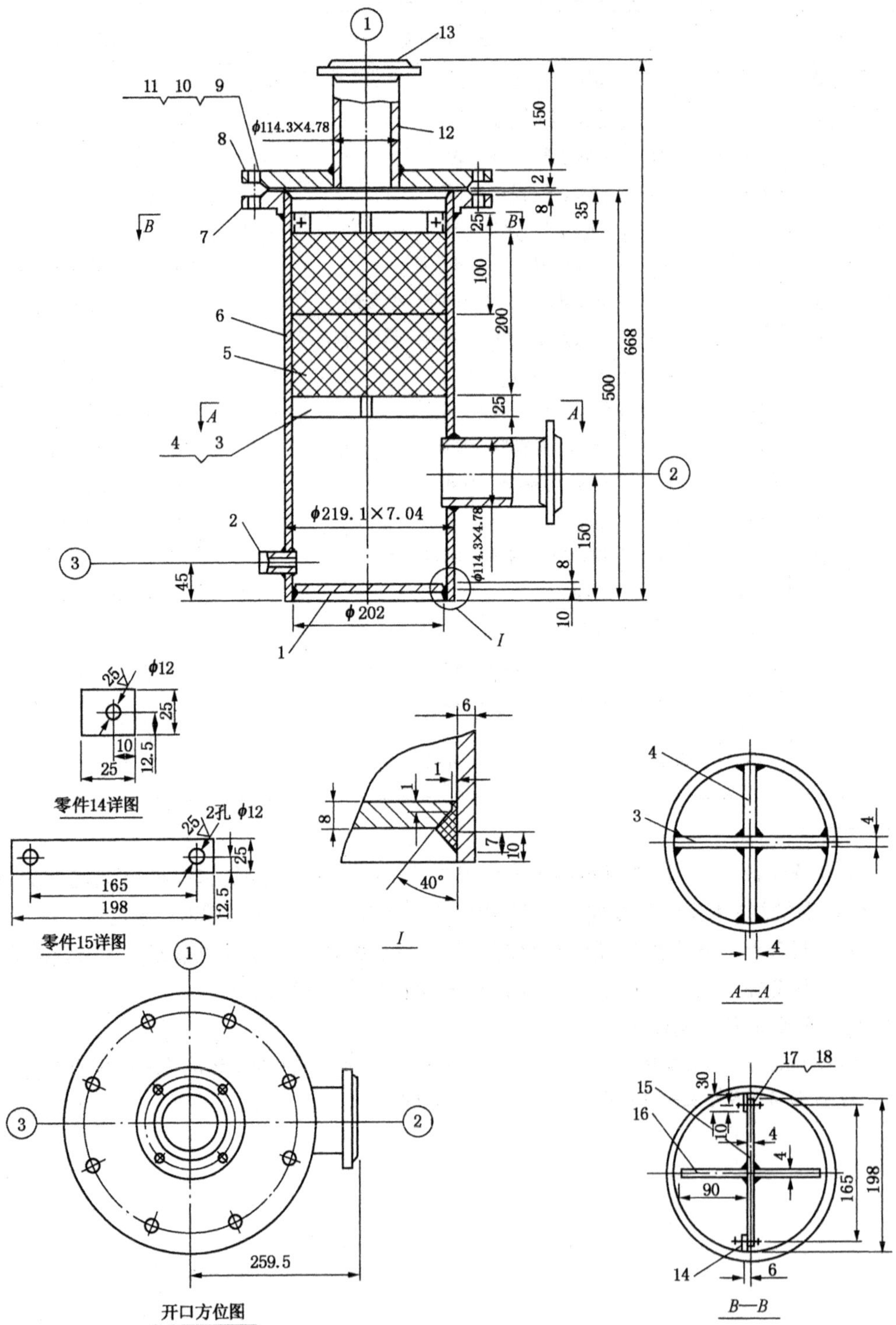

设计数据

设计压力	0.3MPa	腐蚀裕度	2mm	容器类别	
设计温度	180℃	焊缝系数	0.6	容　　积	0.017m^3
计算风压		保温材料		立置试压	0.385MPa
操作介质	水蒸气	保温厚度		最高工作压力	0.3MPa

设备重量

(kg)

设备自重	54	操作重		最大重量
保温重量		充水水重	17	

开口说明

编号	名　称	件数	公称直径/mm	公称压力	焊接型式	伸出高度/mm
1	汽出口	1	100	*PN*20bar	Ⅱ	150
2	汽进口	1	100	*PN*20bar	Ⅱ	150
3	油出口	1	20	Class 2000	Ⅱ	

材　料　表

金属总重～90kg

件号	名　　称	数量	材料规格	单重 (kg)	总重 (kg)	备　注
18	螺　　母	2	M10　Q235－AF	0.01	0.02	GB/T 6170—2000
17	螺　　栓	2	M10×2　Q235－AF	0.02	0.04	GB/T 5782—2000
16	压　　板(2)	2	▱25×4　Q235－AF	0.07	0.14	
15	压　　板(1)	1	▱25×4　Q235－AF		0.15	
14	连 接 板	2	▱25×4　Q235－AF	0.02	0.04	
13	带颈平焊法兰	4	Class 150　*DN*100　Q235－B	5.63	22.52	HG/T 20615—2009
12	接　　管	2	无缝钢管 ϕ114.3×4.78　20 号钢	2.5	5	GB/T 8163—2008
11	垫　　片	1	耐油橡胶石棉板　$\delta=2$			ϕ255/ϕ220
10	螺　　母	8	M16　Q235－A	0.034	0.27	GB/T 6170—2000
9	螺　　栓	8	M16×60　Q235－A	0.122	0.98	GB/T 5782—2000
8	法 兰 盖	1	*PN*20　*DN*200　Q235－B，开孔 ϕ116		23.34	HG/T 20615—2009
7	带颈平焊法兰	1	*PN*20　*DN*200　Q235－B		12.9	HG/T 20615—2009
6	筒　　体	1	无缝钢管 ϕ219.1×7.04　20 号钢		18.4	GB/T 8163—2008
5	破 沫 网	2 盘	40－100 型丝网　1Cr18Ni9	0.5	1	
4	格 栅 条	2	▱25×4　Q235－AF	0.08	0.16	
3	格 栅 条	1	▱25×4　Q235－AF		0.17	
2	管　　嘴	1	GZ－20×80－15.68　20 号钢		0.73	S5－101－1
1	底　　板	1	钢板 8　Q235－AF		2.1	GB/T 709—2006

技术要求：同 S5－2－1。

总图及零件图

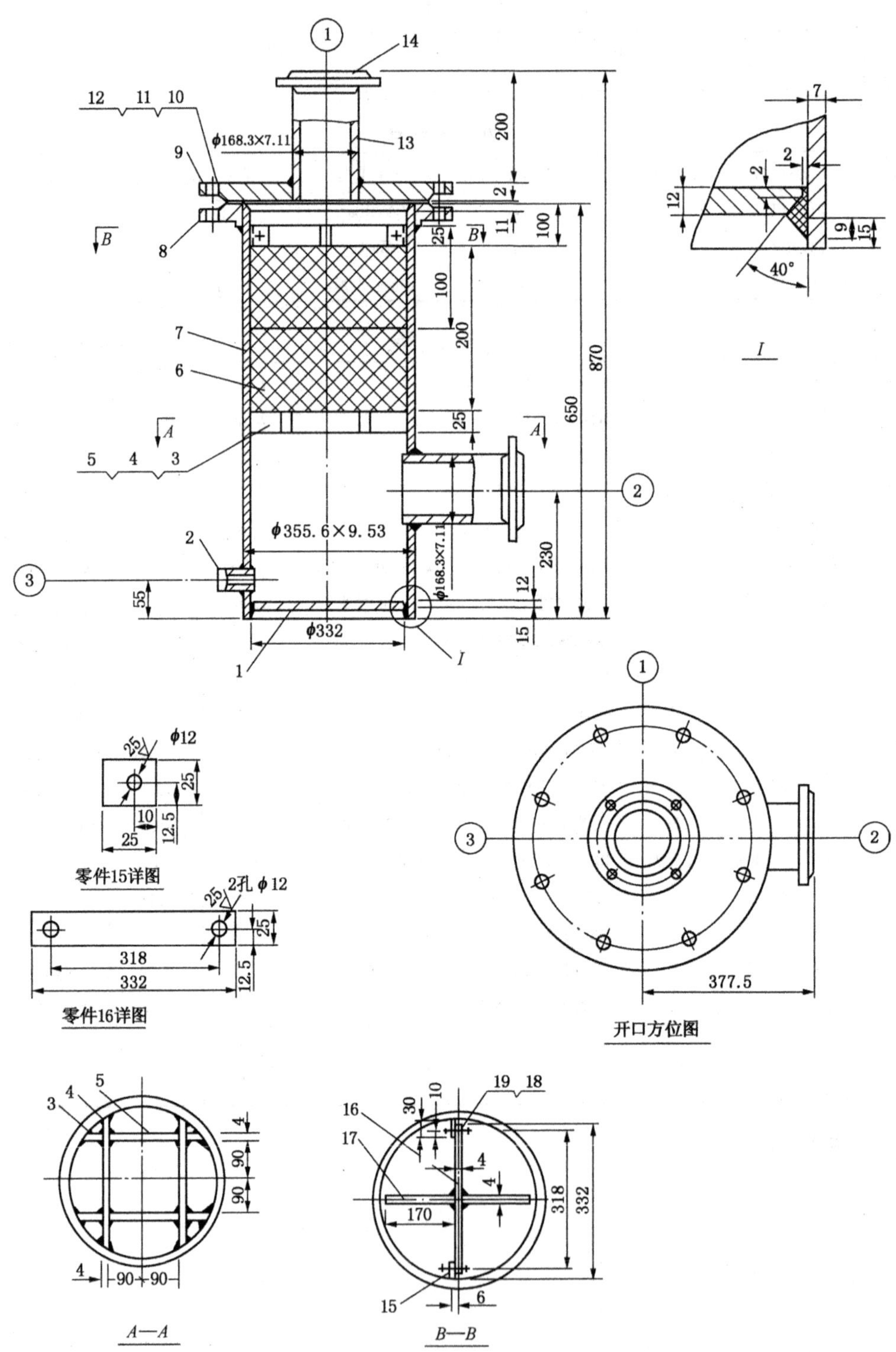

14
12 11 10
φ168.3×7.11
13
200
9
2
11
8
100
25
B
870
650
100
200
7
6
A
25
5 4 3
2
φ355.6×9.53
φ168.3×7.11
230
3
55
12
φ332
15
1
I
7
2
12
9
15
40°
I
φ12
25
10
12.5
零件15详图
2孔 φ12
318
332
零件16详图
377.5
开口方位图
3 4 5
4
90
90
4
90 90
A—A
16 30 10 19 18
17
4
170
318
332
15
6
B—B

设计数据

设计压力	0.3MPa	腐蚀裕度	2mm	容器类别	
设计温度	180℃	焊缝系数	0.6	容　积	0.066m³
计算风压		保温材料		立置试压	0.385MPa
操作介质	水蒸气	保温厚度		最高工作压力	0.3MPa

设备重量

(kg)

设备自重　119	操作重	最大重量
保温重量	充水水重　66	

开口说明

编号	名　称	件数	公称直径/mm	公称压力	焊接型式	伸出高度/mm
1	汽出口	1	150	*PN*20bar	Ⅱ	200
2	汽进口	1	150	*PN*20bar	Ⅱ	200
3	油出口	1	25	Class 2000	Ⅱ	

材料表

金属总重～209kg

件号	名　称	数量	材料规格	单重 kg	总重 kg	备　注
19	螺　母	2	M10　Q235－AF	0.01	0.02	GB/T 6170—2000
18	螺　栓	2	M10×2　Q235－AF	0.02	0.04	GB/T 5782—2000
17	压　板(2)	2	▱25×4　Q235－AF	0.13	0.26	
16	压　板(1)	1	▱25×4　Q235－AF		0.28	
15	连接板	2	▱25×4　Q235－AF	0.02	0.04	
14	带颈平焊法兰	4	Class 150　*DN*150　Q235－B	7.9	31.6	HG/T 20615—2009
13	接　管	2	无缝钢管 ϕ168.3×7.11　20 号钢	5.7	11.4	GB/T 8163—2008
12	垫　片	1	耐油橡胶石棉板　$\delta=2$			ϕ412/ϕ377
11	螺　母	12	M20　Q235－A	0.061	0.73	GB/T 6170—2000
10	螺　栓	12	M20×70　Q235－A	0.23	2.76	GB/T 5782—2000
9	法兰盖	1	*PN*20　*DN*350　Q235－B，开孔 ϕ170		57.11	HG/T 20615—2009
8	带颈平焊法兰	1	*PN*20　*DN*350　Q235－B		37.65	HG/T 20615—2009
7	筒　体	1	焊接钢管 ϕ355.6×9.53　Q235－B		52.86	GB/T 3091—2008
6	破沫网	2 盘	40－100 型丝网　1Cr18Ni9	1.5	3.0	卷成圆盘状
5	格栅条	2	▱25×4　Q235－AF	0.14	0.28	
4	格栅条	2	▱25×4　Q235－AF	0.25	0.50	
3	格栅条	4	▱25×4　Q235－AF	0.05	0.20	
2	管　嘴	1	GZ－20×80－15.68　20 号钢		0.81	S5－101－1
1	底　板	1	钢板 12　Q235－AF		9.8	GB/T 709—2006

技术要求：

1. 本设备应按 GB 150.1～150.4—2011《压力容器》和劳动部颁发的《压力容器安全技术监察规程》的有关规定制造和验收。

2. 本设备底板（件—1）的材料应符合 GB/T 3274—2007《碳素结构钢和低合金结构钢热

轧厚钢板和钢带》技术条件的规定，无缝钢管应符合 GB/T 8163—2008，焊接钢管应符合 GB/T 3091—2008 的规定。

3. 除注明者外，所有搭接角焊缝焊角高均等于相焊件中较薄件厚度，且为连续焊。

4. 设备制造完毕后，应进行水压试验，其试验压力为 0. 385MPa。

5. 件—5 破沫网卷成盘状安装。

注：1）本设备开口接管焊接见 S5 - 102 - 1，接管伸出高度系指设备外壁至法兰接合面距离。

2）保温材料及厚度由选用者根据建设项目情况确定。

2014	*DN*200 乏汽分油器	施工图图号
		S5－2－4

总图及零件图

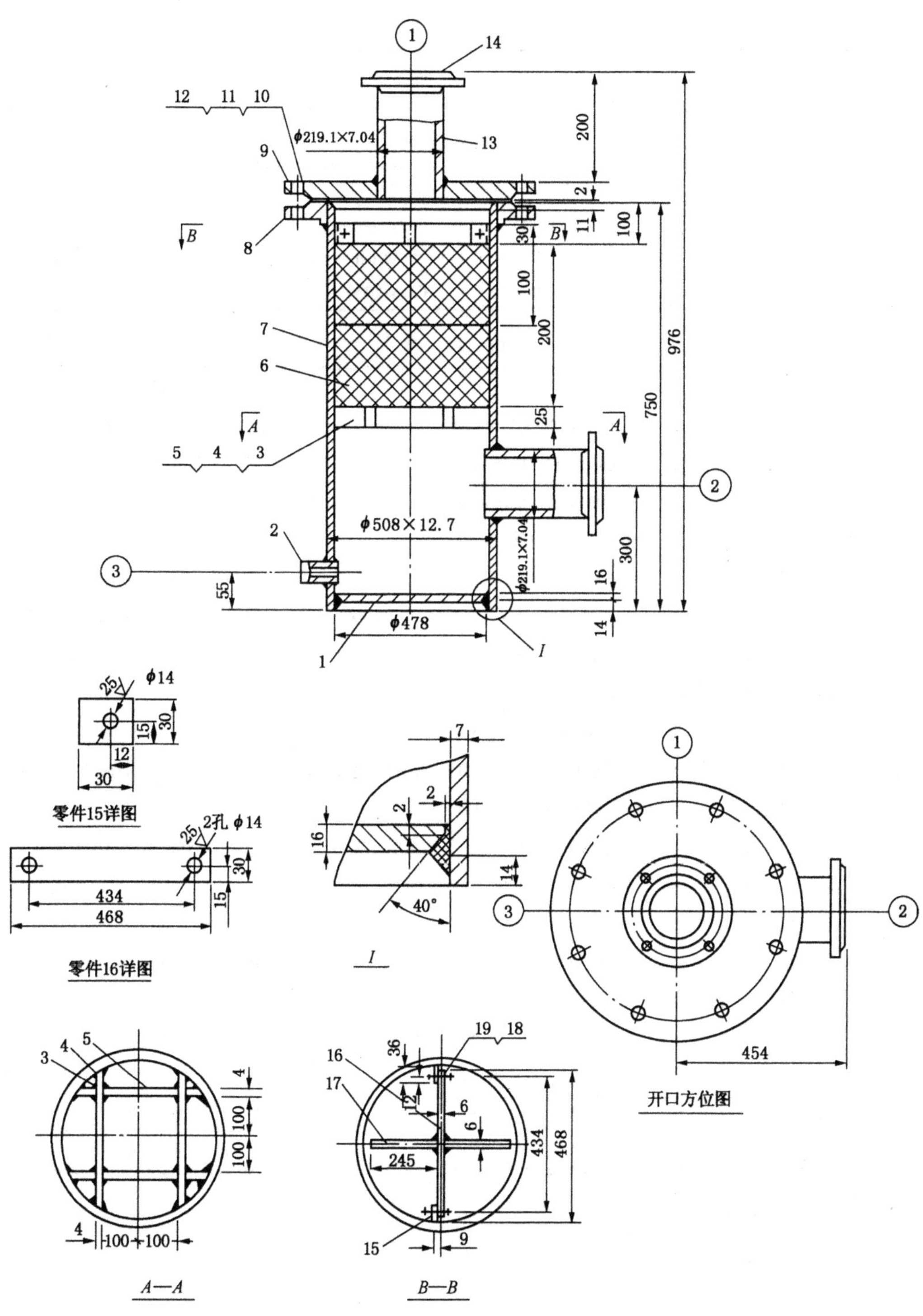

设 计 数 据

设计压力	0.3MPa	腐蚀裕度	2mm	容器类别	
设计温度	180℃	焊缝系数	0.6	容　　积	0.155m^3
计算风压		保温材料		立置试压	0.385MPa
操作介质	水蒸气	保温厚度		最高工作压力	0.3MPa

设 备 重 量

（kg）

设备自重　229	操作重	最大重量
保温重量	充水水重　155	

开 口 说 明

编号	名　称	件数	公称直径/mm	公称压力	焊接型式	伸出高度/mm
1	汽出口	1	200	*PN*20bar	Ⅱ	200
2	汽进口	1	200	*PN*20bar	Ⅱ	200
3	油出口	1	25	Class 2000	Ⅱ	

材　料　表

金属总重 ~405kg

件号	名　称	数量	材料规格	单重 (kg)	总重 (kg)	备　注
19	螺　母	2	M12	0.02	0.04	GB/T 6170—2000
18	螺　栓	2	M12 ×30　Q235 - AF	0.04	0.08	GB/T 5782—2000
17	压　板(2)	2	□30 ×6　Q235 - AF	0.33	0.66	
16	压　板(1)	1	□30 ×6　Q235 - AF		0.66	
15	连接板	2	□30 ×6　Q235 - AF	0.04	0.08	
14	带颈平焊法兰	4	*PN*20　*DN*200　Q235 - B	12.9	51.6	HG/T 20615—2009
13	接　管	2	无缝钢管 ϕ219.1 ×7.04　20 号钢	7.35	14.7	GB/T 8163—2008
12	垫　片	1	耐油橡胶石棉板　$\delta = 2$			ϕ565/ϕ530
11	螺　母	20	M20　Q235 - A	0.061	1.22	GB/T 6170—2000
10	螺　栓	20	M20 ×80　Q235 - A	0.255	5.1	GB/T 5782—2000
9	法兰盖	1	*PN*20　*DN*500　Q235 - B，开孔 ϕ220		115.98	HG/T 20615—2009
8	带颈平焊法兰	1	*PN*20　*DN*500　Q235 - B		67.19	HG/T 20615—2009
7	筒　体	1	焊接钢管 ϕ508 ×12.7　Q235 - B		116.34	GB/T 3091—2008
6	破沫网	2 盘	40 - 100 型丝网　1Cr18Ni9	3	6	卷成圆盘状
5	格栅条	4	□25 ×4　Q235 - AF	0.11	0.44	
4	格栅条	2	□25 ×4　Q235 - AF	0.16	0.32	
3	格栅条	2	□25 ×4　Q235 - AF	0.37	0.74	
2	管　嘴	1	GZ - 25 ×80 - CL2000　20 号钢		0.81	S5 - 101 - 1
1	底　板	1	钢板 16　Q235 - AF		23	GB/T 709—2006

技术要求：同 S5 - 2 - 3。

三、过滤器

2014	*DN*25 ~ 400 临时过滤器	施工图图号 S5 - 3 - 1

本施工图为≤150℃泵进口管道上的临时性过滤器。

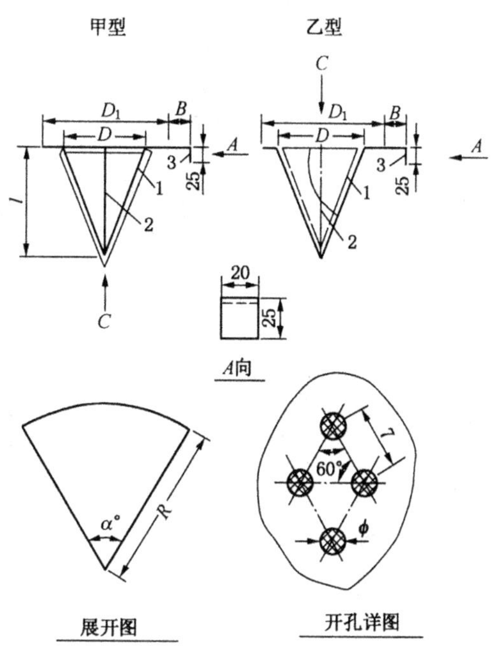

1—金属网；2—气焊缝；3—标记牌；*C*—介质流向

临时过滤器结构尺寸

(mm)

DN	25	40	50	80	100	150	200	250	300	350	400
l	100	100	150	150	200	250	300	300	350	400	450
D	21	83	45	72	90	139	193	245	289	339	386
D_1	70	90	105	140	160	215	270	328	380	440	490
R	101	103	152	154	205	260	315	324	380	435	490
α°	37.5	58	53.5	84.5	79.5	96.5	110.5	136.5	137	140.5	142
钢板面积/m^2	0.007	0.011	0.018	0.029	0.043	0.079	0.125	0.18	0.22	0.30	0.33
B	40						50				
开孔直径 φ	5						5.5				

说明：（1）过滤器用 Q235 - AF 薄钢板制造，*DN*≤150 时 2mm 厚；*DN*>150 时 3mm 厚。

（2）铁丝网规格为 30 目/in，用锡点焊在过滤器壁上，由于介质流向之不同，分别按甲、乙型安装(如图所示)。

（3）标记牌上可注明 *DN* 及甲型或乙型。

总图、展开图及开孔详图

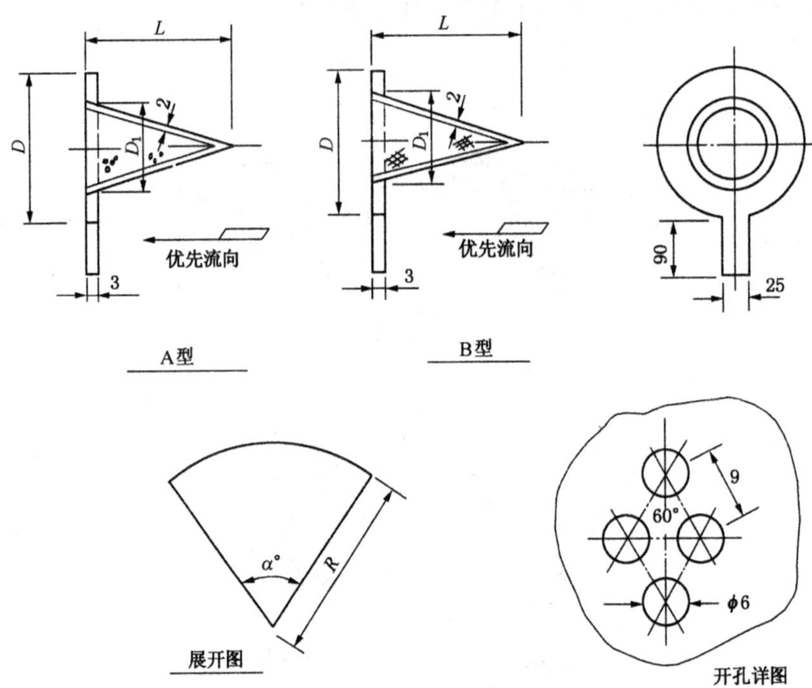

A、B 型过滤器尺寸 (mm)

公称直径 DN		40	50	(65)	80	100	(125)	150	200	250	300
L		100	115	140	165	215	265	330	430	535	635
D_1		30	44	58	68	90	114	140	188	238	288
R		102	117	143	169	220	271	338	441	548	652
α°		52.9	67.7	73	72.4	73.6	75.7	74.6	76.7	78.2	79.5
D	PN2.0	82	100	120	132	170	194	220	276	336	406
	PN5.0	92	107	127	146	178	213	248	304	357	418
	PN10.0	92	107	127	146	190	237	262	316	396	453
钢板面积/m^2	板厚 2	0.0048	0.0074	0.013	0.018	0.031	0.049	0.074	0.13	0.205	0.295
	板厚 3 PN2.0	0.0068	0.0086	0.011	0.012	0.019	0.022	0.025	0.034	0.046	0.067
	板厚 3 PN5.0	0.0082	0.0097	0.012	0.015	0.021	0.028	0.035	0.047	0.058	0.074
	板厚 3 PN10.0	0.0082	0.0097	0.012	0.015	0.024	0.036	0.041	0.053	0.081	0.098

说明：（1）过滤器适用于 *PN*2.0、5.0 和 10.0MPa 光滑面 GB 法兰、HG 法兰或 SH 法兰。

（2）过滤器用 Q235—AF 薄钢板气焊，使用温度≤150℃。

（3）B 型过滤器滤网规格为 30 目/in 铁丝网，用锡点焊在过滤器壁上，滤网规格及材料也可由用户选定。

（4）标记内容：型号—*DN*—法兰的 *PN*。

总图、展开图及开孔详图

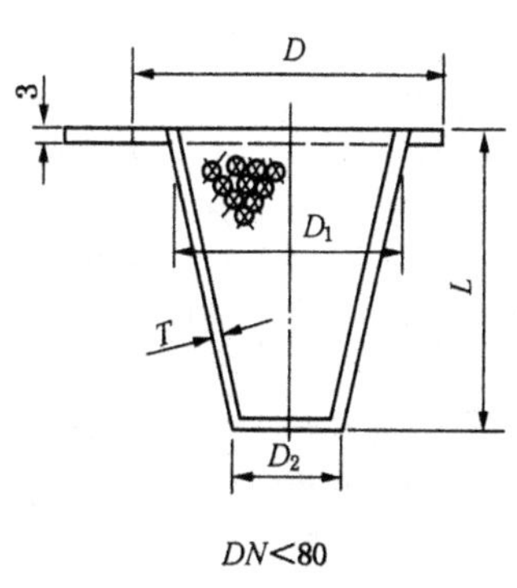

DN<80

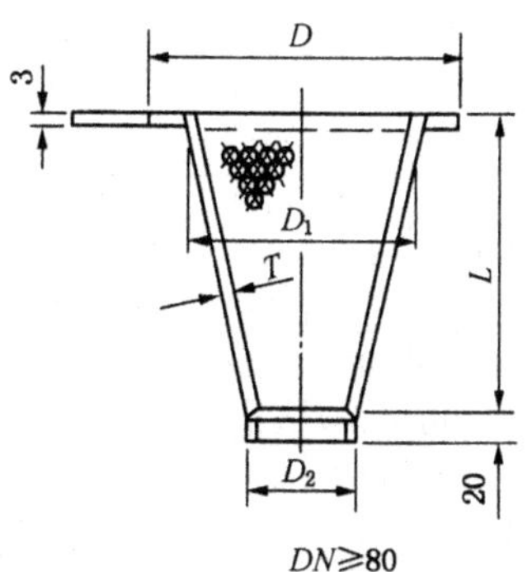

DN≥80

C型

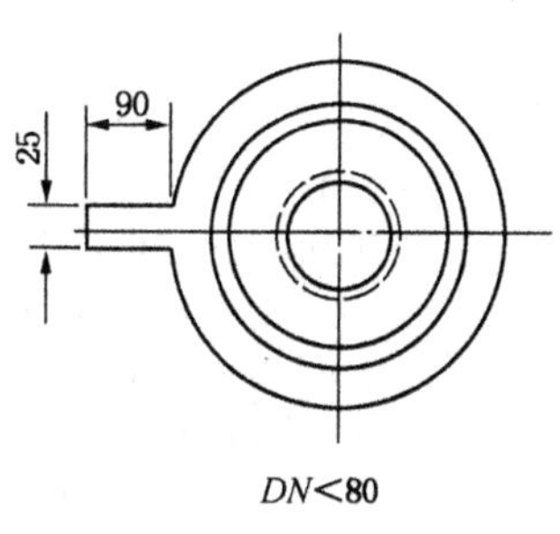

DN<80

C、D型

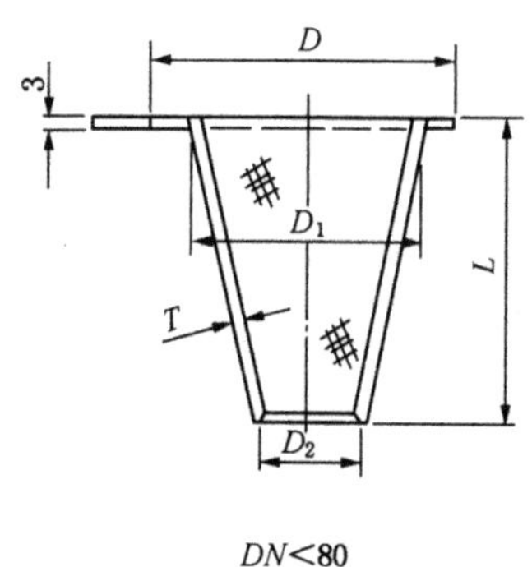

DN<80

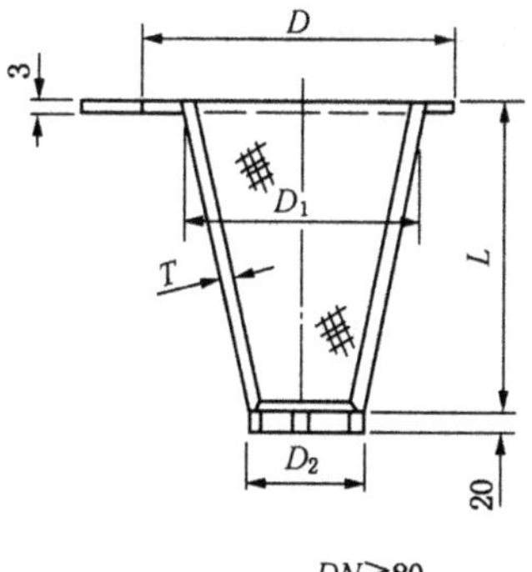

DN≥80

D型

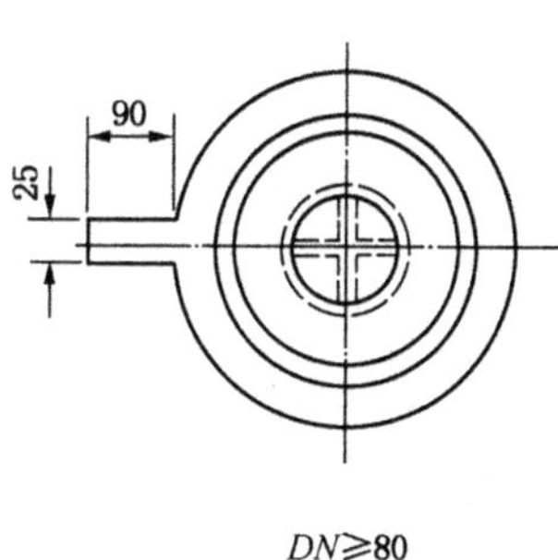

DN≥80

C、D型

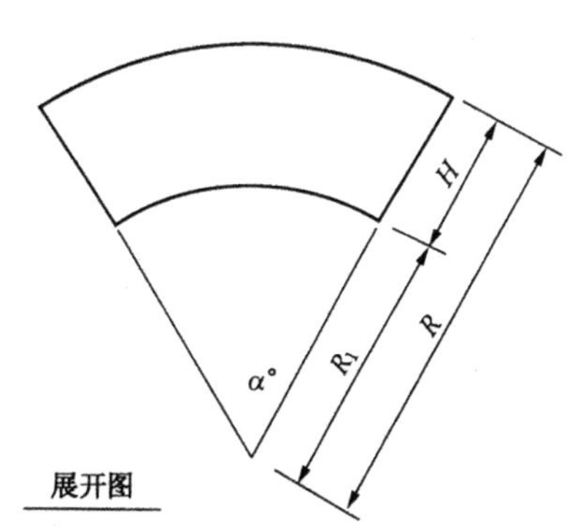

展开图

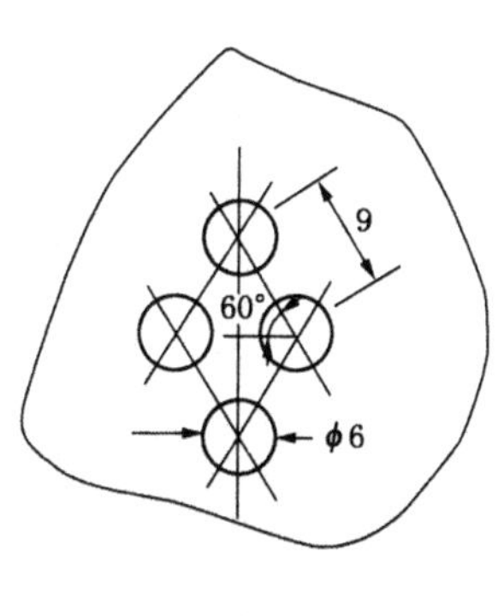

开孔详图

C、D 型过滤器尺寸

(mm)

公称直径 *DN*			40	50	(65)	80	100	(125)	150	200	250	300	350	400	450	500	600
L			65	65	80	90	115	140	165	215	255	305	330	355	380	430	510
D_1			30	44	58	68	90	114	140	188	238	288	316	366	414	464	564
D_2			20	32	38	50	64	82	102	144	184	226	258	298	344	382	458
T			2	2	2	2	2	2	2	2	2	2	3	3	3	3	3
R			195. 5	239. 5	235	344	401	502	612	923	1128	1426	1809	1916	2259	2444	2730
H			65. 5	65. 5	81	91	116	141	166	216	256	307	332	356	382	432	513
R_1			130	174	154	253	285	361	446	707	872	1119	1477	1560	1877	2012	2217
$\alpha°$			27. 7	33. 1	44. 7	35. 6	40. 4	40. 9	41. 2	36. 7	38	36. 4	31. 4	34. 4	33. 0	34. 2	37. 2
D		*PN*2. 0	82	100	120	132	170	194	220	276	336	406	446	510	545	602	713
		*PN*5. 0	92	107	127	146	178	213	248	304	357	418	481	535	592	650	771
		*PN*10. 0	92	107	127	146	190	237	262	316	396	453	488	561	609	679	786
钢板面积/m^2	$T=2$		0. 0055	0. 0086	0. 0133	0. 0240	0. 0378	0. 0571	0. 0818	0. 144	0. 215	0. 311					
	$T=3$	*PN*2. 0	0. 0068	0. 0086	0. 011	0. 012	0. 019	0. 022	0. 025	0. 034	0. 046	0. 067	0. 458	0. 572	0. 684	0. 846	1. 187
		*PN*5. 0	0. 0082	0. 0097	0. 012	0. 015	0. 021	0. 028	0. 035	0. 047	0. 058	0. 074	0. 483	0. 593	0. 726	0. 893	1. 254
		*PN*10. 0	0. 0082	0. 0097	0. 012	0. 015	0. 024	0. 036	0. 041	0. 053	0. 081	0. 098	0. 489	0. 615	0. 742	0. 923	1. 273

说明：（1）过滤器适用于 *PN*2. 0、5. 0 和 10. 0MPa 光滑面 GB 法兰、HG 法兰或 SH 法兰。

（2）过滤器用 Q235 – AF 薄钢板气焊，使用温度≤150℃。

（3）D 型过滤器滤网规格为 30 目/in 铁丝网，用锡点焊在过滤器壁上，滤网规格及材料也可由用户选定。

（4）标记内容：型号—*DN*—法兰的 *PN*。

丝网篮式过滤器(E型)

施工图图号 S5－3－4

总图、展开图及开孔详图

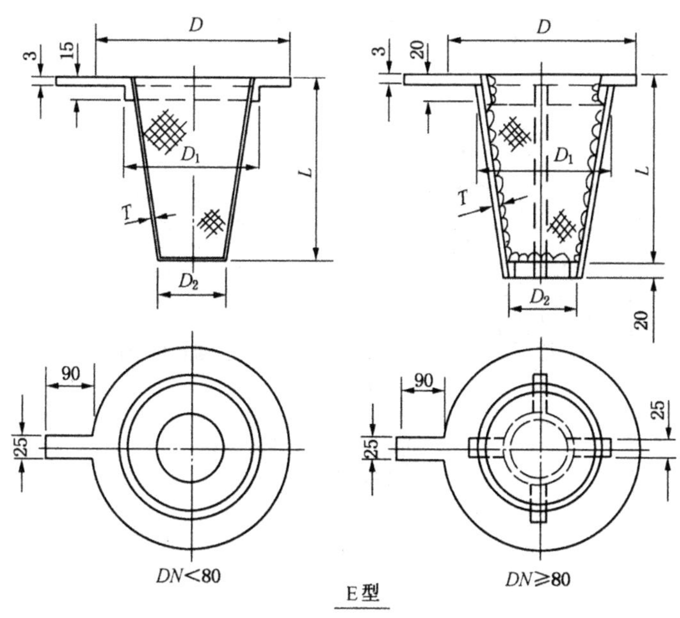

E型

E型过滤器尺寸表 (mm)

公称直径 *DN*		40	50	(65)	80	100	(125)	150	200	250	300	350	400	450	500	600
L		65	65	80	90	115	140	165	215	255	305	330	355	380	430	510
D_1		28	42	55	66	88	112	138	186	235	282	312	360	408	456	556
D_2		20	32	38	50	64	82	102	144	184	226	258	298	344	382	458
T		—	—	—	3	3	3	3	3	3	5	5	5	6	6	6
D	*PN*2.0	82	100	120	132	170	194	220	276	336	406	446	510	545	602	713
	*PN*5.0	92	107	127	146	178	213	248	304	357	418	481	535	592	650	771
	*PN*10.0	92	107	127	146	190	237	262	316	396	453	488	561	609	679	786
钢板面积/m^2 $T=3$	*PN*2.0	0.0082	0.0107	0.0138	0.0289	0.0401	0.0482	0.0570	0.0772	0.0996	0.0869	0.102	0.127	0.130	0.152	0.194
	*PN*5.0	0.0096	0.0118	0.0151	0.032	0.0422	0.0543	0.0673	0.0899	0.111	0.0947	0.127	0.148	0.172	0.199	0.261
	*PN*10.0	0.0096	0.0118	0.0151	0.032	0.0457	0.0628	0.0729	0.0958	0.1341	0.119	0.132	0.170	0.188	0.230	0.279
	$T=5$										0.0449	0.0494	0.0544			
	$T=6$													0.0598	0.0672	0.0801

说明：（1）本过滤器常用于压缩机吸入管道及低速流体管道。

（2）过滤器适用于 *PN*2.0、5.0 和 10.0MPa 光滑面 GB 法兰、HG 法兰或 SH 法兰。

（3）过滤器框用 Q235—AF 薄钢板(也可用部分扁钢)制造，使用温度≤150℃。

（4）滤网规格：丝径 1/32in；10 目/in 不锈钢丝网。

（5）标记内容：型号—*DN*—法兰的 *PN*。

四、漏　斗

2014	漏　斗	施工图图号
		S5－6－1

总图及零件图

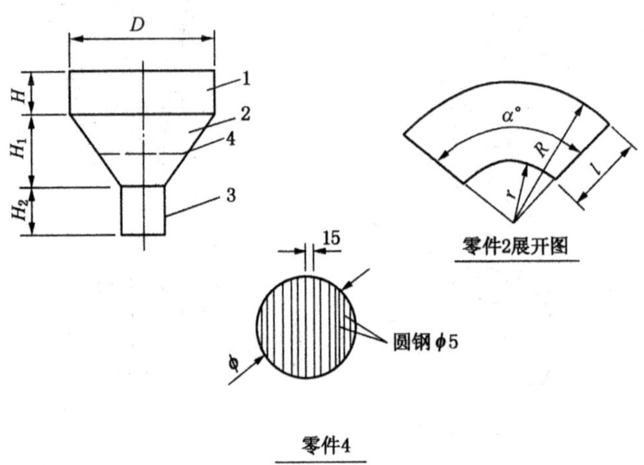

零件2展开图

零件4

（mm）

管径 DN		25	40	50	80	100	150	200	250	300
零件 1	D	80	100	120	200	250	400	500	550	600
	板厚 δ	2						3		
	H	50			100			150		
	展开长	251	314	377	628	785	1260	1571	1728	1885
	重量/kg	0.20	0.25	0.30	1.0	1.23	1.98	5.60	6.12	6.70
零件 2	H_1	50	60	70	120	150	260	300	300	300
	R	91	119	146	230	294	468	578	638	700
	r	37	53	69	97	129	178	244	305	363
	α°	158	149	148	157	153	154	156	158	154
	l	54	66	77	133	165	290	334	335	337
	板厚 δ	2						3		
	面积/m^2	0.010	0.015	0.022	0.060	0.094	0.252	0.374	0.433	0.482
	重量/kg	0.16	0.24	0.35	0.94	1.47	3.95	8.78	10.20	11.35
零件 3	H_2	50		100	150			200		
	无缝钢管	φ34×3.5	φ48×4	φ60×3.5	φ89×4.5	φ114×4.5	φ159×5.5	φ219×7	φ273×8	φ325×9
	重量/kg	0.13	0.22	0.49	1.41	1.83	3.12	7.32	10.45	14.00
零件 4	φ	50		80	150		250	350	450	

说明：（1）零件 1、2、4 材质均为 Q235－AF。

（2）零件 1、2、3 按内径对齐相接。

五、短　　节

2014	短　　节	施工图图号 S5－7－1

短节包括光管短节、单头螺纹短节和双头螺纹短节三种。短节的尺寸和代号见以下图、表。短节有短型和长型两种。

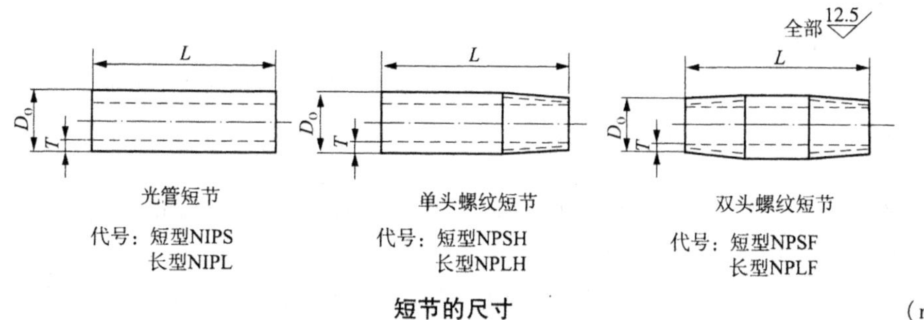

光管短节
代号：短型NIPS
长型NIPL

单头螺纹短节
代号：短型NPSH
长型NPLH

双头螺纹短节
代号：短型NPSF
长型NPLF

短节的尺寸　　(mm)

公称直径 DN	锥管螺纹		管外径 D_o	壁厚 T				长度 L	
	牙型角 55°	牙型角 60°		Sch40	Sch80	Sch160	xxS	短型	长型
10	R3/8	NPT3/8	17(17.1)	2.5(2.31)	3.5(3.20)	—	—	80	120
15	R1/2	NPT1/2	22(21.3)	3.0(2.77)	4.0(3.73)	5.0(4.78)	7.5(7.47)		
20	R3/4	NPT3/4	27(26.7)	3.0(2.87)	4.0(3.91)	5.5(5.56)	8.0(7.82)		
25	R1	NPT1	34(33.4)	3.5(3.38)	4.5(4.55)	6.5(6.35)	9.0(9.09)		
32	R1¼	NPT 1¼	42(42.2)	3.5(3.56)	5.0(4.85)	6.5(6.35)	10.0(9.70)		
40	R1½	NPT 1½	48(48.3)	4.0(3.68)	5.0(5.08)	7.0(7.14)	10.0(10.15)		
50	R2	NPT2	60(60.3)	4.0(3.91)	5.5(5.54)	8.5(8.74)	11.0(11.07)		

短节的重量　　(kg)

公称直径 DN	短型重量				长型重量			
	Sch40	Sch80	Sch160	xxS	Sch40	Sch80	Sch160	xxS
10	0.07	0.09	—	—	0.11	0.14	—	—
15	0.11	0.14	0.17	0.21	0.17	0.21	0.25	0.32
20	0.14	0.18	0.23	0.30	0.21	0.27	0.35	0.45
25	0.21	0.26	0.35	0.44	0.32	0.39	0.53	0.67
32	0.27	0.36	0.46	0.63	0.40	0.55	0.68	0.95
40	0.35	0.42	0.57	0.75	0.52	0.64	0.85	1.12
50	0.44	0.59	0.86	1.06	0.66	0.89	1.29	1.59

说明：(1)短节用无缝钢管制作。材料钢号由管道等级表确定。无缝钢管应符合有关标准。

(2)短节的壁厚和外径适用于现行国家标准《无缝钢管尺寸、外形、重量及允许偏差》

GB/T 17395—2008。括号内的管外径和壁厚适用于国家现行标准《石油化工钢管尺寸系列》SH/T3405—2012、美国标准《焊接和无缝轧制钢管》ASME B36.10M—2004(R2010)和《不锈钢钢管》ASME B36.19M—2004(R2010)钢管标准。

(3)锥管螺纹的牙型角分55°和60°两种，前者为我国通用锥管螺纹，后者为美国标准锥管螺纹。选用时应根据连接点或连接管件锥管螺纹的不同标准分别选用，两者不能互换。

(4)55°锥管螺纹的标准为现行国家标准《55°密封管螺纹(第2部分：圆锥内螺纹与圆锥外螺纹)》GB/T7306.2—2000；60°锥管螺纹的标准为现行国家标准《60°密封管螺纹》GB/T 12716—2011。后者与美国标准《通用管螺纹(英制)》ANSI ASME B1.20—1983(R2006)中的NPT锥管螺纹等效。

(5)短节没有螺纹的端部如与其它管道组件对焊连接，端部是否加工坡口应按有关规范或标准确定。

(6)标记示例：

①公称直径20mm，管子壁厚号为Sch80，牙型角为55°的20号钢的短型单头螺纹短节，标记为：NPSH - R3/4 - Sch80 - 20。

②公称直径25mm，管子壁厚为Sch160，牙型角为60°的06Cr18Ni11Ti的长型双头螺纹短节，标记为：NPLF - NPT1 - Sch160 - 06Cr18Ni11Ti。材料钢号也可按有关规定使用代号。

(7)加工件尺寸公差应符合现行国家标准《一般公差　未注明公差的线性和角度尺寸的公差》GB/T 1804—2000 H12级精度。

六、排气帽、防雨帽

2014	排　气　帽	施工图图号
		S5－9－1

总图及展开图

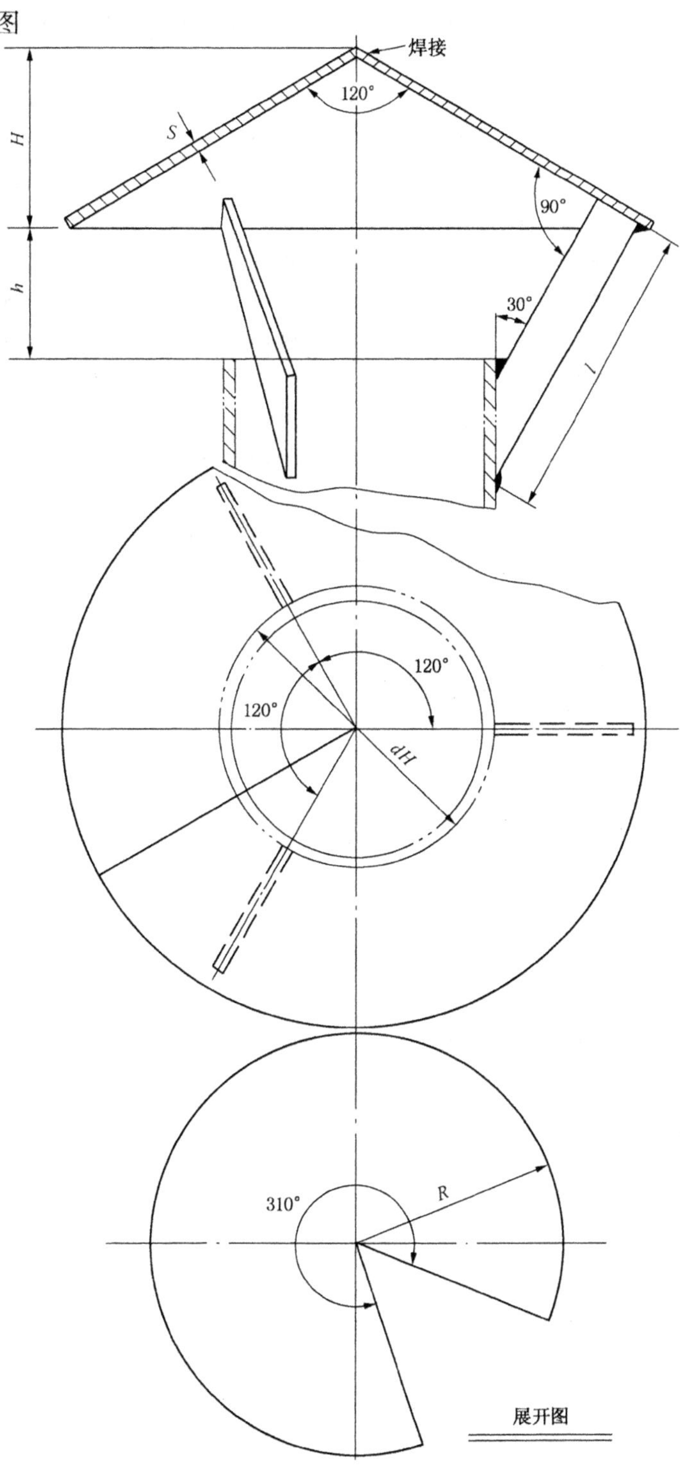

尺寸和重量 (mm)

管子公称直径 DN	管外径 dH	h	帽罩				扁钢				焊缝腰高	总重/kg
			H	S	R	重量/kg	断面	l	数量/个	单重/kg		
50	57	35	43	3	81.7	0.425	10×4	75	3	0.024	3	0.5
(65)	76	35	49	3	93.7	0.558	12×4	75	3	0.028	3	0.64
80	89	40	58	3	111.7	0.79	16×4	90	3	0.045	3	0.93
100	108	50	69	3	133.7	1.14	18×4	110	3	0.062	3	1.33
(125)	133	60	87	3	169.7	1.83	20×4	135	3	0.085	3	2.09
150	159	75	95	3	185.7	2.19	25×4	150	3	0.118	3	2.54
200	219	100	124	3	243.7	3.77	30×4	190	3	0.179	3	4.31
250	273	125	153	3	301.7	5.78	35×4	235	3	0.258	3	6.55
300	325	150	179	3	353.7	7.85	40×4	275	3	0.346	3	8.89
350	377	175	205	3	405.7	10.5	45×4	315	3	0.445	3	11.84
400	426	200	231	3	457.7	13.4	50×4	355	3	0.557	3	15.07
450	480	225	257	4	508	21.9	55×4	395	3	0.682	4	23.95
500	530	250	283	4	560	26.6	60×4	435	3	0.87	4	29.06
600	630	300	332	4	658	36.7	65×4	505	3	1.03	4	39.79
700	720	350	378	4	750	47.7	70×4	570	3	1.25	4	51.45
800	820	400	421	4	836	59.4	75×4	640	3	1.51	4	63.93

技术要求：

1. 排气帽用 Q235－AF 钢板卷制。
2. 排气帽制作完毕后，刷防锈油二遍。

总图及展开图

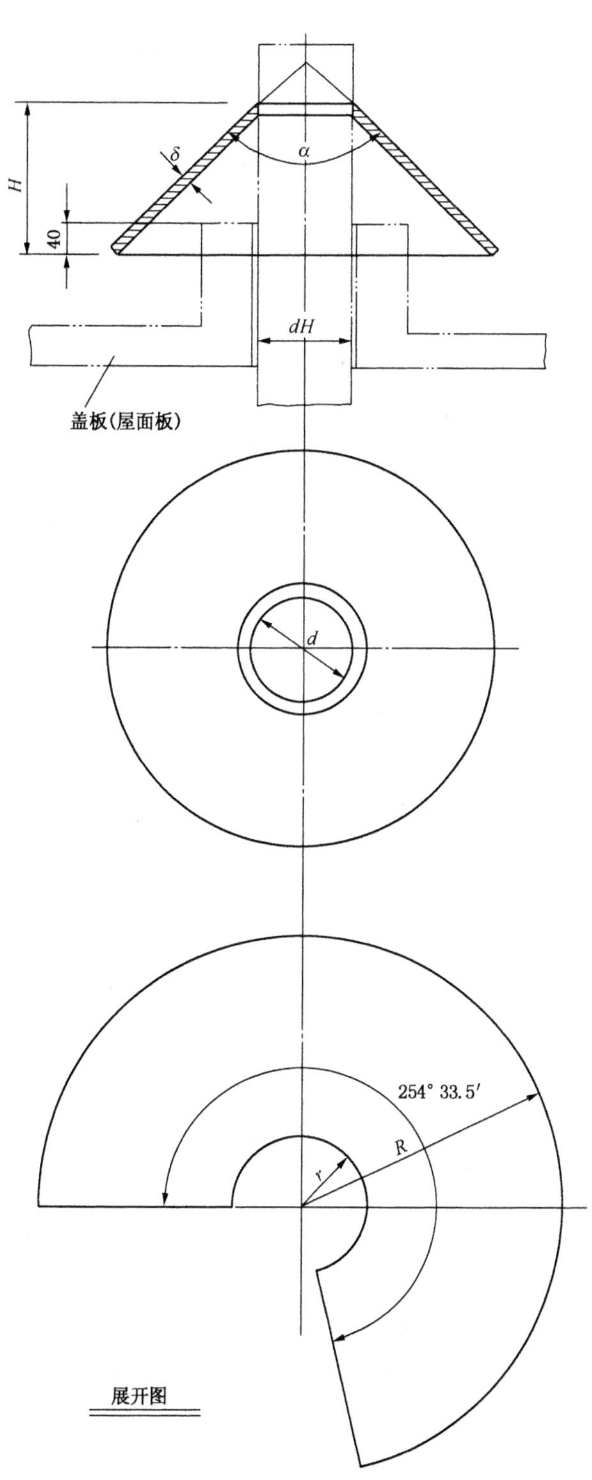

尺 寸 和 重 量 (mm)

管子公称直径 DN	管外径 dH	d	α/度	H	δ	r	R	焊缝腰高	重量/kg
50	57	59	90	172	3	43	287.5	3	4.22
(65)	76	78	90	172	3	57	299.5	3	4.42
80	89	91	90	172	3	66	309.5	3	4.78
100	108	110	90	172	3	79	322.5	3	5.12
(125)	133	135	90	172	3	97	340.5	3	5.57
150	159	161	90	172	3	115	358.5	3	6.03
200	219	221	90	172	3	158	400.5	3	7.08
250	273	275	90	172	4	190	437.5	4	10.62
300	325	327	90	172	4	233	476	4	12.0
350	377	379	90	172	4	270	513	4	13.3
400	426	428	90	172	4	304.5	548	4	14.5
450	480	482	90	172	4	343	587	4	17
500	530	532	90	172	5	379	622.5	5	21.22
600	630	632	90	172	5	449	692.5	5	24.4
700	720	722	90	172	5	513	757.5	5	27.2
800	820	822	90	172	5	583	827.5	5	30.1

技术要求：

1. 防雨帽用 Q235 - AF 钢板卷制。
2. 防雨帽制作完毕后刷防锈漆二遍。
3. 如管子热胀位移向下，防雨帽与盖板间的间隙应加上管子的热胀伸长量。

2014	保温管道的防雨帽	施工图图号
		S5 －9 －3

总图及展开图

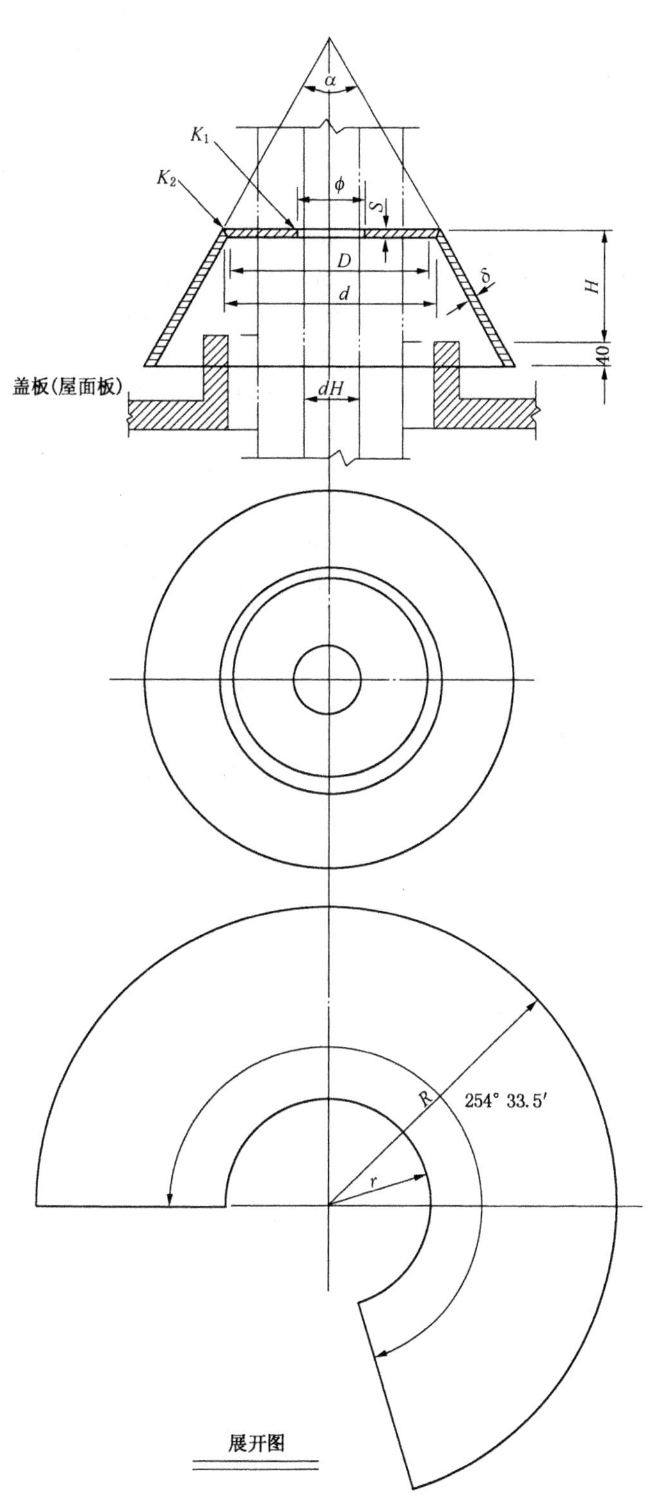

展开图

尺寸和重量

(mm)

管子公称直径 DN	管外径 dH	最大保温外径	锥形罩							罩板				焊缝腰高		总重/kg
			d	α/度	H	δ	r	R	重量/kg	ϕ	D	S	重量/kg	K_1	K_2	
50	57	267	310	90	204	4	221	508	14.52	59	308	6	3.38	3	3	18.9
(65)	76	293	335	90	204	4	239	525	15.20	78	332	6	3.84	3	3	19.0
80	89	319	360	90	204	4	256.5	543	15.90	91	358	6	4.43	4	3	20.3
100	108	348	390	90	204	4	278	564	16.75	110	388	6	5.12	4	3	21.9
(125)	133	403	445	90	204	4	317	603	18.30	135	443	6	6.60	4	3	24.9
150	159	439	480	90	204	4	341	627	19.20	161	478	6	7.50	4	3	26.7
200	219	519	560	90	204	5	398.5	684	26.90	221	558	6	9.70	6	4	36.6
250	273	583	625	90	204	5	444.5	730	29.15	276	623	6	11.53	6	4	40.7
300	325	655	700	90	204	5	497.5	783	31.80	328	698	6	14.05	6	4	45.9
350	377	727	770	90	204	5	546.5	832	34.20	380	768	6	16.48	6	4	50.7
400	426	786	830	90	204	5	588.5	875	36.40	429	828	6	18.53	6	4	54.9
450	480	850	890	90	204	5	631.5	917	38.40	483	888	8	27.40	8	5	65.8
500	530	910	950	90	204	5	673.5	959	40.60	533	948	8	30.80	8	5	71.4
600	630	1010	1050	90	204	5	744.5	1030	44.00	633	1048	8	34.40	8	5	78.4
700	720	1110	1150	90	204	5	815.5	1101	47.50	723	1148	8	39.20	8	5	86.7
800	820	1210	1250	90	204	5	885.5	1171	51.00	823	1248	8	42.50	8	5	93.5

技术要求：

1. 锥形罩用 Q235 - AF 钢板卷制，罩板用 Q235 - AF 钢板切割。
2. 防雨帽制作完毕后刷防锈漆二遍。
3. 如管子热胀位移向下，防雨帽与盖板间的间隙应加上管子的热胀伸长量。

七、取样冷却器

<table>
<tr><td rowspan="2">2014</td><td>单一相取样冷却器(A 型)</td><td>施工图图号</td></tr>
<tr><td>ϕ159 ×1136</td><td>S5 - 10 - 1</td></tr>
</table>

本取样冷却器适用于≤350℃普通油品的取样

总图及零件图

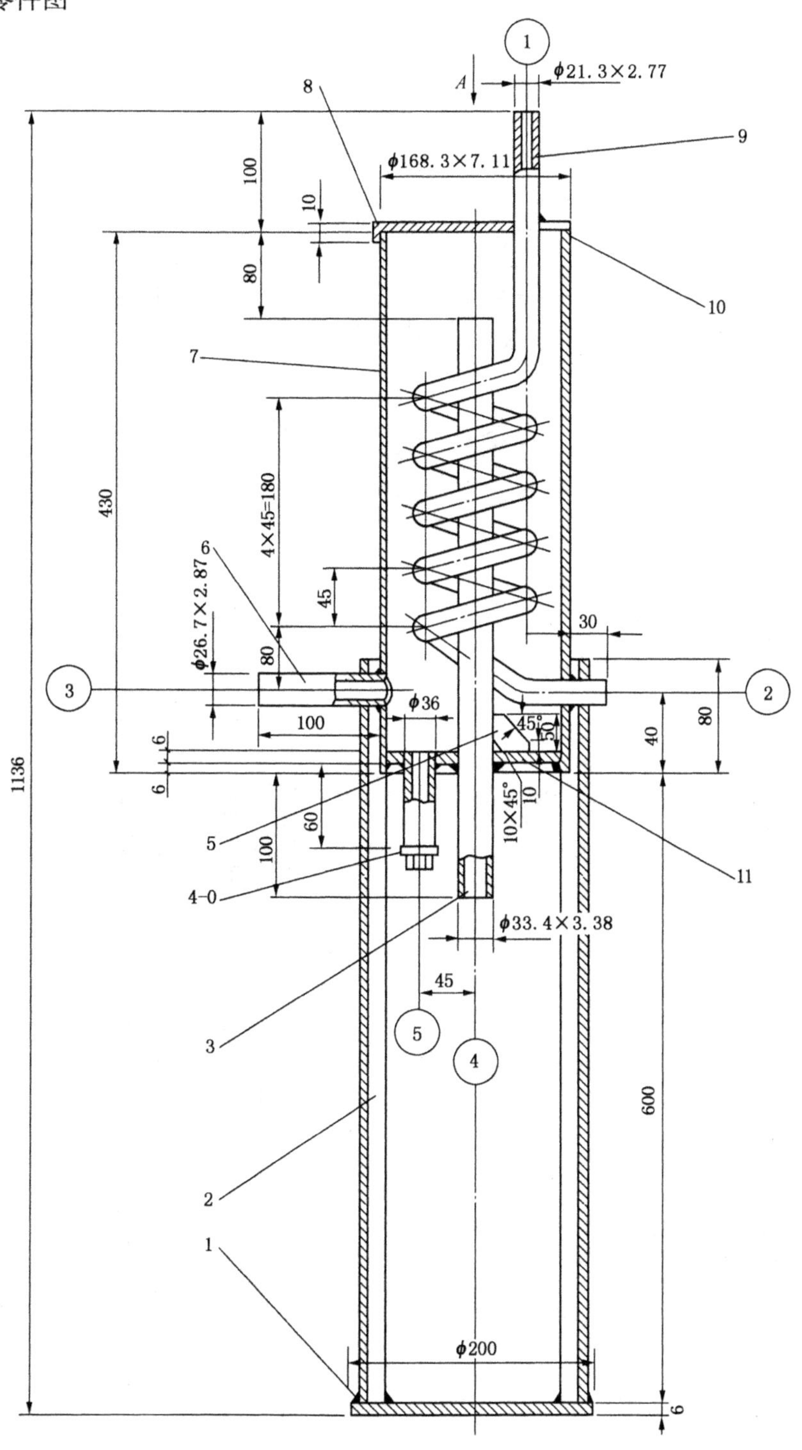

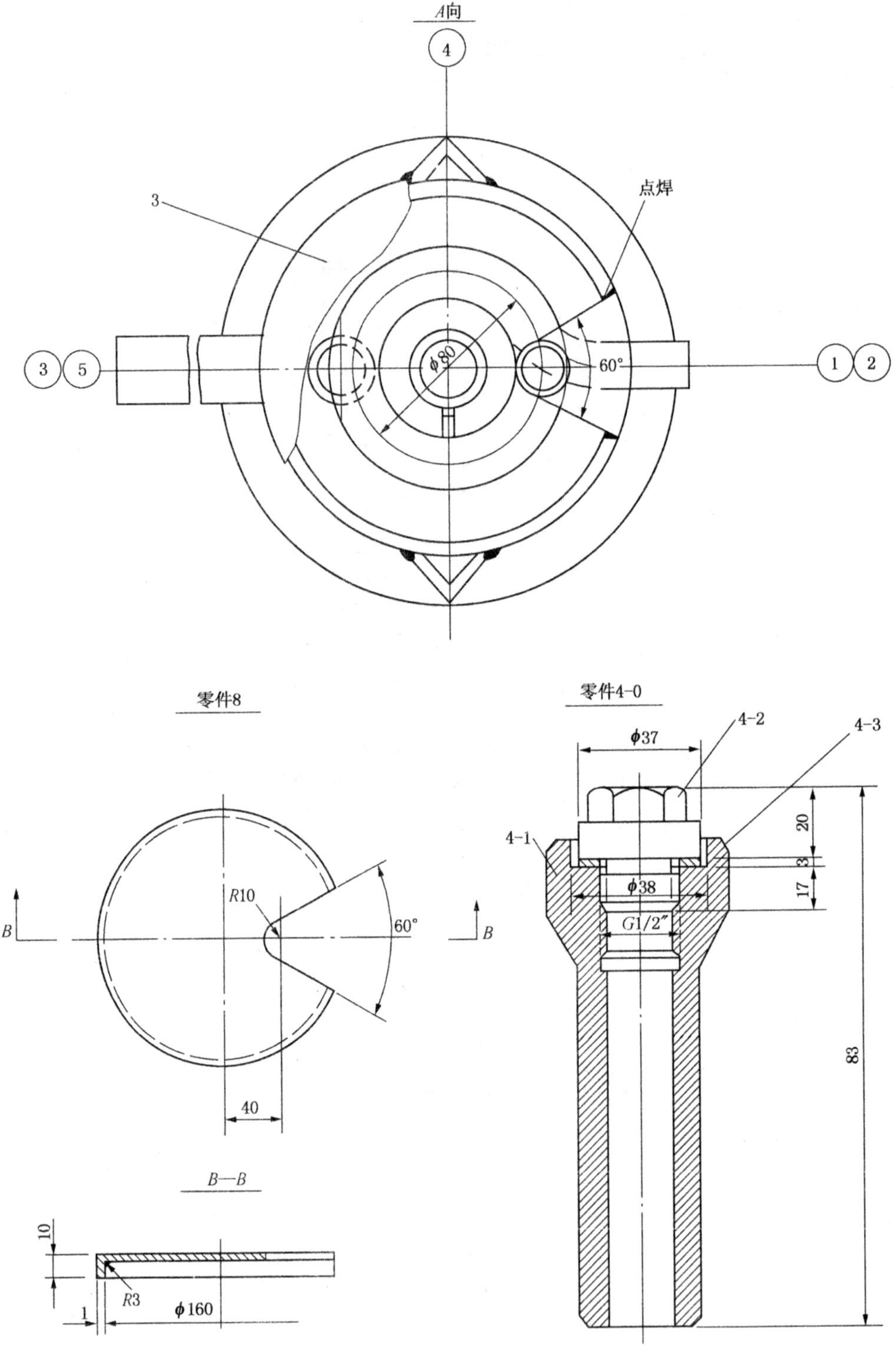

A向
4
3
点焊
3
5
ϕ80
60°
1
2
零件8
R10
60°
B
B
40
B—B
10
R3
1
ϕ160
零件4-0
4-2
4-3
ϕ37
4-1
20
3
17
ϕ38
G1/2″
83

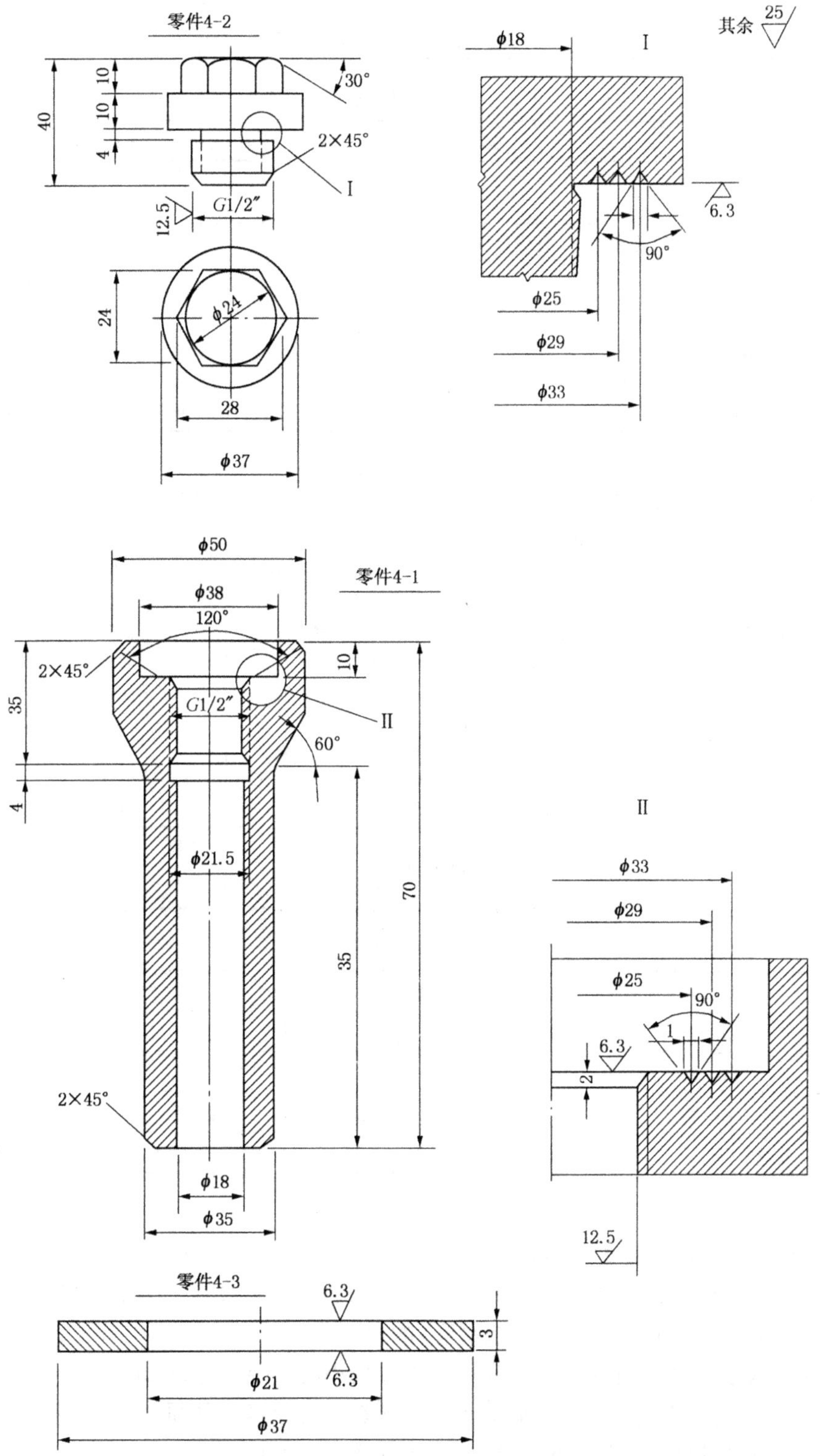

零件4-2
30°
2×45°
I
40
10
10
4
12.5
G1/2″
24
φ24
28
φ37
φ18
I
其余 25
6.3
90°
φ25
φ29
φ33
φ50
零件4-1
φ38
120°
2×45°
35
10
G1/2″
II
60°
4
φ21.5
70
35
2×45°
φ18
φ35
II
φ33
φ29
φ25
90°
1
6.3
2
12.5
零件4-3
6.3
3
φ21
6.3
φ37

设计数据

设计压力	管/壳 3.92/常压 MPa	腐蚀裕度	2mm	卧置试压	
设计温度	管/壳 350/60℃			立置试压	6.92(管)MPa
操作介质	管/壳轻、重油/水	换热面积	0.084m^2		

设备重量

(kg)

设备自重	20	充水水重	7	最大重量	27

开口说明

编号	名　称	件数	公称直径/mm	公称压力/MPa	焊接型式	伸出高度/mm	备注
1	油入口	1	15			见图	
2	油出口	1	15		I	见图	
3	冷却水入口	1	20		I	见图	
4	冷却水出口	1	25		I	见图	
5	放水口	1	G1/2″		Ⅳ	见图	

材　料　表

金属总重 ~21kg

件号	名　称	数量	材 料 规 格	单重 (kg)	总重 (kg)	备　注
11	堵　板	1	钢板 6　Q235 - AF, ϕ143		0.76	
10	固定板	1	钢板 6　Q235 - AF		0.08	
9	盘　管	1	无缝钢管 ϕ21.3×2.77　20 号钢, L≈1600		2.1	GB 9948—2006
8	上　盖	1	钢板 1　Q235 - AF		0.16	
7	筒　体	1	无缝钢管 ϕ168.3×7.11　20 号钢		12.15	GB/T 8163—2008
6	接　管	1	无缝钢管 ϕ26.7×2.87　20 号钢		0.17	GB/T 8163—2008
5	筋　板	1	钢板 4.5　Q235 - AF		0.13	
4 - 0	放空口	1	G1/2″　组合件		0.64	
3	接　管	1	无缝钢管 ϕ33.4×3.38　20 号钢, L=450		1.13	GB/T 8163—2008
2	立　柱	2	∠40×4　Q235 - AF, L=680	1	2	
1	底　板	1	钢板 6　Q235 - AF		1.42	

零件 4 材料表

件号	名　称	数量	材料规格	质量/kg	所属图号
4 - 3	垫　片	1	紫铜片　δ=3		S5 - 10 - 1(第 3 页)
4 - 2	管　塞	1	圆钢 ϕ40　20 号钢	0.14	S5 - 10 - 1(第 3 页)
4 - 1	管　箍	1	圆钢 ϕ53　20 号钢	0.5	S5 - 10 - 1(第 3 页)
4 - 0 放空口		1	组合件质量 0.64kg		

技术要求:

1. 本设备应按 GB 150.1 ~150.4—2011《压力容器》进行制造和验收。
2. 本设备的筒体和盘管所用无缝钢管应分别符合 GB/T 8163—2008《输送流体用无缝钢管》和 GB 9948—2006《石油裂化用无缝钢管》的规定。
3. 盘管(编号 9)不允许拼接，除注明者外，最小弯曲半径为 30mm。
4. 所有角焊缝或搭接焊缝的焊脚高度均等于较薄件厚度，并须连续焊。
5. 开口接管的焊接类型见 S5 - 102 - 1“开口接管焊接型式”。
6. 本设备制造完毕后，彻底除锈，外表面涂底漆 2 遍，面漆 1 遍。

2014	单一相取样冷却器（B 型） ϕ159 ×1136	施工图图号 S5 －10 －2

本取样冷却器适用于≤350℃含硫油品的取样

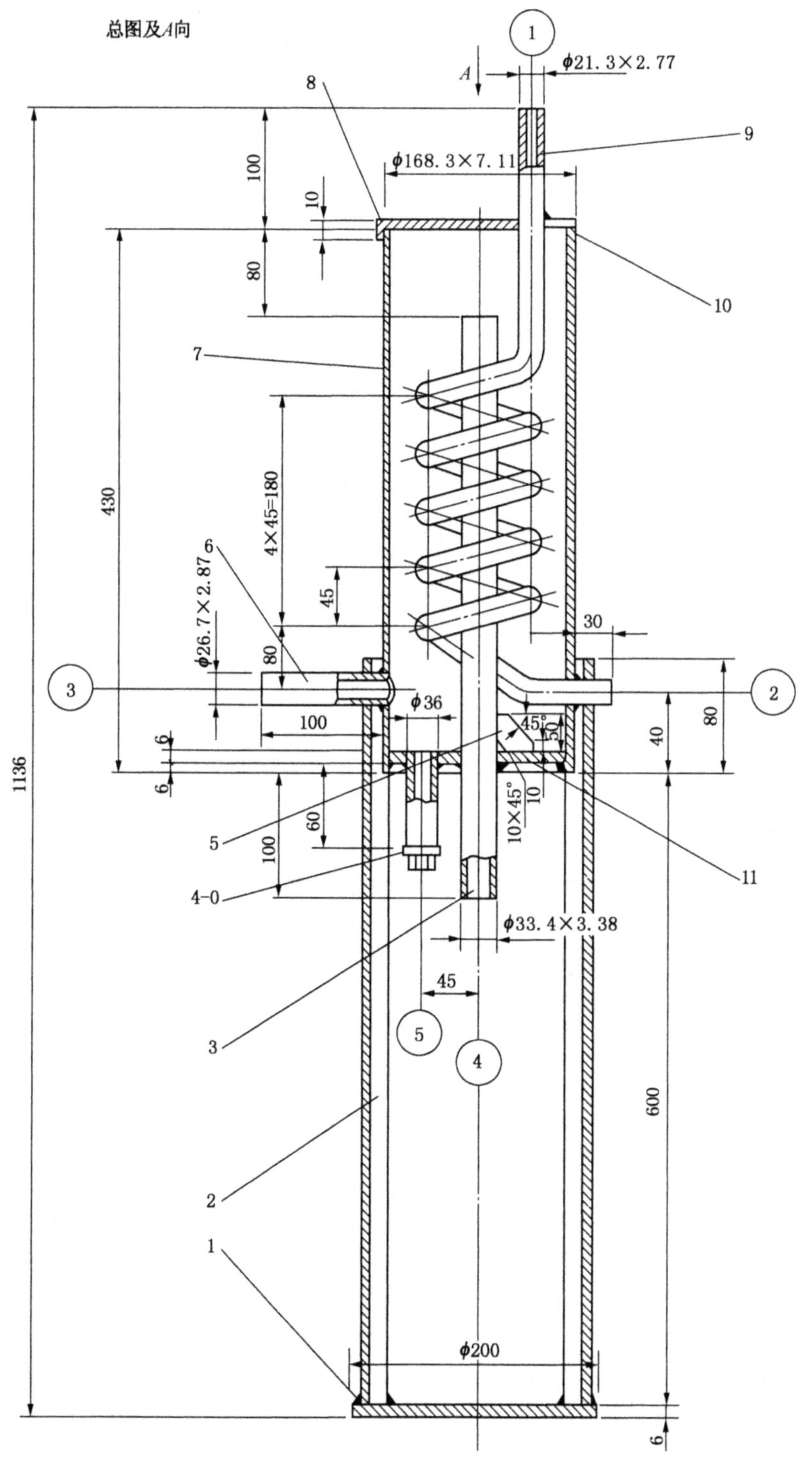

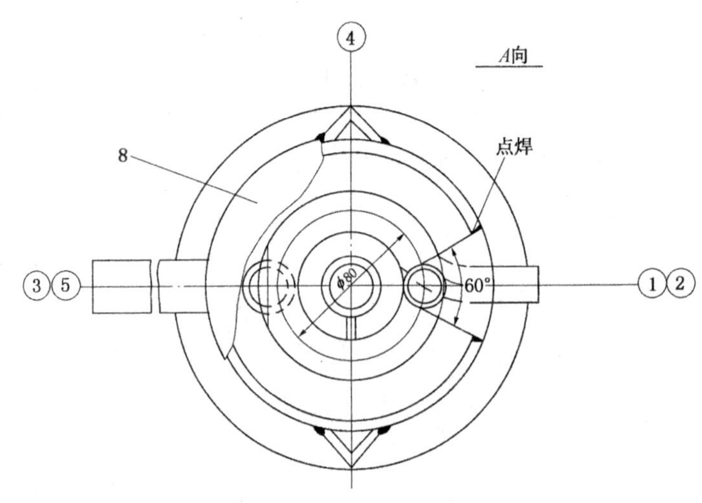

设 计 数 据

设计压力	管/壳 3.92/常压 MPa	腐蚀裕度	2mm	卧置试压	
设计温度	管/壳 350/60℃			立置试压	6.92(管)MPa
操作介质	管/壳腐蚀性油/水	换热面积	0.084m^2		

设 备 重 量 (kg)

设备自重	20	充水水重	7	最大重量	27

开 口 说 明

编号	名　称	件数	公称直径/mm	公称压力/MPa	焊接型式	伸出高度/mm	备注
1	油入口	1	15			见图	
2	油出口	1	15		Ⅰ	见图	
3	冷却水入口	1	20		Ⅰ	见图	
4	冷却水出口	1	25		Ⅰ	见图	
5	放水口	1	G1/2″		Ⅳ	见图	

材　料　表　　金属总重～21kg

件号	名　称	数量	材 料 规 格	单重 (kg)	总重 (kg)	备　注
11	堵　板	1	钢板 6　Q235－AF,ϕ143		0.76	
10	固定板	1	钢板 6　Q235－AF		0.08	
9	盘　管	1	无缝钢管 ϕ21.3×2.77　06Cr18Ni11Ti,L=1600		2.1	GB 9948—2006
8	上　盖	1	钢板 1　Q235－AF		0.16	S5－10－1
7	筒　体	1	无缝钢管 ϕ168.3×7.11　20 号钢		12.15	GB/T 8163—2008
6	接　管	1	无缝钢管 ϕ26.7×2.87　20 号钢		0.17	GB/T 8163—2008
5	筋　板	1	钢板 4.5　Q235－AF		0.13	
4－0	放空口	1	G1/2″　组合件		0.64	S5－10－1
3	接　管	1	无缝钢管 ϕ33.4×3.38　20 号钢,L=450		1.13	GB/T 8163—2008
2	立　柱	2	∠40×4　Q235－AF,L=680	1	2	
1	底　板	1	钢板 6　Q235－AF		1.47	

技术要求：同 S5－10－1

本取样冷却器适用于≤350℃油气的取样

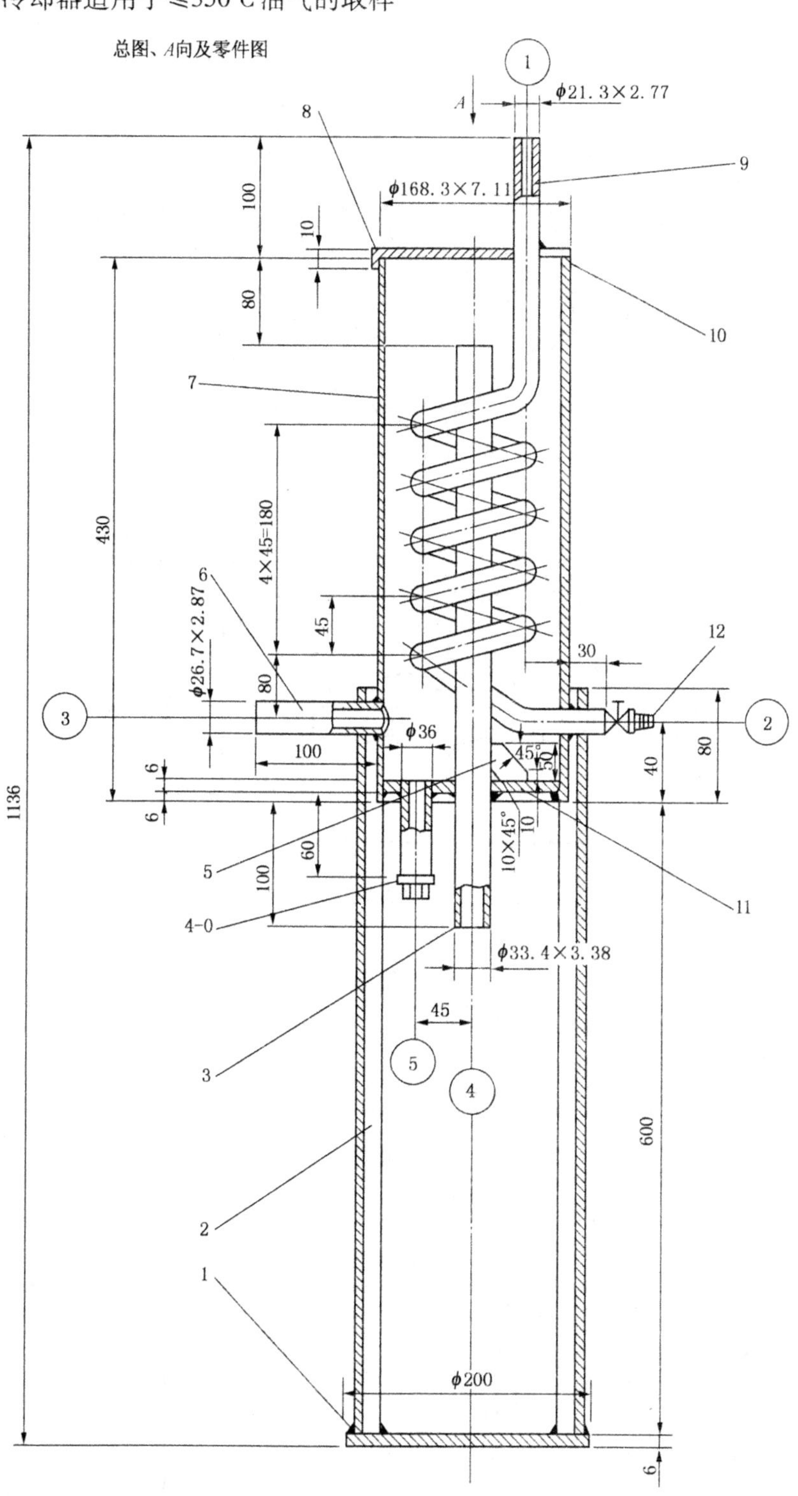

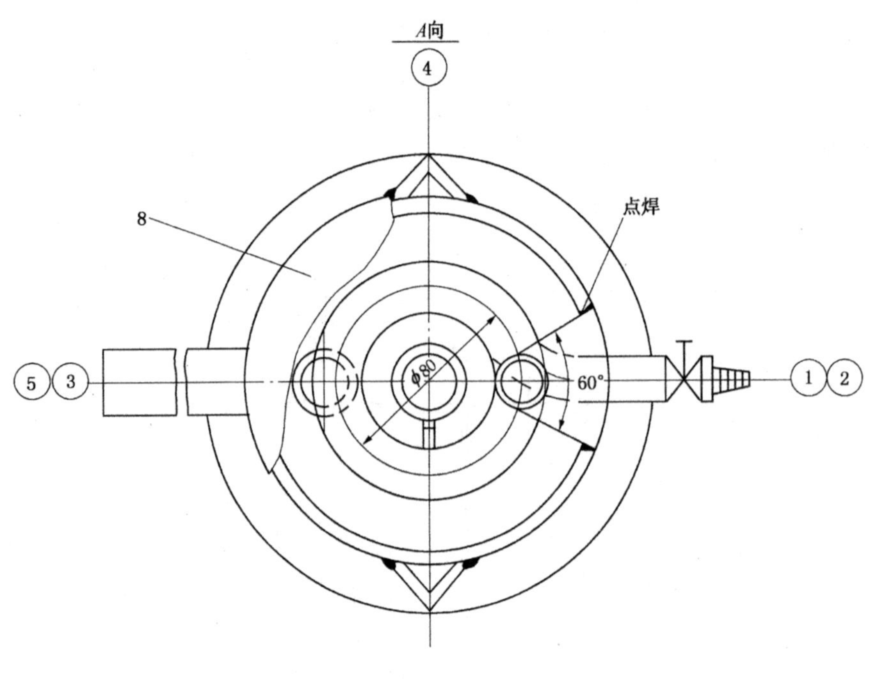

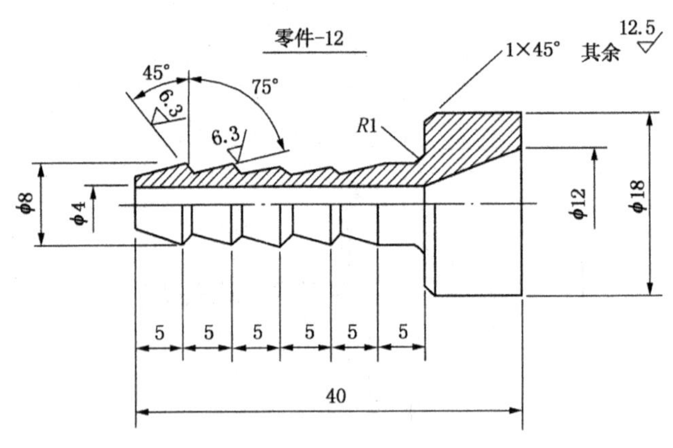

设计数据

设计压力	管/壳 3.92/常压 MPa	腐蚀裕度	2mm	卧置试压	
设计温度	管/壳 350/60℃			立置试压	6.92(管)MPa
操作介质	管/壳油气/水	换热面积	0.084m^2		

设备重量

(kg)

设备自重	20	充水水重	7	最大重量	27

开口说明

编号	名　称	件数	公称直径/mm	公称压力/MPa	焊接型式	伸出高度/mm	备注
1	油气入口	1	15			见图	
2	油气出口	1	8(外径)		Ⅰ	见图	
3	冷却水入口	1	20		Ⅰ	见图	
4	冷却水出口	1	25		Ⅰ	见图	
5	放水口	1	G1/2″		Ⅳ	见图	

材 料 表 金属总重~21kg

件号	名 称	数量	材 料 规 格	单重	总重	备 注
				kg		
12	管接头	1	圆钢 ϕ20 20 号钢		0.02	
11	堵 板	1	钢板 6 Q235 - AF, ϕ143		0.76	
10	固定板	1	钢板 6 Q235 - AF		0.08	
9	盘 管	1	无缝钢管 ϕ21.3×2.77 20 号钢, L=1600		2.1	GB 9948—2006
8	上 盖	1	钢板 1 Q235 - AF		0.16	S5 - 10 - 1
7	筒 体	1	无缝钢管 ϕ168.3×7.11 20 号钢		12.15	GB/T 8163—2008
6	接 管	1	无缝钢管 ϕ26.7×2.87 20 号钢		0.17	GB/T 8163—2008
5	筋 板	1	钢板 4.5 Q235 - AF		0.13	
4 - 0	放空口	1	G1/2″ 组合件		0.64	S5 - 10 - 1
3	接 管	1	无缝钢管 ϕ33.4×3.38 20 号钢, L=450		1.13	GB/T 8163—2008
2	立 柱	2	∠40×4 Q235 - AF, L=680	1	2	
1	底 板	1	钢板 6 Q235 - AF		1.47	

技术要求：同 S5 - 10 - 1。

2014	单一相取样冷却器（D 型） ϕ159 × 1136	施工图图号 S5－10－4

本取样冷却器适用于≤350℃含 H_2S 油气、氢气的取样

总图及零件图

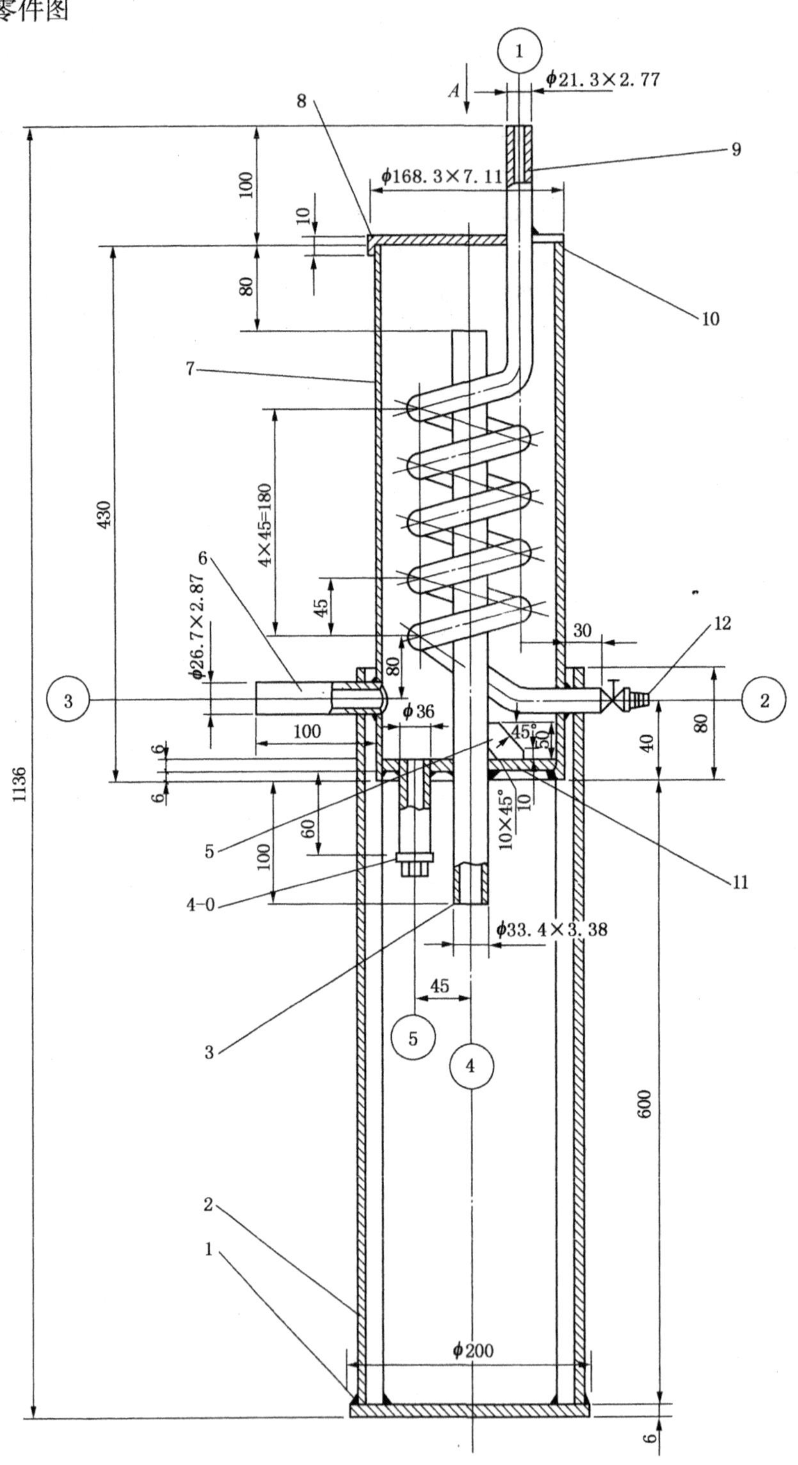

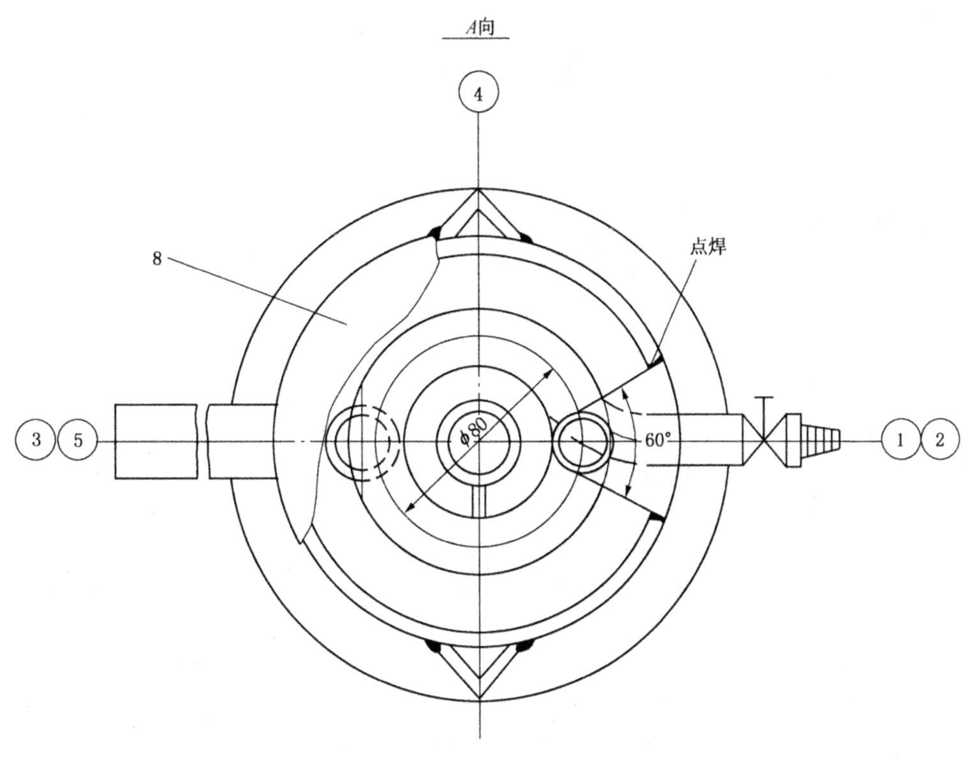

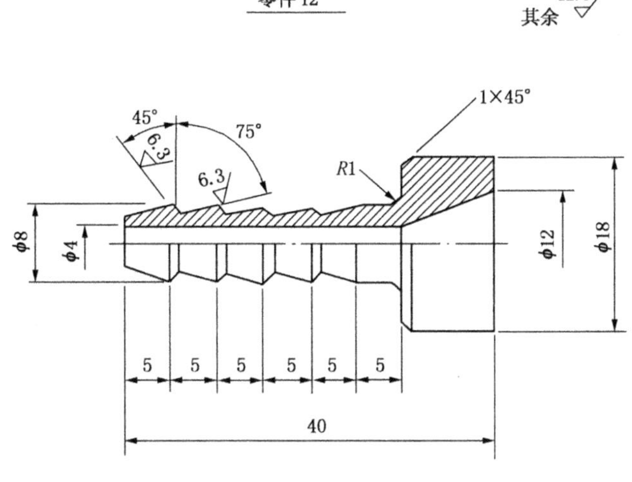

设 计 数 据

设计压力	管/壳3.92/常压MPa	腐蚀裕度	2mm	卧置试压	
设计温度	管/壳350/60℃			立置试压	6.92(管)MPa
操作介质	管/壳腐蚀性油气、氢气/水	换热面积	0.084m^2		

设 备 重 量

(kg)

设备自重	20	充水水重	7	最大重量	27

开口说明

编号	名　称	件数	公称直径/mm	公称压力/MPa	焊接型式	伸出高度/mm	备注
1	油气入口	1	15			见图	
2	油气出口	1	8(外径)		I	见图	
3	冷却水入口	1	20		I	见图	
4	冷却水出口	1	25		I	见图	
5	放水口	1	G1/2″		Ⅳ	见图	

材　料　表　　　　金属总重～21kg

件号	名　称	数量	材料规格	单重 (kg)	总重 (kg)	备　注
12	管接头	1	圆钢 ϕ20　　0Cr18Ni9		0.02	
11	堵　板	1	钢板 6　　Q235－AF, ϕ143		0.76	
10	固定板	1	钢板 6　　Q235－AF		0.08	
9	盘　管	1	无缝钢管 ϕ21.3×2.77　0Cr18Ni9Ti, $L=1600$		2.1	GB 9948—2006
8	上　盖	1	钢板 1　　Q235－AF		0.16	S5－10－1
7	筒　体	1	无缝钢管 ϕ168.3×7.11　20 号钢		12.15	GB/T 8163—2008
6	接　管	1	无缝钢管 ϕ26.7×2.87　20 号钢		0.17	GB/T 8163—2008
5	筋　板	1	钢板 4.5　　Q235－AF		0.13	
4－0	放空口	1	G1/2″　　组合件		0.64	S5－10－1
3	接　管	1	无缝钢管 ϕ33.4×3.38　20 号钢, $L=450$		1.13	GB/T 8163—2008
2	立　柱	2	∠40×4　　Q235－AF, $L=680$	1	2	
1	底　板	1	钢板 6　　Q235－AF		1.47	

技术要求：同 S5－10－1

八、有机玻璃量筒

2014	有机玻璃量筒	施工图图号
		S5－18－1

本施工图为钝化剂加入量测定有机玻璃量筒。

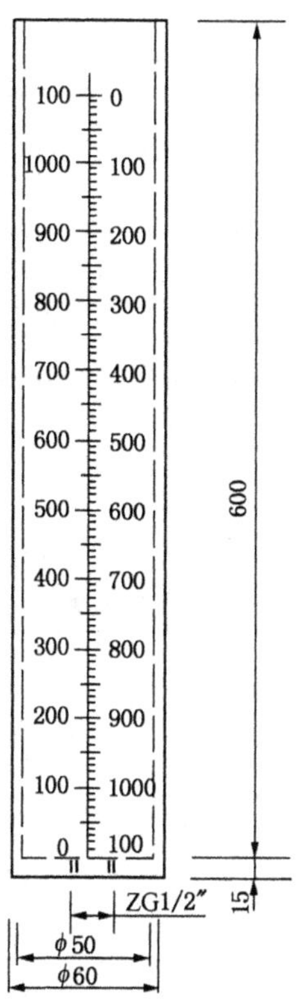

说明：1. 本图尺寸单位为 mm，量筒的刻度数字为 mL；

2. 材料为有机玻璃；

3. ZG1/2″为锥管螺纹，应按《55°密封管螺纹第 2 部分：圆锥内螺纹与圆锥外螺纹》GB/T 7306.2—2000 的规定加工（配 ZG1/2″螺纹短节用）；

4. 量筒的刻度要求清晰、准确，误差 ±2%（体积）。

2014	*DN*15～40 管嘴	施工图图号 S5－101－1

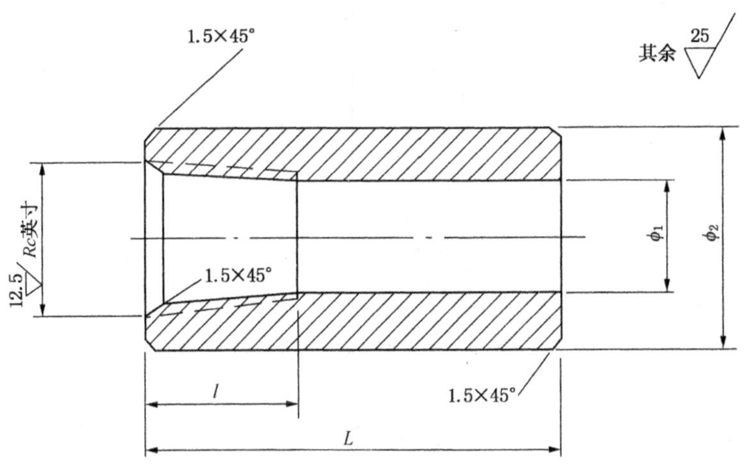

尺寸和重量　　尺寸单位为 mm，Class 2000 lb

公称直径 *DN*	锥管螺纹 *Rc*	ϕ_1	ϕ_2	*l*	质　量/kg						
					L＝60	*L*＝80	*L*＝100	*L*＝120	*L*＝140	*L*＝160	*L*＝180
15	1/2″	17.9	40	15	0.47	0.65	0.78	0.94	1.09	1.26	1.41
20	3/4″	23	45	17	0.55	0.73	0.92	1.10	1.28	1.46	1.65
25	1″	29	50	19	0.61	0.81	1.02	1.22	1.42	1.62	1.82
40	1½″	43	79	24	1.13	1.50	1.88	2.28	2.63	3.00	3.38

技术要求：

1. 材料 20 号锻钢。
2. 锥管螺纹的基本尺寸及公差应符合 GB/T 7306.2—2000《55°密封管螺纹第 2 部分：圆锥内螺纹与圆锥外螺纹》的要求。
3. 加工件尺寸公差应符合 GB 1804—2000《一般公差　未注公差的线性和角度尺寸的公差》H12 级精度。
4. 标记示例：公称直径 *DN*20；总长 80mm；公称压力 Class 2000 lb 管嘴的代号为 GZ－20×80－CL2000。

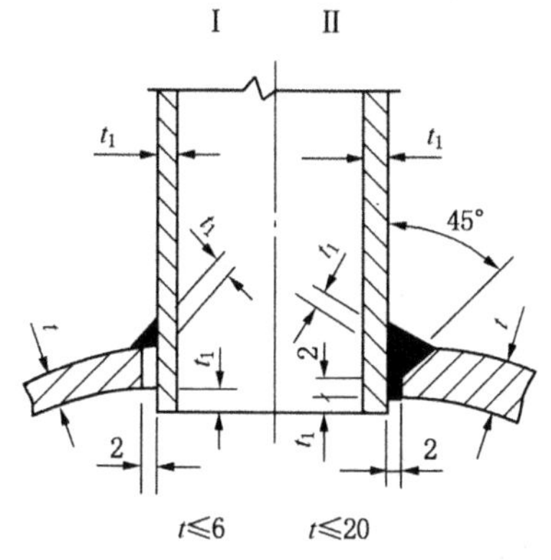

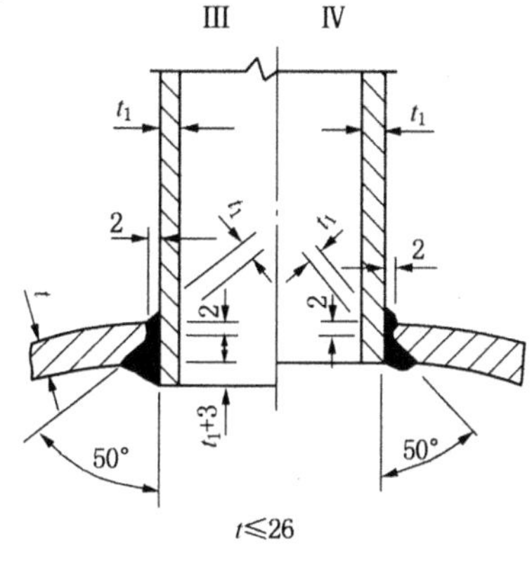

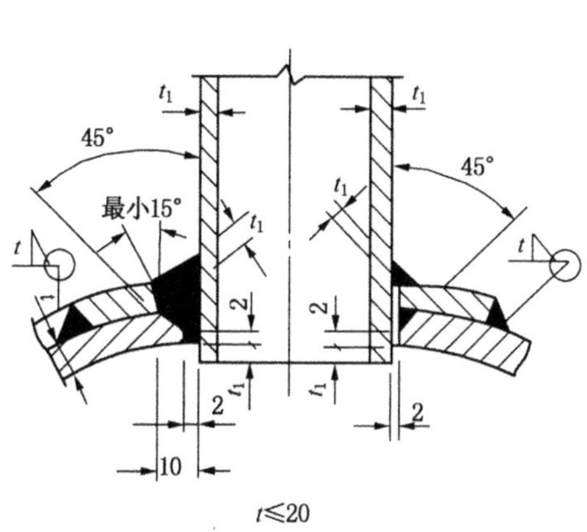

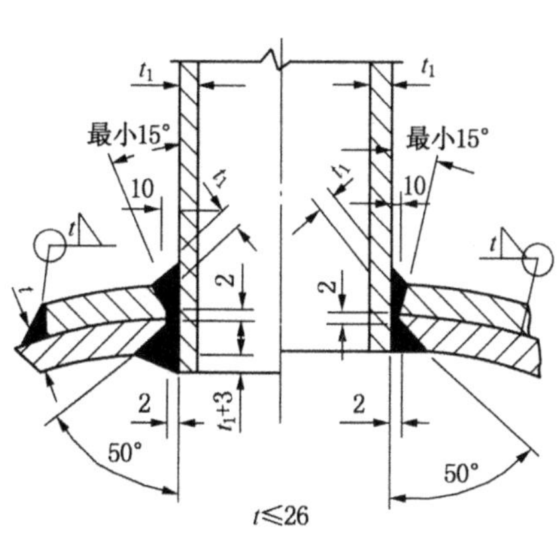

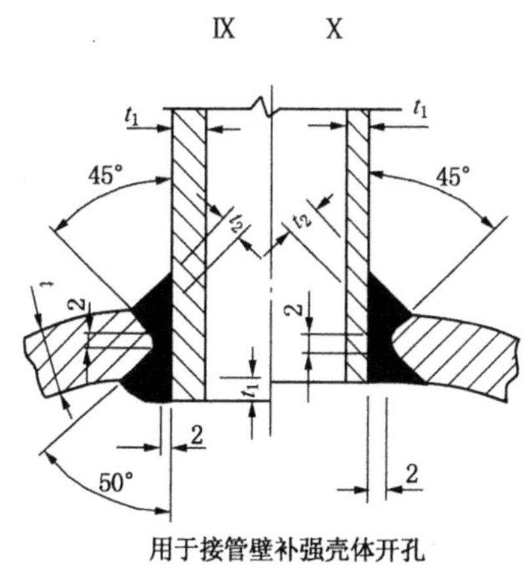

用于接管壁补强壳体开孔

$t \leqslant 60$　$t_1 \geqslant \frac{1}{2}t$　$t_2 = \frac{t_1}{3}$ 且不小于6

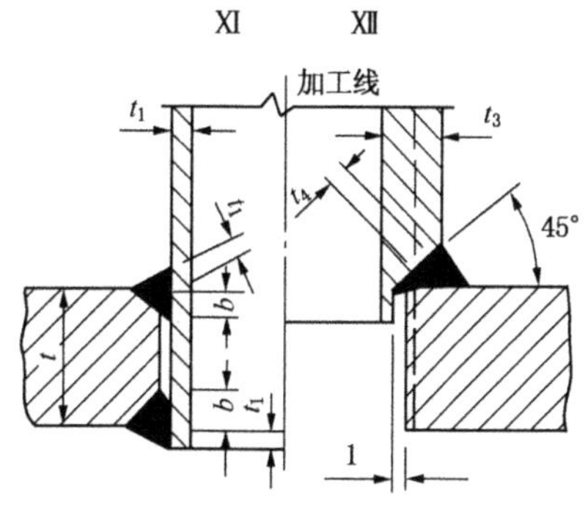

用于法兰盖上开孔

$t \leqslant 100$　$t_1 \leqslant 12$　$b = 2t_1$　$t_4 = \frac{1}{3}t_3$

第三章

管道支吊架

第一节　管道支吊架系列

本系列包括支架、管托、管卡、管吊等四大类，适用于石油化工企业的工艺装置、油品储运、热工以及给排水等专业的管道安装设计。本系列施工图见“第二节　管道支吊架施工图”，支架的估料见“第三节　支架估料”的表3－3－1支架估料表。下列表中施工图图号与第二节中管道支吊架的施工图图号相对应，可配合使用。并与《石油化工装置工艺管道安装设计手册(第一篇)设计与计算》第十五章管道支吊架中的第二节管道支吊架系列相一致的。

(一) 支架系列

1. 种类

本系列包括悬臂支架(表3－1－1～表3－1－2)、悬臂固定支架(表3－1－3)、悬臂导向支架(表3－1－4、表3－1－5)、三角支架(表3－1－6、表3－1－7)、三角固定支架(表3－1－8)、单柱支架(表3－1－9)、双柱支架(表3－1－10、表3－1－11)、单柱及双柱支架(表3－1－12)。

2. 适用范围

适用于 *DN*15～600 的碳钢及合金钢的保温和不保温管道，不适用于非金属及保冷管道。

3. 型号说明

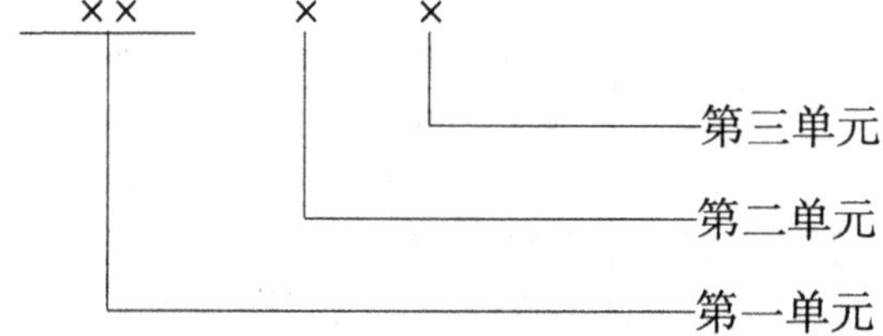

第一单元用大写的汉语拼音字母 ZJ 表示支架。

第二单元用阿拉伯数字表示支架类别：

1——代表悬臂支架；

2——代表三角支架；

3——单柱支架；

4——双柱支架；单柱及双柱支(吊)架

第三单元表示支架流水号。

表 3-1-1　生根在柱子上的悬臂支架

型　号	ZJ-1-1	ZJ-1-2	ZJ-1-3	ZJ-1-4	ZJ-1-5 ZJ-1-7	ZJ-1-6 ZJ-1-8	ZJ-1-9 ZJ-1-11	ZJ-1-10 ZJ-1-12	ZJ-1-13	ZJ-1-14	ZJ-1-15	ZJ-1-16
施工图图号	S1-15-1		S1-15-2		S1-15-3		S1-15-4		S1-15-5		S1-15-6	
简图	P_V P_H L_0 L				P_V P_H L_0 L				P_V P_H L_0 28 L			
支架根部结构	焊在柱子正面				焊在柱子侧面				焊在柱子正面			
支架型钢规格	∠63×6	∠75×8	[10	[12.6	∠63×6	∠75×8	[10	[12.6	∠63×6 ╥ 120	∠75×8 ╥ 120	[8 [ ] *120	[10 [ ] *120
允许弯矩[M]/(N·m)	550	1030	1880	2640	550	1030	1880	2640	1400	2610	5540	13090
支架计算长度 L_0/mm	允　许　垂　直　荷　载/N											
200	2750	5150	9400	13200	2750	5150	9400	13200	7000	13050	27700	6545
300	1833	3433	6267	8800	1833	3433	6267	8800	4667	8700	18467	43633
400	1375	2575	4700	6600	1375	2575	4700	6600	3500	6525	13850	32725
500	1100	2060	3760	5280	1100	2060	3760	5280	2800	5220	11080	26180
600	917	1716	3133	4400	917	1716	3133	4400	2333	4350	9233	21817
700		1471	2686	3771		1471	2686	3771	2000	3729	7914	18700
800		1288	2350	3300			2350	3300	1750	3263	6925	16363
900			2089	2933			2089	2933	1556	2900	6156	14544
1000			1880	2640			1880	2640	1400	2610	5540	13090
1100				2400				2400	1273	2373	5036	11900
1200				2200				2200	1167	2175	4617	10908

注：1. 当支架上布置有多根管道时，可按公式 $M=\sum P_i \times L_i \leqslant [M]$ 选用。P_i—每根管道的垂直荷载 N。L_i—每根管道离柱边距离，mm。

2. 水平推力 $P_H=0.3P_V$。

3. ZJ-1-5 与 ZJ-1-7 型的区别为前者生根部位不需要垫板。

4. 若选用 ZJ-1-3 型 $L_0=600$ 的支架可标为 ZJ-1-3-600。

表 3-1-2　生根在墙上的悬臂支架

型　　号	ZJ-1-17	ZJ-1-18	ZJ-1-19	ZJ-1-20	ZJ-1-21	ZJ-1-22	ZJ-1-23	ZJ-1-24
施工图图号	S1-15-7		S1-15-8		S1-15-9		S1-15-10	
名　称	单肢悬臂墙架				双肢悬臂墙架			
简图	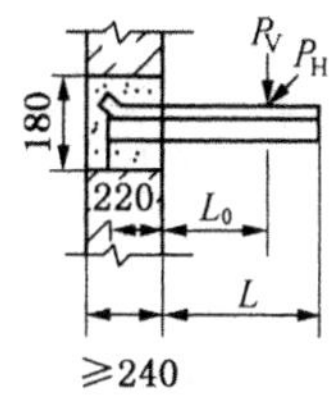		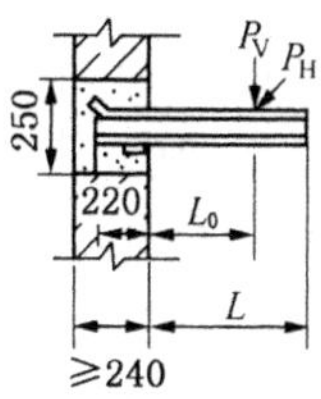		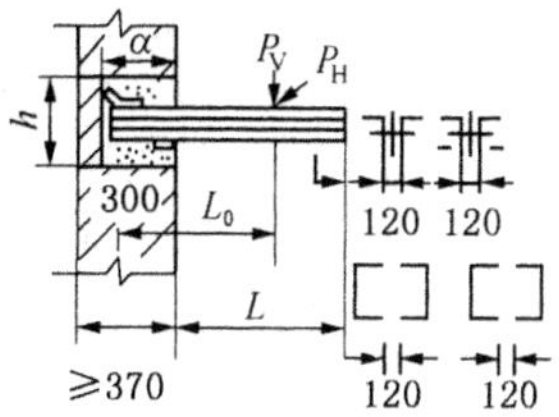			
支架型钢规格	∠63×6	∠75×8	[10	[12.6	∠63×6 ╥	∠75×8 ╥	[8 [ ]	[12.6 [ ]
允许弯矩[M]/(N·m)	676	1264	2156	2910	1400	2610	5540	13090
支架计算长度 L_0/mm	允　许　垂　直　荷　载/N							
200	2750	5150	9400	13200	7000	13050	27700	65450
300	1833	3433	6267	8800	4667	8700	18467	43633
400	1375	2575	4700	6600	3500	6525	13850	32725
500	1100	2060	3760	5280	2800	5220	11080	26180
600	917	1716	3133	4400	2333	4350	9233	21817
700		1471	2686	3771	2000	3729	7914	18700
800		1288	2350	3300	1750	3263	6925	16363
900			2089	2933	1556	2900	6156	14544
1000			1880	2640	1400	2610	5540	13090
1100				2400	1273	2373	5036	11900
1200				2200	1167	2175	4617	10908

注：1. 表中的允许弯矩为支架本身的允许弯矩，墙体是否能承受，应根据具体情况而定。

2. 若选用 ZJ-1-19 型 L_0=600 的支架可标为 ZJ-1-19-600。

表 3-1-3　单、双肢悬臂固定支架

型　　号	ZJ-1-25	ZJ-1-26	ZJ-1-27	ZJ-1-28	ZJ-1-29	ZJ-1-30	ZJ-1-31	ZJ-1-32	ZJ-1-33
施工图图号	S1-15-11		S1-15-12		S1-15-13		S1-15-14		
简图	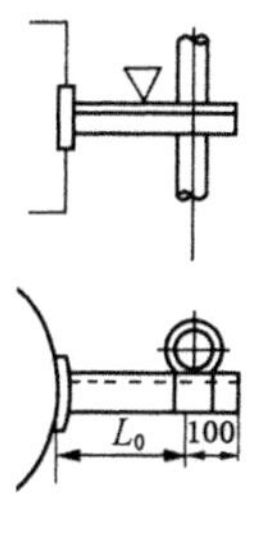		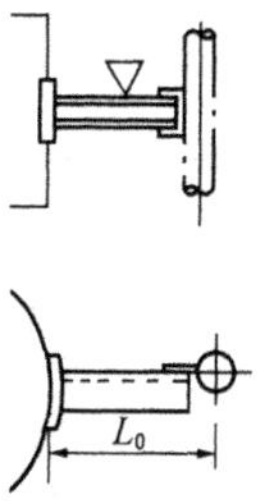		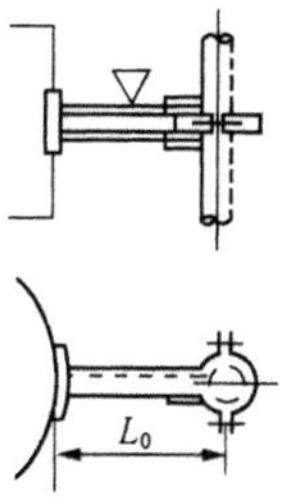		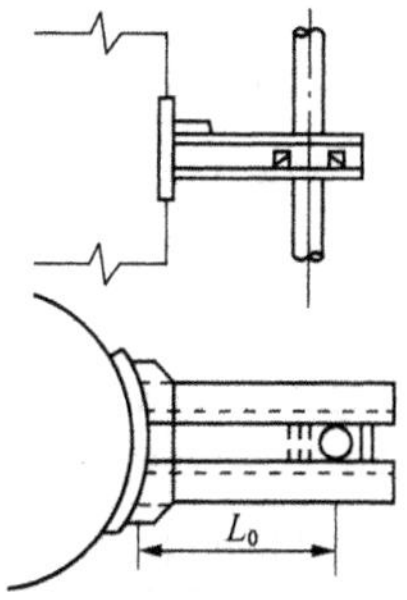		
支架型钢规格	∠63×6	∠75×8	[10	[12.6	[10	[12.6	]a[12.6		
钢板规格/mm	200×200×8		200×200×8		200×200×8		a=400	a=500	a=600

续表

型　号	ZJ－1－25	ZJ－1－26	ZJ－1－27	ZJ－1－28	ZJ－1－29	ZJ－1－30	ZJ－1－31	ZJ－1－32	ZJ－1－33
施工图图号	S1－15－11		S1－15－12		S1－15－13		S1－15－14		
支架计算长度 L_0/mm	允许垂直荷载/N								
200	2750	5150	9400	13200	9400	13200			
300	1833	3433	6267	8800	6267	8800			
400	1375	2575	4700	6600	4700	6600			
500	1100	2060	3760	5280	3760	5280	28020	28380	28620
600	917	1716	3133	4400	3133	4400	23350	23650	23850
700		1471	2686	3771	2686	3771	20020	20280	20450
800		1288	2350	3300	2350	3300	17520	17740	17890
900			2089	2933	2089	2933	15570	15770	15900
1000			1880	2640	1880	2640	14010	14190	14310
1100						2400	12740	12900	13010
1200						2200	11680	11830	11920
适用范围	保温及不保温管道		保温管道		合金钢管道		保温管道		
管径 DN/mm	15～40		50～100		50～100		150～500		
若选用 ZJ－1－28 型[12.6，L_0＝600 被支承管管径为 DN100 的支架时，可标为 ZJ－1－28－600－DN100									

表 3－1－4　单、双肢悬臂导向支架

型　号	ZJ－1－34	ZJ－1－35	ZJ－1－36
施工图图号	S1－15－15	S1－15－16	S1－15－17
简图	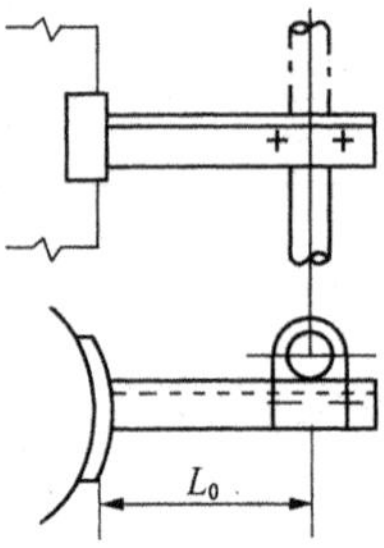	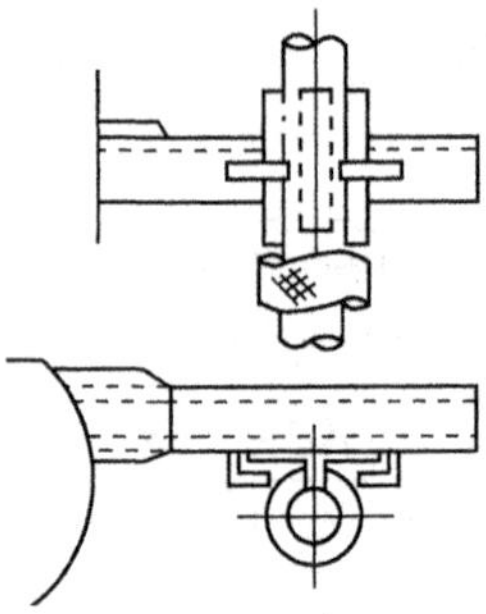	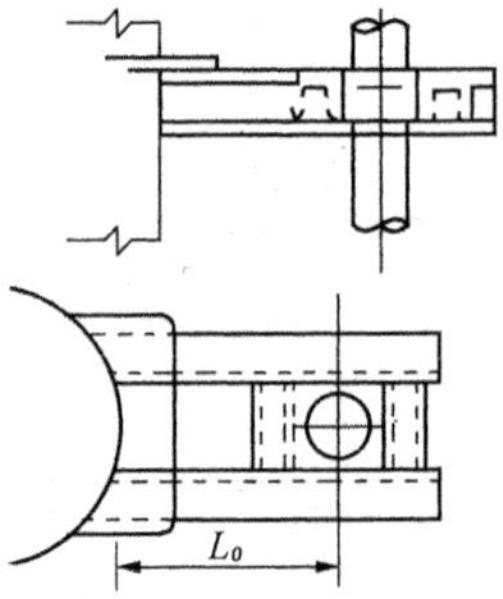
支架型式	导向支架	导向支架	导向支架
型钢规格	∠63×6	[10	[12.6][550
钢板规格	200×200×8		
支架计算长度 L_0/mm	200～600	400～1000	500～1200
允许弯矩[M]/(N·m) 水平力产生的	550	1880	13090
适用范围	不保温管道	保温及不保温管道	不保温管道
管径 DN/mm	15～40	15～150	200～500
(1) 如选用 ZJ－1－34 型∠63，L_0＝400，被支承管管径为 DN40 的支架时，可标为 ZJ－1－34－400－DN40			

表 3-1-5　双肢悬臂导向支架

型　　号	ZJ-1-37
施工图图号	S1-15-18
简　　图	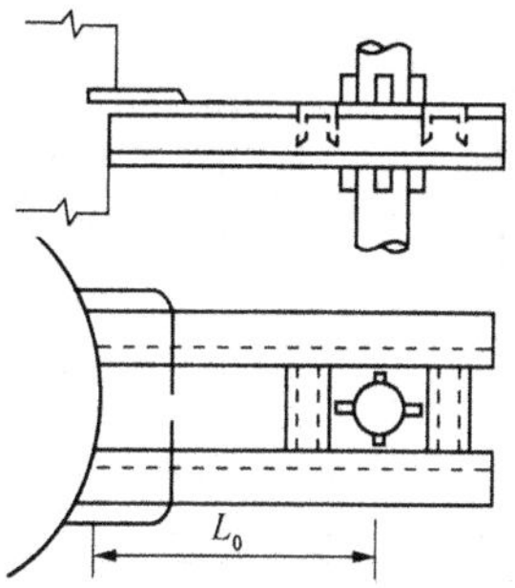
支架型式	导向支架
型钢规格	12.6][
钢板规格	
支架计算长度 L_0/mm	800~1200
允许弯矩[M]/(N·m) 水平力产生的	13090
适用范围	保温管道
管径 DN/mm	200~500

若选用 ZJ-1-38 型[10，L_0=1500，被支承管管径为 DN300 的支架时可标为 ZJ-1-38-1500-DN300

表 3-1-6　生根在柱子上的三角支架

型　号	ZJ-2-1	ZJ-2-2	ZJ-2-3	ZJ-2-4	ZJ-2-5	ZJ-2-6	ZJ-2-7	ZJ-2-8	ZJ-2-9	ZJ-2-10	ZJ-2-11	ZJ-2-12
施工图图号	S1-15-19				S1-15-20				S1-15-21			
简　图	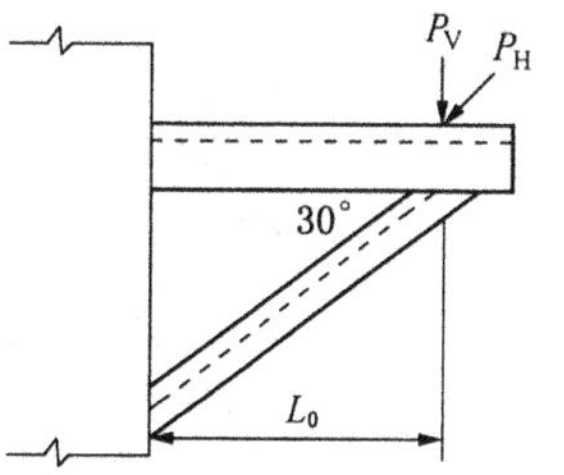				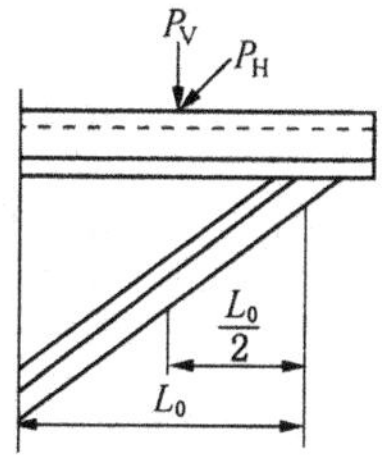				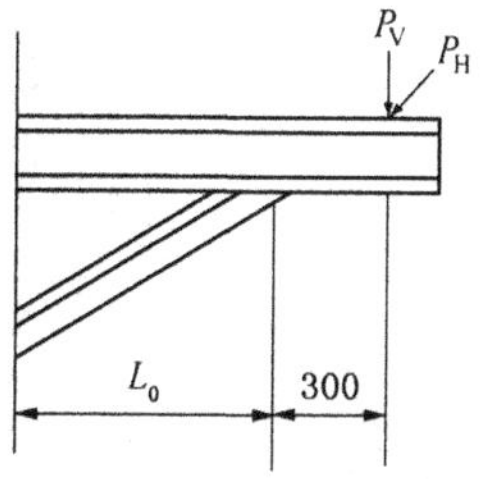			
支架受力分布	端部受力				中部受力				悬臂端受力			
支架型钢规格	梁∠75×8 斜撑∠63×6	梁∠100×8 斜撑∠75×8	梁[10 斜撑∠100×8	梁[12.6 斜撑∠100×8	梁∠75×8 斜撑∠63×6	梁∠100×8 斜撑∠75×8	梁[10 斜撑∠100×8	梁[12.6 斜撑∠100×8	梁∠75×8 斜撑∠63×6	梁∠100×8 斜撑∠75×8	梁[10 斜撑∠100×8	梁[12.6 斜撑∠100×8
许用弯矩[M]/(N·m) P_V 产生的弯矩	4030	7100	12900	13800	3850	6970	14820	16520	1570	2820	1600	2120
支架计算长度 L_0/mm	允许垂直荷载 P_V/N											
500	8060	14200	15800	17600	7700	13950	19650	113050	3150	5650	3200	4250
600	6800	1212	14900	16400	6450	11700	18100	110950	2950	5300	2900	3900
700	5900	1055	4200	5550	5550	10050	6950	9400	2800	5000	2650	3550
800	5200	9350	3700	4900	4850	8850	6100	8250	2650	4750	2450	3300

续表

型　号	ZJ－2－1	ZJ－2－2	ZJ－2－3	ZJ－2－4	ZJ－2－5	ZJ－2－6	ZJ－2－7	ZJ－2－8	ZJ－2－9	ZJ－2－10	ZJ－2－11	ZJ－2－12
900	4650	8350	3300	4350	4350	7900	5450	7350	2500	4500	2300	3050
1000	4200	7600	3000	3950	3900	7100	4900	6650	2350	4250	2150	2850
1100		6950	2750	3600		6450	4450	6050		4050	2000	2650
1200		6400	2500	3300		5950	4100	5550		3850	1850	2500
1300			2300	3050			3800	5100			1750	2350
1400			2150	2850			3500	4750			1650	2200
1500			2000	2650			3300	4450			1600	2100
1600			1900	2500			3050	4150			1500	2000
1700			1800	2350			2900	3950			1450	1900

注：1. 当支架上只有一根管道时可按上表选用；

2. 当支架上布置有多根管道时，按公式 $M=\sum P_i \times L_i \leqslant [M]$；

3. 双肢组合支架的垂直荷重 $=2P_V$；

4. 水平推力 $P_H=0.3P_V$；

5. 若选用 ZJ－2－4 型 $L_0=1100$ 的支架，可标为 ZJ－2－4－1100。

表 3－1－7　生根在墙上的三角支架

型　号	ZJ－2－13	ZJ－2－14	ZJ－2－15	ZJ－2－16	ZJ－2－17	ZJ－2－18	ZJ－2－19	ZJ－2－20	ZJ－2－21
施工图图号	S1－15－22			S1－15－23			S1－15－24		
名　称	简型三角墙架			单肢三角墙架					
简图									
支架受力分布	端部受力			中部受力			悬臂端受力		
支架型钢规格	梁 ∠63×6 斜撑 ∠50×5	梁 ∠75×8 斜撑 ∠63×6	梁 [10 斜撑 ∠100×8	梁 ∠63×6 斜撑 ∠50×5	梁 ∠75×8 斜撑 ∠63×6	梁 [10 斜撑 ∠100×8	梁 ∠63×6 斜撑 ∠50×5	梁 ∠75×8 斜撑 ∠63×6	梁 [10 斜撑 ∠100×8
许用弯矩 [M]/(N·m) (P_H 产生的弯矩)	2190	4030	2900	2080	3850	4820	865	1570	1600
支架计算长度 L_0/mm	允许垂直荷载 P_V/N								
500	4380	8060	5800	4160	7700	9650	1730	3150	3200
600	3650	6800	4900	3470	6450	8100	1441	2950	2900
700	3128	5900	4200	2970	5550	6950	1236	2800	2650
800		5200	3700		4850	6100		2650	2450
900		4650	3300		4350	5450		2500	2300
1000		4200	3000		3900	4900		2350	2150
1100			2750			4450			2000
1200			2500			4100			1850

注：1. 表中的允许荷载为支架本身的允许荷载，墙体是否能承受应根据具体情况而定。

2. 若选用 ZJ－2－15 型 $L_0=900$ 的支架可标为 ZJ－2－15－900。

表 3 -1 -8　单、双肢三角固定支架

型　　号	ZJ -2 -22	ZJ -2 -23	ZJ -2 -24	ZJ -2 -25	ZJ -2 -26
施工图图号	S1 -15 -25	S1 -15 -26	S1 -15 -27	S1 -15 -28	S1 -15 -29
简图	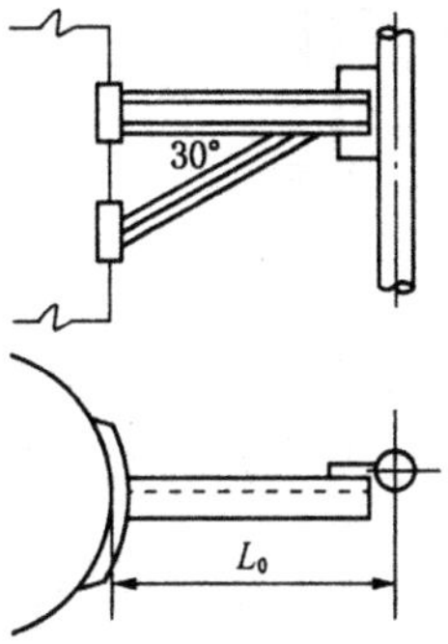		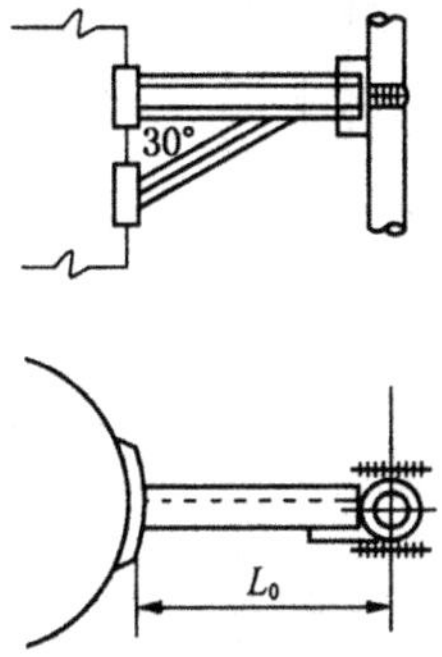		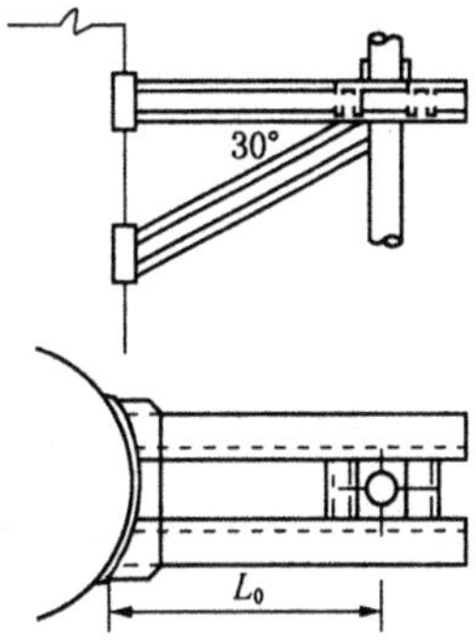
支架型式	固定承重		固定承重		固定承重
型钢规格	梁∠75 ×8 斜撑∠63 ×6	梁[10 斜撑∠100 ×8	梁∠75 斜撑∠63	梁[10 斜撑∠100 ×8	梁[10 斜　撑∠100 ×8
钢板规格					
支架计算长度 L_0/mm	允　许　垂　直　荷　重/N				
500	8050	5800	8050	5800	46700
600	6800	4900	6800	4900	40700
700	5900	4200	5900	4200	36100
800	5200	3700	5200	3700	32400
900	4650	3300	4650	3300	29400
1000	4200	3000	4200	3000	26900
1100		2750		2750	24800
1200		2500		2500	23000
1300		2300		2300	21400
1400		2150		2150	20100
1500		2000		2000	18900
1600		1900		1900	17800
1700		1800		2800	16900
适用范围	保温管道		合金钢管道		保温管道
管径 *DN*/mm	50 ~100		50 ~100		150 ~500
若选用 ZJ -2 -24　∠75L_0 =900 被支承管管径为 *DN*80 的支架时，可标为 ZJ -2 -24 -900 - *DN*80					

表3-1-9 单 柱 支 架

型　号	ZJ-3-1	ZJ-3-2	ZJ-3-3	ZJ-3-4	ZJ-3-5	ZJ-3-6
简图	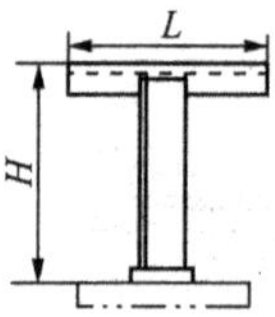		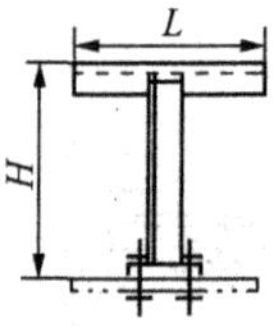		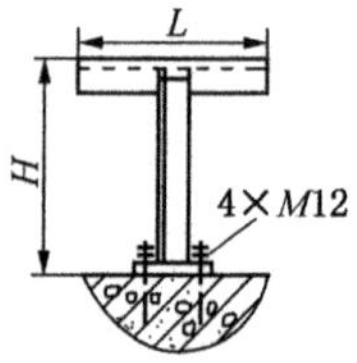	
型钢规格	横梁∠50×3 支柱∠63×6	横梁∠63×6 支柱∠75×8	横梁∠50×3 支柱∠63×6	横梁∠63×6 支柱∠75×8	横梁∠50×3 支柱∠63×6	横梁∠63×6 支柱∠75×8
适用范围	1. 允许荷载：1350N 水平推力:550N 2. H≤500mm L≤500mm	1. 允许荷载：1600N 水平推力:650N 2. H≤800mm L≤800mm	1. 允许荷载：1350N 水平推力:550N 2. H≤500mm L≤500mm	1. 允许荷载：1600N 水平推力:650N 2. H≤800mm L≤800mm	1. 允许荷载：1350N 水平推力:550N 2. H≤500mm L≤500mm	1. 允许荷载：1600N 水平推力:650N 2. H≤800mm L≤800mm
施工图图号	S1-15-30		S1-15-31		S1-15-32	

若选用 ZJ-3-2　∠63H=600 的支架时，可标为 ZJ-3-2-600

表3-1-10 Π 型 支 架

型　号	ZJ-4-1	ZJ-4-2	ZJ-4-3	ZJ-4-4	ZJ-4-5	ZJ-4-6	ZJ-4-7	ZJ-4-8	ZJ-4-9
简图	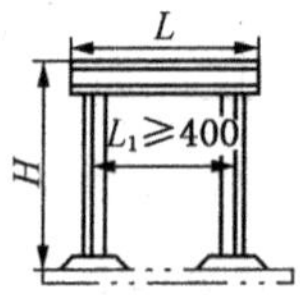			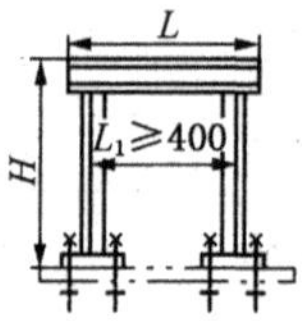			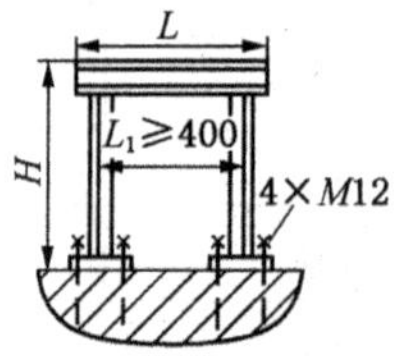		
型钢规格	横梁[8 支柱∠63×6	横梁[10 支柱∠63×6	横梁[12.6 支柱∠75×8	横梁[8 支柱∠63×6	横梁[10 支柱∠63×6	横梁[12.6 支柱∠75×8	横梁[8 支柱∠63×6	横梁[10 支柱∠63×6	横梁[12.6 支柱∠75×8
适用范围	1. 允许荷载 5200N 水平推力:1560N 2. H≤800 L≤800	1. 允许荷载 5400N 水平推力:1620N 2. H≤800 L≤1000	1. 允许荷载 6700N 水平推力:2100N 2. H≤800 L≤1200	1. 允许荷载 5200N 水平推力:1560N 2. H≤800 L≤800	1. 允许荷载 5400N 水平推力:1620N 2. H≤800 L≤1000	1. 允许荷载 6700N 水平推力:2100N 2. H≤800 L≤1200	1. 允许荷载 5200N 水平推力:1560N 2. H≤800 L≤800	1. 允许荷载 5400N 水平推力:1620N 2. H≤800 L≤1000	1. 允许荷载 6700N 水平推力:2100N 2. H≤800 L≤1200
施工图图号	S1-15-35			S1-15-36			S1-15-37		

表 3-1-11 生根在梁上的钢吊架

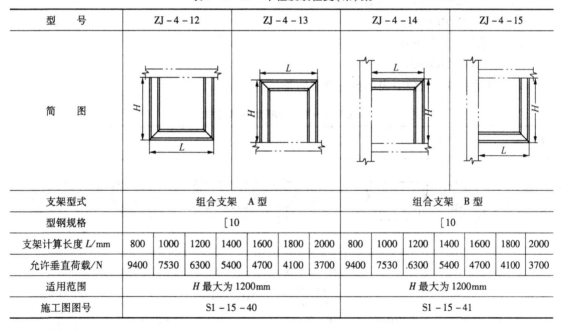

型号	ZJ-4-10	ZJ-4-11
简图		
适用范围	1. 吊梁和吊架均为∠75×8 的等边角钢 2. $P_{max}=4500N$, $P_H=1350N$ $L_{max}=1000mm$ $H=800mm$ 3. 生根在钢构件或带预埋件的混凝土构件上	1. 吊梁和吊架均为[10 槽钢 2. $P_{max}=7500N$ $P_H=2250N$ $L_{max}=1000$ $H=800$ 3. 生根在钢构件或带预埋件的混凝土构件上
施工图图号	S1-15-38	S1-15-39

表 3-1-12 单柱及双柱支(吊)架

型号	ZJ-4-12							ZJ-4-13							ZJ-4-14	ZJ-4-15
简图																
支架型式	组合支架 A 型							组合支架 B 型								
型钢规格	[10							[10								
支架计算长度 L/mm	800	1000	1200	1400	1600	1800	2000	800	1000	1200	1400	1600	1800	2000		
允许垂直荷载/N	9400	7530	6300	5400	4700	4100	3700	9400	7530	.6300	5400	4700	4100	3700		
适用范围	H 最大为 1200mm							H 最大为 1200mm								
施工图图号	S1-15-40							S1-15-41								

(二)管托系列

1. 种类

管托系列包括滑动管托(表 3-1-13、表 3-1-14)、固定管托(表 3-1-15)、止推管托(表 3-1-16、表 3-1-17、表 3-1-18)及导向管托(表 3-1-19、表 3-1-20)四种类型。每类管托又因管道材质不同而在结构上又有焊接型与卡箍型的区别。

2. 适用范围

本系列适用于 DN15~600 的保温或不保温的管道，不适用于非金属及保冷管道。焊接型适用于碳钢管道，卡箍型适用于合金钢管道。

3. 型号说明

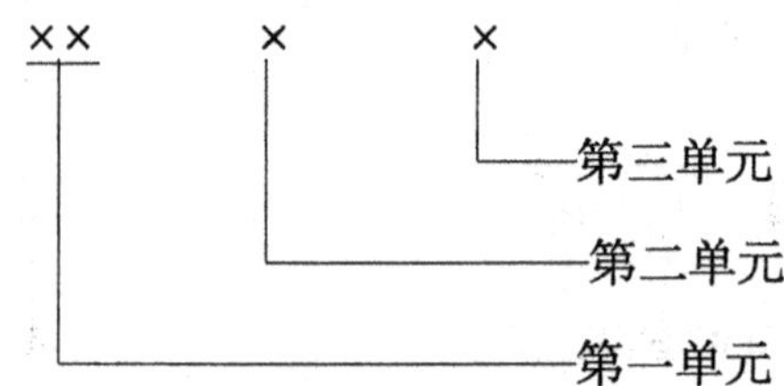

第一单元用大写的汉语拼音字母表示管托型式：

HT——表示滑动管托；

HK——表示卡箍型滑动管托；

GT——表示固定管托；

ZD——表示止推挡块；

ZT——表示止推管托；

ZK——表示卡箍型止推管托；

DT——表示导向管托；

DK——表示卡箍型导向管托。

第二单元用阿拉伯数字表示托高：

1——托高为100mm；

2——托高为150mm；

3——托高为200mm。

第三单元用阿拉伯数字表示被支撑管的管径。

表3-1-13　焊接型滑动管托

管　径	*DN*15~150	*DN*200~300		*DN*350~500	
简图	H　L	H　L		H　L	
型号	HT-1-*DN*　*H*=100mm *L*=250mm HT-2-*DN*　*H*=150mm *L*=250mm	HT-1-*DN* *H*=100mm *L*=350mm HT-2-*DN* *H*=150mm *L*=350mm	HT-3-*DN* *H*=200mm *L*=350mm	HT-1-*DN* *H*=100mm *L*=350mm HT-2-*DN* *H*=150mm *L*=350mm	HT-3-*DN* *H*=200mm *L*=350mm
适用范围	1. HT-1型适用于保温厚度≤75mm的碳钢保温管道 2. HT-2型适用于保温厚度≤125mm的碳钢保温管道	1. HT-1型适用于保温厚度≤75mm的碳钢保温管道 2. HT-2型适用于保温厚度≤125mm的碳钢保温管道		1. HT-1型适用于保温厚度≤75mm的碳钢保温管道 2. HT-2型适用于保温厚度≤125mm的碳钢保温管道	
施工图图号	S1-15-42	S1-15-43		S1-15-44	

表 3－1－14　卡箍型滑动管托

管径	DN50～150		DN200～300			DN350～500	
简图							
型号	HK－1－DN H＝100mm L＝250mm	HK－2－D H＝150mm L＝250mm	HK－1－DN H＝100mm L＝350mm	HK－2－DN H＝150mm L＝350mm	HK－3－DN H＝200mm L＝350mm	HK－1－DN_a HK－1－DN H＝100mm L＝350mm HK－2－DN_a HK－2－DN H＝150mm L＝350mm	HK－3－DN_a HK－3－DN H＝200mm L＝350mm
适用范围	1. HK－1 型适用于保温厚度≤75mm的合金钢保温管道 2. HK－2 型适用于保温厚度≤125mm的合金钢保温管道		1. HK－1 型适用于保温厚度≤75mm的合金钢保温管道 2. HK－2 型适用于保温厚度≤125mm的合金钢保温管道 3. HK－3 型适用于保温厚度≤175mm的合金钢保温管道			1. HK－1 型适用于保温厚度≤75mm的合金钢保温管道 2. HK－2 型适用于保温厚度≤125mm的合金钢保温管道 3. HK－3 型适用于保温厚度≤175mm的合金钢保温管道带脚标 a 的用于小外径	
施工图图号	S1－15－45		S1－15－46			S1－15－47	

表 3－1－15　螺栓固定管托

管　径	DN50～150
简图	
型　　号	GT－1－DN　　GT－2－DN
适用范围	1. 允许水平推力为 20000N 2. T1 型适用于保温厚度≤75mm的碳钢保温管道 3. 最大允许荷载 60000N 4. T2 型适用于保温厚度≤125mm的碳钢保温管道 5. 适用于宽边工字钢梁 6. 适用于有振动的管道，如压缩机出口管道
施工图图号	S1－15－48

表 3-1-16　焊接型轴向止推管托(一)

管　径	*DN*200 ~ 300	*DN*350 ~ 500
简 图	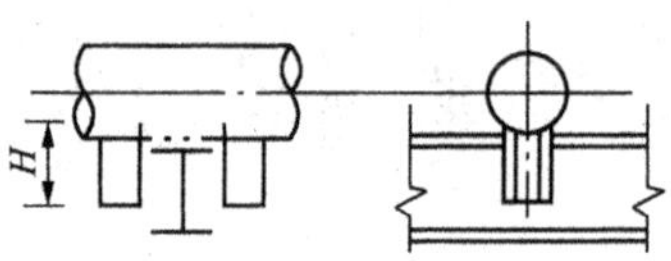	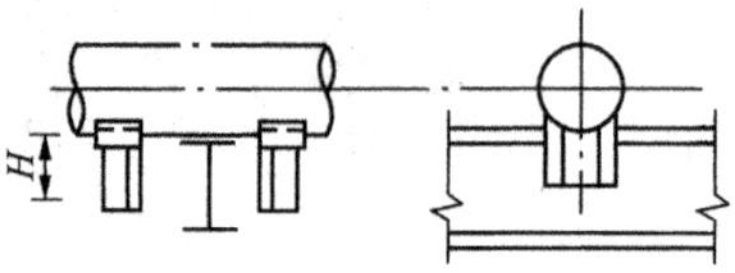
型 号	ZD-1-200　*H* = 113mm ZD-1-250　*H* = 110mm ZD-1-300　*H* = 108mm	ZD-1-350 ZD-1-400 ZD-1-450 ZD-1-500　*H* = 100mm
适用 范围	1. 适用于碳钢不保温管道 2. 挡块承受最大剪力 28000N	1. 适用于碳钢不保温管道 2. 挡块承受最大剪力 67000N
施工图图号	S1-15-49	S1-15-50

表 3-1-17　焊接型轴向止推管托(二)

管　径	*DN*15 ~ 150	*DN*200 ~ 300		*DN*350 ~ 500
简 图	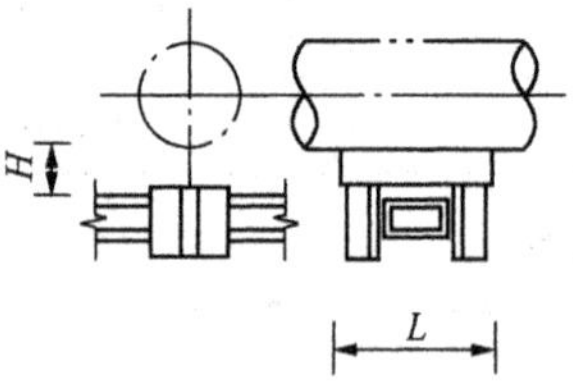	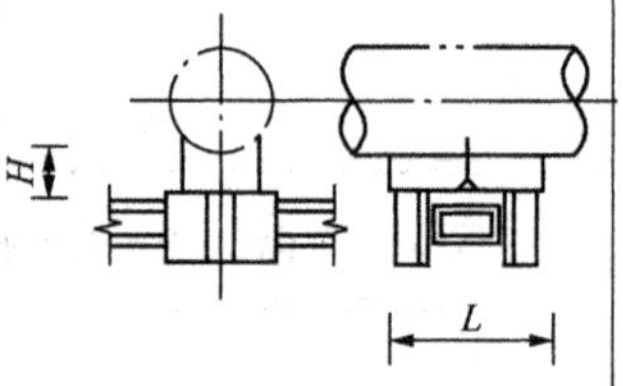		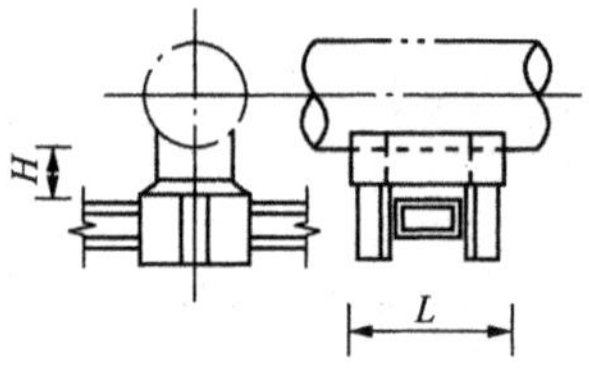
型 号	ZT-1-*DN* *H* = 100mm *L* = 600mm ZT-2-*DN* *H* = 150mm *L* = 600mm	ZT-1-*DN* *H* = 100mm *L* = 600mm ZT-2-*DN* *H* = 150mm *L* = 600mm	ZT-3-*DN* *H* = 200mm *L* = 600mm	ZT-1-*DN* *H* = 100mm　*L* = 600mm ZT-2-*DN* *H* = 150mm　*L* = 600mm ZT-3-*DN* *H* = 200mm　*L* = 600mm
适用范围	1. ZT-1 型适用于保温厚度≤75mm的碳钢保温管道 2. ZT-2 型适用于保温厚度≤125mm的碳钢保温管道 3. <400℃的最大轴向荷载 *DN*　15 ~ 65　20000N 80 ~ 100　25000N 125 ~ 150　35000N	1. ZT-1 型适用于保温厚度≤75mm的碳钢保温管道 2. ZT-2 型适用于保温厚度≤125mm的碳钢保温管道 3. ZT-3 型适用于保温厚度≤175mm的碳钢保温管道 4. <400℃的最大轴向荷载为 55000N		1. ZT-1 型适用于保温厚度≤75mm的碳钢保温管道 2. ZT-2 型适用于保温厚度≤125mm的碳钢保温管道 3. ZT-3 型适用于保温厚度≤175mm的碳钢保温管道 4. <400℃的最大轴向荷载为 100000N
施工图图号	S1-15-51	S1-15-52	S1-15-53	S1-15-54

表 3-1-18 卡箍型轴向止推管托

管 径	DN15~150		DN200~300		DN350~500	
简图						
型号	ZK-1-DN H=100mm L=600mm	ZK-2-DN H=150mm L=600mm	ZK-1-DN H=100mm L=600mm ZK-2-DN H=150mm L=600mm	ZK-3-DN H=200mm L=600mm	ZK-1-DN_a ZK-1-DN H=100mm L=600mm ZK-1-DN_a ZK-2-DN H=100mm L=600mm	ZK-3-DN_a ZK-2-DN H=200mm L=600mm
适用范围	1. ZT-1型适用于保温厚度≤75mm的合金钢保温管道 2. ZT-2型适用于保温厚度≤125mm的合金钢保温管道 3. 最大轴向荷载 475℃ 500℃ DN15~65 12000N 10000N 80~100 14000N 12000N 125 16000N 13000N 150 20000N 15000N		1. ZT-3型适用于保温厚度≤175mm的合金钢保温管道 2. 最大轴向荷载 475℃ 500℃ 50000N 40000N		最大轴向荷载 475℃ 500℃ 100000N 75000N 带脚标a的用于小外径	
施工图图号	S1-15-55		S1-15-56		S1-15-57	

表 3-1-19 焊接型导向管托

管 径	DN15~150	DN200~300		DN350~500	
简图					
型号	DT-1-DN H=100mm L=250mm DT-2-DN H=150mm L=250mm	DT-1-DN H=100mm L=350mm DT-2-DN H=150mm L=350mm	DT-3-DN H=200mm L=350mm	DT-1-DN H=100mm L=350mm DT-3-DN H=150mm L=350mm	DT-3-DN H=200mm L=350mm
适用范围	1. DT-1型适用于保温厚度≤75mm的碳钢保温管道 2. DT-2型适用于保温厚度≤125mm的碳钢保温管道	DT-3型适用于保温厚度≤175mm的碳钢保温管道		DT-3型适用于保温厚度≤175mm的碳钢保温管道	
施工图图号	S1-15-58	S1-15-59		S1-15-60	

表 3-1-20 卡箍型导向管托

管 径	DN50~150		DN200~300			DN350~500	
简图							
型号	DK-1-DN H=100mm L=250mm	DK-2-DN H=150mm L=250mm	DK-1-DN H=100mm L=350mm	DK-2-DN H=150mm L=350mm	DK-3-DN H=200mm L=350mm	DK-1-DN_a DK-1-DN H=100mm L=350mm DK-2-DN_a DK-2-DN H=150mm L=350mm	DK-3-DN_a DK-3-DN H=200mm L=350mm
适用范围	1. DK-1 型适用于保温厚度≤75mm的合金钢保温管道 2. DK-2 型适用于保温厚度≤125mm的合金钢保温管道 3. 最大轴向荷载		DK-3 型适用于保温厚度≤175mm的合金钢保温管道			DK-3 型适用于保温厚度≤175mm的合金钢保温管道 带脚标 a 的用于小外径	
施工图图号	S1-15-61		S1-15-62			S1-15-63	

（三）管吊管卡系列

1. 种类

管卡管吊系列包括以下几类：

(1) 管吊的生根构件；

(2) 吊板、吊卡、吊耳、吊杆等管吊的连接构件；

(3) 管卡、包括圆钢管卡和扁钢管卡，（按用途可分为导向管卡和固定管卡）。

2. 适用范围

用于 DN15~600 的碳钢和合金钢的保温或不保温管道，不适用于非金属及保冷管道，设计人可根据本系列提供的各类部件，组合成管吊的装配图。

3. 型号说明

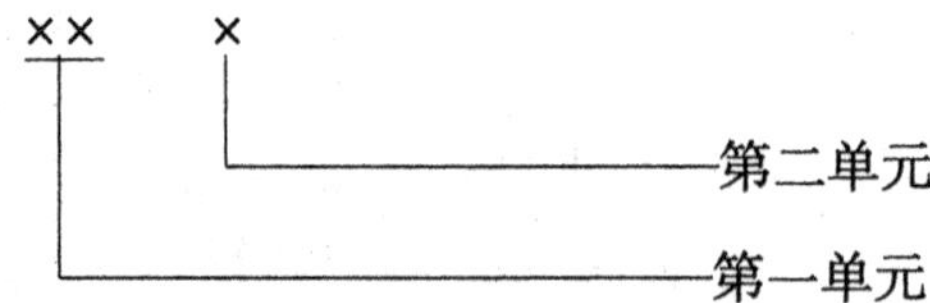

第一单元用大写的汉语拼音字母表示管吊、管卡的类型：

DG——管吊的生根部件；

DB——管吊的组成部件；

DL——管吊的连接件；

PK——表示管卡。

第二单元用阿拉伯字母表示管吊管卡的流水号。

4. 管吊、管卡系列

管吊系列见表 3-1-21~表 3-1-24，管卡系列见表 3-1-25、表 3-1-26。

表 3－1－21　管吊生根部件

型　号	DG－1	DG－2	DG－3
名　称	生根构件	生根构件	生根构件
简　图	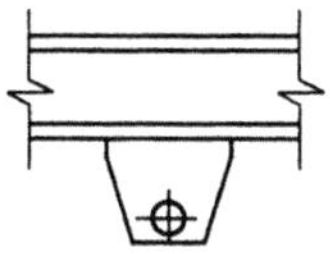	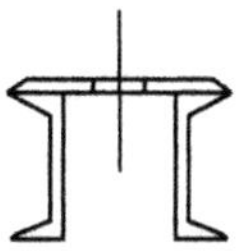	
适用范围	1. 适用于 *M*12、16、20、24、30 的吊杆 2. 最大荷载以吊杆荷载为准	1. 适用于 *M*12、16、20、24、30 的吊杆 2. 最大荷载以吊杆荷载为准	1. 适用于 *M*12、16、20、24、30 的吊杆 2. 最大荷载以吊杆荷载为准
施工图图号	S1－15－64	S1－15－65	S1－15－66

表 3－1－22　吊板、吊耳(一)

型　号	DB－1	DB－2	DB－3	DB－4
名　称	平管吊板	弯管吊板	立管吊板	立管吊板
简　图	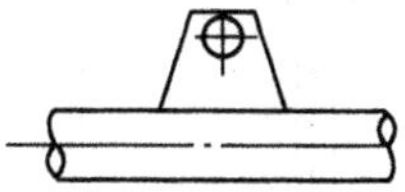		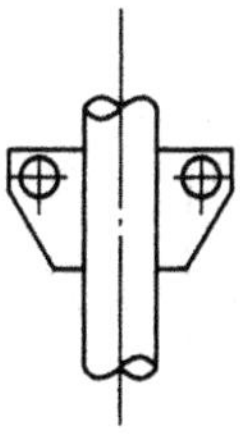	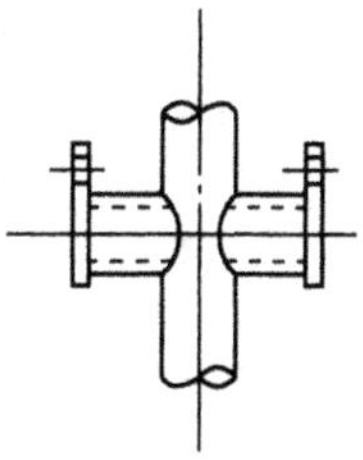
型　号	DB－1	DB－2	DB－3	DB－4
适用范围	1. 适用于 *DN*15～300 的管道(＜400℃) 2. 最大荷载 *DN*/mm　*P*/N 15～80　5500 100～150　12000 200～300　20000	1. 用于弯管上 2. 适用于 *DN*15～300 的碳钢管道(＜400℃) 3. 最大荷载 *DN*/mm　*P*/N ≤50　5500 80～150　12000 200～300　20000	1. 适用于 *DN*15～300 的管道(＜400℃) 2. 最大荷载 *DN*/mm　*P*/N 15～80　5500 100～150　12000 200～300　20000	1. 适用于 *M*12，16，20，24，30 的吊杆 2. 最大荷载 吊杆/mm　*P*/N *M*12　5500 16　12000 20　20000 24　31000 30　47000
施工图图号	S1－15－68	S1－15－69	S1－15－70	S1－15－71

表 3-1-23　吊卡、吊耳(二)

型　号	DB-5	DB-6	DB-7
名　称	吊　卡	吊　卡	立管吊板
简　图	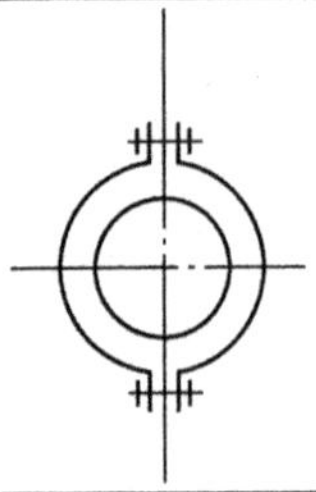	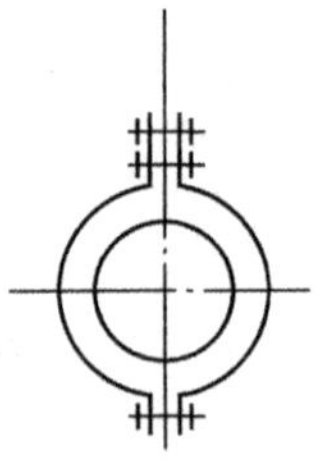	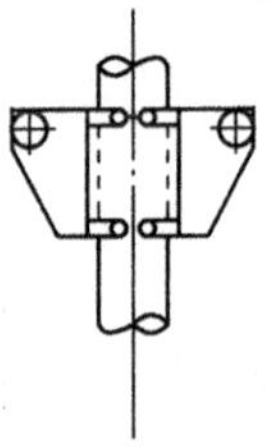
适用范围	1. 适用于 DN25~500 的保温管道 2. 最大荷载 400℃　450℃ DN/mm　P/N 25~80　7000　5000 100~150　16000　12000 200~300　24000　18000 350~500　36000　28000	1. 适用于 DN100~500 的保温管道 2. 最大荷载 475℃　500℃ DN/mm　P/N 100~150　16000　12000 200~300　26000　24000 350~500　36000　32000	1. 适用于 DN50~500 的管道 2. 最大荷载 475℃　500℃ DN/mm　P/N 50~80　7000　5000 100~125　12000　9000 150　14000　10000 200　25000　20000 250~300　30000　24000 350~500　55000　40000
施工图图号	S1-15-72	S1-15-73	S1-15-74

表 3-1-24　吊杆连接件系列

型　号		DL-1	DL-2	DL-3	DL-4
名　称		吊　杆	吊　杆	吊　杆	吊　杆
简　图					
吊杆直径 d/mm	允许荷载 N	1. L 由 300~1000 以 100 进位 2. 当 L≤400 时 $L_0=100$ 当 L≥500 时 $L_0=150$	1. L 由 200~2000 以 100 进位 2. 当 L≤400 时 $L_0=100$ 当 L≥500 时 $L_0=150$	L 由 200~2000 以 100 进位	1. L 由 200~2000 以 100 进位 2. 当 L≤400 时 $L_0=100$ 当 L≥500 时 $L_0=150$
12	6000				
16	11600				
20	18300				
24	26300				
30	42600				
36	63000				
42	87200				
48	115000				
56	161000				
64	214300				
施工图图号		S1-15-75	S1-15-76	S1-15-77	S1-15-78

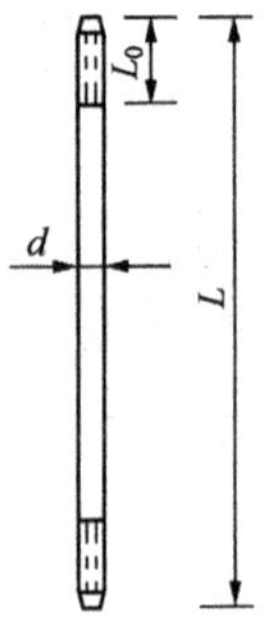

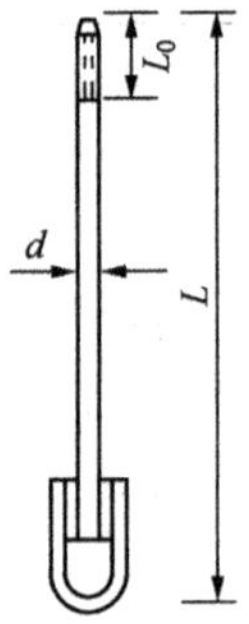

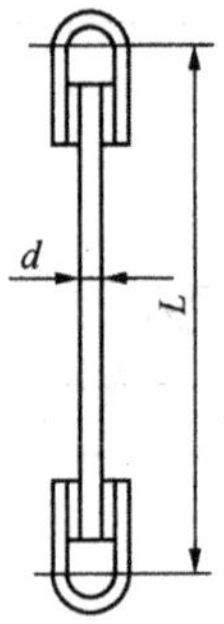

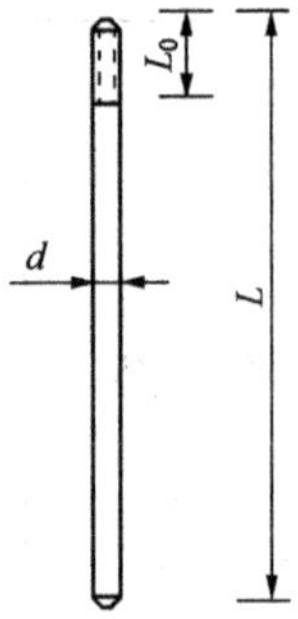

表 3-1-25　管　卡

型　号	PK-1	PK-2	PK-3
名　称	管　卡	管　卡	管　卡
简　图	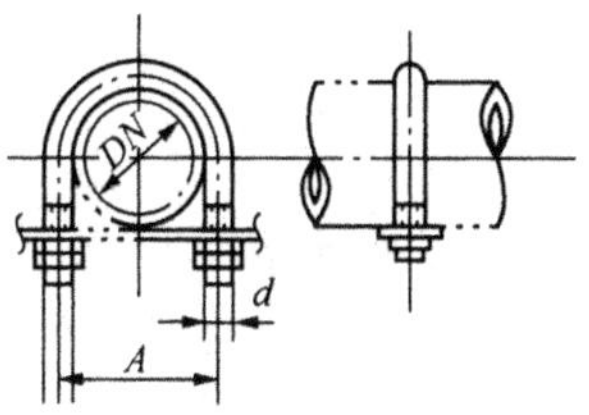	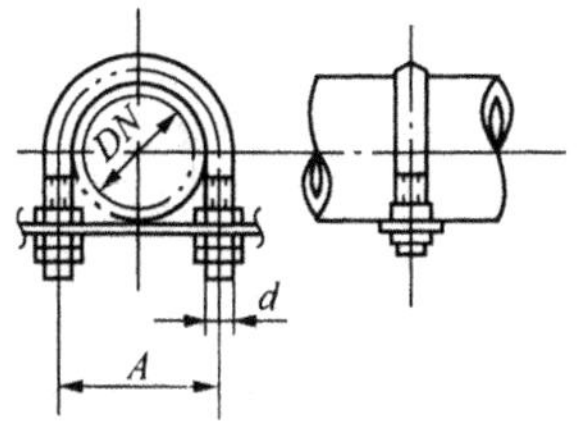	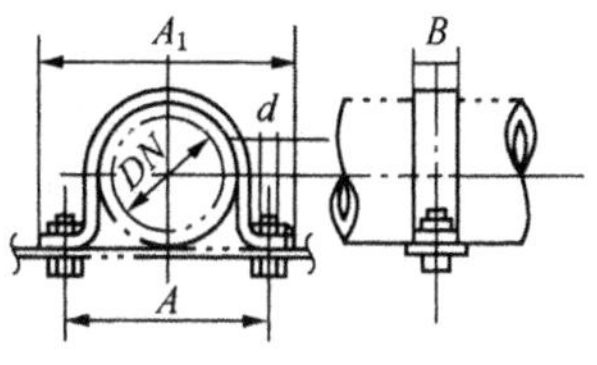
适用范围	适用于 *DN*15～600 的管道	适用于 *DN*15～600 的管道，可作导向用	适用于 *DN*15～600 的管道
施工图图号	S1-15-79	S1-15-80	S1-15-81

表 3-1-26　管　卡

型　号	PK-4	PK-5	PK-6
名　称	管　卡	管　卡	管　卡
简　图		*DN*≤250 *DN*300～600	*DN*≤150 *DN*200～600
适用范围	适用于 *DN*15～50 的管道	1. 适用于 *DN*80～600 的管道 2. 适用于梁上不允许开孔或开孔不方便时选用	1. 适用于 *DN*≤50 和 *DN*80～600 的管道 2. *H* 值见下表 3. PK-6 型管卡适用于管道与梁底距离较小时
施工图图号	S1-15-82	S1-15-83	S1-15-84

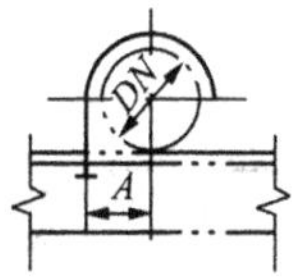

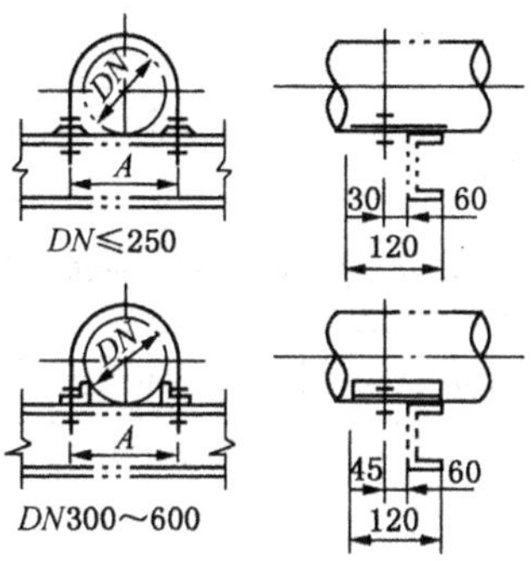

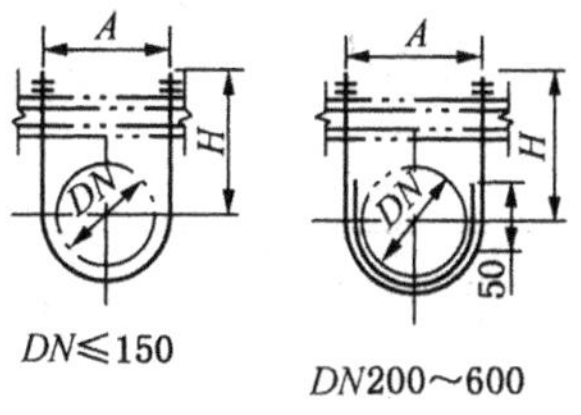

PK-6 型管卡高度系列表

管子公称直径/*DN*	*H*																
	100	150	200	250	300	350	400	450	500	550	600	650	700	750	800	850	900
15～25	○	○	○	○	○												
40～80	○	○	○	○	○	○	○										
100～150	○	○	○	○	○	○	○	○	○								
200～350			○	○	○	○	○	○	○	○	○	○					
400～600					○	○	○	○	○	○	○	○	○	○	○	○	○

（四）平管及弯头支托

1. 种类

本系列包括平管支托、弯头支托及可调弯头支托。

2. 适用范围

本系列适用于 DN15～600 的碳钢及合金钢的保温或不保温管道，不适用于非金属或保冷管道。

3. 型号说明

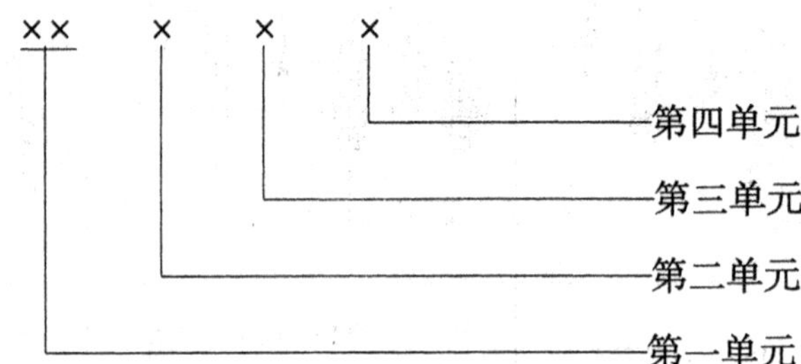

第一单元用大写的汉语拼音字母表示平管及弯头支托：

PT——平管支托；

WT——弯头支托。

第二单元用阿拉伯字母表示管托的流水号。

第三单元表示管径。

第四单元表示托高。

4. 平管、弯头支托系列

见表 3－1－27～表 3－1－32。

表 3－1－27　平管弯头支托

型　　号		PT－1－DN－H	PT－2－DN－H	WT－1－DN－H
简　　图				
管子公称直径 DN/mm	支承管直径 DN/mm	适用范围	适用范围	适用范围
≤50	25	适用于碳钢水平管道 H≤1000	适用于合金钢水平管道 H≤1000	适用于可直接焊接的碳钢弯管 H≤1000
80～150	50			
200～350	80			
400	100			
施工图图号		S1－15－85	S1－15－86	S1－15－87
如选用 PT－1 型支架，被支承管直径为 DN80，H 为 800 时，标为 PT－1－80－800				

表 3-1-28　碳钢管道的弯头支托(一)

简图

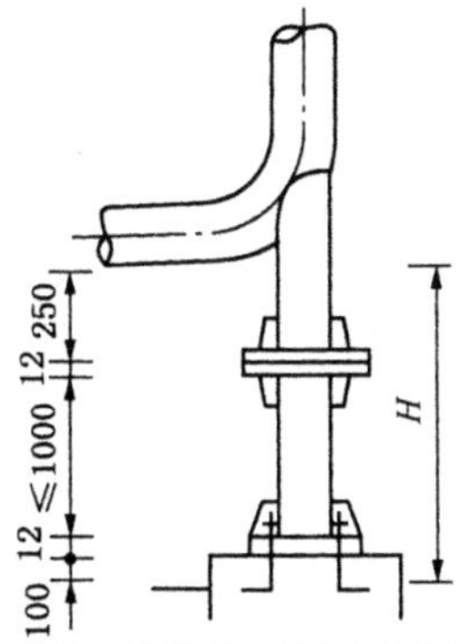

型号	管子 DN/mm	支承管 DN/mm	适用范围
WT-2-50-H	50	40	1. 被支撑管道为碳钢管道 2. 允许管道滑动
WT-2-65-H	65	50	
WT-2-80-H	80	50	
WT-2-100-H	100	80	
WT-2-125-H	125	100	
WT-2-150-H	150	100	
WT-2-200-H	200	150	
WT-2-250-H	250	150	
施工图图号			S1-15-88

简图

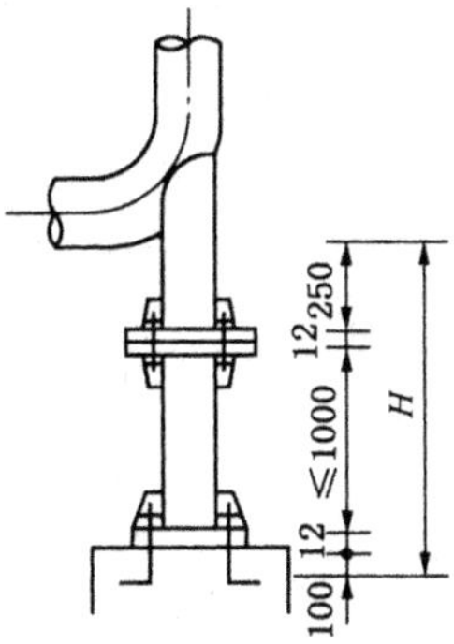

型号	管子 DN/mm	支承管 DN/mm	适用范围	
WT-3-50-H	50	40	1. 被支承管道为碳钢管道 2. 不允许有任何方向的移动 3. 由水平推力产生的允许弯矩[M]	
WT-3-65-H	65	50		
WT-3-80-H	80	50	DN/mm	[M]/(N·m)
WT-3-100-H	100	80	40	610
WT-3-125-H	125	100	50	1120
WT-3-150-H	150	100	80	3400
WT-3-200-H	200	150	100	6280
WT-3-250-H	250	150	150	16200
施工图图号			S1-15-89	

注：如选用 WT-2 型被支承管道的管径为 *DN*50，*H*=800 的管托，可标为 WT-2-50-800。

表 3-1-29　碳钢管道的弯头支托(二)

简图

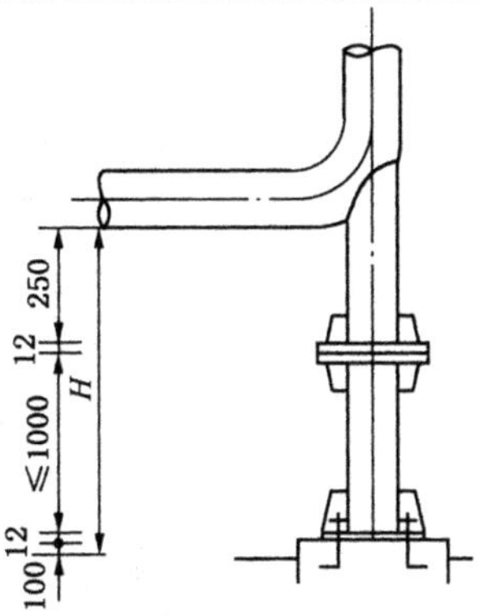

型号	管子 DN/mm	支承管 DN/mm	适用范围
WT-4-300-H	300	200	1. 被支承管道为碳钢管道 2. 允许管道滑动
WT-4-350-H	350	250	
WT-4-400-H	400	250	
WT-4-450-H	450	250	
WT-4-500-H	500	250	
施工图图号			S1-15-90

简图

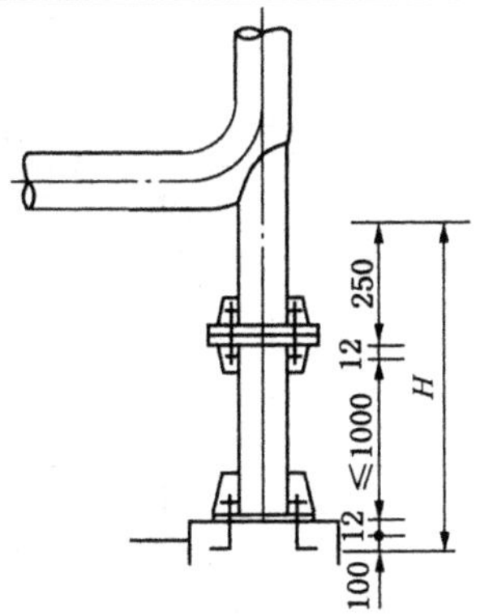

型号	管子 DN/mm	支承管 DN/mm	适用范围		
WT-5-300-H	300	200	1. 被支承管道为碳钢管道 2. 不允许有任何方向的移动 3. 由水平推力产生的允许弯矩[M]		
WT-5-350-H	350	250			
WT-5-400-H	400	250			
WT-5-450-H	450	250	DN/m	200	250
WT-5-500-H	500	250	[M]/(N·m)	32170	59920
施工图图号			S1-15-91		

注：如选用 WT-4 型，被支承管道的管径为 *DN*300，*H*=800 可标为 WT-4-300-800。

表 3-1-30　合金钢管道的弯头支托(一)

简　　图				简　　图			
型　号	管子 DN/mm	支承管 DN/mm	适用范围	型　号	管子 DN/mm	支承管 DN/mm	适用范围
WT-6-50-*H*	50	40	1. 被支承管为合金钢管道 2. 允许管道滑动	WT-7-50-*H*	50	40	1. 被支承管为合金钢管道 2. 不允许管道有任何方向的移动 3. 由水平推力产生的允许弯矩 *M*
WT-6-65-*H*	65	50		WT-7-65-*H*	65	50	
WT-6-80-*H*	80	50		WT-7-80-*H*	80	50	
WT-6-100-*H*	100	80		WT-7-100-*H*	100	80	*DN*/mm　[*M*]/(N·m)
WT-6-125-*H*	125	100		WT-7-125-*H*	125	100	40　610
WT-6-150-*H*	150	100		WT-7-150-*H*	150	100	50　1120 80　3400
WT-6-200-*H*	200	150		WT-7-200-*H*	200	150	100　6280
WT-6-250-*H*	250	150		WT-8-250-*H*	250	150	150　16200
施工图图号			S1-15-92	施工图图号			S1-15-93

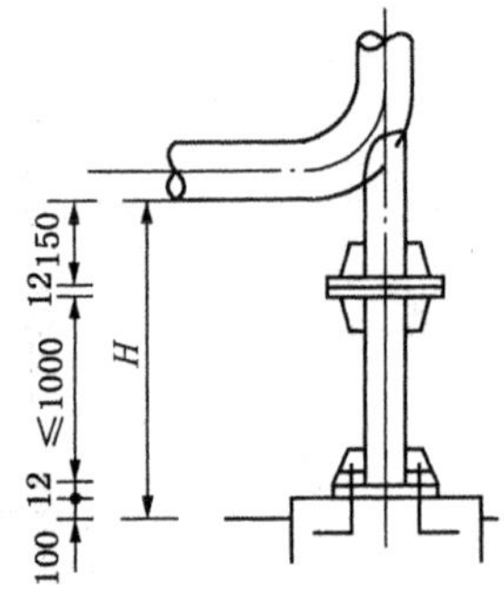

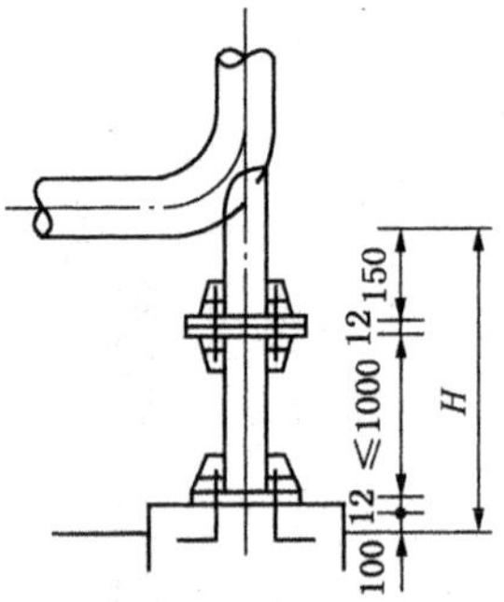

注：如选用 WT-6 型被支承管为 *DN*50，H=800 的管托时可标为 WT-6-50-800。

表 3-1-31　合金钢管道的弯头支托(二)

简　　图				简　　图			
型　号	管子 DN/mm	支承管 DN/mm	适用范围	型　号	管子 DN/mm	支承管 DN/mm	适用范围
WT-8-300-*H*	300	200	1. 被支承管为合金钢管道 2. 允许管道滑动	WT-9-300-*H*	300	200	1. 被支承管为合金钢管道 2. 不允许有任何方向的移动 3. 由水平推力产生的允许弯矩[*M*]
WT-8-350-*H*	350	250		WT-9-350-*H*	350	250	
WT-8-400-*H*	400	250		WT-9-400-*H*	400	250	
WT-8-450-*H*	450	250		WT-9-450-*H*	450	250	*DN*/mm　[*M*]/(N·m) 200　32170
WT-8-500-*H*	500	250		WT-9-500-*H*	500	250	250　59920
施工图图号			S1-15-94	施工图图号			S1-15-95

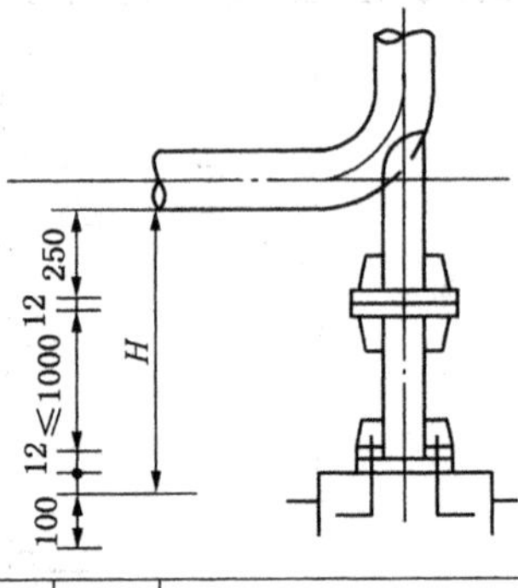

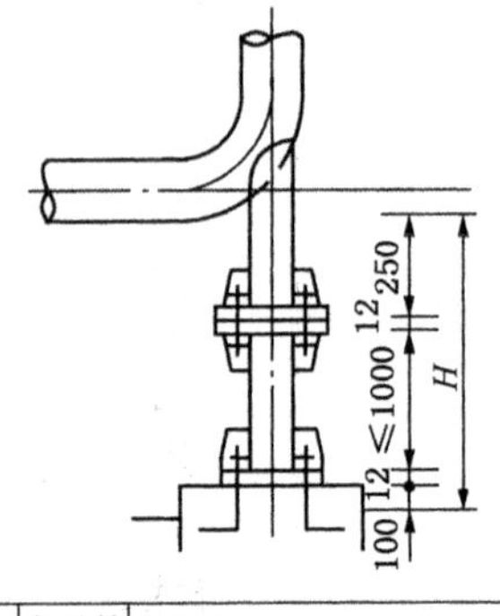

注：如选用 WT-8 型被支承管为 *DN*300，*H*=800 的管托可标为 WT-8-300-800。

表 3-1-32　可调弯头支托

施工图图号	S1-15-96		
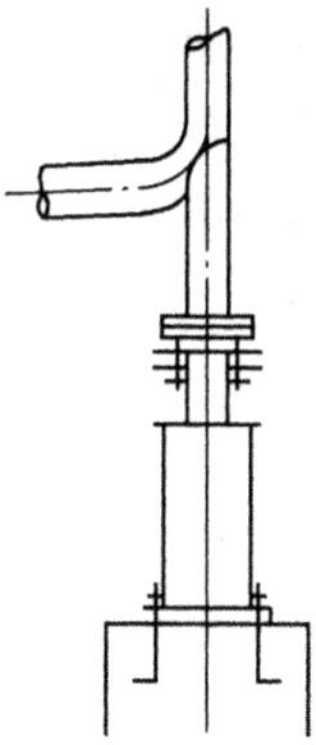 简　　图	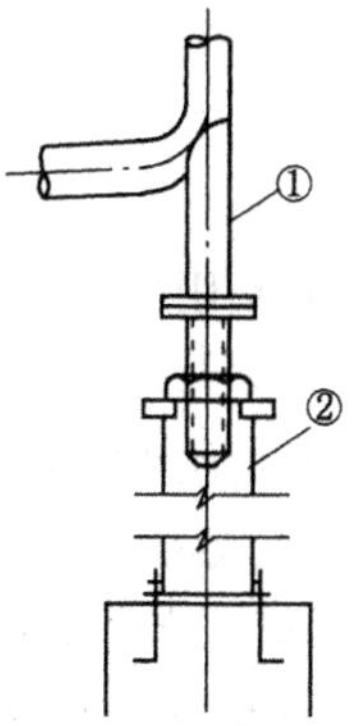		
型　　号	管子 DN/mm	支承管 DN/mm	适 用 范 围
	15		1. 可用于碳钢管道及合金钢管道 2. 允许管道滑动 3. 管托高度可作一些调节
	20		
	25		
	40		
	50		
	80		
	100		
	150		
	200		
WT-10-250-H	250	150	
WT-10-300-H	300	200	
WT-10-350-H	350	250	
WT-10-400-H	400	250	
WT-10-450-H	450	250	
WT-10-500-H	500	250	

施工图图号	S1-15-97		
简　　图			
型　　号	支承管管径 DN/mm		适 用 范 围
	①	②	
WT-11-15-H	15	40	1. 可用于碳钢管道也可用于合金钢管道 2. 允许管道滑动 3. 管托高度可以作一些调节
WT-11-20-H	20		
WT-11-25-H	25		
WT-11-40-H	40		
WT-11-50-H	50		
WT-11-80-H			
WT-11-100-H			
WT-11-150-H	80		
WT-11-200-H	100		
WT-11-250-H			
WT-11-300-H	150		
WT-11-350-H	200		
WT-11-400-H			
WT-11-450-H	250		
WT-11-500-H			

(五) 立管支托

1. 种类

本系列包括单支立管支架、双支立管支架、及卡箍型立管支架。

2. 适用范围

本系列适用于 DN15～600 的碳钢及合金钢的保温或不保温管道，不适用于非金属或保冷管道。

3. 型号说明

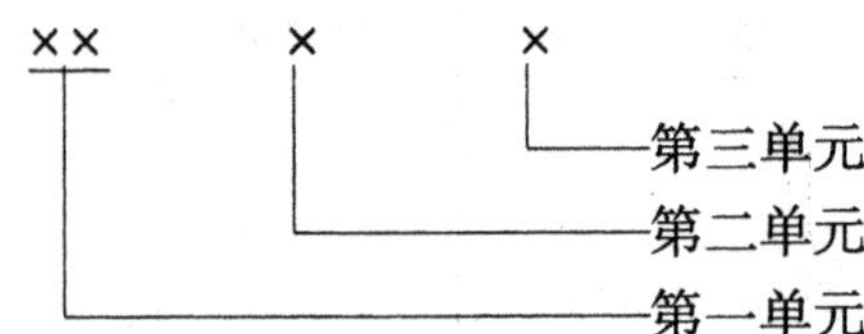

第一单元用大写的汉语拼音字母表示立管支托。

LT——立管支托。

第二单元用阿拉伯字母表示立管支托的型式：

1——单支立管支架；

2——双支立管支架；

3——卡箍型立管支架。

第三单元用阿拉伯字母表示支架的流水号。

4. 立管支托系列

见表3－1－33～表3－1－35。

表3－1－33　单支立管支架

型　号	LT－1－1			LT－1－2			LT－1－3		
简　图	支架与支承件用焊接固定 *P* *L*　100			支架与支承件用螺栓固定 *P* 型钢或钢板 *L*　100			支架与支承件用地脚螺栓固定 *P*　*h* *G* *L*　100		
适用范围	管子直径 *DN*/mm	允许值 *L*/mm	允许荷载 *P*/N	管子直径 *DN*/mm	允许值 *L*/mm	允许荷载 *P*/N	管子直径 *DN*/mm	允许值 *L*/mm	允许荷载 *P*/N
	15～25 32～50 65～150 200～300	*L*≤200	3700 6400 16500 22000	15～25 32～50 65～150 200～300	*L*≤200	3700 6400 16500 22000	15～25 32～50 65～150 200～300	*L*≤200	3700 6400 16500 22000
	15～25 32～50 65～150 200～300	200＜*L* ≤400	3700 6400 16500 22000	15～25 32～50 65～150 200～300	200＜*L* ≤400	3700 6400 16500 22000	15～25 32～50 65～150 200～300	200＜*L* ≤400	3700 6400 16500 22000
施工图图号	S1－15－98			S1－15－99			S1－15－100		

注：1. 单肢立管支架适用于管内介质温度不高于400℃，能与碳钢焊接的管子。

2. 地脚螺栓必须请土建专业预先埋在混凝土梁上，其规格、个数、伸出梁的高度，以及预埋位置相应地在图上或备注栏中给出。

表 3-1-34　双支立管支架

型　号	LT-2-1			LT-2-2			LT-2-3		
简　图	支架与支承件用焊接固定 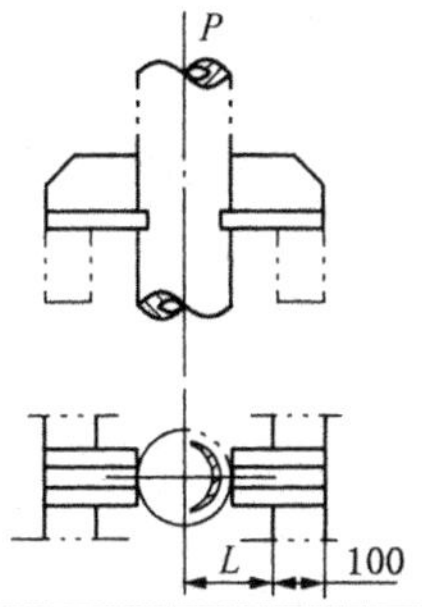			支架与支承件用螺栓固定 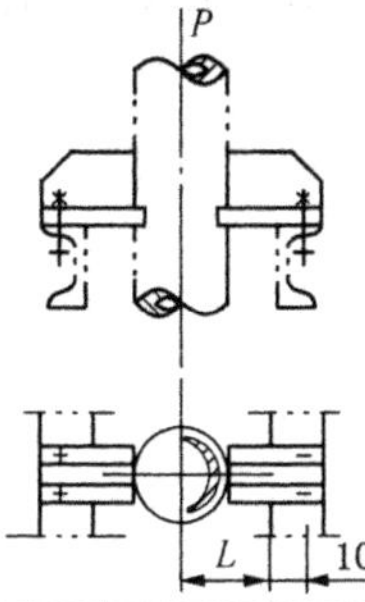			支架与支承件用地脚螺栓固定 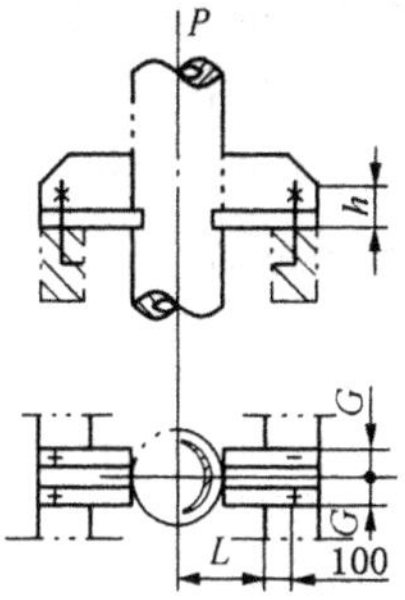		
适用范围	管子直径 DN/mm	允许值 L/mm	允许荷载 P/N	管子直径 DN/mm	允许值 L/mm	允许荷载 P/N	管子直径 DN/mm	允许值 L/mm	允许荷载 P/N
	15～32 40～65 80～125 150～350	L≤200	5700 8400 14500 41300	15～32 40～65 80～125 150～350	L≤200	5700 8400 14500 41300	15～32 40～65 80～125 150～350	L≤200	5700 8400 14500 41300
	15～32 40～65 80～125 150～350 400～600	200＜L≤400	5700 8400 14500 41300 68500	15～32 40～65 80～125 150～350 400～600	200＜L≤400	5700 8400 14500 41300 68500	15～32 40～65 80～125 150～350 400～600	200＜L≤400	5700 8400 14500 41300 68500
施工图图号	S1-15-101			S1-15-102			S1-15-103		

注：1. 双肢立管支架适用于管内介质温度不高于400℃，能与碳钢焊接的管子。

2. 地脚螺柱必须请土建专业预先埋在钢筋混凝土梁上。（螺栓规格个数伸出梁的高度，以及预埋位置给出在图上或备注栏内）。

3. 螺栓个数：DN≤125，2个，DN≥150，4个。

表 3-1-35　卡箍型立管支架

型　号	LT-3-1			LT-3-2			LT-3-3		
简　图	支架与支承件用焊接固定			支架与支承件用螺栓固定 型钢或钢板			支架与支承件用地脚螺栓固定		
适用范围	管子直径 DN/mm	允许值 L/mm	允许荷载 P/N	管子直径 DN/mm	允许值 L/mm	允许荷载 P/N	管子直径 DN/mm	允许值 L/mm	允许荷载 P/N
	25～50 65～100 125～150	L≤200	2500 5000 8000	25～50 65～100 125～150	L≤200	2500 5000 8000	25～50 65～100 125～150	L≤200	2500 5000 8000
施工图图号	S1-15-104			S1-15-105			S1-15-106		

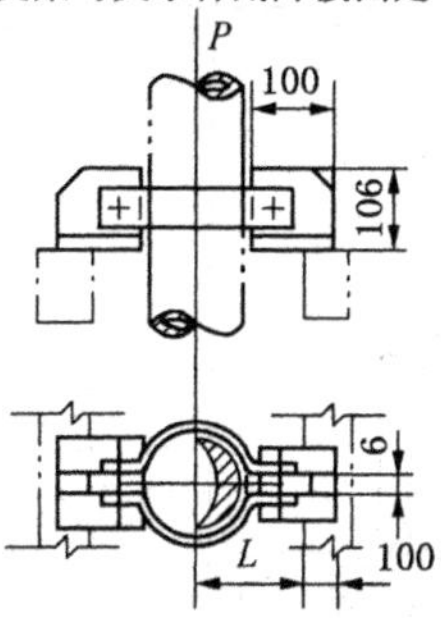

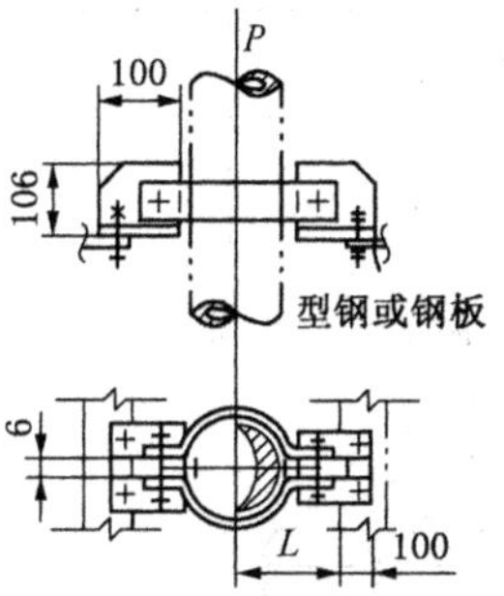

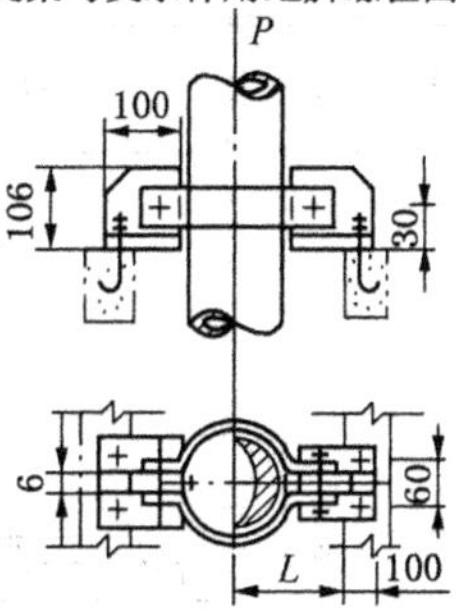

注：1. 本支架适用于钢管内衬里的管子，不锈钢管和铸铁管。

2. 地脚螺栓必须提请土建专业预先埋在混凝土梁上，其规格个数、伸出梁的高度以及预埋位置，相应地在图上和备注栏内给出。

（六）假管支托

1. 种类

本系列包括碳钢管道的假管支托和合金钢管道的假管支托。

2. 适用范围

适用于 *DN*25～600 的碳钢、合金钢、保温及不保温管道，不适用于非金属及保冷管道。

3. 型号说明

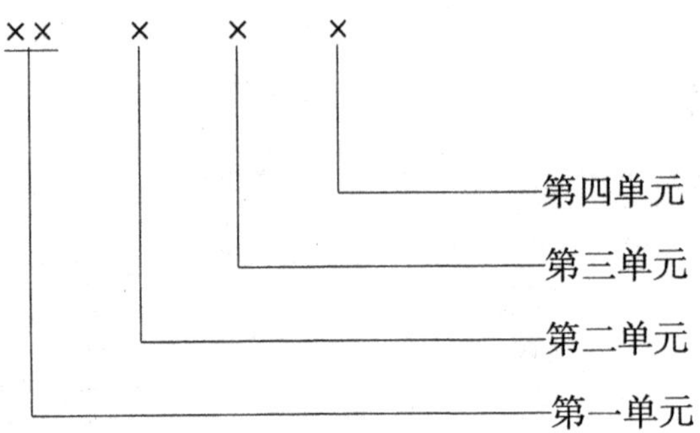

第一单元用大写的汉语拼音字母表示假管支托：

JT——假管支托。

第二单元用阿拉伯字母表示管托的种类：

1——表示碳钢管道的假管支托；

2——表示合金钢管道的假管支托。

第三单元为管公称直径 *DN*，mm。

第四单元为支架长度，mm。

4. 假管支托系列

见表 3－1－36、表 3－1－37。

表 3－1－36　碳钢管道的假管支托

型　　号	JT－1－*DN*－*L*	JT－1－*DN*－*L*	JT－1－*DN*－*L*
简　　图	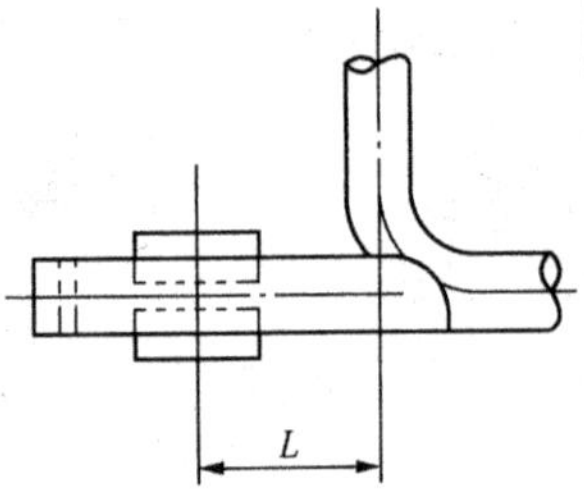 *L*	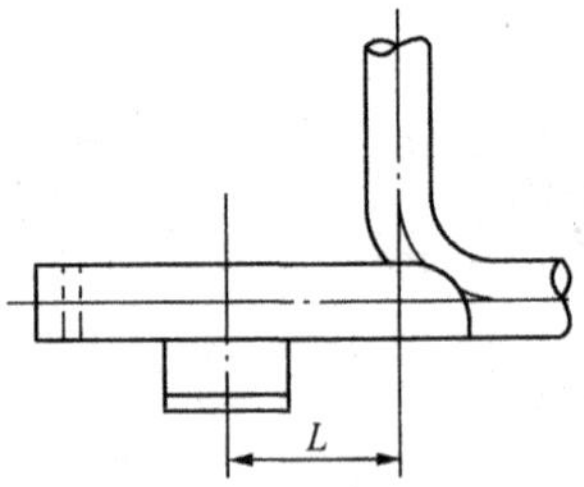 *L*	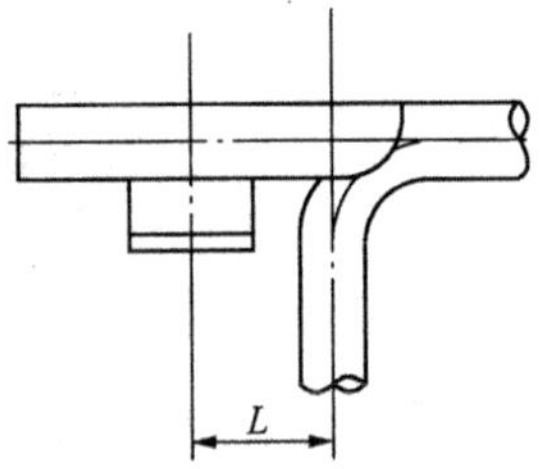 *L*
适用范围	适用于 *DN*25～500 的碳钢管道	适用于 *DN*25～500 的碳钢管道	适用于 *DN*25～500 的碳钢管道
施工图图号	S1－15－107	S1－15－108	S1－15－109
如选用 JT－1 型被支承管径为 *DN*150、*L*＝2000 的管托标为 JT－1－150－2000			

表 3－1－37　合金钢管道的假管支托

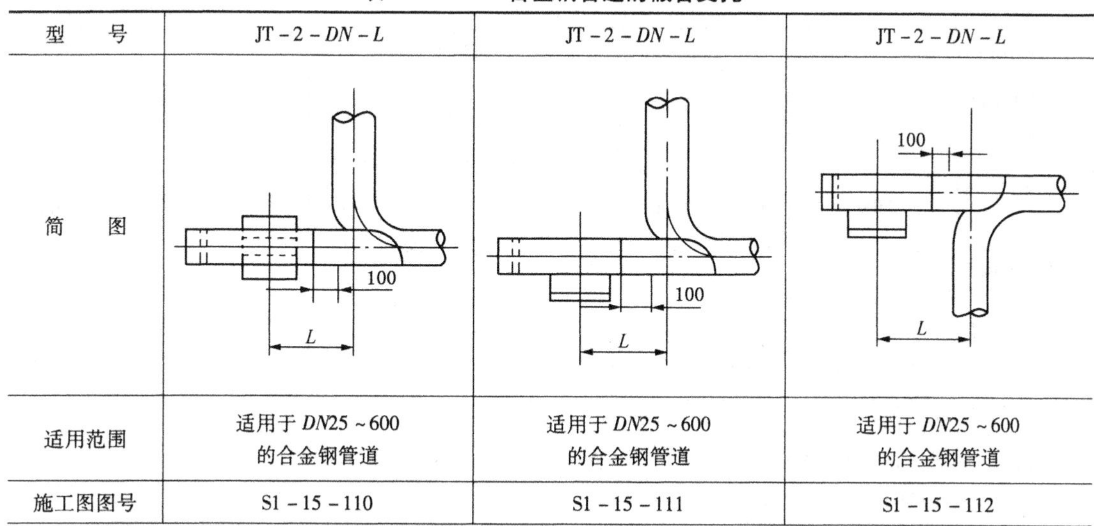

型　号	JT－2－*DN*－*L*	JT－2－*DN*－*L*	JT－2－*DN*－*L*
简　图	100 *L*	100 *L*	100 *L*
适用范围	适用于 *DN*25～600 的合金钢管道	适用于 *DN*25～600 的合金钢管道	适用于 *DN*25～600 的合金钢管道
施工图图号	S1－15－110	S1－15－111	S1－15－112

如选用 JT－2 型被支承管管径为 *DN*150，*L*＝2000
标为 JT－2－150－2000

（七）邻管支架

1. 型号说明

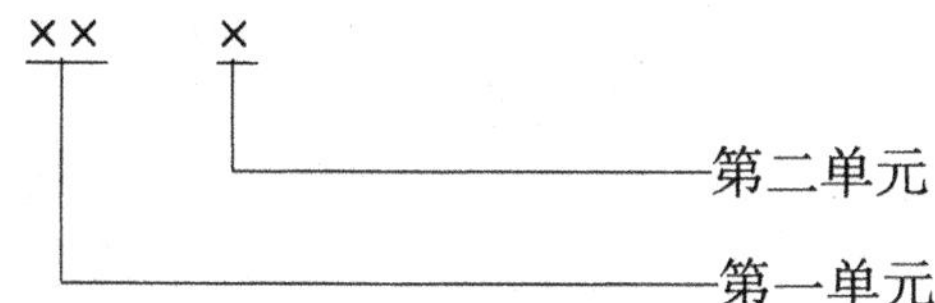

第一单元用大写的汉语拼音字母 LP 表示邻管支架；

第二单元用阿拉伯字母表示支架的流水号。

2. 邻管支架系列

见表 3－1－38、表 3－1－39。

表 3－1－38　邻 管 支 架

型　号	LP－1	LP－2	LP－3
简　图	*L*　100 *DN* *dN*	*L*　100 *dN* *DN*	*DN* *dN*　*H* *L*　100
型　号	LP－4	LP－5	LP－6
简　图	100 *dN* $L_0 \leqslant 500$ *DN*	*DN* $L_0 \leqslant 500$ *dN* 100	*L*/2 *L*/2 *dN* $L_0 \leqslant 500$ *DN*

型钢规格	∠63×6								
支架计算长度 L/mm	200	250	300	350	400	450	500	550	600
允许垂直荷载/N	2300	1800	1500	1300	1100	1000	900	850	800
施工图图号	S1－15－113								

1. 支承管 $DN \geqslant 150$

2. 选用 LP－3 型 $DN=300$ $dN=100$ $H=200$ $L=400$

标为 LP－3－$\frac{100-200}{300}$－400

选用 LP－4 型 $DN=200$ $dN=100$ $H=300$ $L=250$

标为 LP－4－$\frac{100-300}{200}$－250

表 3－1－39 邻管支架

型号	LP－7		LP－8		LP－9	LP－10
简图	L_0		L_0		H, L_0	H, L_0
型钢规格	[8		[10		[12.6	
	支架允许荷载/N					
支架计算长度 L_0/m	LP－7 LP－8	LP－9 LP－10	LP－7 LP－8	LP－9 LP－10	LP－7 LP－8	LP－9 LP－10
1～1.5	3500	8100	5000	12710	7000	19870
1.6～2.0	2600	6100	3770	9530	5280	14900
2.1～2.5	2100	4860	3000	7620	4230	11920
2.6～3.0	1750	4050	2500	6350	3520	9930
3.1～3.5	1500	3470	2150	5450	3000	8520
施工图图号	S1－15－114		S1－15－115		S1－15－116	

注：如选用 LP－7 型[10 $L_0=1500$，标为 LP－7－1500－[10

如选用 LP－8 型[8 $L_0=1400$，支承管管径为 DN200，DN150

标为 LP－8－1400－[8－DN200，150；

如选用 LP－9 型[10 $L_0=1000$ 支承管管径为 DN100，DN200 吊钩为 $\phi 12$ $H=800$，标为 LP－9－1000－[10－DN100、200DL－2－12－800

（八）止推支架

1. 适用范围

适用于 DN50～300 的碳钢及合金钢管道。不适用于非金属及保冷管道。

2. 型号说明

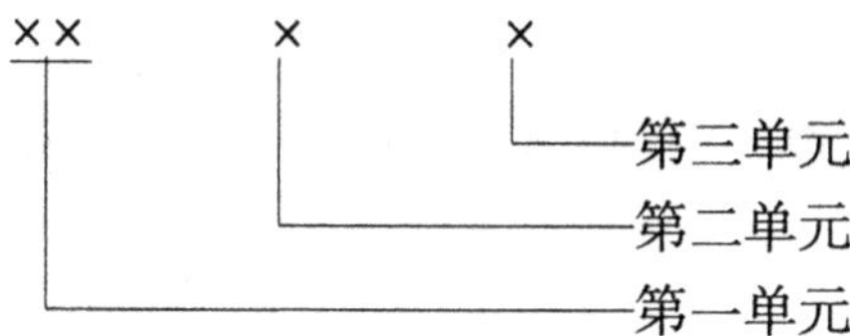

第一单元用大写的汉语拼音字母表示：

ZJ——表示止推支架；

第二单元表示管道的公称直径；

第三单元表示支架的长度。

3. 止推支架系列

见表 3－1－40。

表 3－1－40　止推支架

型号	ZJ－DN－L								
简图									
支架型式	止推支架								
型钢规格	∠40×4								
支架计算长度 L/mm	L≤1500								
允许水平推力/N	DN/mm	50	80	100	125	150	200	250	300
	P/N	550	1350	2350	4000	5700	13500	21000	30100
适用范围	泵出入口管道								
管径 DN/mm	50～500								
施工图图号	S1－15－117								
如选用 ZJ 型，被支承管 DN50、支承管管长 L＝1500 的支架标为 ZJ－50－1500									

（九）弹簧支吊架

管段在垂直方向的热位移，引起管道支点的变位，如该支点为刚性支吊架，将会妨碍管段的变位，或使管段脱离支吊架，致使管道产生过大的力和应力。如果采用弹簧管托、管吊则不会产生这种现象。弹簧支吊架分为可变弹簧支吊架和恒力弹簧支吊架。

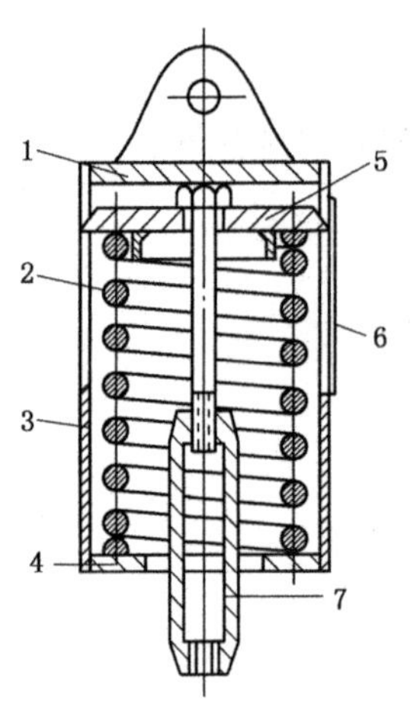

图 3-1-1　可变弹簧支吊架典型结构图

1—顶板；2—弹簧；3—壳体；4—底板；5—位移指示板；6—铭牌；7—花篮螺母

1. 可变弹簧支吊架

可变弹簧支吊架的特性之一是当管系在垂直方向发生位移后弹簧压缩或伸长，支点受力发生变化，管系在支点处的荷载将重新分配给附近支点。

目前选用可变弹簧支吊架依据的技术标准是 JB/T 8130.2—1999《可变弹簧支吊架》系列，该系列规定可变弹簧支吊架的位移范围分为 30、60、90、120mm 四档；荷载范围为 27 ~ 24036N，使用温度为 -20 ~ 200℃。

a. 结构类型和选择

可变弹簧支吊架主要由圆柱螺旋弹簧、位移指示板、壳体及花篮螺母等构件组成，典型结构见图3-1-1。

根据安装型式可分为 A、B、C、D、E、F、G 七种类型，其典型安装示意图见表 3-1-41。

表 3-1-41　典型安装示意图例

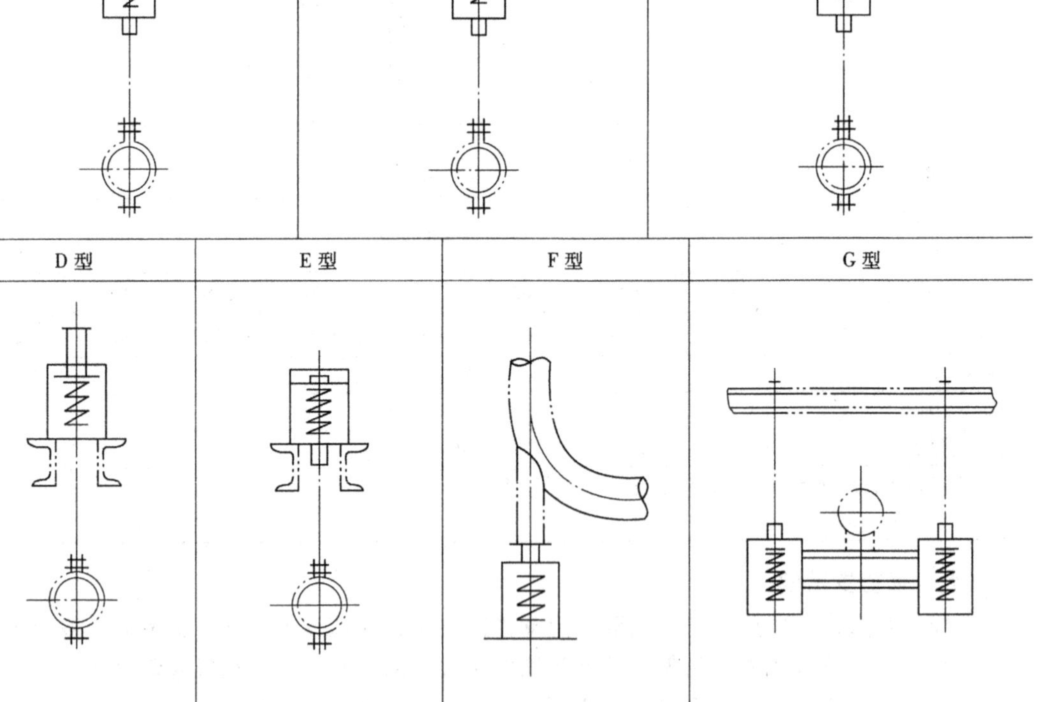

A、B、C 三种为悬吊型吊架，吊架上端用吊杆生根在梁或楼板上，下端用花篮螺母和吊杆与管道连接。

D、E 型为搁置型吊架，底座搁置在梁或楼板上，下方用吊杆悬吊管道。

F 型为支撑型支架，座于基础、楼面或钢结构上，管道支撑在支架顶部。F 型分为普通型(F_{I}型)和带滚轮型(F_{II})两类 F_{II}型摩擦力较小。当管道水平轴向位移量大于 6mm 时宜采用带滚轮型支架。

G 型为并联悬吊型，当管道上方不能直接悬挂或没有足够高度悬挂弹簧吊架，或管道的垂直荷载超出单个弹簧吊架所能承受的范围时，可采用 G 型吊架。

选用弹簧支吊架时可根据生根的结构型式、管道空间位置和管道支吊方式等因素确定支吊架的类型。

b. 型号表示方法

可变弹簧支吊架的型号由下列四个部分组成：

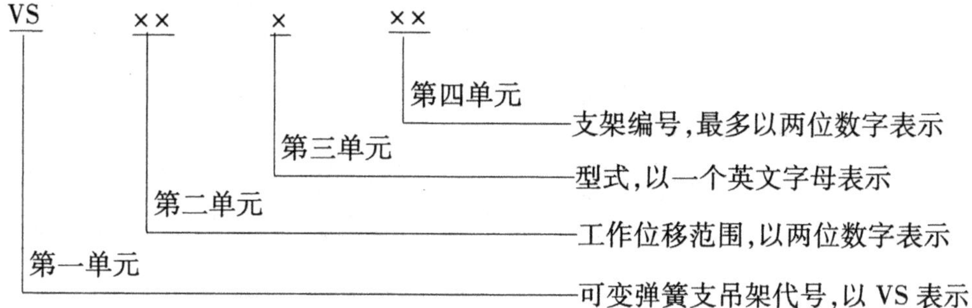

例如：VS90B10 表示允许位移量为 90mm，单耳悬吊型，10 号可变弹簧支吊架。

c. 支架编号(弹簧号)的选定

当用计算机程序对管道进行应力分析时，某些程序有自动选择弹簧支吊架的功能，人工计算时，可根据弹簧所能承受的最大荷载和管道最大的垂直位移量选择弹簧。

管道的最大垂直位移置，可按本章第四节介绍的方法计算，弹簧所承受的最大荷载由下述原则确定。

管道热位移向上时：

安装荷载 = 工作荷载 + 位移量 × 弹簧刚度

管道热位移向下时：

安装荷载 = 工作荷载 - 位移量 × 弹簧刚度 JB/T 8130.2—1999《可变弹簧支吊架》系列弹簧荷载选用见表 3 - 1 - 42。使用此表时，把管道的基本荷载视为弹簧的工作荷载，再根据位移方向及大小，在表中查出安装荷载。

表 3-1-42　可变弹簧荷载位移选用表（JB/T 8130.2—1999）　（N）

支吊架类别				支吊架编号										
TD120	TD90	TD60	TD30	0	1	2	3	4	5	6	7	8	9	10
				127	170	234	296	411	558	745	1022	1376	1862	2411
				134	179	246	312	433	588	784	1076	1448	1960	2538
				141	188	259	327	454	617	824	1130	1521	2058	2665
				148	197	271	343	476	646	863	1184	1593	2156	2792
0	0	0	0	154	206	283	359	498	676	902	1237	1665	2254	2919
				158	210	289	366	508	690	922	1264	1702	2303	2982
				161	215	296	374	519	705	941	1291	1738	2352	3046
				164	219	302	382	530	720	961	1318	1774	2401	3109
				168	224	308	390	541	735	981	1345	1810	2450	3172
20	15	10	5	171	228	314	398	552	749	1000	1372	1847	2499	3236
				174	233	320	405	562	764	1020	1399	1883	2548	3299
				178	237	326	413	573	779	1039	1426	1919	2597	3363
				181	241	333	421	584	793	1059	1453	1955	2646	3426
				184	246	339	429	595	808	1079	1480	1991	2695	3490
40	30	20	10	188	250	345	437	606	823	1098	1506	2028	2744	3553
				191	255	351	444	617	837	1118	1533	2064	2793	3617
				195	259	357	452	627	852	1138	1560	2100	2842	3680
				198	264	363	460	638	867	1157	1587	2136	2891	3743
				201	268	370	468	649	881	1177	1614	2172	2940	3807
60	45	30	15	205	273	376	476	660	896	1196	1641	2209	2989	3870
				208	277	382	483	671	911	1216	1668	2245	3038	3934
				211	282	388	491	681	925	1236	1695	2281	3087	3997
				215	286	394	499	692	940	1255	1722	2317	3136	4061
				218	291	400	507	703	955	1275	1749	2353	3185	4124
80	60	40	20	221	295	406	515	714	970	1294	1775	2390	3234	4188
				225	300	413	522	725	984	1314	1802	2426	3283	4251
				228	304	419	530	736	999	1334	1829	2462	3332	4315
				231	309	425	538	746	1014	1353	1856	2498	3381	4378
				235	313	431	546	757	1028	1373	1883	2534	3430	4461
100	75	50	25	238	318	437	554	768	1043	1393	1910	2571	3479	4505
				241	322	443	561	779	1058	1412	1937	2607	3528	4568
				245	326	450	569	790	1072	1432	1964	2643	3577	4632
				248	331	456	577	800	1087	1451	1991	2679	3626	4695
				252	335	462	585	811	1102	1471	2018	2715	3675	4759
120	90	60	30	255	340	468	592	822	1116	1491	2044	2752	3724	4822
				262	349	480	608	844	1146	1530	2098	2824	3822	4949
				268	358	493	624	865	1175	1569	2152	2896	3920	5076
				275	367	505	639	887	1205	1608	2206	2969	4018	5203
				282	376	517	655	909	1234	1647	2260	3041	4115	5325
				弹簧刚度/（N/mm）										
			TD30	3.354	4.472	6.159	7.796	10.817	14.69	19.613	26.90	36.206	48.994	63.449
		TD60		1.677	2.236	3.08	3.898	5.409	7.345	9.8067	13.45	18.103	24.497	31.725
	TD90			1.118	1.491	2.053	2.599	3.606	4.897	6.538	8.967	12.069	16.331	21.15
TD120				0.839	1.118	1.54	1.949	2.704	3.673	4.903	6.125	9.052	12.249	15.862

（类别栏数值为工作位移范围/mm（铭牌刻度值））

注：1N＝0.10197kgf。

	支吊架类别				支吊架编号									
	TD120	TD90	TD60	TD30	11	12	13	14	15	16	17	18	19	20
					3312	4479	5683	7677	9544	12231	17150	24126	31582	42110
					3486	4715	5982	8081	10046	12874	18052	25395	33245	44326
					3660	4951	6281	8485	10548	13518	18955	26665	34907	46543
					3835	5187	6580	8889	11051	14162	19857	27935	36569	48759
工作位移范围/mm（铭牌刻度值）	0	0	0	0	4009	5422	6879	9293	11553	14805	20760	29205	38231	50975
					4096	5540	7029	9495	11804	15127	21211	29840	39063	52083
					4183	5658	7178	9697	12055	15449	21662	30475	39894	53192
					4270	5776	7328	9899	12306	15771	22114	31109	40725	54300
					4358	5894	7478	10101	12558	16093	22565	31744	41556	55408
	20	15	10	5	4445	6012	7627	10303	12809	16415	23017	32379	42387	56516
					4532	6130	7777	10505	13060	16737	23468	33014	43218	57624
					4619	6247	7926	10707	13311	17058	23919	33649	44049	58732
					4706	6365	8076	10909	13562	17380	24370	34284	44880	59840
					4793	6483	8225	11111	13813	17702	24822	34919	45711	60949
	40	30	20	10	4881	6601	8375	11313	14064	18024	25273	35554	46543	62057
					4968	6719	8524	11515	14316	18346	25724	36189	47374	63165
					5055	6897	8674	11717	14567	18668	26176	36823	48205	64273
					5142	6955	8823	11919	14818	18990	26627	37458	49036	65381
					5229	7073	8973	12121	15069	19311	27078	38093	49867	66489
中线	60	45	30	15	5316	7190	9123	12323	15320	19633	27530	38728	50698	67598
					5403	7308	9272	12525	15571	19955	27981	39363	51529	68706
					5491	7426	9422	12727	15822	20277	28432	39998	52360	69814
					5578	7544	9571	12929	16074	20599	28883	40633	53192	70922
					5665	7663	9721	13131	16325	20921	29335	41268	54023	72030
	80	60	40	20	5752	7780	9870	13333	16576	21242	29786	41902	54854	73138
					5839	7898	10020	13535	16827	21564	30237	42537	55685	74247
					5926	8016	10170	13737	17078	21886	30689	43172	56516	75355
					6013	8133	10319	13939	17329	22208	31140	43807	57347	76463
					6101	8251	10469	14141	17581	22530	31591	44442	58178	77571
	100	75	50	25	6188	8369	10618	14343	17832	22852	32043	45077	59009	78679
					6275	8687	10786	14545	18083	23174	32494	45712	59840	79787
					6362	8605	10917	14747	18334	23495	32945	46347	60672	80895
					6449	8723	11067	14949	18585	23817	33396	46982	61503	82004
					6536	8841	11216	15151	18836	24139	33848	47616	62334	83112
	120	90	60	30	6624	8959	11366	15353	19087	24461	34299	48251	63165	84220
					6798	9194	11665	15757	19590	25105	35201	49521	64827	86436
					6972	9430	11964	16161	20092	25748	36104	50791	66489	88653
					7146	9666	12263	16565	20594	26392	37007	52061	68152	90869
					7321	9902	12562	16970	21097	27036	37910	53330	69814	93085
					弹簧刚度/（N/mm）									
				TD30	87.152	117.877	149.552	202.018	251.15	321.856	451.304	634.886	831.118	1108.157
			TD60		43.576	58.939	74.776	101.009	125.575	160.928	225.652	317.443	415.559	554.079
		TD90			29.051	39.292	49.851	67.339	83.717	107.285	150.435	211.628	277.039	369.386
	TD120				21.788	29.469	37.388	50.505	62.7875	80.464	112.826	158.72	207.78	277.039

注：1N = 0.10197kgf。

支吊架类别				支吊架编号				支吊架类别				
TD120	TD90	TD60	TD30	21	22	23	24	TD30	TD60	TD90	TD120	弹簧预压缩量←
				54817	69873	86568	108692	38	76	114	152	
				57702	73550	91124	114413	40	80	120	160	弹簧变形量/mm
				60588	77228	95680	120133	42	84	126	168	
				63473	80905	100236	125854	44	88	132	176	
工作位移范围/mm（铭牌刻度值）												
0	0	0	0	66358	84583	104792	131575	46	92	138	184	
				67800	86422	107071	134435	47	94	141	188	
				69243	88260	109349	137295	48	96	144	192	
				70685	90099	111627	140156	49	98	147	196	
				72128	91938	113905	143016	50	100	150	200	
20	15	10	5	73571	93777	116183	145876	51	102	153	204	
				75013	95676	118461	148737	52	104	156	208	
				76456	97454	120739	151597	53	106	159	212	
				77898	99293	123017	154457	54	108	162	216	
				79341	101132	125295	157318	55	110	165	220	
40	30	20	10	80783	102971	127573	160178	56	112	168	224	
				82226	104809	129851	163038	57	114	171	228	
				83668	106643	132130	165899	58	116	174	232	
				85111	108487	134408	168759	59	118	177	236	
				86554	110325	136686	171619	60	120	180	240	
60	45	30	15	87996	112164	138964	174480	61	122	183	244	中线
				89439	114003	141242	177340	62	124	186	248	
				90881	115842	143520	180200	63	126	189	252	
				92324	117680	145798	183060	64	128	192	256	
				93766	119519	148076	185921	65	130	195	260	
80	60	40	20	95209	121358	150354	188781	66	132	198	264	
				96652	123197	152632	191641	67	134	201	268	
				98094	125035	154911	194502	68	136	204	272	
				99637	126874	157189	197362	69	138	207	276	
				100979	128713	159467	200222	70	140	210	280	
100	75	50	25	102422	130552	161745	203083	71	142	213	284	
				103864	132390	164023	205943	72	144	216	288	
				105307	134229	166301	208803	73	146	219	292	
				106749	136068	168579	211664	74	148	222	296	
				108192	137907	170857	214524	75	150	225	300	
120	90	60	30	109635	139745	173135	217384	76	152	228	304	
				112520	143423	177691	223105	78	156	234	312	
				115405	147100	182248	228826	80	160	240	320	
				118290	150778	186804	234546	82	164	246	328	
				121175	154456	191360	240267	84	168	252	336	
				弹簧刚度/（N/mm）								
			TD30	1442.566	1838.756	2278.096	2860.32	TD30				
		TD60		721.283	919.378	1139.048	1430.16		TD60			
	TD90			480.855	612.919	759.365	953.44			TD90		
TD120				360.641	459.689	569.524	715.08				TD120	

注：1N＝0.10197kgf。

查出安装荷载后，再根据式(3－1－1)计算荷载变化率，使其小于或等于25%：

$$荷载变化率 = \frac{|P_g - P_a|}{P_g} \times 100\% \leqslant 25\% \qquad (3-1-1)$$

式中 P_g——工作荷载；

P_a——安装荷载。

例3－1－1 某根管道的工作荷载为9123N,运行时位移向上，位移量为10mm，根据管道安装要求，需采用A型吊架，试选择吊架型号：

解 (1) 查表3－1－42暂定该吊架位移范围为VS30。

(2) 在表3－1－42的中线和上粗线之间查得工作荷载(基本荷载)为9123N的弹簧编号为13。

(3) 以9123N对应的VS30刻度值向下10mm查得安装荷载为8375N。

(4) 验算弹簧荷载变化率：

$$\frac{|9123 - 8375|}{9123} \times 100\% = 8.2\% < 25\%$$

(5) 选用吊架型号为VS30A13。

当所选用的弹簧其荷载变化率>25%时，应减小弹簧刚度，另选位移范围大一级的弹簧。

例3－1－2 某管道工作荷载为18248N,运行时位移向上，位移量为12mm。根据管道安装要求需采用G型吊架，试选择吊架型号：

(1) 查表3－1－42，确定该吊架位移范围为VS30。

(2) G型吊架每个吊架实际仅承受管道荷载的一半，即18248/2＝9124N。

(3) 在表3－1－42的中线和上粗线间查得工作荷载为9124N的弹簧编号为13。

(4) 以9124N对应的VS30刻度值向下12mm查得安装荷载为8674N。

(5) 验算弹簧荷载变化率：

$$\frac{|9124 - 8674|}{9124} \times 100\% = 4.93\% < 25\%$$

(6) 选用吊架型号为VS30G13。

2. 恒力弹簧吊架

恒力弹簧吊架是管系上下(垂直)位移时，其荷载不变，即它的荷载变化率在理论上为零，(但实际上这种状态很难达到，目前不同厂家生产的恒力弹簧吊架，荷载变化率一般为6%，有的甚至高达10%以上)。此类支吊架适用于垂直位移量较大的管系，或者荷载变化率要求严格的场合，对用恒力吊架支承的管道和设备，在发生位移时，亦可获得恒定的支承力，因而不会给管道和设备带来附加的力和应力。可避免管道系统产生不利的力转移，以保证管道及设备正常运行。其外形见图3－1－2，其内部构造见图3－1－3。

其工作原理见图3－1－4。

恒力弹簧吊架是以力矩平衡原理为基础，平衡系由固定构架上的弹簧组来完成的，在允许荷载和位移下，当外荷载作用于回转构架并产生位移时，回转构架将以吊架主轴为中心转动某一角度后停止，此时外力矩与弹簧组力矩相平衡。如图3－1－4所示外力矩M为：

$$M = W \cdot P \cdot \sin\theta \quad \text{N} \cdot \text{m} \qquad (3-1-2)$$

平衡力矩 M' 为：

$$M' = \frac{K\Delta}{\cos\beta}h \qquad \mathrm{N \cdot m} \tag{3-1-3}$$

$$h = \frac{bc\sin\alpha}{a} \qquad \mathrm{m} \tag{3-1-4}$$

式中 W——支架荷载，N；

P——杠杆长度，m；

K——弹簧刚度，N/mm；

Δ——弹簧压缩量，mm；

h——A 点至 BC 的垂直距离，m；

a，b，c——ΔABC 对应边长，m。

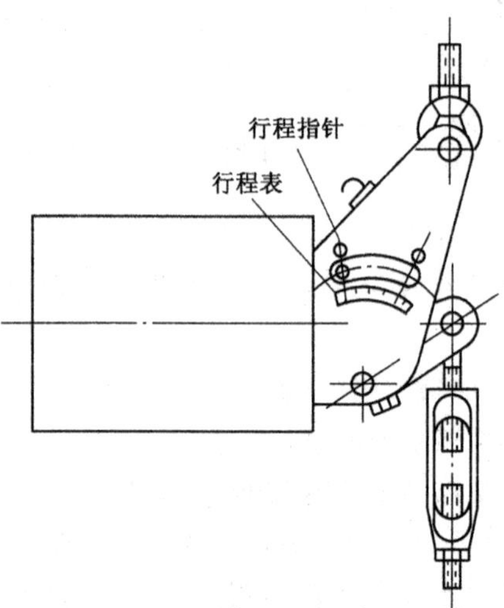

图 3－1－2　恒力弹簧吊架外形图

因为力距平衡，$M = M'$

所以

$$W = \frac{K \cdot c}{P \cdot a} \cdot \frac{\Delta \cdot b\sin\alpha}{\cos\beta \cdot \sin\theta} \tag{3-1-5}$$

式中，$\frac{K \cdot c}{P \cdot a}$ 为常数，其余为变数，若 Δ 与 b 的乘积近似的成为定值，$\angle\alpha$ 与 $\angle\theta$ 近似相等，$\angle\beta$ 的数值很小，则支架荷载也近似的相等。

恒力支架在其垂直位移的过程中，所能承受的荷载近似恒定，由于机构尺寸在调整过程中的变化及摩擦力的影响，不能达到荷载恒定，根据国家现行标准《恒力弹簧支吊架》JB/T 8130.1—1999 标准系统相对偏差度不大于 8% 即为合格。

恒力弹簧吊架在出厂时，固定销轴必须按订货要求的热位移方向（向上或向下）插入相应的孔中，予以固定，用户在使用前可按图 3－1－4 检查或调整固定销轴的插入位置。

恒力弹簧吊架应按国家现行标准《恒力弹簧支吊架》JB/T 8130.1—1999 选用。

恒力弹簧吊架较现有的同类产品——可变弹簧吊架体积减小 80% 以上，质量减少 65% 以上，大大方便施工现场的安装。适用于石油化工装置，其荷载选用表见表 3－1－43、表 3－1－44、表 3－1－45。

表 3-1-45　载荷位移系列表　载荷(F_B)daN　位移(f_B)mm

位移/mm，载荷/daN

型号	50	60	70	80	90	100	110	120	130	140	150	160	170	180	190	200
1	530	441	378	331	294	265	241	221	204	189	177	165	156	147	139	132
2	678	565	484	424	377	339	308	283	261	242	226	212	199	188	178	170
3	828	690	591	517	460	414	376	345	318	296	276	259	243	230	218	207
4	917	763	654	572	509	458	416	382	352	327	305	286	269	254	241	229
5	1060	883	757	662	588	530	481	441	407	378	353	331	312	294	279	265
6	1135	945	810	709	630	567	516	473	436	405	378	354	334	315	298	284
7	1386	1154	989	866	769	693	630	577	533	495	462	433	407	385	364	346
8	1533	1276	1094	957	851	766	696	638	589	547	511	479	450	425	403	383
9		1561	1338	1171	1041	937	852	781	721	669	625	585	551	520	493	468
10		1871	1604	1404	1248	1123	1021	936	864	802	749	702	661	624	591	561
11		2183	1872	1638	1456	1310	1191	1092	1008	936	873	819	771	728	690	655
12		2493	2137	1869	1662	4796	1360	1246	1150	1068	997	935	880	831	787	748
13				2186	1043	1749	1590	1458	1345	1249	1166	1093	1029	972	921	875
14				2553	2269	2042	1856	1702	1571	1459	1361	1276	1201	1134	1075	1021
15				2918	2593	2334	2122	1945	1795	1667	1556	1459	1373	1297	1228	1167
16				3121	2774	2497	2270	2081	1921	1783	1665	1560	1469	1387	1314	1248
17				3641	3237	2913	2648	2427	2241	2081	1942	1821	1714	1618	1533	1457
18				4162	3699	3330	3027	2775	2561	2378	2220	2081	1959	1850	1752	1665
19				4561	4054	3649	3317	3041	2807	2606	2432	2280	2146	2027	1920	1824
20				4832	4295	3866	3514	3221	2974	2761	2577	2416	2274	2148	2035	1933
21				5106	4538	4085	3713	3404	3142	2918	2723	2553	2403	2269	2150	2042
22				5705	5071	4564	4149	3803	3511	3260	3034	2853	2685	5536	2402	2282
23						6129	5572	5108	4715	4738	4086	3831	3606	3405	3226	3065
24						7075	6472	5896	5443	5054	4717	4422	4162	3931	3724	3538
25						7992	7266	6660	6148	5709	5328	4995	4701	4440	4207	3969
26						8317	7561	6931	6397	5940	5544	5198	4892	4620	4377	4158
27							8485	7778	7179	6667	6222	5833	5490	5185	4912	4667
28							9413	8629	7965	7396	6903	6472	6091	5753	5450	5177
29							10341	9479	8750	8125	7583	7109	6691	6319	5987	5687
30							10561	9681	8936	8298	7745	7261	6833	6454	6114	5808
31							11705	10730	9905	9197	8584	8047	7574	7153	6777	6438
32							12868	11796	10889	10111	9436	8847	8327	7864	7450	7078
33							14020	12852	11863	11016	10281	9639	9072	8568	8117	7711
34							15626	14324	13222	12278	11450	10743	10111	9549	9047	8595
35							17034	15614	14413	13384	12491	11711	11022	10409	9862	9369
36							18432	16896	15596	14482	13517	12672	11926	11264	10671	10137
37						22016	20015	18347	16936	15726	14678	13760	12951	12231	11588	11008
38						23093	20994	19244	17764	16495	15395	14433	13584	12829	12154	11547
39						24248	22044	20207	18652	17320	16165	15155	14264	13471	12762	12124
40						25402	23092	21168	19540	18144	16934	15876	14942	14112	13369	12701
41						26558	24144	22132	20429	18970	17705	16599	15622	14754	13978	13279
42									21850	20289	18936	17753	16709	15780	14950	14202
43									23271	21609	20168	18908	17796	16807	15922	15126
44									24603	22846	21323	19990	18814	17769	16834	15992
45									28935	24082	22477	21072	19832	18730	17745	16857
46									27268	25320	23632	22155	20852	19693	18657	17724
47									29310	27216	25402	23814	22413	21168	20054	19051
48											28248	26483	24925	23540	22301	21186
49											30936	29003	27297	25780	24424	23202
50											33851	31736	29869	28210	26725	25389
51											37228	34902	32849	31024	29391	27921
52											40685	38142	35898	33904	32119	30514
53														35341	33481	31807
54														36782	34846	33104
55														38211	36210	34399
56														39661	37573	35695
57															39088	37133
58															40602	38572
59																40011
60																
61																
62																
63																
64																
65																
66																
67																
68																
	50	60	70	80	90	100	110	120	130	140	150	160	170	180	190	200

型号	210	220	230	240	250	260	270	280	290	300	310	320	330	340	350	360
1																
2																
3																
4																
5	252	241	230	221	212											
6	270	258	247	236	227											
7	330	315	301	289	277											
8	365	348	333	319	306											
9	446	426	407	390	375											
10	535	510	488	468	449											
11	624	595	570	546	524											
12	712	680	650	623	598											
13	833	795	760	729	700											
14	972	928	888	851	817	785	756	729	704	681	659	638	619	601	583	
15	1111	1061	1015	937	934	898	864	834	805	778	753	729	707	686	667	
16	1189	1135	1086	1040	999	960	925	892	861	832	805	780	757	734	713	
17	1387	1324	1267	1214	1165	1120	1079	1040	1005	971	940	910	883	887	832	
18	1585	1513	1448	1387	1332	1281	1233	1189	1148	1110	1074	1040	1009	979	951	
19	1737	1659	1586	1520	1459	1403	1351	1303	1258	1216	1177	1140	1106	1073	1042	
20	1841	1757	1681	1611	1546	1487	1432	1381	1333	1289	1247	1209	1171	1137	1104	
21	1945	1857	1776	1702	1634	1571	1513	1459	1408	1362	1318	1276	1238	1201	1167	
22	2173	2075	1984	1902	1826	1755	1690	1630	1574	1521	1472	1426	1383	1342	1304	
23	2919	2786	2665	2554	2452	2357	2270	2189	2114	2043	1977	1915	1857	1803	1751	
24	3369	3216	3076	2948	2830	2721	2621	2527	2440	2359	2282	2211	2144	2081	2022	
25	3806	3633	3475	3330	3176	3074	2960	2854	2756	2664	2578	2424	2422	2351	2284	
26	3960	3780	3616	3465	3327	3199	3080	2970	2868	2772	2583	2599	2520	2446	2376	
27	4444	4242	4058	3889	3733	3590	3457	3333	3218	3111	3011	2929	2808	2745	2667	
28	4931	4703	4502	4314	4132	3983	3835	3698	3571	3451	3340	3236	3138	3045	2958	
29	5417	5170	4946	4740	4550	4375	4213	4062	3922	3792	3669	3555	3447	3346	3250	
30	5532	5280	5051	4840	4647	4468	4302	4149	4006	3872	3747	3630	3520	3417	3319	
31	6131	5853	5598	5365	5150	4952	4769	4599	4440	4292	4154	4024	3902	3787	3679	
32	6741	6434	6154	5898	5662	5444	5243	5055	4881	4718	4566	4423	4289	4163	4044	
33	7344	7010	6705	6426	6169	5932	5712	5508	5318	5141	4975	4819	4673	4536	4406	
34	8185	7813	7474	7162	6876	6611	6366	6139	5927	5730	5545	5372	5209	5056	4911	
35	8922	8517	8147	7808	7495	7207	6940	6692	6461	6246	6044	5855	5678	5511	5353	
36	9655	9216	8815	8448	8110	7798	7509	7241	6991	6758	6540	6336	6544	5963	5793	
37	10484	10008	9572	9174	8807	8468	8154	7863	7592	7339	7102	6880	6672	6475	6290	6116
38	10997	10497	10040	9622	9237	8882	8553	8248	7963	7698	7449	7217	6998	6792	6598	6415
39	11547	11022	10543	10103	9699	9326	8981	8660	8361	8083	7822	7578	7348	7132	6928	6736
40	12096	11546	11044	10584	10161	9770	9408	9072	8759	8467	8194	7938	7698	7471	7258	7056
41	12647	12072	11547	11066	10623	10215	9836	9485	9158	8853	8567	8299	8048	7811	7588	7377
42	13526	12911	12350	11835	11362	10925	10520	10145	9795	9468	9163	8876	8608	8354	8116	7890
43	14406	13751	13153	12605	12101	11636	11205	10805	10432	10084	9759	9454	9168	8898	8644	8404
44	15231	14538	13996	13327	12794	12302	11846	11423	11029	10662	10318	9995	9692	9407	9138	8885
45	16055	15325	14659	14048	13486	12967	12487	12041	11626	11238	10876	10536	10217	9916	9632	9365
46	16880	16113	15412	14770	14179	13634	13129	12660	12224	11816	11435	11078	10742	10426	10128	9847
47	18144	17319	16566	15876	15241	14655	14112	13608	13139	12701	12291	11907	11546	11207	10886	10584
48	20177	19260	18423	17655	16949	16297	15693	15133	14611	14124	13668	13241	12840	12462	12106	11770
49	22097	21093	20176	19335	18562	17848	17187	16573	16002	15468	14969	14501	14062	13648	13259	12890
50	24180	23081	22077	21157	20311	19530	18806	18135	17509	16926	16380	15868	15387	14934	14508	14105
51	26592	25383	24219	23268	22337	21478	20682	19944	19256	18614	18014	17451	16922	16424	15955	15512
52	29060	27740	26533	25428	24411	20472	22603	21795	21044	20342	19680	19071	18493	17949	17436	16952
53	30292	28916	27658	26506	25446	24467	23561	22719	21936	21205	20521	19879	19277	18710	18176	17671
54	31528	30095	28786	27587	26483	25465	24521	23646	22830	22069	21357	20690	20063	19473	18917	18391
55	32761	31272	29912	28666	27519	26461	25481	24571	23724	22933	22193	21500	20848	20235	19657	19111
56	33995	32450	31039	29745	28556	27457	26440	25496	24617	23796	23029	22309	21633	20997	20397	19830
57	35365	33758	32290	30944	29707	28564	27506	26524	25609	24756	23957	23208	22505	21843	21219	20630
58	36735	35066	33541	32143	30858	29671	28572	27552	26601	25715	24885	24108	23377	22689	22041	21429
59	38106	36374	34792	33342	32009	30778	29638	28579	27594	26674	25814	25007	24249	23536	22843	22228
60	40189	38363	36695	35166	33759	32461	31258	30142	29103	28133	27225	26374	25575	24823	24114	23444
61			37672	36102	34658	33325	32091	30945	29878	28882	27950	27077	26256	25484	24756	24068
62			39299	37661	36155	34764	33477	33281	31168	30129	29157	28246	27390	26584	25825	25108
63			40926	39221	37652	36204	34863	33618	32458	31376	30364	29415	28524	27585	26894	26147
64				40780	39149	37643	36249	34954	33749	32624	31571	30585	29658	28786	27963	27187
65						39281	37827	36476	35218	34044	32946	31916	30949	30039	29181	28370
66							39404	37997	36687	35464	34784	33248	32240	31292	30398	29553
67								39561	38197	36924	35733	34616	33567	32580	31649	30770
68								41122	39704	38380	37142	35981	34891	33865	32897	31983
	210	220	230	240	250	260	270	280	290	300	310	320	330	340	350	360

型号	370	380	390	400	410	420	430	440	450	460	470	480	490	500	510
1–36															
37	5950	5794	5645	5504	5370										
38	6241	6077	5921	5773	5632										
39	6554	6381	6217	6062	5914										
40	6865	6685	6513	6350	6196										
41	7178	6989	6809	6640	6478										
42	7678	7475	7283	7101	6928										
43	8176	7961	7757	7563	7379										
44	8644	8417	8201	7996	7801										
45	9112	8872	8645	8429	8223										
46	9581	9328	9089	8862	8646										
47	10298	10027	9770	9526	9293										
48	11452	11151	10865	10593	10335										
49	12542	12212	11899	11601	11318										
50	13724	13362	13020	12694	12385										
51	15093	14695	14319	13961	13620										
52	16494	16060	15648	15257	14885										
53	17193	16741	16311	15904	15516	15146	14794	14458	14137	13829	13535	13253	12983	12723	12473
54	17894	17423	16976	16552	16148	15764	15397	15047	14713	14393	14087	13793	13512	13242	12982
55	18594	18105	17641	17200	16780	16381	16000	15636	15289	14956	14638	14333	14041	13760	13490
56	19294	18787	18305	17847	17412	16997	16602	16225	15864	15519	15189	14873	14569	14278	13998
57	20072	19544	19043	18567	18114	17683	17271	16879	16504	16145	15801	15472	15156	14853	14562
58	20850	20301	19781	19286	18816	18368	17941	17533	17143	16771	16414	16072	15744	15429	15126
59	21628	21058	20518	20005	19518	19053	18610	18187	17783	17396	17026	16671	16331	16004	15691
60	22810	22210	21640	21099	20585	20095	19627	19181	18755	18347	17957	17583	17224	16880	16549
61	23418	22801	22217	21661	21133	20630	20150	19692	19254	18836	18435	18051	17683	17329	16989
62	24429	23786	23176	22597	22046	21521	21020	20543	20086	19649	19231	18831	18446	18077	17723
63	25440	24771	24136	23532	22958	22412	21891	21393	20918	20463	20028	19610	19210	18826	18457
64	26452	25756	25095	24468	23871	23303	22761	22244	21749	21276	20824	20390	19974	19574	19191
65	27603	26877	26188	25533	24910	24317	23752	23212	22696	22203	21730	21277	20843	20426	20026
66	28755	27998	27280	26598	25949	25331	24742	24180	23643	23129	22637	22165	21713	21278	20861
67	29938	29150	28403	27693	27017	26374	25761	25175	24615	24081	23568	23077	22606	22154	21720
68	31119	30300	29523	28785	28083	27414	26777	26168	25587	250301	24498	23988	23498	23028	22577
	370	380	390	400	410	420	430	440	450	460	470	480	490	500	510

表 3－1－43　恒力弹簧荷载位移系列表(JB/T 8130.1—1999)　单位:N

编号 \ 位移/mm	50	60	70	80	90	100	110	120	130	140	150	160	170	180	190	200	220	240	260	280	300	320	340	360	380	400
1	493	411	352	308	273	247	224	206	189	176	165	154	145	137	129	123										
2	695	579	497	434	386	348	316	290	268	248	231	218	205	193	183	173										
3	919	766	657	575	511	460	418	383	354	328	307	287	270	256	242	230										
4	1012	844	723	633	563	507	461	422	389	362	337	317	298	281	267	253										
5	1088	911	774	676	608	549	500	451	421	392	363	343	323	304	284	274										
6	1421	1186	1019	892	794	706	647	588	549	510	470	441	421	392	372	353										
7	1636	1362	1166	1019	911	823	745	686	627	588	549	510	480	451	431	412										
8	1852	1539	1323	1156	1029	921	843	774	715	657	617	578	549	510	490	461										
9	2048	1705	1460	1284	1137	1019	931	853	784	735	686	637	598	568	539	510										
10	2499	2087	1784	1568	1392	1254	1137	1039	960	892	833	784	735	696	657	627										
11	2950	2450	2107	1842	1637	1470	1343	1225	1137	1049	980	921	862	813	774	735										
12	3391	2822	2421	2117	1882	1695	1539	1411	1303	1215	1127	1058	1000	941	892	843										
13	3832	3195	2734	2401	2127	1921	1744	1597	1470	1372	1274	1196	1127	1068	1009	960										
14		3655	3126	2734	2430	2195	1989	1823	1686	1568	1460	1372	1294	1215	1156	1098										
15		4253	3646	3185	2832	2548	2323	2127	1960	1823	1695	1597	1500	1421	1343	1274										
16		5194	4449	3891	3459	3116	2832	2597	2391	2225	2078	1950	1833	1735	1636	1558	1411	1294	1196	1107	1039					
17		6164	5282	4626	4106	3695	3361	3077	2842	2636	2470	2313	2176	2058	1950	1852	1676	1539	1421	1323	1235					
18		6762	5792	5076	4508	4057	3685	3381	3116	2900	2705	2538	2391	2254	2136	2029	1842	1695	1558	1450	1352					
19		7997	6850	5998	5331	4792	4361	3998	3685	3430	3195	3000	2822	2666	2528	2401	2176	2000	1842	1715	1597					
20		9320	7987	6987	6213	5586	5086	4655	4302	3989	3724	3500	3293	3107	2940	2793	2538	2332	2146	2000	1862					
21		10319	8849	7742	6880	6194	5625	5165	4763	4420	4126	3871	3646	3440	3263	3097	2813	2577	2381	2215	2068	1930	1823			
22		11329	9712	8497	7556	6801	6184	5664	5233	4860	4537	4253	4000	3773	3577	3400	3087	2832	2617	2430	2264	2127	2000			
23		12652	10850	9486	8438	7595	6899	6331	5841	5420	5057	4743	4469	4214	4000	3793	3450	3165	2920	2715	2528	2372	2234			
24			12897	11290	10035	9026	8203	7526	6948	6448	6017	5645	5312	5018	4753	4518	4106	3763	3469	3224	3009	2822	2656			
25			14631	12800	11378	10241	9310	8536	7879	7311	6830	6400	6027	5684	5390	5116	4655	4263	3940	3655	3410	3205	3009	2842		
26			16366	14318	12730	11456	10417	9545	8810	8183	7634	7164	6742	6370	6027	5733	5204	4773	4410	4096	3822	3577	3371	3185		
27			18120	15856	14092	12681	11525	10564	9751	9055	8457	7928	7458	7046	6674	6340	5762	5282	4880	4528	4224	3959	3734	3518		
28			19355	16934	15053	13553	12319	11290	10427	9682	9036	8467	7967	7526	7134	6772	6164	5645	5214	4841	4518	4234	3989	3763		
29				19953	17738	15964	14514	13300	12279	11397	10643	9976	9388	8869	8400	7977	7252	6654	6135	5694	5321	4988	4694	4430	4204	3989
30				22324	19845	17865	16239	14886	13740	12760	11907	11162	10506	9927	9398	8928	8124	7438	6870	6380	5958	5586	5253	4959	4704	4469
31				24010	21335	19208	17464	16003	14769	13720	12800	12005	11300	10672	10104	9604	8732	8007	7389	6860	6400	5998	5645	5331	5057	4802
32				27087	24069	21668	19698	18052	16670	15472	14445	13544	12740	12034	11407	10829	9849	9026	8330	7742	7223	6772	6370	6017	5704	5419
33				28734	25539	22981	20894	19149	17679	16415	15317	14367	13524	12770	12093	11495	10447	9575	8840	8212	7664	7203	6762	6380	6047	5743
34					26734	24059	21874	20051	18512	17189	16043	15043	14151	13367	12662	12034	10937	10025	9251	8595	8016	7517	7076	6684	6330	6017
35					30331	27293	24814	22746	21001	19502	18200	17062	16052	15160	14367	13651	12407	11378	10496	9751	9094	8526	8026	7585	7183	6821
36					32066	28861	26235	24049	22197	20619	19237	18042	16974	16033	15190	14426	13122	12025	11103	10310	9624	9016	8487	8016	7595	7213
37					35662	32095	29175	26744	24686	22922	21393	20060	18875	17826	16895	16043	14592	13377	12348	11466	10702	10025	9437	8918	8448	8026
38					37426	33683	30625	28077	25911	24059	22462	21050	19816	18718	17728	16846	15308	14034	12956	12034	11231	10525	9908	9359	8868	8418
39						35339	32134	29449	27185	25245	23559	22090	20786	19639	18600	17670	16062	14730	13593	12622	11780	11045	10398	9820	9300	8840
40						39435	35848	32860	30341	28165	26293	24647	23197	21913	20756	19718	17924	16435	15170	14083	13142	12328	11603	10956	10378	9859
41						42316	38465	35260	32546	30223	28214	26450	24892	23510	22275	21158	19237	17630	16278	15112	14102	13220	12446	11750	11133	10574
42						45207	41101	37671	34780	32291	30145	28253	26597	25117	23794	22609	20550	18836	17385	16150	15072	14132	13300	12554	11897	11300
43						49274	44796	41062	37906	35202	32850	30800	28988	27381	25940	24637	22403	20531	18953	17600	16425	15396	14494	13691	12965	12319
44							46668	42777	39494	36672	34222	32085	30204	28518	27019	25666	23334	21393	19747	18336	17110	16043	15102	14259	13514	12838
45							51568	47275	43640	40523	37818	35456	33369	31517	29860	28361	25784	23638	21815	20257	18904	17728	16680	15758	14925	14180
46							53518	49059	45286	42052	39245	36789	34633	32703	30988	29439	26754	24530	22638	21021	19620	18395	17317	16356	15494	14720
47							58359	53500	49382	45854	42797	40121	37760	35662	33790	32095	29184	26754	24696	22932	21403	20060	18885	17836	16895	16052
48							63210	57947	53488	49666	46354	43453	40905	38632	36593	34770	31605	28969	26744	24833	23177	21727	20453	19316	18297	17385
49								62671	57850	53724	50137	47000	44237	41777	39582	37603	34182	31340	28930	26862	25068	23500	22119	20894	19796	18806
50								70491	65072	60427	56400	52871	49764	47000	44521	42297	38455	35250	32536	30213	28195	26440	24882	23500	22266	21148
51								78331	72304	67140	62661	58741	55292	52214	49470	46736	42728	39160	36152	33565	31330	29370	27646	26097	24735	23500
52										76812	71697	67208	63260	59740	56595	53773	48882	44806	41356	38406	35848	33604	31625	29870	28302	26881
53										85329	79645	74666	70276	66366	62877	59731	54302	49774	45952	42669	39817	37328	35133	33183	31438	29870
54										98313	91757	86024	80968	76470	72442	68825	62563	57350	52940	49157	45884	43012	40484	38230	36220	34408
55										106879	99754	93521	88024	83133	78753	74813	68012	62348	57555	53440	49882	46756	44012	41562	39376	37407
56											113219	106144	99900	94345	89386	84917	77195	70756	65317	60652	56605	53067	49950	47177	44688	42454
57											122980	115297	108515	102479	97089	92238	83850	76861	70952	65885	61495	57644	54253	51244	48549	46119
58											132819	124519	117188	110681	104860	99617	90562	83016	76626	71148	66405	62260	58594	55340	52430	49804
59											142649	133730	125871	118874	112622	106987	97265	89160	82300	76420	71030	66865	62936	59437	56310	53498
60												146108	137514	129870	123039	116885	106261	97402	89905	83486	77920	73049	68757	64935	61515	58437
61												155359	146226	138102	130830	124293	112994	103576	95609	88778	82859	77685	73108	69050	65415	62142
62												171167	161102	152145	144138	136926	124480	114111	105330	97814	91287	85583	80546	76077	72069	68463
63												180320	169716	160289	151851	144256	131144	120217	110965	103037	96177	90160	84858	80144	75930	72128
64													181476	171402	162376	154262	140238	128547	118658	110181	102841	96412	90738	85701	81193	77126
65													191727	181075	171549	162964	148156	135808	125362	116414	108643	101851	95864	90532	85770	81487
66													201958	190737	180702	171667	156065	143060	132055	122618	114444	107290	100980	95374	90356	85838
67													212317	200528	189973	180477	164062	150391	138827	128909	120315	112798	108163	100264	94982	90238
68													224244	211788	200635	190610	173284	158838	146618	136151	127068	119129	112122	105889	100323	95305
69													245294	231672	219471	208505	189552	173754	160387	148930	139003	131290	122647	115836	109740	104252
70													257123	242834	230055	218550	198685	182123	168119	156104	145697	136592	128556	121412	115023	109280
71														267256	253183	240531	218658	200440	185024	171804	160348	150332	141483	133623	126596	120266
72														280113	265364	252095	229183	210083	193922	180075	168070	157564	148294	140052	132682	126048
73														303212	287258	272890	248087	227409	209916	194922	181927	170559	160524	151606	143629	136445
74														315991	299360	284386	258534	236993	218765	203134	189590	177743	167286	157996	149675	142198

各类型支吊荷载位移系列范围按下列线型区分

PHA、PHB、PHC、PHE

LHA、LHB、LHC、LHE

ZHA

ZHB

PHD

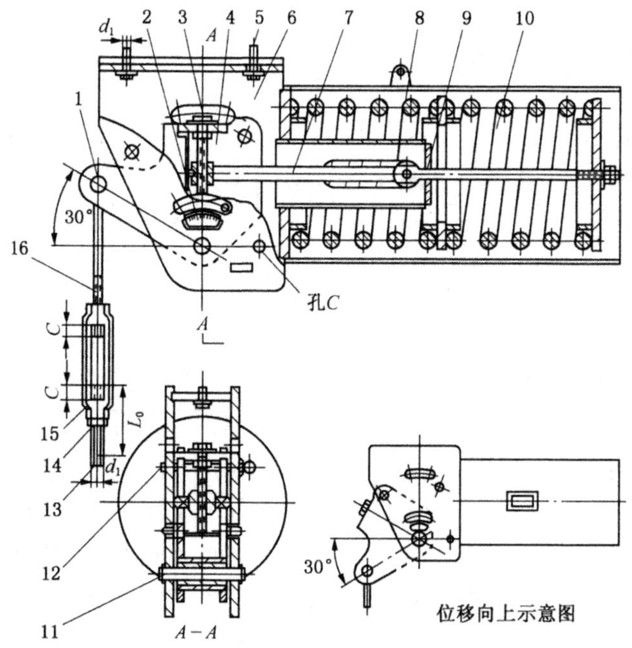

图 3－1－3　平式恒力吊架内部构造简图

1—载荷轴；2—位移指示牌；3—调整螺栓；4—回转框架；5—生根螺栓；6—固定框架；7—拉板；8—滚轮；9—拉杆螺栓；10—弹簧；11—主轴；12—固定销轴；13—吊杆螺栓；14—螺母；15—松紧螺母；16—载荷螺栓

注：①当 $d_1 \leqslant 20$ 时、$C=10$；当 $d_1 \geqslant 24$ 时、$C=30$；②当 $d_1 \leqslant 24$ 时、$L_0 \geqslant 100$；当 $d_1 > 24$ 时、$L_0 \geqslant 150$。

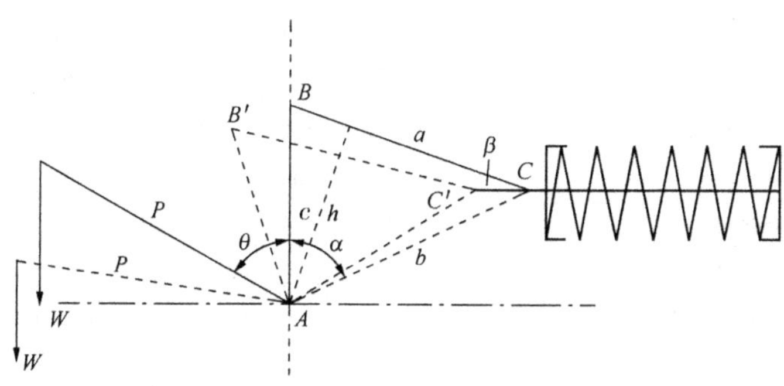

图 3－1－4　恒力吊架工作原理图

(十)绝热管托

绝热管托(表 3－1－46～表 3－1－48；图 3－1－5、图 3－1－6)具有绝热和承重的双重作用，可用于要求传热损失小的保温和保冷管道上。与传统的普通管托相比，绝热型管托有以下几个优点：

(1) 节能：绝热管托可减少支承部位的传热损失(包括支托传导和支托裸露件的散热)，据研制单位测算，它比非绝热管托减少热损失 70%。

(2) 滑动灵活：绝热型管托的下底板面是一块经过抛光的不锈钢板，它与其下面的聚四氟乙烯支座形成一对摩擦副，摩擦系数 <0.1，因此管托便可灵活地随管道作轴向或横向滑动。

(3) 产品定型安装简便。

表 3-1-44 荷载位移系列表

编号		最大回转力矩/(kgf·mm)	位移/mm												
			50	60	70	80	90	100	110	120	130	140	150	160	170
			载荷/kgf												
PH-1	LH-1	26479	530	441	378	331	294	265	241	221	204	189	177	165	156
PH-2	LH-2	33908	678	565	484	424	377	339	308	283	261	242	226	212	199
PH-3	LH-3	41383	828	690	591	517	460	414	376	345	318	296	276	259	243
PH-4	LH-4	45796	917	763	654	572	509	458	416	382	352	327	305	286	269
PH-5	LH-5	52957	1060	883	757	662	588	530	481	441	407	378	353	331	312
PH-6	LH-6	56705	1135	945	810	709	630	567	516	473	436	405	378	354	334
PH-7	LH-7	69248	1386	1154	989	866	769	693	630	577	533	495	462	433	407
PH-8	LH-8	76578	1533	1276	1094	957	851	766	696	638	589	547	511	479	450
PH-9	LH-9	93678		1561	1338	1171	1041	937	852	781	721	669	625	585	551
PH-10	LH-10	112287		1871	1604	1404	1248	1123	1021	936	864	802	749	702	661
PH-11	LH-11	131008		2183	1872	1638	1456	1310	1191	1092	1008	936	873	819	771
PH-12	LH-12	149556		2493	2137	1869	1662	1496	1360	1246	1150	1068	997	935	880
PH-13	LH-13	174914				2186	1943	1749	1590	1458	1345	1249	1166	1093	1029
PH-14	LH-14	204207				2553	2269	2042	1856	1702	1571	1459	1361	1276	1201
PH-15	LH-15	233405				2918	2593	2334	2122	1945	1795	1667	1556	1450	1373
PH-16	LH-16	249680				3121	2774	2497	2270	2081	1921	1783	1665	1560	1469
PH-17	LH-17	261296				3641	3237	2913	2648	2427	2241	2081	1942	1821	1714
PH-18	LH-18	332945				4162	3699	3330	3027	2775	2561	2378	2220	2081	1959
PH-19	LH-19	364870				4561	4054	3649	3317	3041	2807	2606	2432	2280	2146
PH-20	LH-20	386559				4832	4295	3866	3514	3221	2974	2761	2577	2416	2274
PH-21	LH-21	408459				5106	4538	4085	3713	3404	3142	2918	2723	2553	2403
PH-22	LH-22	456401				5705	5071	4564	4149	3803	3511	3260	3034	2853	2685
PH-23	LH-23	612933						6129	5572	5108	4715	4738	4086	3831	3606
PH-24	LH-24	707537						7075	6472	5896	5443	5054	4717	4422	4162
PH-25	LH-25	799232						7992	7266	6660	6148	5709	5328	4995	4701
PH-26	LH-26	831667						8317	7561	6931	6397	5940	5544	5198	4892
PH-27	LH-27	933331							8485	7778	7179	6667	6222	5833	5490
PH-28	LH-28	1035456							9413	8629	7965	7396	6903	6472	6091
PH-29	LH-29	1137841							10341	9479	8750	8125	7583	7109	6691
PH-30	LH-30	1161683							10561	9681	8936	8298	7745	7261	6833
PH-31	LH-31	1287600							11705	10730	9905	9197	8584	8047	7574
PH-32	LH-32	1415508							12868	11796	10889	10111	9436	8847	8327
PH-33	LH-33	1542221							14020	12852	11863	11016	10281	9639	9072
PH-34	LH-34	1718909							15626	14324	13222	12278	11459	10743	10111
PH-35	LH-35	1873715							17034	15614	14413	13384	12491	11711	11022
PH-36	LH-36	2027494							18432	16896	15596	14482	13517	12672	11926

编号		位移/mm																	
		180	190	200	210	220	230	240	250	260	270	280	290	300	310	320	330	340	350
		载荷/kgf																	
PH - 1	LH - 1	147	139	132															
PH - 2	LH - 2	188	178	170															
PH - 3	LH - 3	230	218	207															
PH - 4	LH - 4	254	241	229															
PH - 5	LH - 5	294	279	265	252	241	230	221	212										
PH - 6	LH - 6	315	298	284	270	258	247	236	227										
PH - 7	LH - 7	385	364	346	330	315	301	289	277										
PH - 8	LH - 8	425	403	383	365	348	333	319	306										
PH - 9	LH - 9	520	493	468	446	426	407	390	375										
PH - 10	LH - 10	624	591	561	535	510	488	468	449										
PH - 11	LH - 11	728	690	655	624	595	570	546	524										
PH - 12	LH - 12	831	787	748	712	680	650	623	598										
PH - 13	LH - 13	972	921	875	833	795	760	729	700										
PH - 14	LH - 14	1134	1075	1021	972	928	888	851	817	785	756	729	704	681	659	638	619	601	583
PH - 15	LH - 15	1297	1228	1167	1111	1061	1015	937	934	898	864	834	805	778	753	729	707	686	667
PH - 16	LH - 16	1387	1314	1248	1189	1135	1086	1040	999	960	925	892	861	832	805	780	757	734	713
PH - 17	LH - 17	1618	1533	1457	1387	1324	1267	1214	1165	1120	1079	1040	1005	971	940	910	883	887	832
PH - 18	LH - 18	1850	1752	1665	1585	1513	1448	1387	1332	1281	1233	1189	1148	1110	1074	1040	1009	979	951
PH - 19	LH - 19	2027	1920	1824	1737	1659	1586	1520	1459	1403	1351	1303	1258	1216	1177	1140	1106	1073	1042
PH - 20	LH - 20	2148	2035	1933	1841	1757	1681	1611	1546	1487	1432	1381	1333	1289	1247	1209	1171	1137	1104
PH - 21	LH - 21	2269	2150	2042	1945	1857	1776	1702	1634	1571	1513	1459	1408	1362	1318	1276	1283	1203	1167
PH - 22	LH - 22	2536	2402	2282	2173	2075	1984	1902	1826	1755	1690	1630	1574	1521	1472	1426	1383	1342	1304
PH - 23	LH - 23	3405	3226	3065	2919	2786	2665	2554	2452	2357	2270	2189	2114	2043	1977	1915	1857	1803	1751
PH - 24	LH - 24	3931	3724	3538	3369	3216	3076	2948	2830	2721	2621	2527	2440	2359	2282	2211	2144	2081	2022
PH - 25	LH - 25	4440	4207	3969	3806	3633	3475	3330	3176	3074	2960	2854	2756	2664	2578	2498	2422	2351	2284
PH - 26	LH - 26	4620	4377	4158	3960	3780	3616	3465	3327	3199	3080	2970	2868	2772	2583	2599	2520	2446	2376
PH - 27	LH - 27	5185	4912	4667	4444	4242	4058	3889	3733	3590	3457	3333	3218	3111	3011	2917	2808	2745	2667
PH - 28	LH - 28	5753	5450	5177	4931	4703	4502	4314	4132	3983	3835	3698	3571	3451	3340	3236	3138	3045	2958
PH - 29	LH - 29	6319	5987	5687	5417	5170	4946	4740	4550	4375	4213	4062	3922	3792	3669	3555	3447	3346	3250
PH - 30	LH - 30	6454	6114	5808	5532	5280	5051	4840	4647	4468	4302	4149	4006	3872	3747	3630	3520	3417	3319
PH - 31	LH - 31	7153	6777	6438	6131	5853	5598	5365	5150	4952	4769	4599	4440	4292	4154	4024	3902	3787	3679
PH - 32	LH - 32	7864	7450	7078	6741	6434	6154	5898	5662	5444	5243	5055	4881	4718	4566	4423	4289	4163	4044
PH - 33	LH - 33	8568	8117	7711	7344	7010	6705	6426	6169	5932	5712	5508	5318	5141	4975	4819	4673	4536	4406
PH - 34	LH - 34	9549	9047	8595	8185	7813	7474	7162	6876	6611	6366	6139	5927	5730	5545	5372	5209	5056	4911
PH - 35	LH - 35	10409	9862	9369	8922	8517	8147	7808	7495	7207	6940	6692	6461	6246	6044	5855	5678	5511	5353
PH - 36	LH - 36	11264	10671	10137	9655	9216	8815	8448	8110	7798	7509	7241	6991	6758	6540	6336	6544	5963	5793

注：*A* 型位移—位移量为 50 ~ 150mm；*B* 型位移—位移量为 160 ~ 250mm；*C* 型位移—位移量为 260 ~ 350mm。

表 3-1-46　滑动型隔热管托

管径	DN50～150		DN200～300			DN350～500		
简图	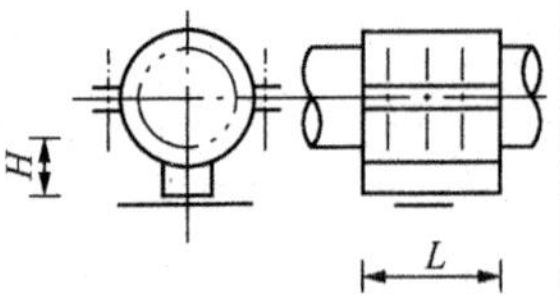		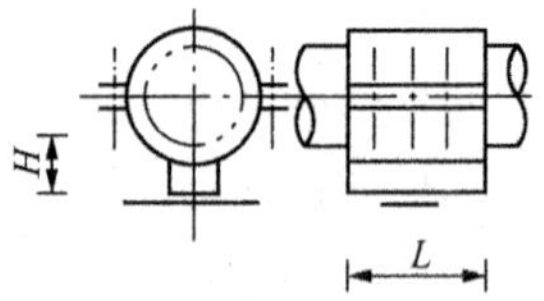			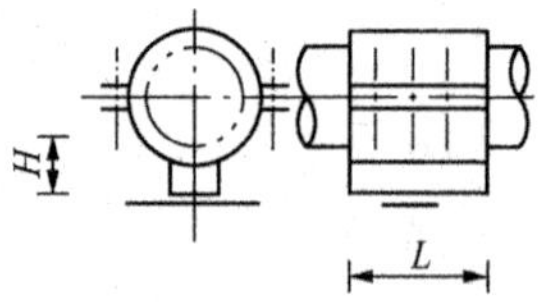		
型号	SI1—A2	SI2—A2	SI1—B8	SI2—B8	SI3—B8	SI1—B14	SI2—B14	SI3—B14
	SI1—A2½	SI2—A2½	SI1—B10	SI2—B10	SI3—B10	SI1—B16	SI2—B16	SI3—B16
	SI1—A3	SI2—A3	SI1—B12	SI2—B12	SI3—B12	SI1—B18	SI2—B18	SI3—B18
	SI1—A4	SI2—A4	H=150mm	H=150mm	H=200mm	SI1—B20	SI2—B20	SI3—20
	SI1—A5	SI2—A5	L=350mm	L=350mm	L=350mm	H=150mm	H=150mm	H=200mm
	SI1—A6	SI2—A6				L=350mm	L=350mm	L=350mm
	H=150mm	H=150mm						
	L=250mm	L=250mm						
适用范围	1. SI1 型适用于保温厚度≤75mm的保温管道，隔热管托保温厚度≤50mm 2. SI2 型适用于保温厚度≤125mm的保温管道，隔热管托保温厚度≤80mm 3. 字母 *A* 代表托长 L=250mm的隔热管托，后面数字为管道直径(in) 4. 如有特殊要求，L 可以加长到≥500mm 5. 如有特殊要求，可另配摩擦系数≤0.1 的滑动机构		1. SI1 型适用于保温厚度≤75mm的保温管道，隔热管托保温厚度≤50mm 2. SI2 型适用于保温厚度≤125mm的保温管道，隔热管托保温厚度≤80mm 3. SI3 型适用于保温厚度≤175mm 的管道，隔热管托保温厚度≤120mm 4. 字母 *B* 代表托长 L=350mm 的隔热管托，后面数字为管道直径(in) 5. 如有特殊要求，L 可以加长到≥500mm 6. 如有特殊要求，可另配摩擦系数≤0.1 的滑动机构			1. SI1 型适用于保温厚度≤75mm的保温管道，隔热管托保温厚度≤50mm 2. SI2 型适用于保温厚度≤125mm的保温管道，隔热管托保温厚度≤80mm 3. SI3 型适用于保温厚度≤175mm 的管道，隔热管托保温厚度≤120mm 4. 字母 *B* 代表托长 L=350mm 的隔热管托，后面数字为管道直径(in) 5. 如有特殊要求，L 可以加长到≥500mm 6. 如有特殊要求，可另配摩擦系数≤0.1的滑动机构		
图号	安机/001		安机/002			安机/003		
生产厂家	中国石油天然气总公司工程技术研究所							

表 3-1-47　导向型隔热管托

管径	*DN*50~150		*DN*200~300			*DN*350~500		
图形	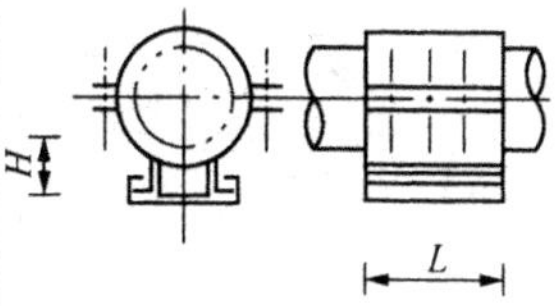		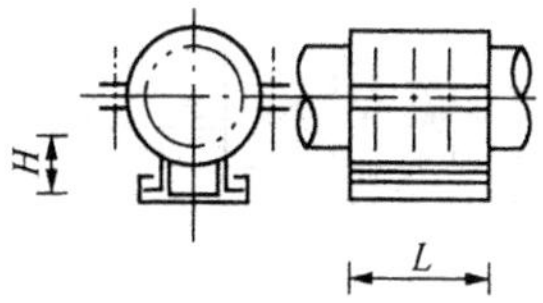			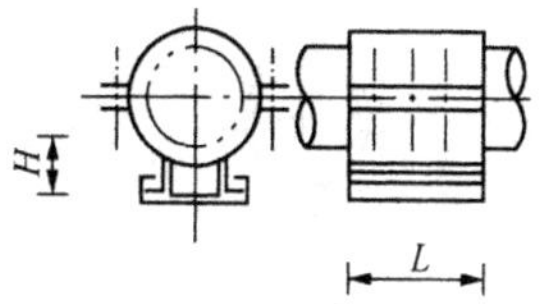		
型号	GI1—A2	GI2—A2	GI1—B8	GI2—B8	GI3—B8	GI1—B14	GI2—B14	GI3—B14
	GI1—A2½	GI2—A2½	GI1—B10	GI2—B10	GI3—B10	GI1—B16	GI2—B16	GI3—B16
	GI1—A3	GI2—A3	GI1—B12	GI2—B12	GI3—B12	GI1—B18	GI2—B18	GI3—B18
	GI1—A4	GI2—A4	$H=150$mm	$H=150$mm	$H=200$mm	GI1—B20	GI2—B20	GI3—B20
	GI1—A5	GI2—A5	$L=350$mm	$L=350$mm	$L=350$mm	$H=150$mm	$H=150$mm	$H=200$mm
	GI1—A6	GI2—A6				$L=350$mm	$L=350$mm	$L=350$mm
	$H=150$mm	$H=150$mm						
	$L=250$mm	$L=250$mm						
适用范围	1. GI1 型适用于保温厚度≤75mm的保温管道，隔热管托保温厚度≤50mm 2. GI2 型适用于保温厚度≤125mm的保温管道，隔热管托保温厚度≤80mm 3. 字母 *A* 代表托长 $L=250$mm的隔热管托，后面数字为管道直径(in) 4. 如有特殊要求，*L* 可以加长到≥500mm 5. 如有特殊要求，可另配摩擦系数≤0.1 的滑动机构		1. GI1 型适用于保温厚度≤75mm 的保温管道，隔热管托保温厚度≤50mm 2. GI2 型适用于保温厚度≤125mm 的保温管道，隔热管托保温厚度≤80mm 3. GI3 型适用于保温厚度≤175mm 的管道，隔热管托保温厚度≤120mm 4. 字母 *B* 代表托长 $L=350$mm 的隔热管托，后面数字为管道直径(in) 5. 如有特殊要求，*L* 可以加长到≥500mm 6. 如有特殊要求，可另配摩擦系数≤0.1的滑动机构			1. GI1 型适用于保温厚度≤75mm 的保温管道，隔热管托保温厚度≤50mm 2. GI2 型适用于保温厚度≤125mm 的保温管道，隔热管托保温厚度≤80mm 3. GI3 型适用于保温厚度≤175mm 的管道，隔热管托保温厚度≤120mm 4. 字母 *B* 代表托长 $L=350$mm 的隔热管托，后面数字为管道直径(in) 5. 如有特殊要求，*L* 可以加长到≥500mm 6. 如有特殊要求，可另配摩擦系数≤0.1的滑动机构		
图号	安机/004		安机/005			安机/006		
生产厂家	中国石油天然气总公司工程技术研究所							

表 3－1－48　轴向止推型隔热管托

管径	DN50～150		DN200～300			DN350～500		
图形	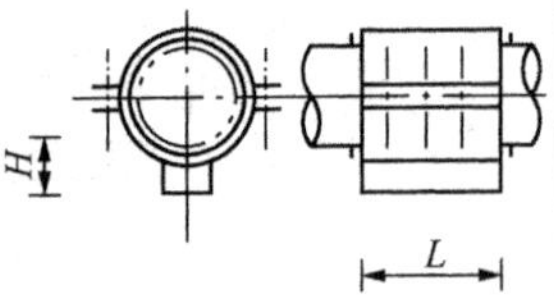 H　L		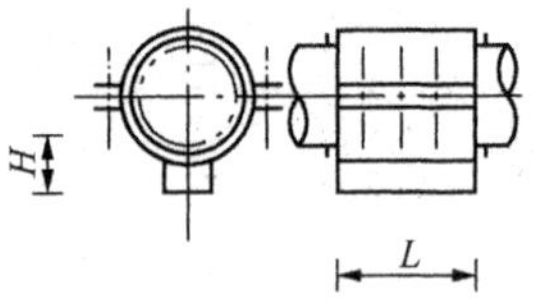 H　L			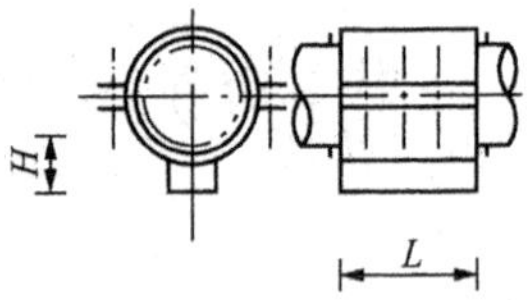 H　L		
型号	FI1—C2	FI2—C2	FI1—C8	FI2—C8	FI3—C8	FI1—C14	FI2—C14	FI3—C14
	FI1—C2½	FI2—C2½	FI1—C10	FI2—C10	FI3—C10	FI1—C16	FI2—C16	FI3—C16
	FI1—C3	FI2—C3	FI1—C12	FI2—C12	FI3—C12	FI1—C18	FI2—C18	FI3—C18
	FI1—C4	FI2—C4	H＝150mm	H＝150mm	H＝200mm	FI1—C20	FI2—C20	FI3—C20
	FI1—C5	FI2—C5	L＝600mm	L＝600mm	L＝600mm	H＝150mm	H＝150mm	H＝200mm
	FI1—C6	FI2—C6				L＝600mm	L＝600mm	L＝600mm
	H＝150mm L＝600mm	H＝150mm L＝600mm						
适用范围	1. FI1 型适用于保温厚度≤75mm的保温管道，隔热管托保温厚度≤50mm 2. FI2 型适用于保温厚度≤125mm的保温管道，隔热管托保温厚度≤80mm 3. 字母 C 代表托长 L＝600mm的隔热管托，后面数字为管道直径（in） 4. 最大轴向荷载： 　475℃　500℃ DN50～65　12000N　10000N 80～100　14000N　12000N 125　16000　13000N 150　20000N　15000N		1. FI1 型适用于保温厚度≤75mm 的保温管道，隔热管托保温厚度≤50mm 2. FI2 型适用于保温厚度≤125mm 的保温管道，隔热管托保温厚度≤80mm 3. FI3 型适用于保温厚度≤175mm 的管道，隔热管托保温厚度≤120mm 4. 字母 C 代表托长 L＝600mm 的隔热管托，后面数字为管道直径（in） 5. 最大轴向荷载 475℃　500℃ 50000N　40000N			1. FI1 型适用于保温厚度≤75mm 的保温管道，隔热管托保温厚度≤50mm 2. FI2 型适用于保温厚度≤125mm 的保温管道，隔热管托保温厚度≤80mm 3. FI3 型适用于保温厚度≤175mm 的管道，隔热管托保温厚度≤120mm 4. 字母 C 代表托长 L＝600mm 的隔热管托，后面数字为管道直径（in） 5. 最大轴向荷载 475℃　500℃ 100000N　75000N		
图号	安机/007		安机/008			安机/009		
生产厂家	中国石油天然气总公司工程技术研究所							

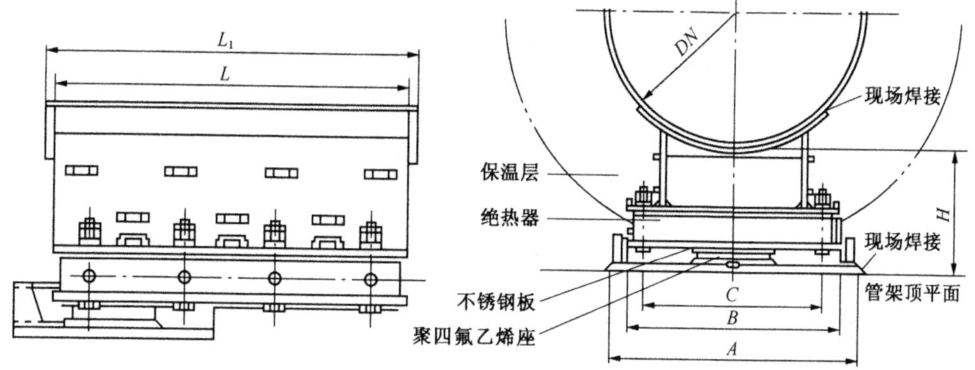

图 3-1-5　导向型隔热管托

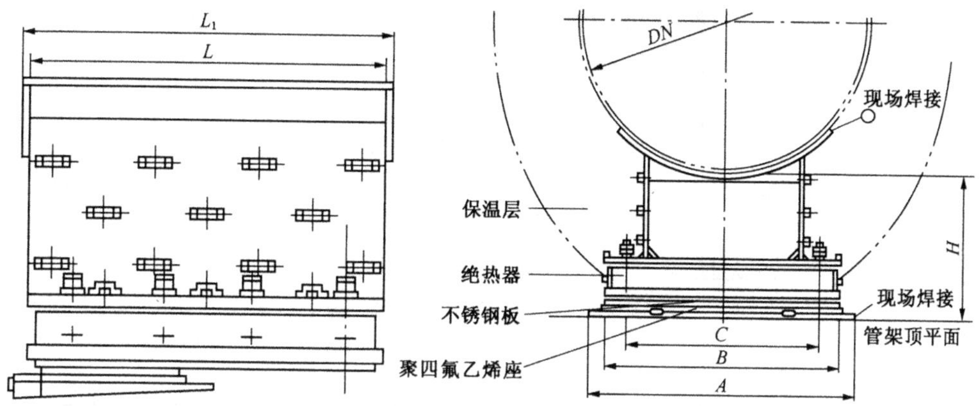

图 3-1-6　滑动型隔热管托

注：生产厂家：北京重型机器厂腾飞实业公司。

第二节　管道支吊架施工图

一、支　架

2014	ZJ－1－1、ZJ－1－2型 单肢悬臂支架	施工图图号 S1－15－1

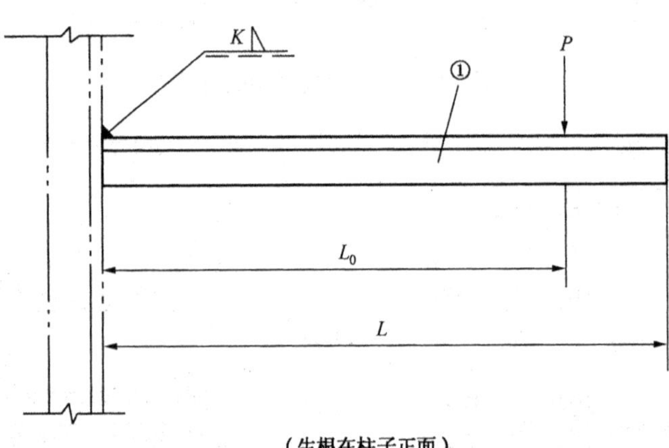

（生根在柱子正面）

件　　号	①		参　　考 总重量/kg	
名　　称	横　　梁			
数　　量	1			
支架型号	ZJ－1－1	ZJ－1－2		
规　　格	∠63×6	∠75×8		
L_0/mm	L/mm	L/mm	ZJ－1－1	ZJ－1－2
200	400	400	2.5	4
300	500	500	3	4.5
400	600	600	3.5	6
500	700	700	4	7
600	800	800	5	8
700		900		9
800		1000		10

注：1. 本支架适用于生根在钢结构的梁或柱上。

2. 焊角高度 K 的数值取连接件中较薄构件的厚度。

3. P 为荷载中心线。

4. 材料为 Q235－A·F。

5. 标注方法：若选用 ZJ－1－1 型支架，L_0＝500mm 则标记为 ZJ－1－1－500。

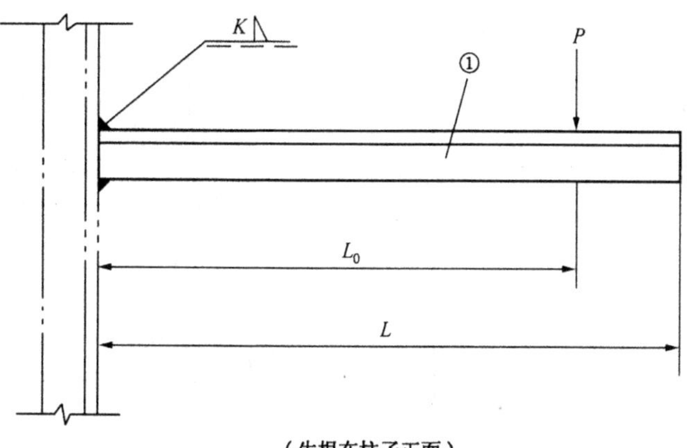

（生根在柱子正面）

件　　号	①		参　　考 总重量/kg	
名　　称	横　　梁			
数　　量	1			
支架型号	ZJ－1－3	ZJ－1－4		
规　　格	[10	[12.6		
L_0/mm	L/mm	L/mm	ZJ－1－3	ZJ－1－4
200	400	400	4	5
300	500	500	5	7
400	600	600	6	8
500	700	700	7	9
600	800	800	8	10
700	900	900	9	11
800	1000	1000	10	13
900	1100	1100	11	14
1000	1200	1200	12	15
1100		1300		16
1200		1400		18

注：1. 本支架适用于生根在钢结构的梁或柱上。

2. 焊角高度 K 的数值取连接件中较薄构件的厚度。

3. P 为荷载中心线。

4. 材料为 Q235－A・F。

5. 标注方法：若选用 ZJ－1－3 型支架，L_0＝500mm 则标记为 ZJ－1－3－500。

2014	ZJ－1－5、ZJ－1－6 型 单肢悬臂支架	施工图图号 S1－15－3/1

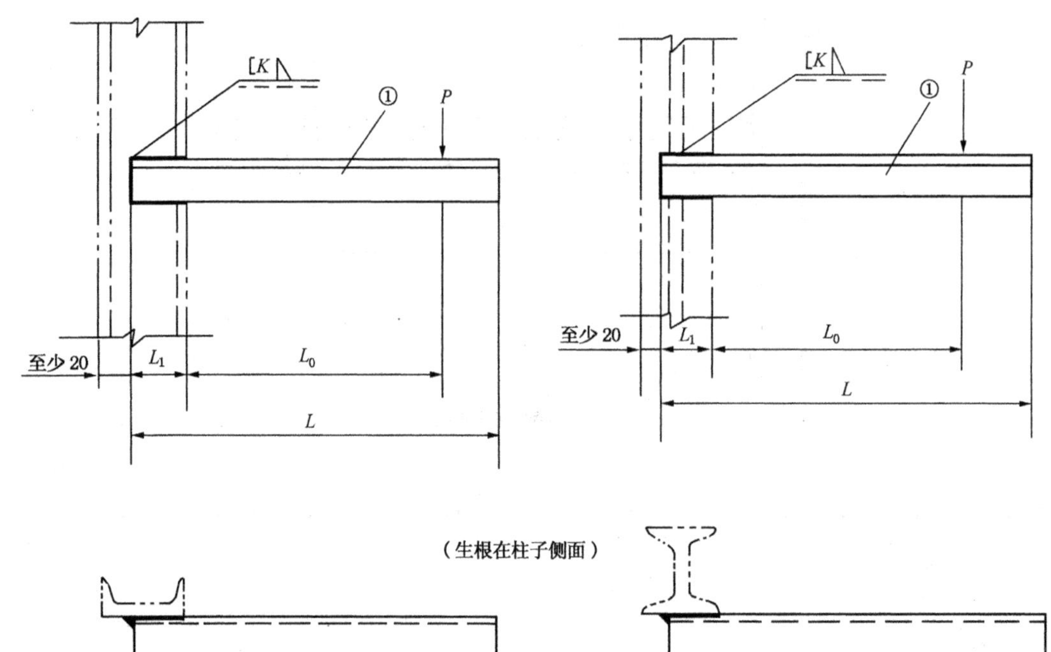

件　　号	①		参　　考 总重量/kg	
名　　称	横　　梁			
数　　量	1			
支架型号	ZJ－1－5	ZJ－1－6		
规　　格	∠63×6	∠75×8		
L_0/mm	L/mm	L/mm	ZJ－1－5	ZJ－1－6
200	500	500	3	4.5
300	600	600	4	6
400	700	700	4.5	6.5
500	800	800	5	7
600	900	900	6	8
700		1000		9
800		1100		10

注：1. 本支架适用于生根在钢结构的梁或柱上。

2. 焊角高度 K 的数值取连接件中较薄构件的厚度。

3. 当 $L_0 \leqslant 500$mm 时 $L_1 \geqslant 100$mm；50mm＜$L_0 \leqslant 800$mm 时 $L_1 \geqslant 200$mm；L_1 最小不得＜100mm。

4. P 为荷载中心线。

5. 材料为 Q235－A·F。

6. 标注方法：若选用 ZJ－1－5 型支架，L_0＝500mm 则标记为 ZJ－1－5－500。

2014	ZJ－1－7、ZJ－1－8 型 单肢悬臂支架	施工图图号 S1－15－3/2

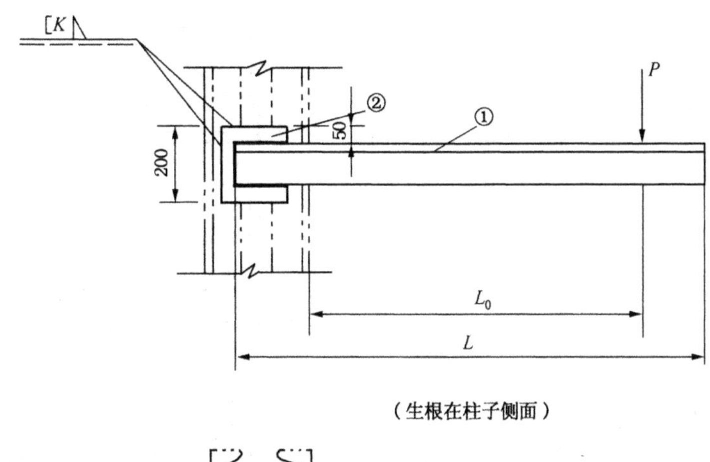

（生根在柱子侧面）

20

200

件　号	①		②	参　考 总重量/kg	
名　称	横　梁		垫　板		
数　量	1		1		
支架型号	ZJ－1－7	ZJ－1－8			
规　格	∠63×6	∠75×8	$\delta=8$		
L_0/mm	L/mm	L/mm	尺寸/mm	ZJ－1－7	ZJ－1－8
200	550	550	200×200	6	8
300	650	650		7	9
400	750	750		7	10
500	850	850		8	11
600	950	950		8	11
700		1050			12
800		1150			13

注：1. 本支架适用于生根在钢结构的梁或柱上。

2. 焊角高度 K 的数值取连接件中较薄构件的厚度。

3. 垫板大小需按生根部件的实际尺寸进行校核。

4. P 为荷载中心线。

5. 材料为 Q235－A・F。

6. 标注方法：若选用 ZJ－1－7 型支架，L_0＝500mm 则标记为 ZJ－1－7－500。

2014	ZJ－1－9、ZJ－1－10 型 单肢悬臂支架	施工图图号 S1－15－4/1

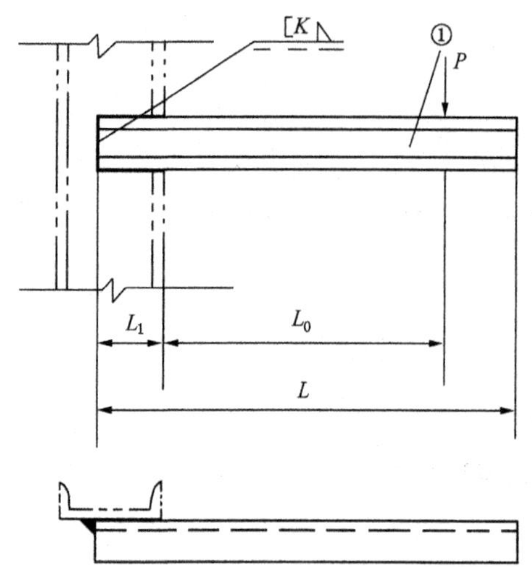

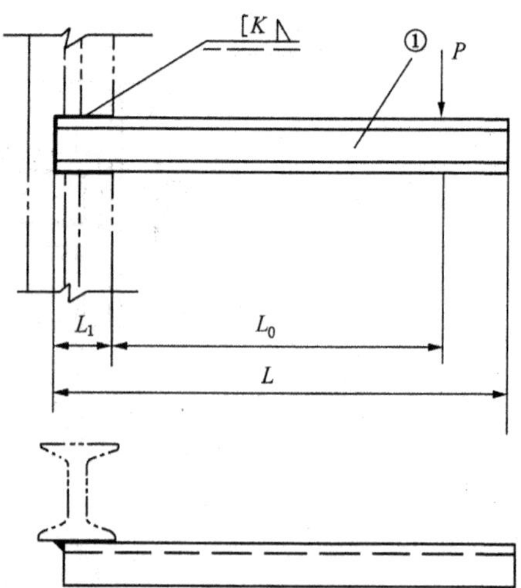

（生根在柱子侧面）

件　　号	①		参　　考 总重量/kg	
名　　称	横　　梁			
数　　量	1			
支架型号	ZJ－1－9	ZJ－1－10		
规　　格	[10	[12.6		
L_0/mm	L/mm	L/mm	ZJ－1－9	ZJ－1－10
200	550	550	6	7
300	650	650	7	8
400	750	750	8	10
500	850	850	9	11
600	950	950	10	12
700	1050	1050	11	13
800	1150	1150	12	15
900	1250	1250	13	16
1000	1350	1350	14	17
1100		1450		18
1200		1550		19

注：1. 本支架适用于生根在钢结构的梁或柱上。

2. 焊角高度 K 的数值取连接件中较薄构件的厚度。

3. L_1 的尺寸最小不得小于 100mm，当 $L_0 \leqslant 500$mm 时 $L_1 \geqslant 100$mm；当 500mm $< L_0 \leqslant 1200$mm 时 $L_1 \geqslant 200$mm。

4. P 为荷载中心线。

5. 材料为 Q235－A・F。

6. 标注方法：若选用 ZJ－1－9 型支架，L_0 =500mm 则标记为 ZJ－1－9－500。

2014	ZJ－1－11、ZJ－1－12 型 单肢悬臂支架	施工图图号 S1－15－4/2

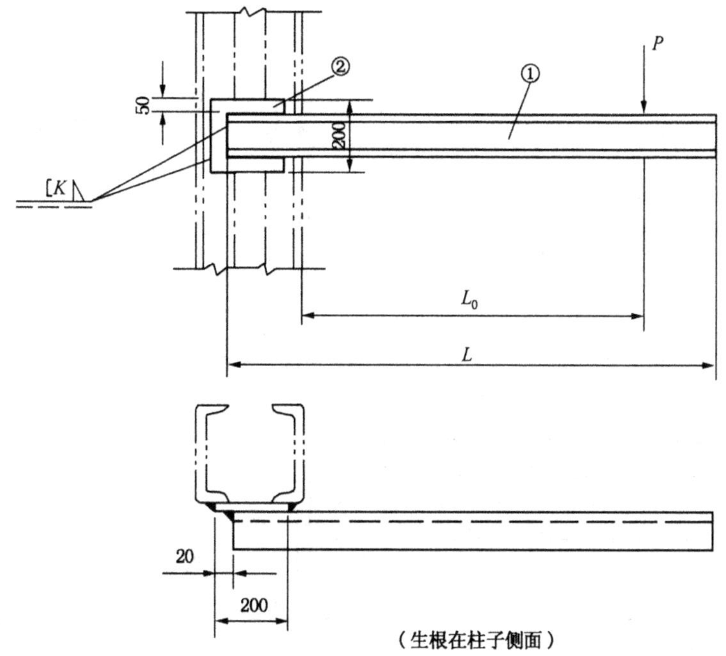

（生根在柱子侧面）

件　　号	①		②	参　　考 总重量/kg	
名　　称	横　　梁		垫　　板		
数　　量	1		1		
支架型号	ZJ－1－11	ZJ－1－12			
规　　格	[10	[12.6	δ＝8		
L_0/mm	L/mm	L/mm	尺寸/mm	ZJ－1－11	ZJ－1－12
200	550	550	200×200	8	10
300	650	650		9	11
400	750	750		10	12
500	850	850		11	13
600	950	950		12	15
700	1050	1050		13	16
800	1150	1150		14	17
900	1250	1250		15	18
1000	1350	1350		16	20
1100		1450			21
1200		1550			22

注：1. 本支架适用于生根在钢结构的梁或柱上。

2. 焊角高度 K 的数值取连接件中较薄构件的厚度。

3. P 为荷载中心线。

4. 材料为 Q235－A・F。

5. 标注方法：若选用 ZJ－1－11 型支架，L_0＝500mm 则标记为 ZJ－1－11－500。

2014	ZJ－1－13、ZJ－1－14 型 双肢悬臂支架	施工图图号 S1－15－5

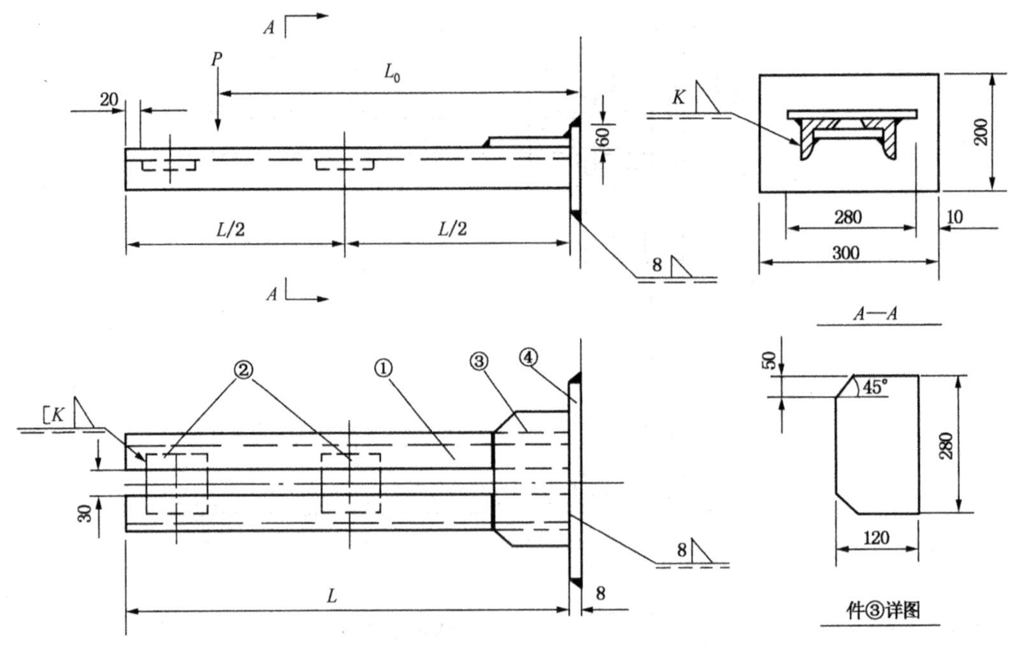

件　　号	①		②	③	④	参　考 总重量/kg	
名　　称	横　　梁		连 接 板	加 强 板	垫　　板		
数　　数	2		L≤600 时 1 件 L＞600 时 2 件	1	1		
支架型号	ZJ－1－13	ZJ－1－14					
规　　格	∠63×6	∠75×8	δ＝8	δ＝8	δ＝8		
L_0/mm	L/mm		尺寸/mm	尺寸/mm	尺寸/mm	ZJ－1－13	ZJ－1－14
200	400					11	14
300	500					11	16
400	600					14	17
500	700					15	19
600	800					16	21
700	900		80×80	280×120	300×200	17	23
800	1000					19	25
900	1100					20	27
1000	1200					21	29
1100	1300					22	31
1200	1400					23	32

注：1. 本支架适用于生根在钢结构的梁或柱上。

2. 焊角高度 K 的数值取连接件中较薄构件的厚度。

3. 当连接板只有一件时应放在支架的端部。

4. P 为荷载中心线。

5. 材料为 Q235－A・F。

6. 标注方法：若选用 ZJ－1－13 型支架，L_0＝500mm 则标记为 ZJ－1－13－500。

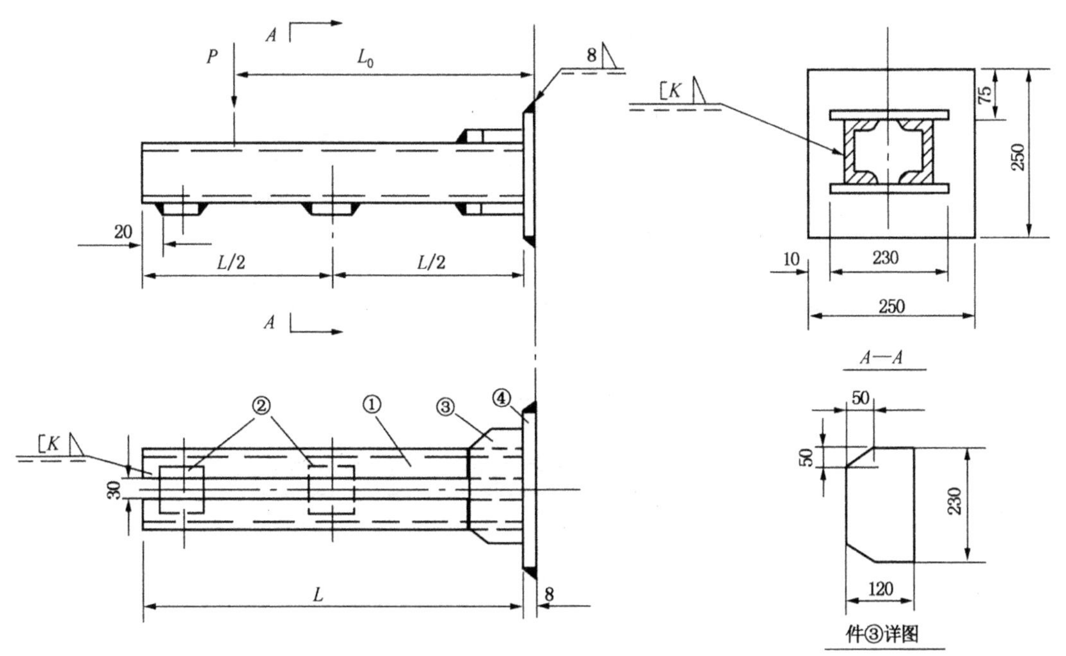

件　号	①		②	③	④	参　考 总重量/kg	
名　称	横　梁		连 接 板	加 强 板	垫　板		
数　量	2		L≤600 时 1 件 L＞600 时 2 件	2	1		
支架型号	ZJ－1－15	ZJ－1－16					
规　格	[8	[10	δ＝8	δ＝8	δ＝8		
L_0/mm	L/mm		尺寸/mm	尺寸/mm	尺寸/mm	ZJ－1－15	ZJ－1－16
200	400		80×80	230×120	250×250	14	16
300	500					16	18
400	600					18	20
500	700					19	22
600	800					21	24
700	900					23	27
800	1000					24	29
900	1100					26	31
1000	1200					28	33
1100	1300					29	35
1200	1400					31	37

注：1. 本支架适用于生根在钢结构的梁或柱上。

2. 焊角高度 K 的数值取连接件中较薄构件的厚度。

3. 当连接板只有一件时应放在支架的端部。

4. P 为荷载中心线。

5. 材料为 Q235－A·F。

6. 标注方法：若选用 ZJ－1－15 型支架，L_0＝500mm 则标记为 ZJ－1－15－500。

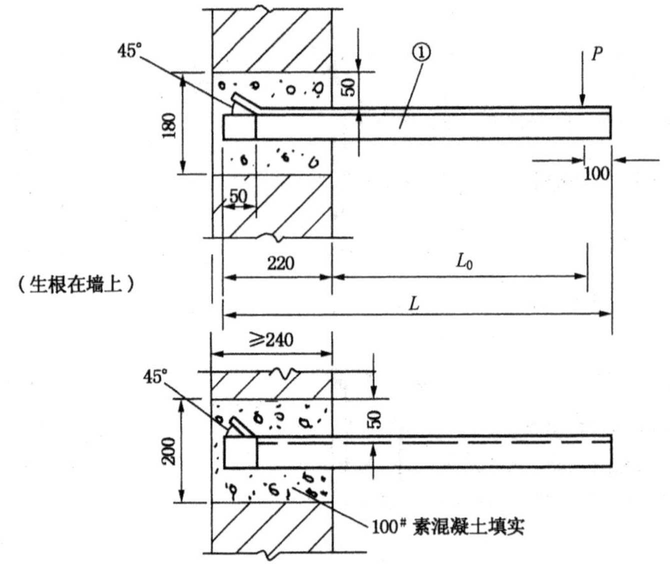

件　号	①		参　考 总重量/kg		素混凝土 用量/m³
名　称	悬　臂　梁				
数　量	1				
支架型号	ZJ－1－17	ZJ－1－18			
规　格	∠63×6	∠75×8			
L_0/mm	L/mm	L/mm	ZJ－1－17	ZJ－1－18	大于或等于 0.0086
200	520	520	3	5	
300	620	620	4	6	
400	720	720	4.5	7	
500	820	820	5	8	
600	920	920	6	9	
700		1020		10	
800		1120		11	

注：标注方法：如选用 ZJ－1－17 型支架，L_0＝400mm 则标记为 ZJ－1－17－400。

2014	ZJ－1－19、ZJ－1－20 型 单肢悬臂支架	施工图图号 S1－15－8

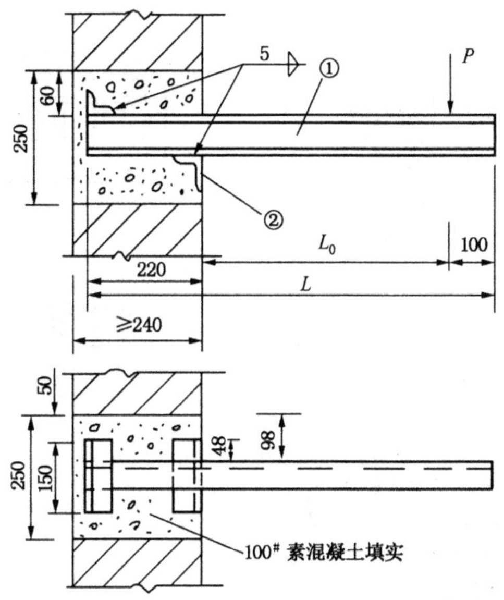

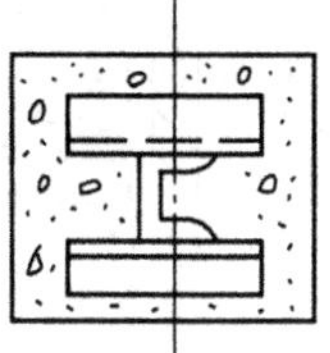

（生根在墙上）

件　　号	①		②	参　考 总重量/kg		素混凝土 用量/m³
名　　称	悬　臂　梁		角　　钢			
数　　量	1		2			
支架型号	ZJ－1－19	ZJ－1－20	∠50×5			
规　　格	［10	［12.6				
L_0/mm	L/mm	L/mm	长度/mm	ZJ－1－19	ZJ－1－20	
200	520	520	150	7	8	大于或等于 0.015
300	620	620		8	9	
400	720	720		9	10	
500	820	820		10	11	
600	920	920		11	12	
700	1020	1020		12	13	
800	1120	1120		13	14	
900	1220	1220		14	15	
1000	1320	1320		15	16	
1100		1420				
1200		1520				

注：标注方法：如选用 ZJ－1－19 型支架，L_0＝500mm 则标记为 ZJ－1－19－500。

2014	ZJ－1－21、ZJ－1－22 型 双肢悬臂支架	施工图图号 S1－15－9

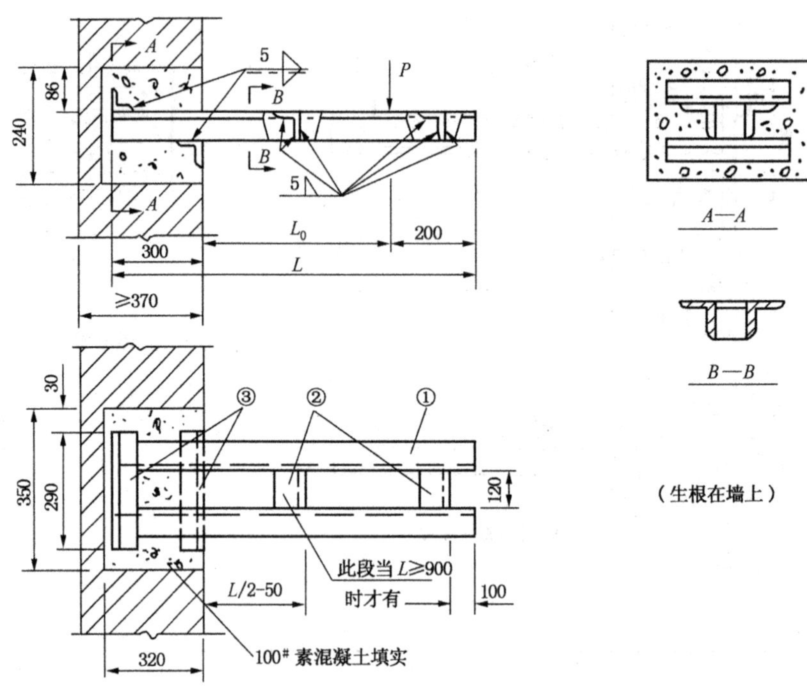

件号	①		②		③	参考总重量/kg		素混凝土用量/m^3
名称	悬臂梁		角钢		角钢			
数量	2		L＜900 时 1 件 L≥900 时 2 件		2			
支架型号	ZJ－1－21	ZJ－1－22	ZJ－1－21	ZJ－1－22	∠50×5			
规格	∠63×6	∠75×8	∠63×6	∠75×8				
L_0/mm	L/mm		长度/mm	长度/mm	长度/mm	ZJ－1－21	ZJ－1－22	
200	700		120	120	290	11	16	大于或等于 0.027
300	800					12	18	
400	900					14	20	
500	1000					15	22	
600	1100					16	24	
700	1200					17	25	
800	1300					18	27	
900	1400					20	30	
1000	1500					21	32	
1100	1600					22	34	
1200	1700					23	36	

注：标注方法：如选用 ZJ－1－21 型支架，L_0＝500mm 则标记为 ZJ－1－21－500。

2014	ZJ－1－23、ZJ－1－24 型 双肢悬臂支架	施工图图号 S1－15－10

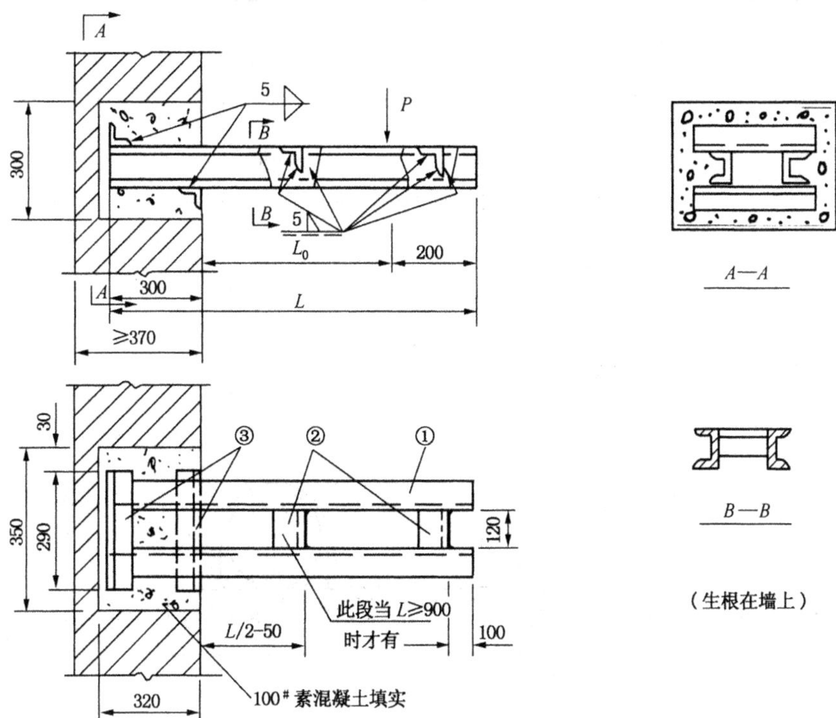

件　号	①		②	③	参　考 总重量/kg		素混凝土 用量/m³
名　称	悬　臂　梁		角　钢	角　钢			
数　量	2		L＜900　1 件 L≥900　2 件	2			
支架型号	ZJ－1－23	ZJ－1－24					
规　格	[8	[12.6	∠75×8	∠50×5			
L_0/mm	L/mm		长度/mm	长度/mm	ZJ－1－23	ZJ－1－24	
200	700		120	290	18	21	大于或等于 0.033
300	800				20	23	
400	900				22	26	
500	1000				24	28	
600	1100				26	31	
700	1200				28	33	
800	1300				30	36	
900	1400				33	39	
1000	1500				35	42	
1100	1600				37	44	
1200	1700				39	47	

注：标注方法：如选用 ZJ－1－23 型支架，L_0 = 500mm 则标记为 ZJ－1－23－500。

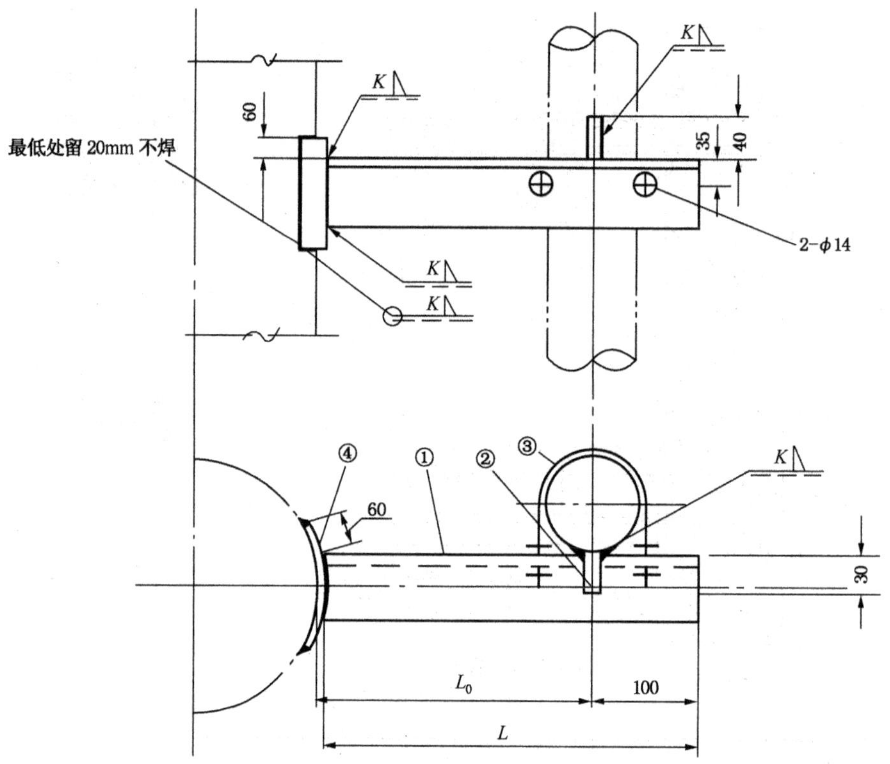

件　　号	①		②	③	④	参　考 总重量/kg	
名　　称	横　　梁		挡　　铁	管　　卡	垫　　板		
数　　量	1		1	1	1		
支架型号	ZJ－1－25	ZJ－1－26					
规　　格	∠63×6	∠75×8	δ＝6		δ＝8	ZJ－1－25	ZJ－1－26
L_0/mm	L/mm	L/mm	尺寸/mm	施工图图号	尺寸		
200	292	292	40×30	S1－15－80	200×200	5	6
300	392	392				5	7
400	492	492				6	7
500	592	592				6	8
600	692	692				7	9
700		792					10
800		892					11

注：1. 本支架适用于生根在钢制设备上，如塔或立式容器的壁上。

2. 焊角高度 K 的数值取连接件中较薄构件的厚度。

3. 材料为 Q235－A・F。

4. 标注方法：如选用 ZJ－1－25，DN40 型支架，L_0＝500mm 则标记为 ZJ－1－25－40－500。

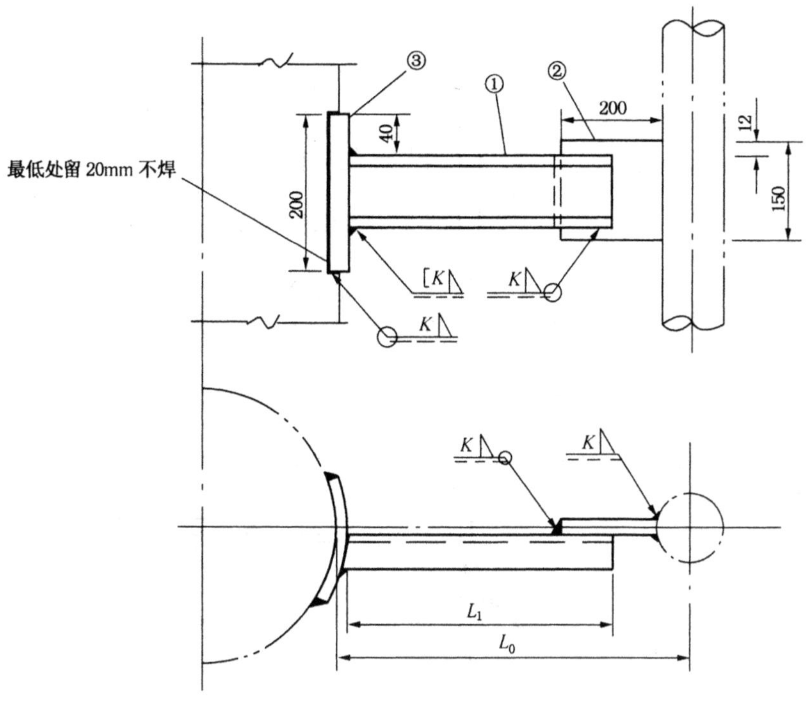

件　　号	①		②	③	参　考 总重量/kg	
名　　称	横　　梁		钢　　板	垫　　板		
数　　量	1		1	1		
支架型号	ZJ－1－27	ZJ－1－28				
规　　格	[10	[12.6	δ＝6	δ＝8	ZJ－1－27	ZJ－1－28
L_0/mm	L_1/mm		尺寸/mm	尺寸/mm		
300	165		200×150	200×200	6	6
400	265				7	7
500	365				8	9
600	465				9	10
700	565				10	11
800	665				11	12
900	765				12	14
1000	865				13	15

注：1. 本支架适用于生根在钢制设备上，如塔或立式容器的壁上。

2. 焊角高度 *K* 的数值取连接件中较薄构件的厚度。

3. 材料为 Q235－A·F。

4. 标注方法：如选用 ZJ－1－27，*DN*50 型支架，L_0＝500mm 则标记为 ZJ－1－27－50－500。

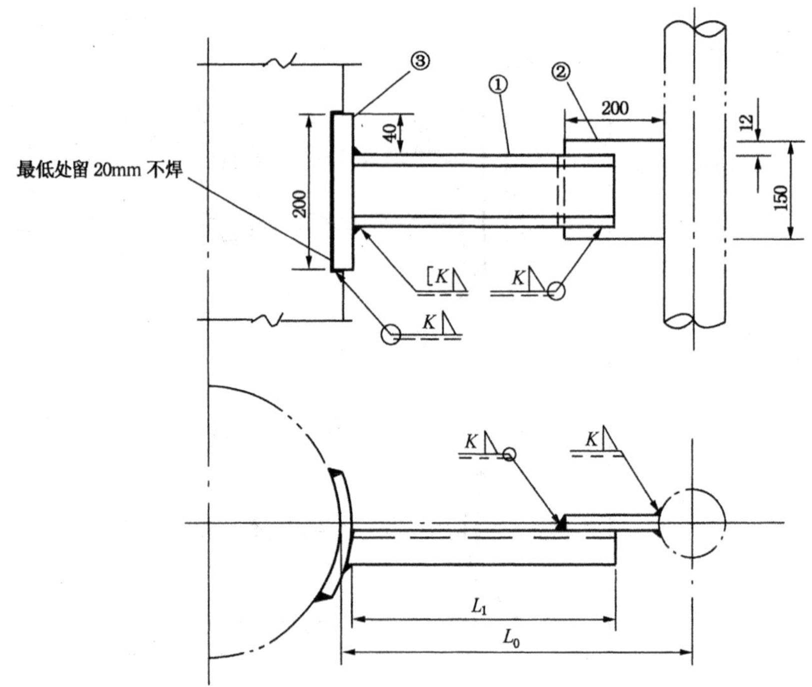

件　　号	①		②	③	参　考 总重量/kg	
名　　称	横　　梁		钢　　板	垫　　板		
数　　量	1		1	1		
支架型号	ZJ－1－27	ZJ－1－28				
规　　格	[10	[12.6	δ＝6	δ＝8	ZJ－1－27	ZJ－1－28
L_0/mm	L_1/mm		尺寸/mm	尺寸/mm		
200			200×150	200×200		
300	140				6	6
400	240				7	7
500	340				8	8
600	440				9	10
700	540				10	11
800	640				11	12
900	740				12	13
1000	840				13	15

注：1. 本支架适用于生根在钢制设备上，如塔或立式容器的壁上。

2. 焊角高度 *K* 的数值取连接件中较薄构件的厚度。

3. 材料为 Q235－A・F。

4. 标注方法：如选用 ZJ－1－27、*DN*80 型支架，L_0＝500mm 则标记为 ZJ－1－27－80－500。

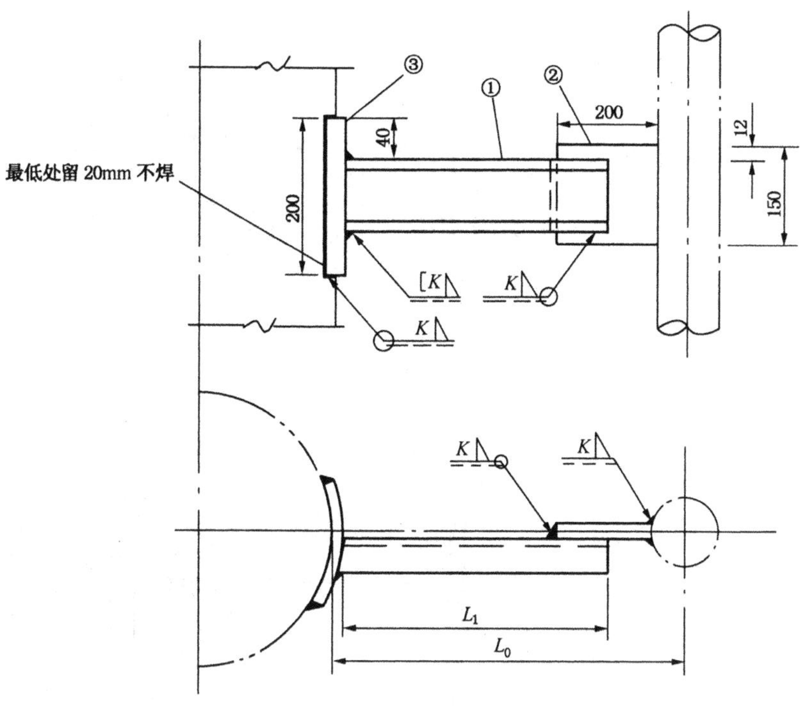

件　　号	①		②	③	参　考 总重量/kg	
名　　称	横　　梁		钢　　板	垫　　板		
数　　量	1		1	1		
支架型号	ZJ-1-27	ZJ-1-28				
规　　格	[10	[12.6	δ=6	δ=8	ZJ-1-27	ZJ-1-28
L_0/mm	L_1/mm		尺寸/mm	尺寸/mm		
300	125		200×150	200×200	6	6
400	225				7	7
500	325				8	8
600	425				9	10
700	525				10	11
800	625				11	12
900	725				12	13
1000	825				13	15

注：1. 本支架适用于生根在钢制设备上，如塔或立式容器的壁上。

2. 焊角高度 *K* 的数值取连接件中较薄构件的厚度。

3. 材料为 Q235-A·F。

4. 标注方法：如选用 ZJ-1-27、*DN*100 型支架，L_0=500mm 则标记为 ZJ-1-27-100-500。

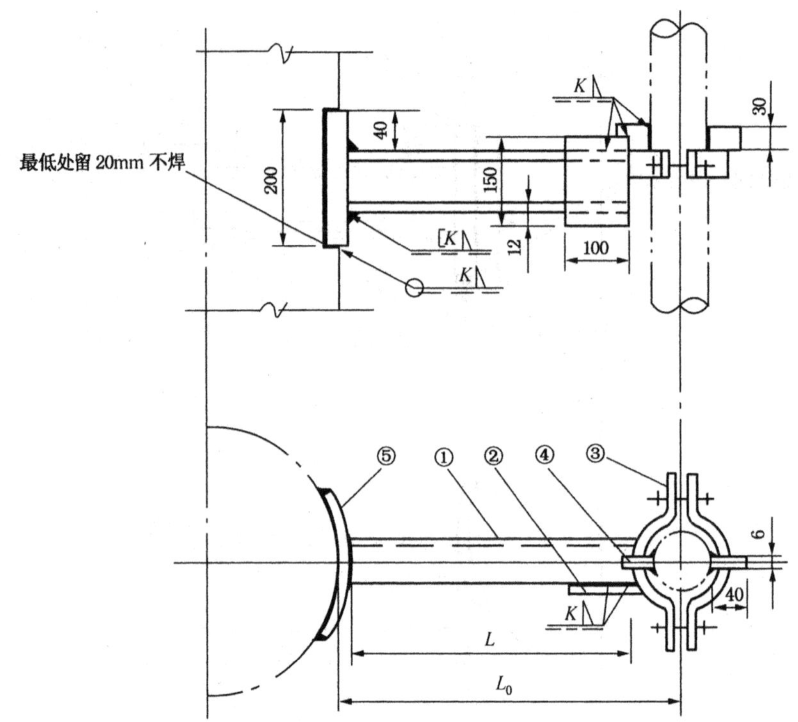

件　号	①		②	③	④	⑤	参　考 总重量/kg	
名　称	横　梁		钢　板	管　卡	支　耳	垫　板		
数　量	1		1	1	2	1		
支架型号	ZJ-1-29	ZJ-1-30						
规　格	[10	[12.6	δ=6		δ=6	δ=8	ZJ-1-29	ZJ-1-30
L_0/mm	L/mm	L/mm	尺寸/mm	施工图图号	尺寸/mm	尺寸/mm		
200	160	160	150×100	S1-15-72	40×30	200×200	5	6
300	260	260					6	7
400	360	360					7	8
500	460	460					8	9
600	560	560					9	11
700	660	660					10	12
800	760	760					11	13
900	860	860					12	14
1000	960	960					13	16
1100		1060					14	17
1200		1160					15	18

注：1. 本支架适用于生根在钢制设备上，如塔或立式容器的壁上。

2. 焊角高度 *K* 的数值取连接件中较薄构件的厚度。

3. 材料为 Q235-A·F。

4. 标注方法：如选用 ZJ-1-29、*DN*50 型支架，L_0=500mm 则标记为 ZJ-1-29-50-500。

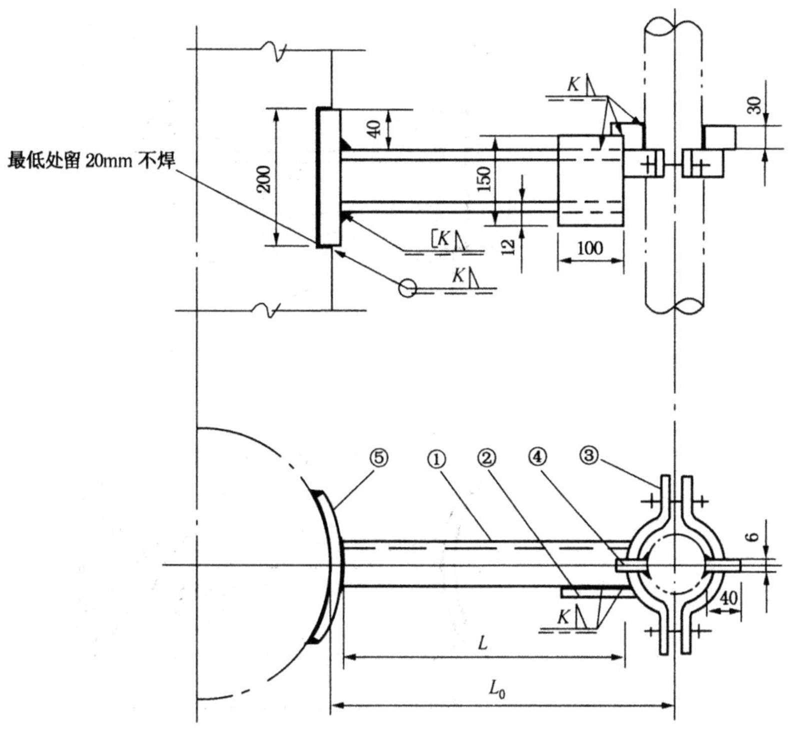

件号	①		②	③	④	⑤	参考 总重量/kg	
名称	横梁		钢板	管卡	支耳	垫板		
数量	1		1	1	2	1		
支架型号	ZJ－1－29	ZJ－1－30						
规格	[10	[12.6	δ＝6		δ＝6	δ＝8	ZJ－1－29	ZJ－1－30
L_0/mm	L/mm	L/mm	尺寸/mm	施工图图号	尺寸/mm	尺寸/mm		
200	145	145	150×100	S1－15－72	40×30	200×200	5	6
300	245	245					6	7
400	345	345					7	8
500	445	445					8	9
600	545	545					9	10
700	645	645					10	12
800	745	745					11	13
900	845	845					12	14
1000	945	945					13	15
1100		1045					14	17
1200		1145					15	18

注：1. 本支架适用于生根在钢制设备上，如塔或立式容器的壁上。

2. 焊角高度 K 的数值取连接件中较薄构件的厚度。

3. 材料为 Q235－A·F。

4. 标注方法：如选用 ZJ－1－29、DN80 型支架，L_0＝500mm 则标记为 ZJ－1－29－80－500。

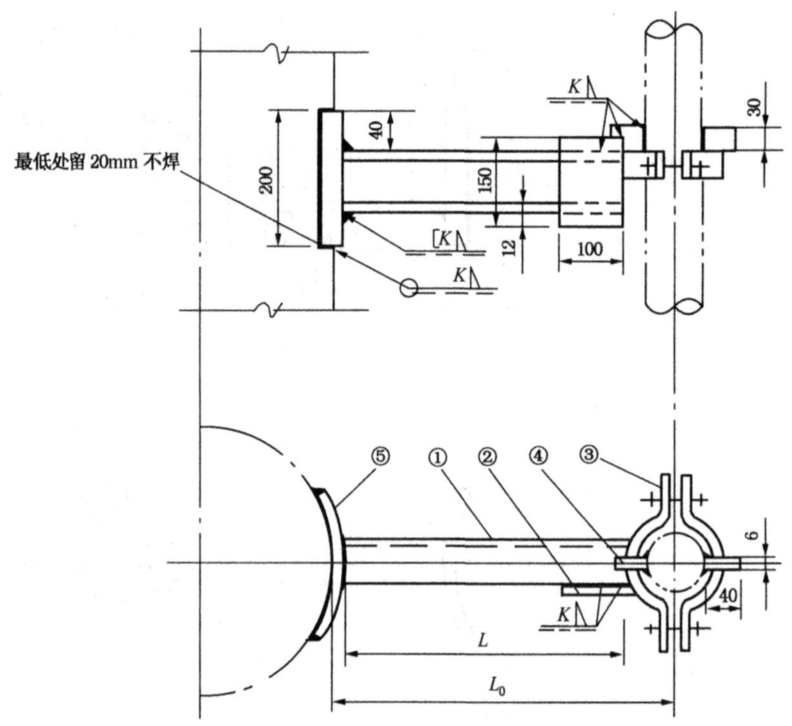

件　　号	①		②	③	④	⑤	参　考 总重量/kg	
名　　称	横　　梁		钢　　板	管　　卡	支　　耳	垫　　板		
数　　量	1		1	1	2	1		
支架型号	ZJ－1－29	ZJ－1－30						
规　　格	[10	[12.6	δ＝6		δ＝6	δ＝8	ZJ－1－29	ZJ－1－30
L_0/mm	L/mm	L/mm	尺寸/mm	施工图图号	尺寸/mm	尺寸/mm		
200	135	135	150×100	S1－15－72	40×30	200×200	5	5
300	235	235					6	7
400	335	335					7	8
500	435	435					8	9
600	535	535					9	10
700	635	635					10	12
800	735	735					11	13
900	835	835					12	14
1000	935	935					13	15
1100		1035					14	17
1200		1135					15	18

注：1. 本支架适用于生根在钢制设备上，如塔或立式容器的壁上。

2. 焊角高度 *K* 的数值取连接件中较薄构件的厚度。

3. 材料为 Q235－A・F。

4. 标注方法：如选用 ZJ－1－29、*DN*100 型支架，L_0＝500mm 则标记为 ZJ－1－29－100－500。

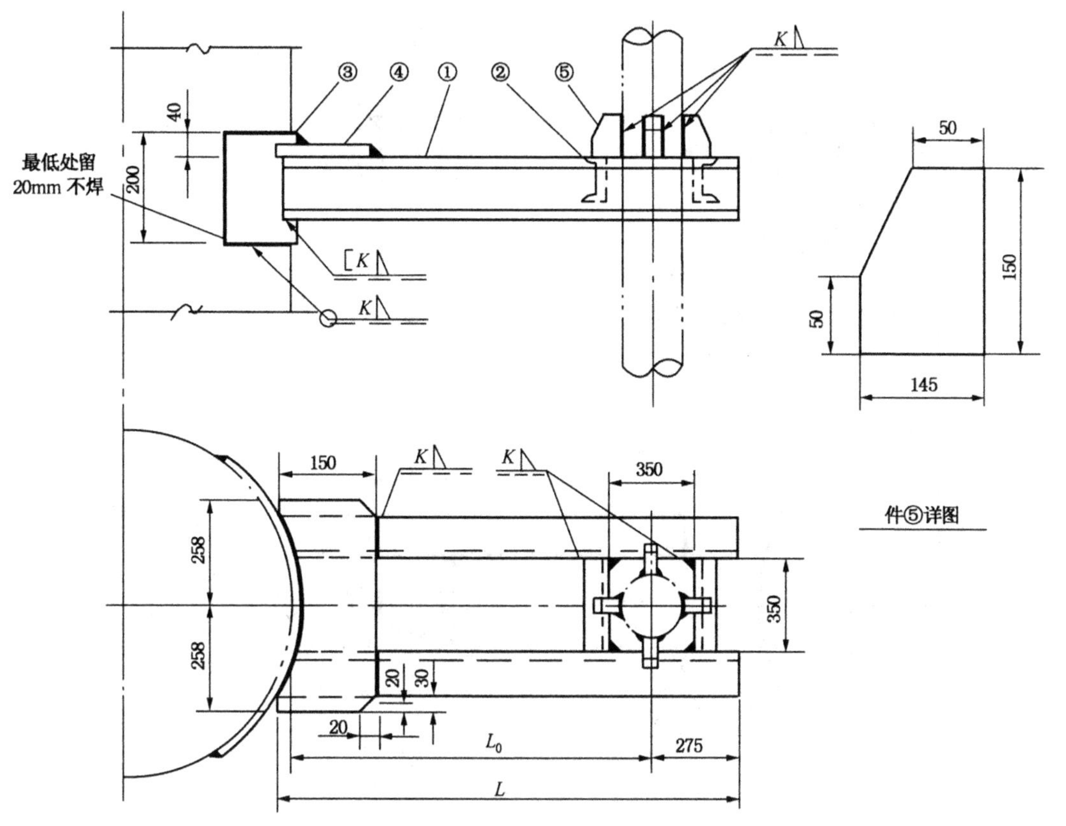

件　　号	①	②	③	④	⑤	参　考 总重量/kg
名　　称	横　梁	连 接 梁	垫　板	加 强 板	肋　板	
数　　量	2	2	1	1	4	
支架型号	ZJ－1－31					
规　　格	[12.6	[8	δ＝8	δ＝8	δ＝8	
L_0/mm	L/mm	长度/mm	尺寸/mm	尺寸/mm	尺寸/mm	
500	810	350	630×200	516×150	150×145	52
600	910					55
700	1010					57
800	1110					60
900	1210					62
1000	1310					65
1100	1410					67
1200	1510					70

注：1. 本支架适用于生根在钢制设备上，如塔或立式容器的壁上。
2. 焊角高度 K 的数值取连接件中较薄构件的厚度。
3. 本表的横梁、垫板与加强板的尺寸，是以立式设备半径 R＝800mm 计算的。
4. 材料为 Q235－A·F。
5. 标注方法：如选用 ZJ－1－31、DN150 型支架，L_0＝500mm 则标记为 ZJ－1－31－150－500。

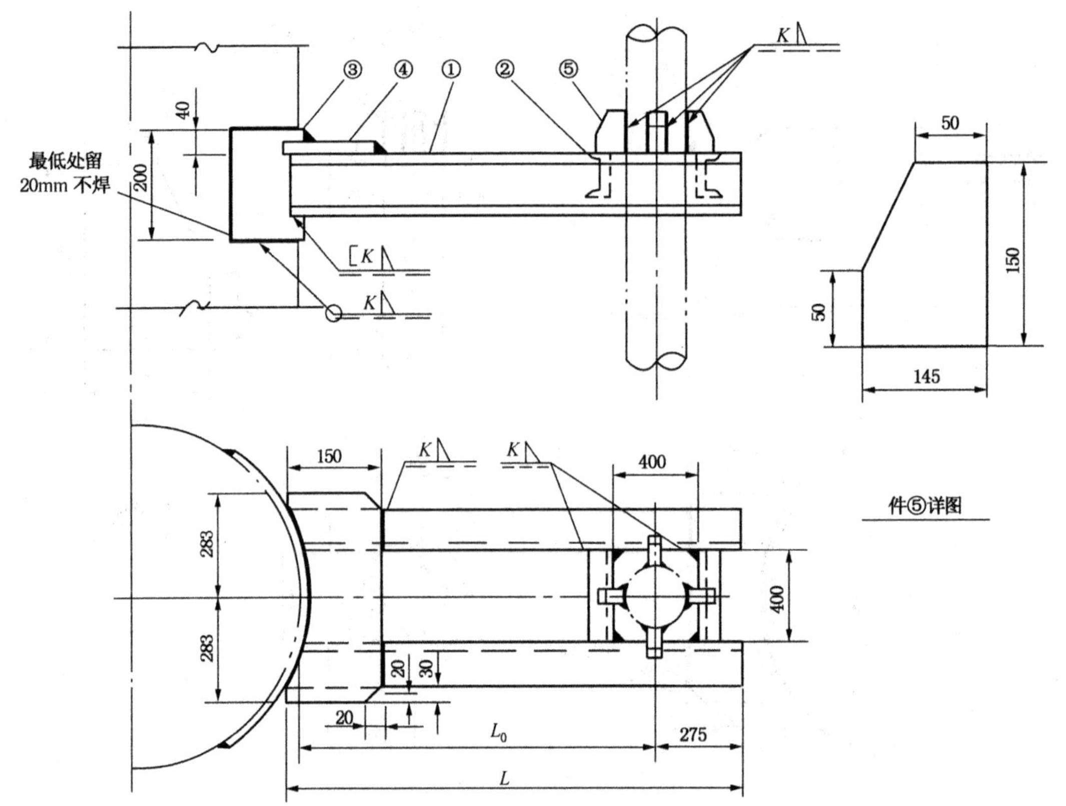

件　　号	①	②	③	④	⑤	参　考 总重量/kg
名　　称	横　梁	连 接 梁	垫　板	加 强 板	肋　板	
数　　量	2	2	1	1	4	
支架型号	ZJ－1－31					
规　　格	[12.6	[8	δ＝8	δ＝8	δ＝8	
L_0/mm	L/mm	长度/mm	尺寸/mm	尺寸/mm	尺寸/mm	
500	820	400	680×200	566×150	150×145	55
600	920					58
700	1020					60
800	1120					62
900	1220					65
1000	1320					67
1100	1420					70
1200	1550					72

注：1. 本支架适用于生根在钢制设备上，如塔或立式容器的壁上。

2. 焊角高度 K 的数值取连接件中较薄构件的厚度。

3. 本表的横梁、垫板与加强板的尺寸，是以立式设备半径 R＝800mm 计算的。

4. 材料为 Q235－A·F。

5. 标注方法：如选用 ZJ－1－31、DN200 型支架，L_0＝500mm 则标记为 ZJ－1－31－200－500。

2014	ZJ－1－32 型 双肢悬臂固定(承重)支架($DN250$)	施工图图号 S1－15－14/3

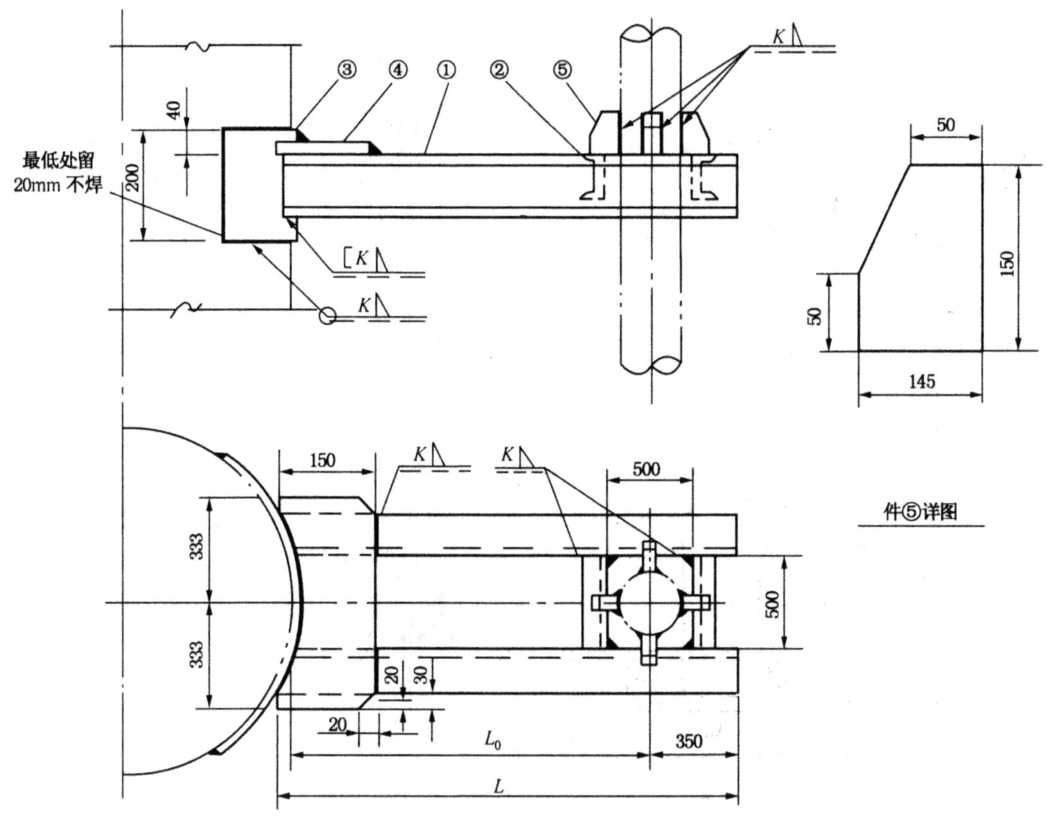

件　　号	①	②	③	④	⑤	参　考 总重量/kg
名　　称	横　梁	连 接 梁	垫　板	加 强 板	肋　板	
数　　量	2	2	1	1	4	
支架型号	ZJ－1－32					
规　　格	[12.6	[8	$\delta=8$	$\delta=8$	$\delta=10$	
L_0/mm	L/mm	长度/mm	尺寸/mm	尺寸/mm	尺寸/mm	
500	910					59
600	1010					61
700	1110					63
800	1210	500	785×200	666×150	150×145	66
900	1310					68
1000	1410					71
1100	1510					73
1200	1610					76

注：1. 本支架适用于生根在钢制设备上，如塔或立式容器的壁上。

2. 焊角高度 K 的数值取连接件中较薄构件的厚度。

3. 本表的横梁、垫板与加强板的尺寸，是以立式设备半径 $R=800$mm 计算的。

4. 材料为 Q235－A·F。

5. 标注方法：如选用 ZJ－1－32、$DN250$ 型支架，$L_0=500$mm 则标记为 ZJ－1－32－250－500。

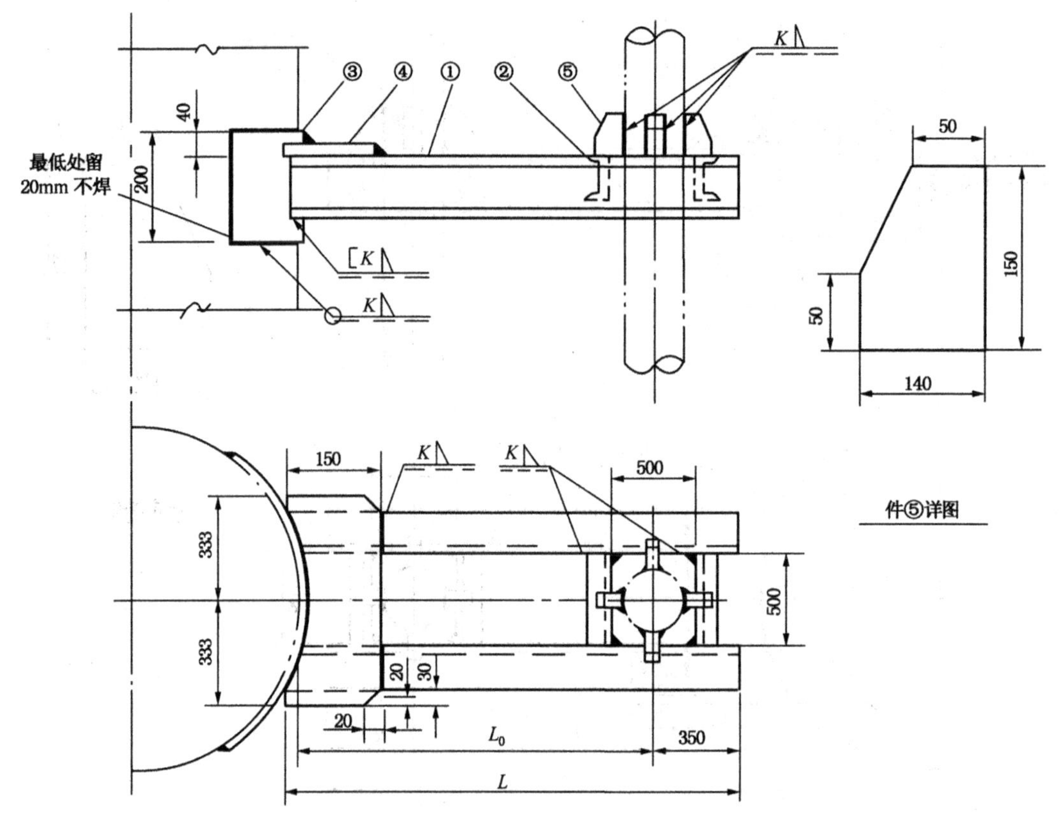

件　　号	①	②	③	④	⑤	参　考 总重量/kg
名　　称	横　梁	连接梁	垫　板	加强板	肋　板	
数　　量	2	2	1	1	4	
支架型号	ZJ－1－32					
规　　格	[12.6	[8	δ＝8	δ＝8	δ＝10	
L_0/mm	L/mm	长度/mm	尺寸/mm	尺寸/mm	尺寸/mm	
500	910	500	785×200	666×150	150×140	59
600	1010					62
700	1110					64
800	1210					67
900	1310					69
1000	1410					72
1100	1510					74
1200	1610					77

注：1. 本支架适用于生根在钢制设备上，如塔或立式容器的壁上。

2. 焊角高度 K 的数值取连接件中较薄构件的厚度。

3. 本表的横梁、垫板与加强板的尺寸，是以立式设备半径 R＝800mm 计算的。

4. 材料为 Q235－A · F。

5. 标注方法：如选用 ZJ－1－32、*DN*300 型支架，L_0＝500mm 则标记为 ZJ－1－32－300－500。

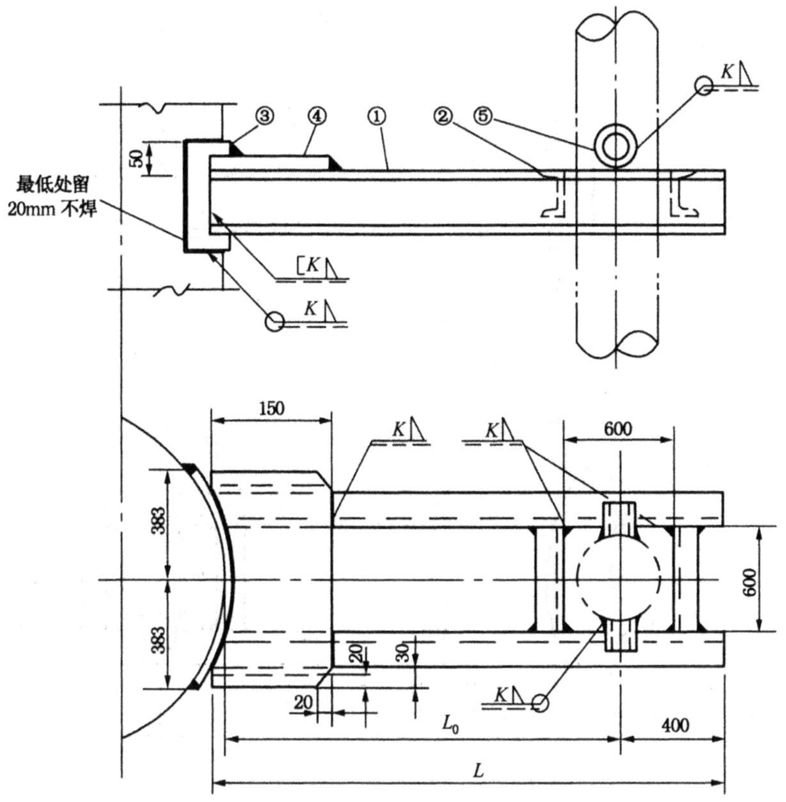

件　号	①	②	③	④	⑤	参考 总重量/kg
名　称	横　梁	连接梁	垫　板	加强板	无缝钢管	
数　量	2	2	1	1	2	
支架型号	ZJ-1-33					
规　格	[12.6	[8	δ=8	δ=8	φ168.3×7.11	
L_0/mm	L/mm	长度/mm	尺寸/mm	尺寸/mm	长度/mm	
500	985	600	900×200	766×150	170	65
600	1085					68
700	1185					70
800	1285					73
900	1385					75
1000	1485					78
1100	1585					80
1200	1685					83

注：1. 本支架适用于生根在钢制设备上，如塔或立式容器的壁上。
2. 焊角高度 K 的数值取连接件中较薄构件的厚度。
3. 本表的横梁、垫板与加强板的尺寸，是以立式设备半径 R=800mm 计算的。
4. 材料为 Q235-A·F，无缝钢管材质为 20 号钢。
5. 标注方法：如选用 ZJ-1-33、DN350 型支架，L_0=500mm 则标记为 ZJ-1-33-350-500。

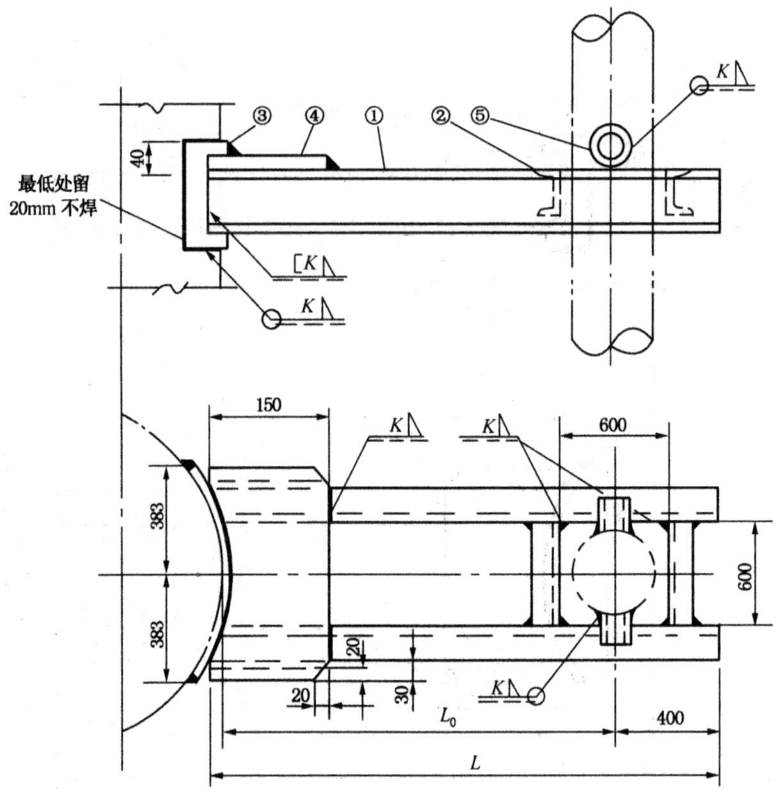

件　　号	①	②	③	④	⑤	参　考 总重量/kg
名　　称	横　梁	连 接 梁	垫　板	加 强 板	无缝钢管	
数　　量	2	2	1	1	2	
支架型号	ZJ－1－33					
规　　格	[12.6	[8	$\delta=8$	$\delta=8$	ϕ168.3×7.11	
L_0/mm	L/mm	长度/mm	尺寸/mm	尺寸/mm	长度/mm	
500	985	600	900×200	766×150	140	65
600	1085					67
700	1185					70
800	1285					72
900	1385					75
1000	1485					77
1100	1585					80
1200	1685					82

注：1. 本支架适用于生根在钢制设备上，如塔或立式容器的壁上。

2. 焊角高度 *K* 的数值取连接件中较薄构件的厚度。

3. 本表的横梁、垫板与加强板的尺寸，是以立式设备半径 *R*＝800mm 计算的。

4. 材料为 Q235－A·F，无缝钢管材质为 20 号钢。

5. 标注方法：如选用 ZJ－1－33、*DN*400 型支架，L_0＝500mm 则标记为 ZJ－1－33－400－500。

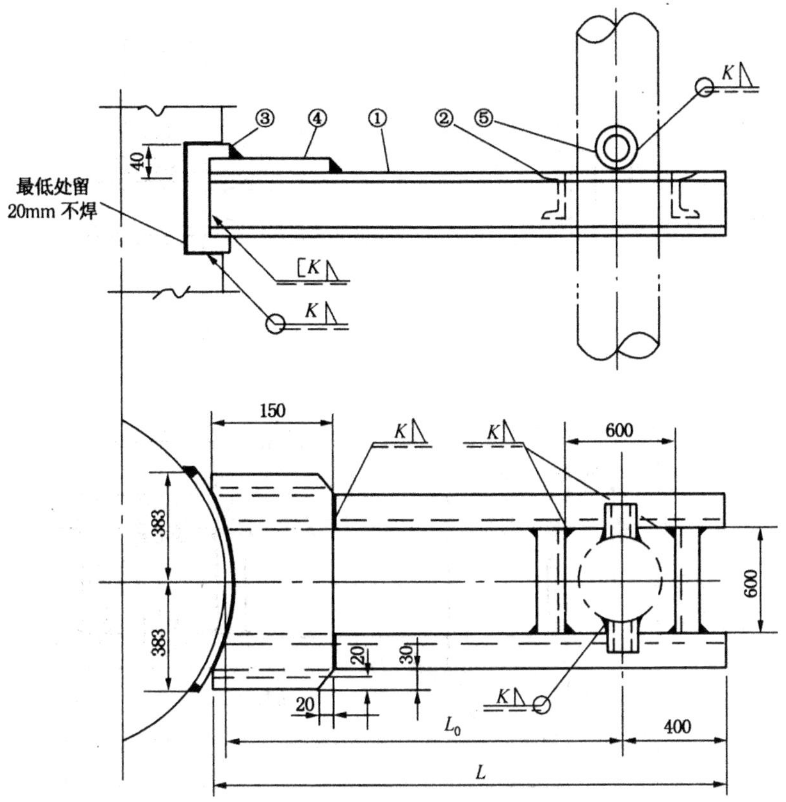

件　号	①	②	③	④	⑤	参考 总重量/kg
名　称	横　梁	连接梁	垫　板	加强板	无缝钢管	
数　量	2	2	1	1	2	
支架型号	ZJ－1－33					
规　格	［12.6	［8	$\delta=8$	$\delta=8$	ϕ219.1×7.04	
L_0/mm	L/mm	长度/mm	尺寸/mm	尺寸/mm	长度/mm	
500	985	600	900×200	766×150	120	73
600	1085					75
700	1185					78
800	1285					80
900	1385					83
1000	1485					85
1100	1585					88
1200	1685					90

注：1. 本支架适用于生根在钢制设备上，如塔或立式容器的壁上。
2. 焊角高度 K 的数值取连接件中较薄构件的厚度。
3. 本表的横梁、垫板与加强板的尺寸，是以立式设备半径 $R=800$mm 计算的。
4. 材料为 Q235－A·F，无缝钢管材质为 20 号钢。
5. 标注方法：如选用 ZJ－1－33、*DN*450 型支架，$L_0=500$mm 则标记为 ZJ－1－33－450－500。

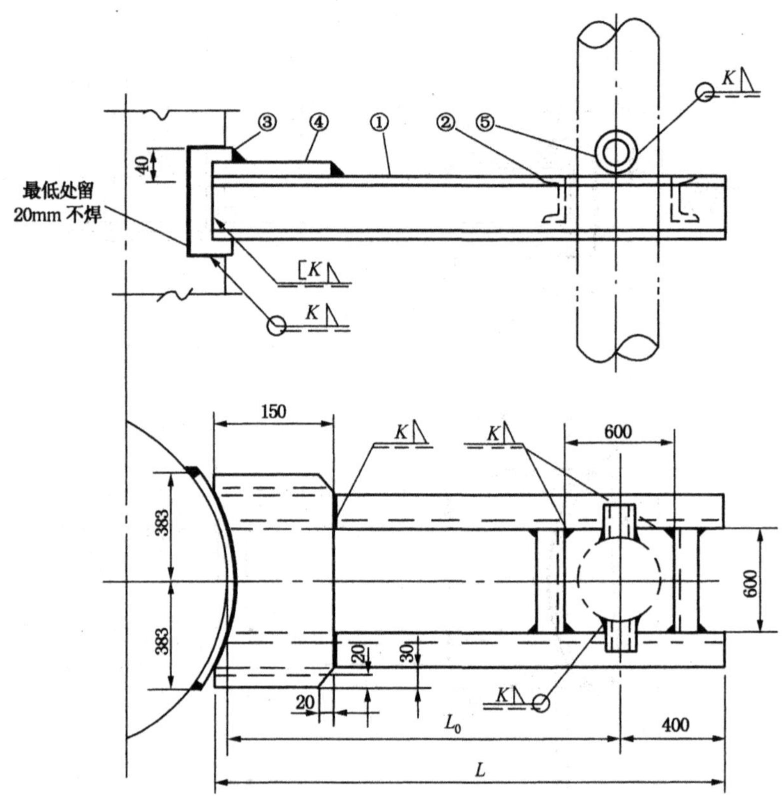

件号	①	②	③	④	⑤	参考 总重量/kg
名称	横梁	连接梁	垫板	加强板	无缝钢管	
数量	2	2	1	1	2	
支架型号	ZJ-1-33					
规格	[12.6	[8	δ=8	δ=8	φ219.1×7.04	
L_0/mm	L/mm	长度/mm	尺寸/mm	尺寸/mm	长度/mm	
500	985	600	900×200	766×150	100	74
600	1085					77
700	1185					79
800	1285					82
900	1385					84
1000	1485					87
1100	1585					89
1200	1685					92

注：1. 本支架适用于生根在钢制设备上，如塔或立式容器的壁上。
2. 焊角高度 K 的数值取连接件中较薄构件的厚度。
3. 本表的横梁、垫板与加强板的尺寸，是以立式设备半径 R=800mm 计算的。
4. 材料为 Q235-A·F，无缝钢管材质为 20 号钢。
5. 标注方法：如选用 ZJ-1-33、DN500 型支架，L_0=500mm 则标记为 ZJ-1-33-500-500。

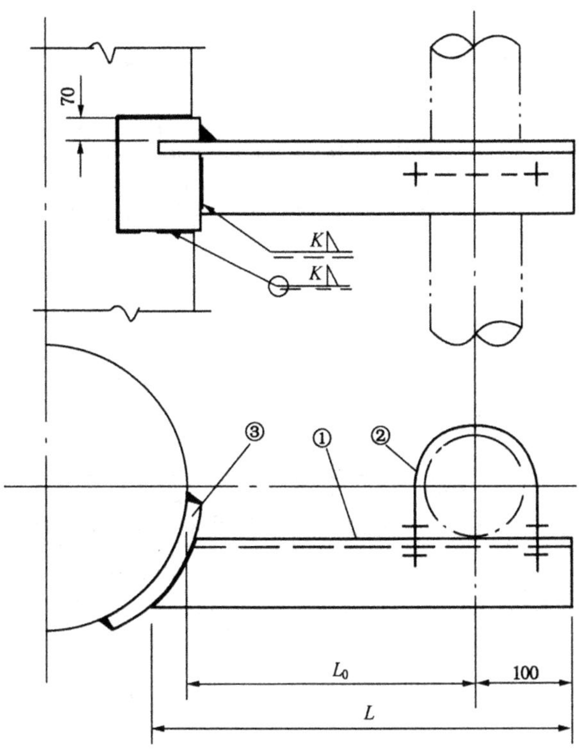

件　　号	①	②	③	参　考 总重量/kg
名　　称	横　梁	管　卡	垫　板	
数　　量	1	1	1	
支架型号	ZJ－1－34			
规　　格	∠63×6		δ＝8	
L_0/mm	L/mm	施工图图号	尺寸/mm	
200	320	S1－15－80	200×200	6
300	420			6
400	520			7
500	620			8
600	720			8

注：1. 本支架适用于生根在钢制设备上，如塔或立式容器的壁上。

2. 焊角高度 K 的数值取连接件中较薄构件的厚度。

3. 本表的横梁的尺寸，是以立式设备半径 R＝800mm 计算的。

4. 材料为 Q235－A·F。

5. 标注方法：如选用 ZJ－1－34、DN40 型支架，L_0＝500mm 则标记为 ZJ－1－34－40－500。

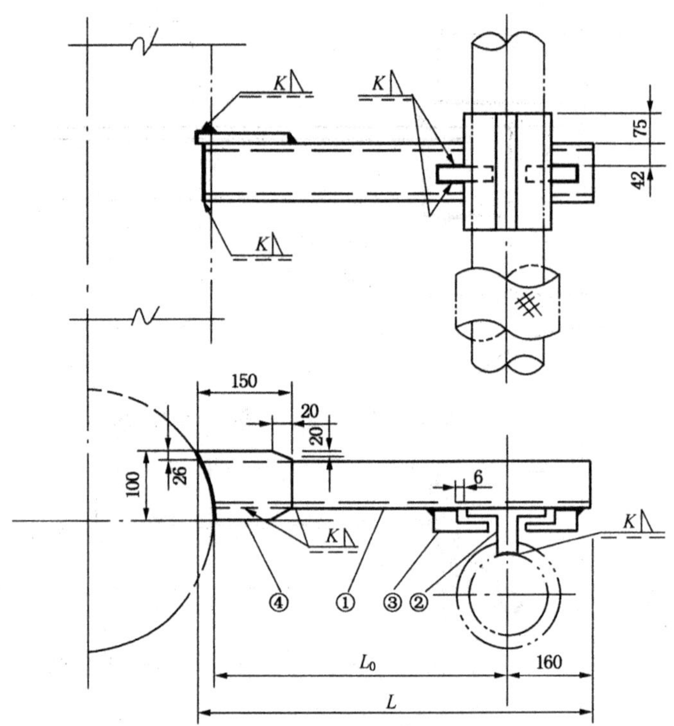

件　　号	①	②	③	④	参　考 总重量/kg
名　　称	横　梁	管　托	导向板	加强板	
数　　量	1	1	2	1	
支架型号	ZJ－1－35				
规　　格	[10			$\delta=6$	
L_0/mm	L/mm	施工图图号	施工图图号	尺寸/mm	
400	580	S1－15－58	S1－15－58	100×150	8
500	680				9
600	780				10
700	880				11
800	980				12
900	1080				13
1000	1180				14

注：1. 本支架适用于生根在钢制设备上，如塔或立式容器的壁上。

2. 焊角高度 K 的数值取连接件中较薄构件的厚度。

3. 本表的横梁的尺寸，是以立式设备半径 $R=800$mm 计算的。

4. 材料为 Q235－A·F。

5. 标注方法：如选用 ZJ－1－35、DN50 型支架，$L_0=500$mm 则标记为 ZJ－1－35－50－500。

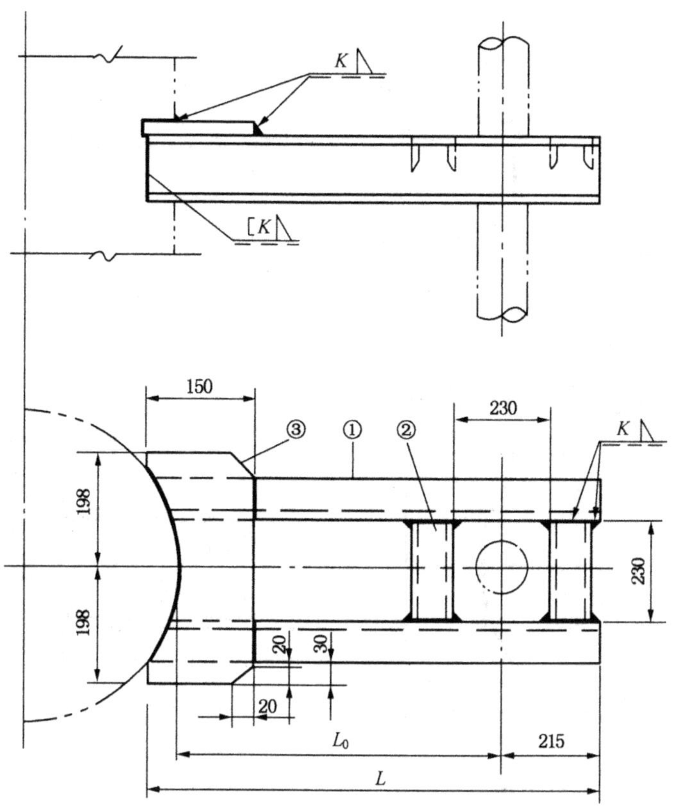

件 号	①	②	③	参 考 总重量/kg
名 称	横 梁	连 接 梁	加 强 板	
数 量	2	2	1	
支架型号	ZJ-1-36			
规 格	[12.6	[8	$\delta=8$	
L_0/mm	L/mm	长度/mm	尺寸/mm	
500	735	230	396×150	31
600	835			34
700	935			36
800	1035			39
900	1135			41
1000	1235			44
1100	1335			46
1200	1435			49

注：1. 本支架适用于生根在钢制设备上，如塔或立式容器的壁上。
2. 焊角高度 K 的数值取连接件中较薄构件的厚度。
3. 本表的横梁、连接梁及加强板的尺寸，是以立式设备半径 $R=800$mm 计算的。
4. 材料为 Q235-A·F。
5. 标注方法：如选用 ZJ-1-36、*DN*200 型支架，$L_0=500$mm 则标记为 ZJ-1-36-200-500。

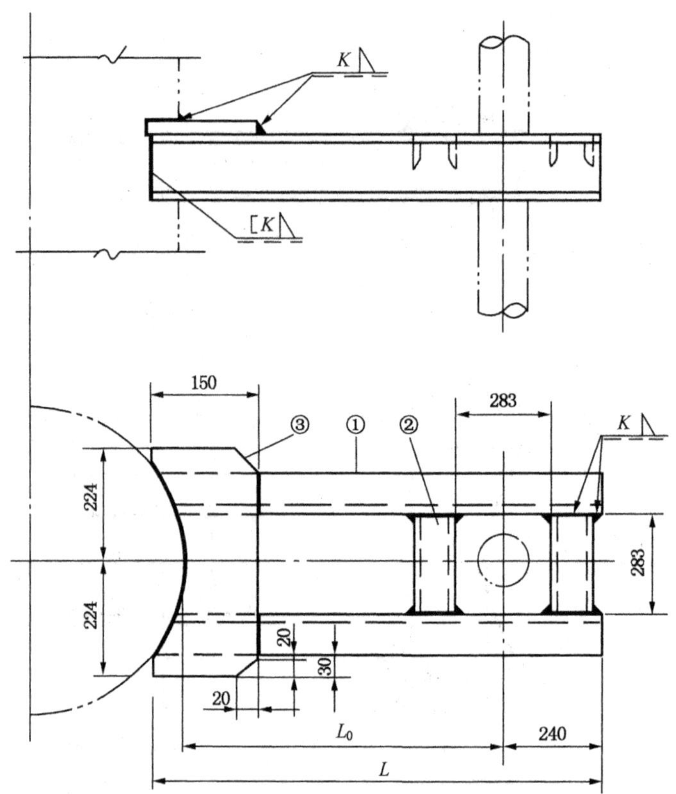

件　　号	①	②	③	参　考 总重量/kg
名　　称	横　梁	连 接 梁	加 强 板	
数　　量	2	2	1	
支架型号	ZJ－1－36			
规　　格	[12.6	[8	$\delta=8$	
L_0/mm	L/mm	长度/mm	尺寸/mm	
500	770	283	448×150	33
600	870			36
700	970			38
800	1070			41
900	1170			43
1000	1270			46
1100	1370			48
1200	1470			51

注：1. 本支架适用于生根在钢制设备上，如塔或立式容器的壁上。

2. 焊角高度 K 的数值取连接件中较薄构件的厚度。

3. 本表的横梁、连接梁及加强板的尺寸，是以立式设备半径 $R=800$mm 计算的。

4. 材料为 Q235－A・F。

5. 标注方法：如选用 ZJ－1－36、$DN250$ 型支架，$L_0=500$mm 则标记为 ZJ－1－36－250－500。

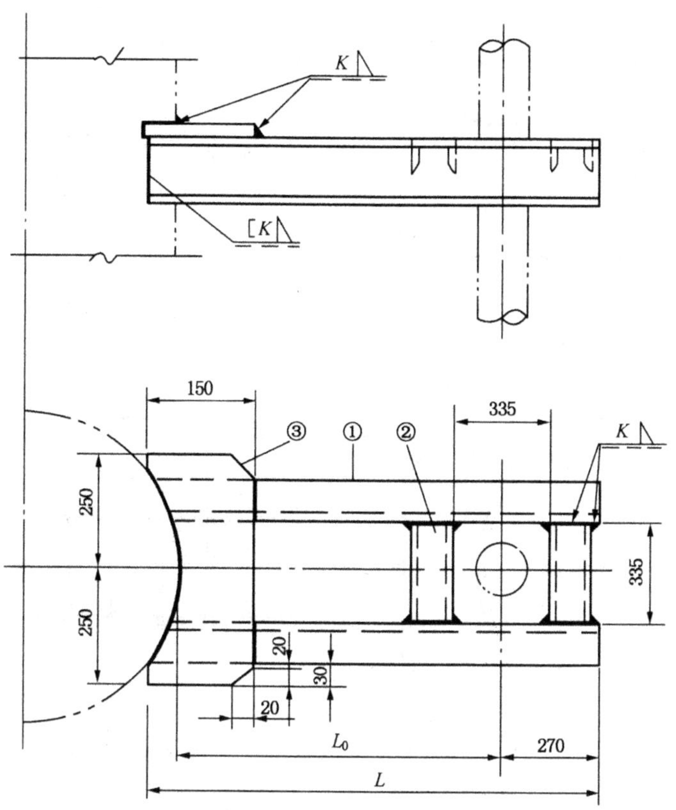

件　　号	①	②	③	参　考 总重量/kg
名　　称	横　梁	连接梁	加强板	
数　　量	2	2	1	
支架型号	ZJ-1-36			
规　　格	[12.6	[8	δ=8	
L_0/mm	L/mm	长度/mm	尺寸/mm	
500	810	335	500×150	35
600	910			38
700	1010			40
800	1110			43
900	1210			45
1000	1310			48
1100	1410			50
1200	1510			53

注：1. 本支架适用于生根在钢制设备上，如塔或立式容器的壁上。
2. 焊角高度 K 的数值取连接件中较薄构件的厚度。
3. 本表的横梁及加强板的尺寸，是以立式设备半径 R=800mm 计算的。
4. 材料为 Q235-A·F。
5. 标注方法：如选用 ZJ-1-36、DN300 型支架，L_0=500mm 则标记为 ZJ-1-36-300-500。

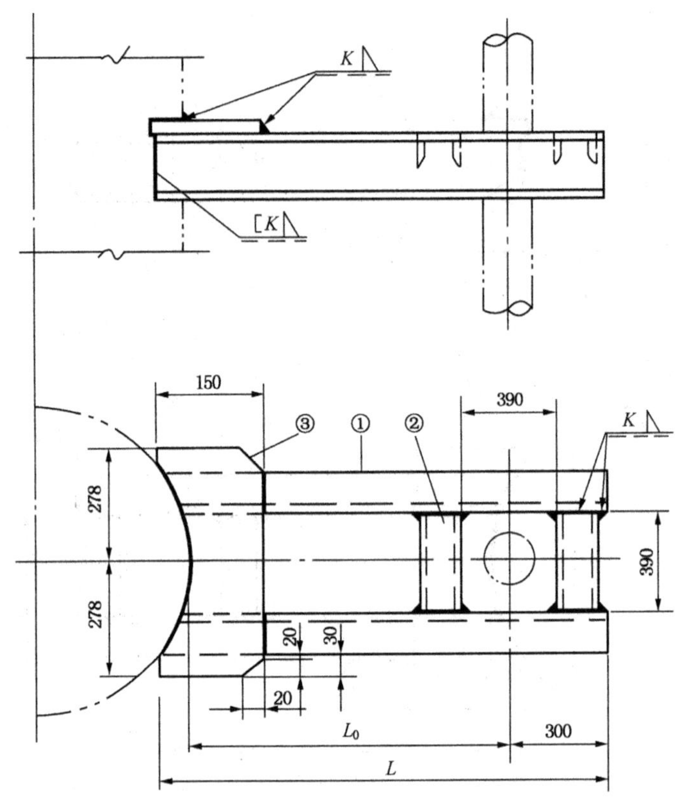

件　　号	①	②	③	参　考 总重量/kg
名　　称	横　梁	连 接 梁	加 强 板	
数　　量	2	2	1	
支架型号	ZJ－1－36			
规　　格	[12.6	[8	$\delta=8$	
L_0/mm	L/mm	长度/mm	尺寸/mm	
500	840	390	556×150	37
600	940			39
700	1040			42
800	1140			44
900	1240			47
1000	1340			49
1100	1440			52
1200	1540			54

注：1. 本支架适用于生根在钢制设备上，如塔或立式容器的壁上。
2. 焊角高度 K 的数值取连接件中较薄构件的厚度。
3. 本表的横梁及加强板的尺寸，是以立式设备半径 $R=800$mm 计算的。
4. 材料为 Q235－A·F。
5. 标注方法：如选用 ZJ－1－36、*DN*350 型支架，$L_0=500$mm 则标记为 ZJ－1－36－350－500。

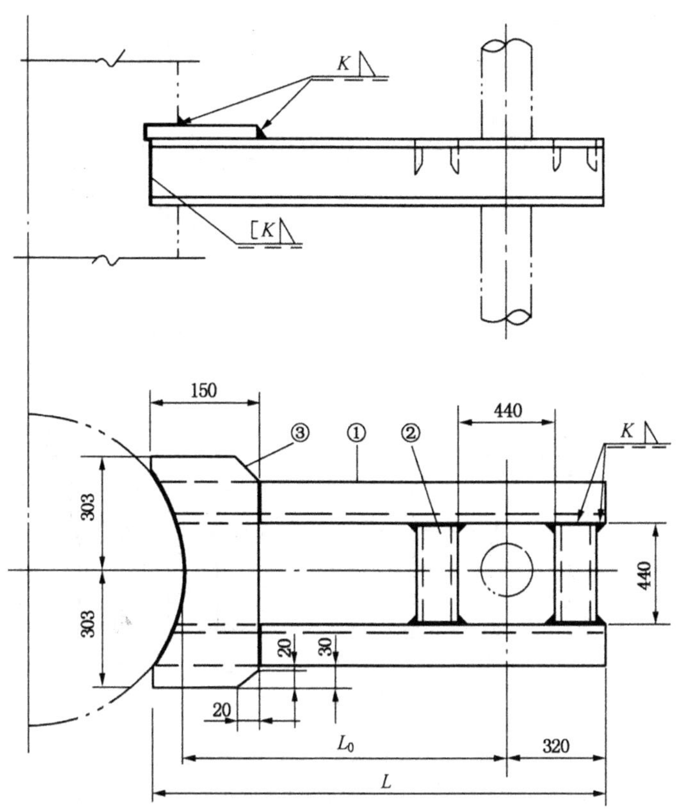

件　号	①	②	③	参　考 总重量/kg
名　称	横　梁	连 接 梁	加 强 板	
数　量	2	2	1	
支架型号	ZJ－1－36			
规　格	[12.6	[8	δ＝8	
L_0/mm	L/mm	长度/mm	尺寸/mm	
500	850	440	606×150	39
600	950			41
700	1050			44
800	1150			46
900	1250			48
1000	1350			51
1100	1450			53
1200	1550			56

注：1. 本支架适用于生根在钢制设备上，如塔或立式容器的壁上。
2. 焊角高度 K 的数值取连接件中较薄构件的厚度。
3. 本表的横梁及加强板的尺寸，是以立式设备半径 R＝800mm 计算的。
4. 材料为 Q235－A·F。
5. 标注方法：如选用 ZJ－1－36、DN400 型支架，L_0＝500mm 则标记为 ZJ－1－36－400－500。

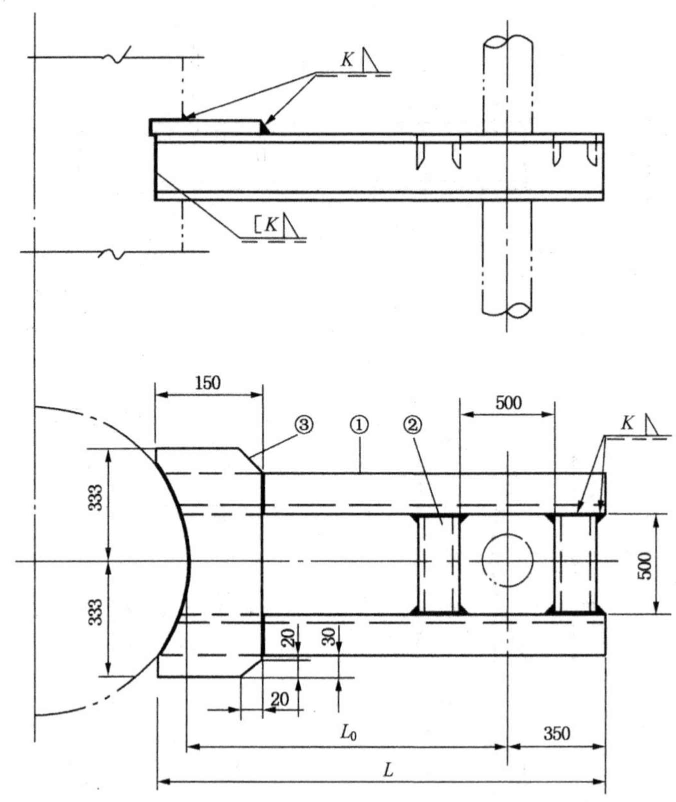

件　号	①	②	③	参　考 总重量/kg
名　称	横　梁	连接梁	加强板	
数　量	2	2	1	
支架型号	ZJ－1－36			
规　格	[12.6	[8	$\delta=8$	
L_0/mm	L/mm	长度/mm	尺寸/mm	
500	910	500	666×150	41
600	1010			43
700	1110			46
800	1210			48
900	1310			50
1000	1410			53
1100	1510			55
1200	1610			58

注：1. 本支架适用于生根在钢制设备上，如塔或立式容器的壁上。
2. 焊角高度 K 的数值取连接件中较薄构件的厚度。
3. 本表的横梁及加强板的尺寸，是以立式设备半径 $R=800$mm 计算的。
4. 材料为 Q235－A·F。
5. 标注方法：如选用 ZJ－1－36、*DN*450 型支架，$L_0=500$mm 则标记为 ZJ－1－36－450－500。

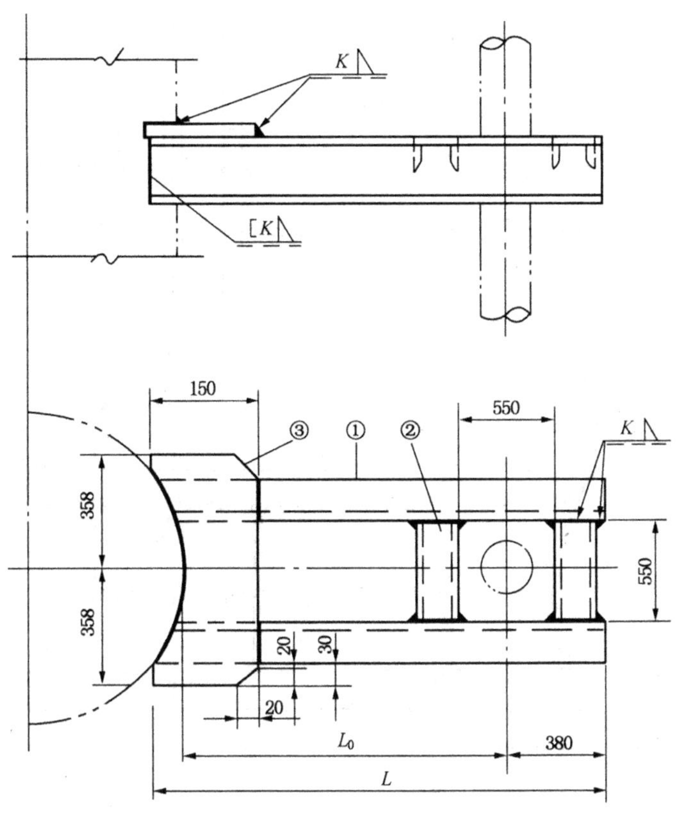

件　　号	①	②	③	参　考 总重量/kg
名　　称	横　梁	连 接 梁	加 强 板	
数　　量	2	2	1	
支架型号	ZJ－1－36			
规　　格	[12.6	[8	$\delta = 8$	
L_0/mm	L/mm	长度/mm	尺寸/mm	
600	1050	550	716×150	45
700	1150			47
800	1250			50
900	1350			52
1000	1450			55
1100	1550			57
1200	1650			60

注：1. 本支架适用于生根在钢制设备上，如塔或立式容器的壁上。
2. 焊角高度 *K* 的数值取连接件中较薄构件的厚度。
3. 本表的横梁及加强板的尺寸，是以立式设备半径 $R = 800$mm 计算的。
4. 材料为 Q235－A・F。
5. 标注方法：如选用 ZJ－1－36、*DN*500 型支架，$L_0 = 500$mm 则标记为 ZJ－1－36－500－500。

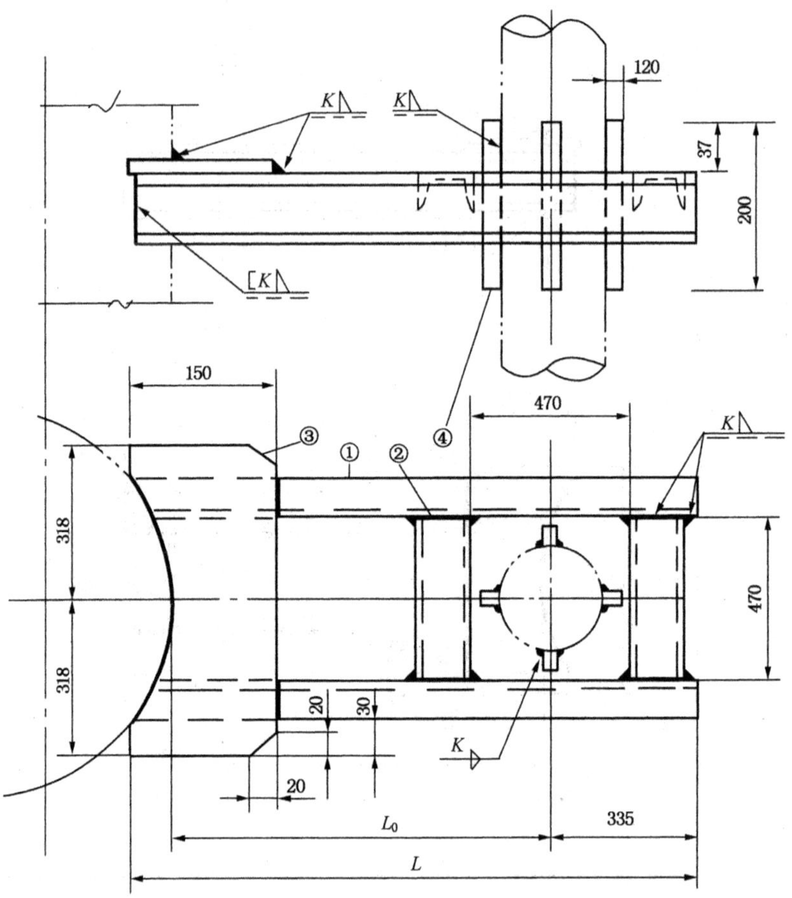

件　　号	①	②	③	④	参　考 总重量/kg
名　　称	横　梁	连 接 梁	加 强 板	挡　铁	
数　　量	2	2	1	4	
支架型号	ZJ－1－37				
规　　格	[12.6	[8	δ＝8	δ＝6	
L_0/mm	L/mm	长度/mm	尺寸/mm	尺寸/mm	
800	1190	470	636×150	200×120	35
900	1290				38
1000	1390				40
1100	1490				43
1200	1590				45

注：1. 本支架适用于生根在钢制设备上，如塔或立式容器的壁上。
2. 焊角高度 K 的数值取连接件中较薄构件的厚度。
3. 本表的横梁及加强板的尺寸，是以立式设备半径 R＝800mm 计算的。
4. 材料为 Q235－A·F。
5. 标注方法：如选用 ZJ－1－37、*DN*200 型支架，L_0＝800mm 则标记为 ZJ－1－37－200－800。

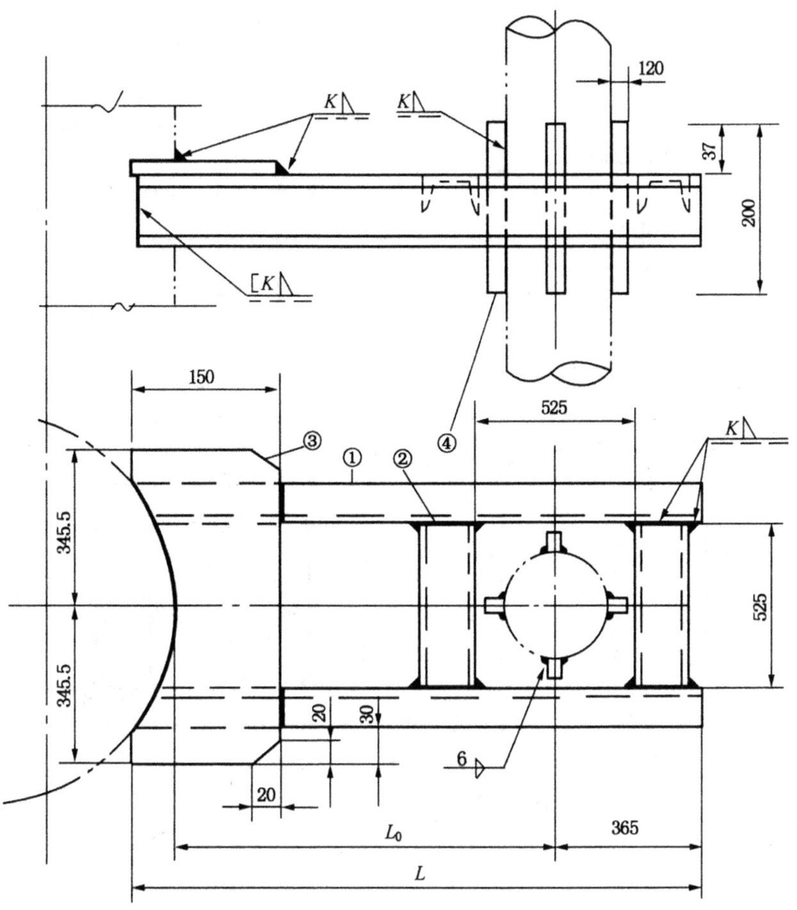

件　　号	①	②	③	④	参　考 总重量/kg
名　　称	横　梁	连接梁	加强板	挡　铁	
数　　量	2	2	1	4	
支架型号	ZJ-1-37				
规　　格	[12.6	[8	δ=8	δ=6	
L_0/mm	L/mm	长度/mm	尺寸/mm	尺寸/mm	
800	1230	525	691×150	200×120	54
900	1330				57
1000	1430				59
1100	1530				62
1200	1630				64

注：1. 本支架适用于生根在钢制设备上，如塔或立式容器的壁上。
2. 焊角高度 *K* 的数值取连接件中较薄构件的厚度。
3. 本表的横梁及加强板的尺寸，是以立式设备半径 *R*=800mm 计算的。
4. 材料为 Q235-A·F。
5. 标注方法：如选用 ZJ-1-37、*DN*250 型支架，L_0=800mm 则标记为 ZJ-1-37-250-800。

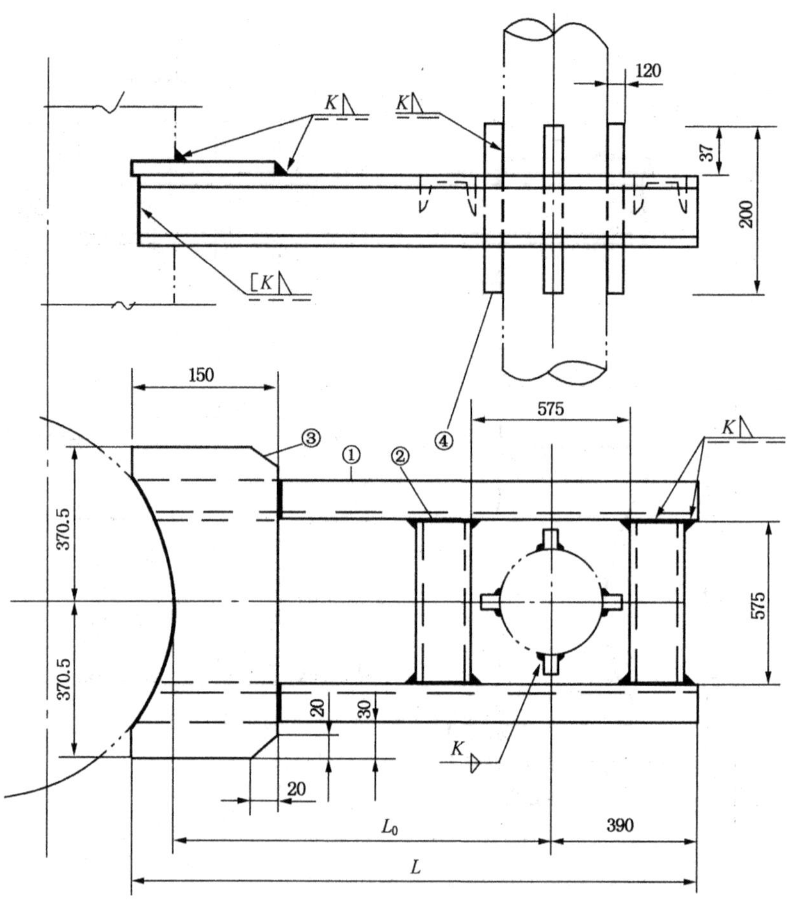

件　　号	①	②	③	④	参　考 总重量/kg
名　　称	横　梁	连接梁	加强板	挡　铁	
数　　量	2	2	1	4	
支架型号	ZJ－1－37				
规　　格	[12.6	[8	$\delta=8$	$\delta=6$	
L_0/mm	*L*/mm	长度/mm	尺寸/mm	尺寸/mm	
800	1270	575	741×150	200×120	56
900	1370				59
1000	1470				61
1100	1570				64
1200	1670				66

注：1. 本支架适用于生根在钢制设备上，如塔或立式容器的壁上。
2. 焊角高度 *K* 的数值取连接件中较薄构件的厚度。
3. 本表的横梁及加强板的尺寸，是以立式设备半径 *R*＝800mm 计算的。
4. 材料为 Q235－A・F。
5. 标注方法：如选用 ZJ－1－37、*DN*300 型支架，L_0＝800mm 则标记为 ZJ－1－37－300－800。

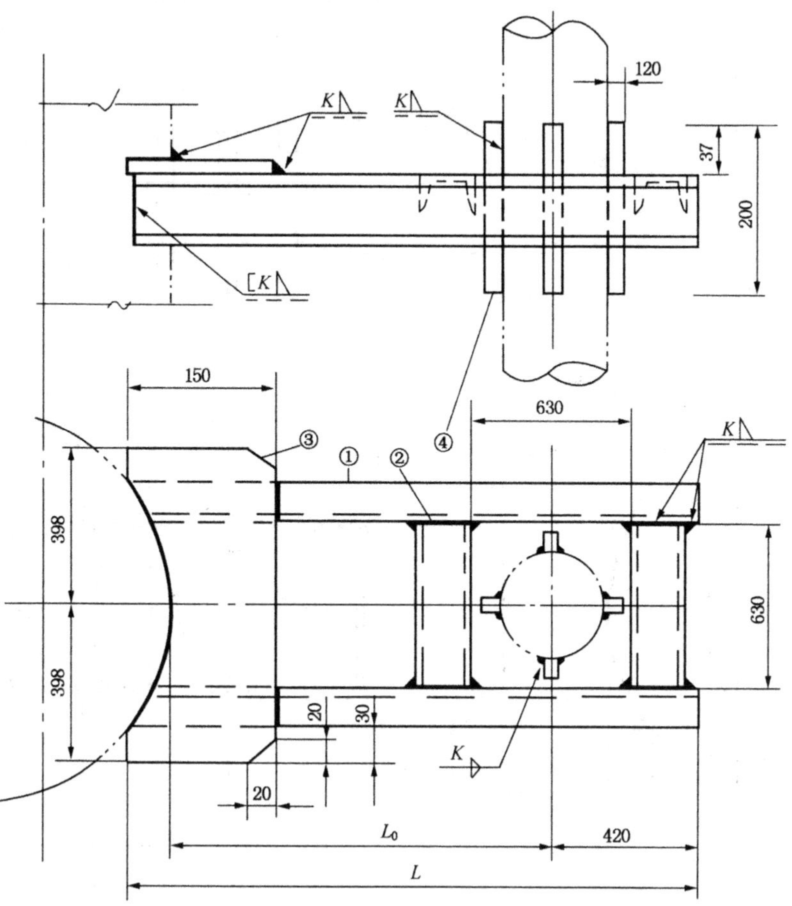

件　　号	①	②	③	④	参　考 总重量/kg
名　　称	横　梁	连 接 梁	加 强 板	挡　铁	
数　　量	2	2	1	4	
支架型号	ZJ－1－37				
规　　格	[12.6	[8	δ＝8	δ＝6	
L_0/mm	L/mm	长度/mm	尺寸/mm	尺寸/mm	
800	1310	630	796×150	200×120	58
900	1410				60
1000	1510				63
1100	1610				65
1200	1710				68

注：1. 本支架适用于生根在钢制设备上，如塔或立式容器的壁上。
2. 焊角高度 *K* 的数值取连接件中较薄构件的厚度。
3. 本表的横梁及加强板的尺寸，是以立式设备半径 *R*＝800mm 计算的。
4. 材料为 Q235－A·F。
5. 标注方法：如选用 ZJ－1－37、*DN*350 型支架，L_0＝800mm 则标记为 ZJ－1－37－350－800。

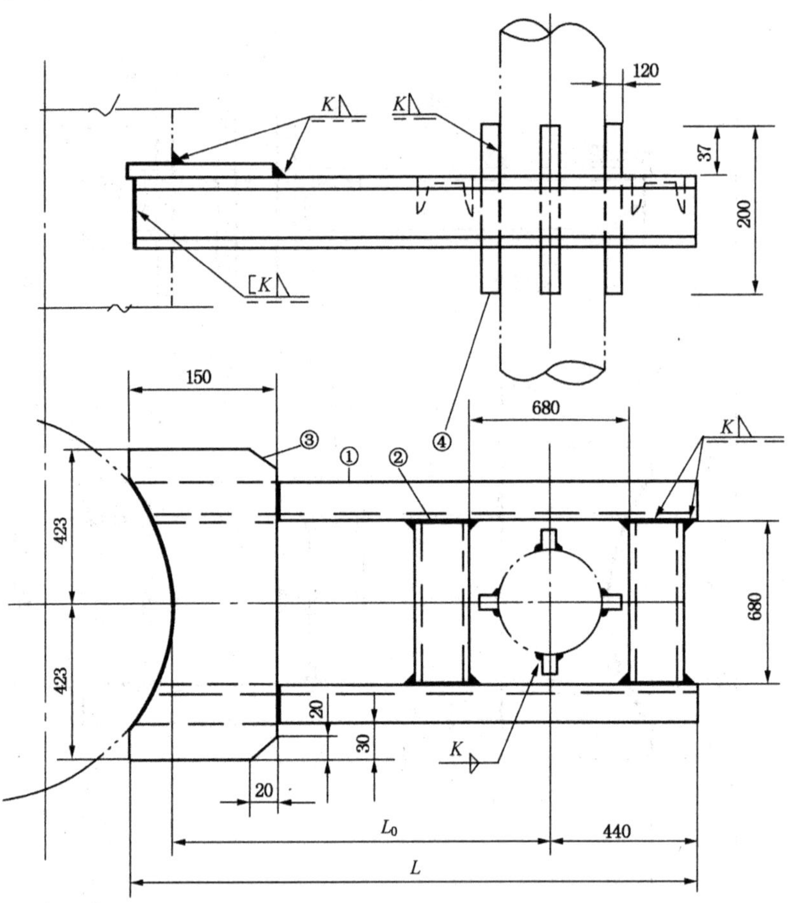

件　　号	①	②	③	④	参　考 总重量/kg
名　　称	横　梁	连 接 梁	加 强 板	挡　铁	
数　　量	2	2	1	4	
支架型号	ZJ－1－37				
规　　格	[12.6	[8	$\delta=8$	$\delta=6$	
L_0/mm	L/mm	长度/mm	尺寸/mm	尺寸/mm	
800	1345	680	846×150	200×120	60
900	1445				62
1000	1545				65
1100	1645				67
1200	1745				70

注：1. 本支架适用于生根在钢制设备上，如塔或立式容器的壁上。
2. 焊角高度 K 的数值取连接件中较薄构件的厚度。
3. 本表的横梁及加强板的尺寸，是以立式设备半径 $R=800$mm 计算的。
4. 材料为 Q235－A・F。
5. 标注方法：如选用 ZJ－1－37、DN400 型支架，$L_0=800$mm 则标记为 ZJ－1－37－400－800。

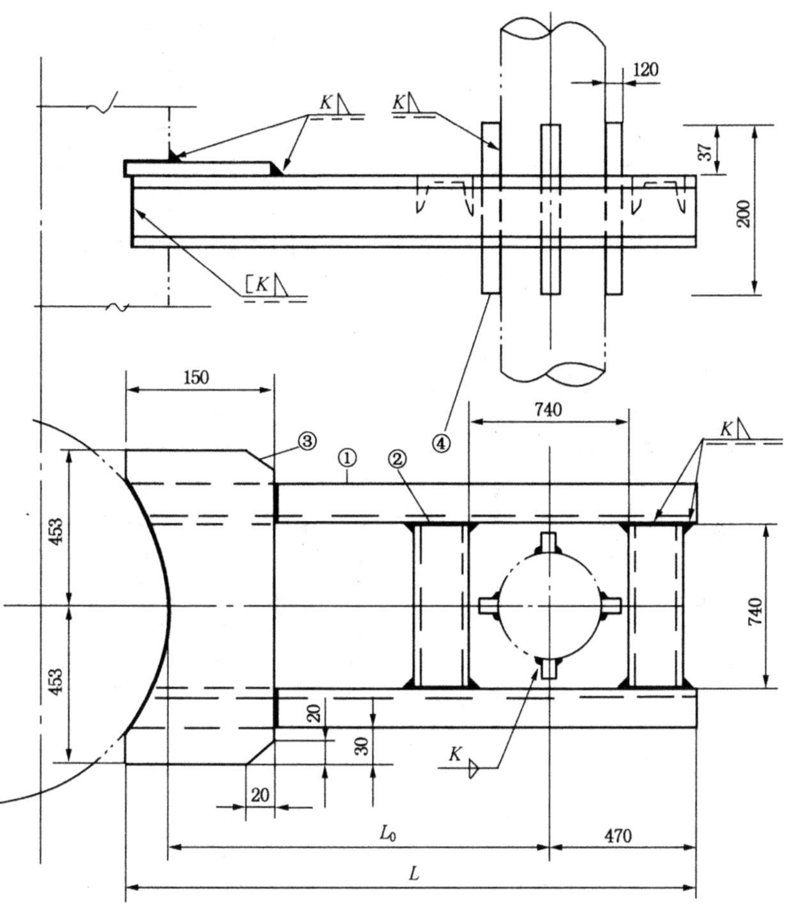

件　　号	①	②	③	④	参　考 总重量/kg
名　　称	横　梁	连接梁	加强板	挡　铁	
数　　量	2	2	1	4	
支架型号	ZJ－1－37				
规　　格	[12.6	[8	$\delta=8$	$\delta=6$	
L_0/mm	L/mm	长度/mm	尺寸/mm	尺寸/mm	
800	1390	740	906×150	200×120	62
900	1490				64
1000	1590				67
1100	1690				69
1200	1790				72

注：1. 本支架适用于生根在钢制设备上，如塔或立式容器的壁上。
2. 焊角高度 K 的数值取连接件中较薄构件的厚度。
3. 本表的横梁及加强板的尺寸，是以立式设备半径 $R=800$mm 计算的。
4. 材料为 Q235－A・F。
5. 标注方法：如选用 ZJ－1－37、DN450 型支架，$L_0=800$mm 则标记为 ZJ－1－37－450－800。

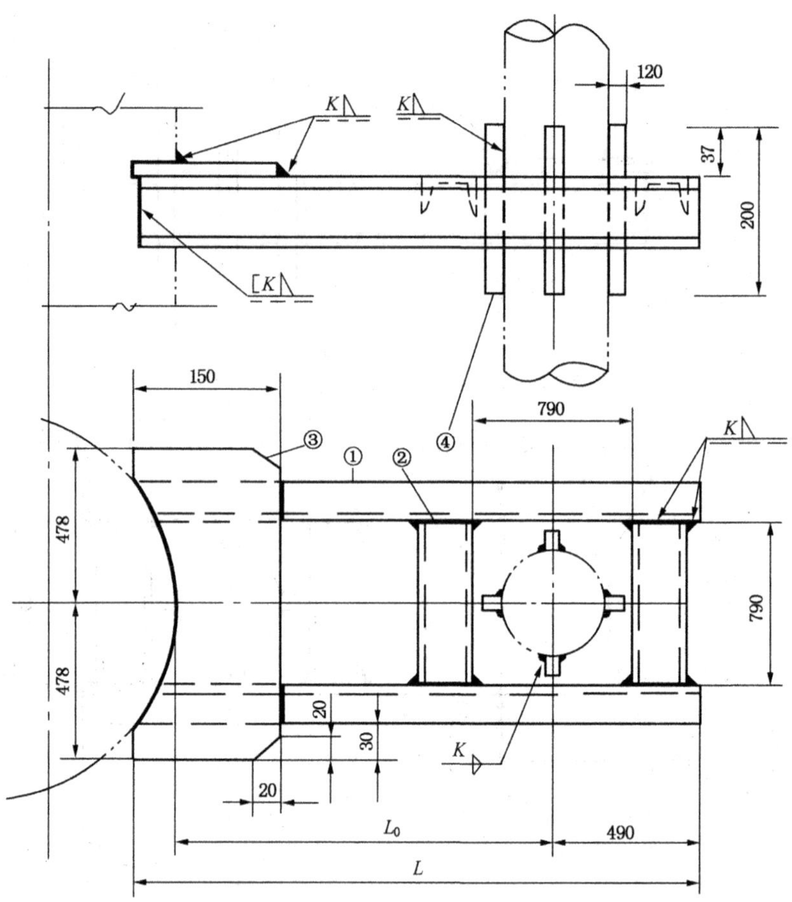

件　　号	①	②	③	④	参　考 总重量/kg
名　　称	横　梁	连 接 梁	加 强 板	挡　铁	
数　　量	2	2	1	4	
支架型号	ZJ－1－37				
规　　格	[12.6	[8	$\delta=8$	$\delta=6$	
L_0/mm	*L*/mm	长度/mm	尺寸/mm	尺寸/mm	
800	1430	790	956×150	200×120	64
900	1530				66
1000	1630				69
1100	1730				71
1200	1830				73

注：1. 本支架适用于生根在钢制设备上，如塔或立式容器的壁上。
2. 焊角高度 *K* 的数值取连接件中较薄构件的厚度。
3. 本表的横梁及加强板的尺寸，是以立式设备半径 *R*＝800mm 计算的。
4. 材料为 Q235－A·F。
5. 标注方法：如选用 ZJ－1－37、*DN*500 型支架，L_0＝800mm 则标记为 ZJ－1－37－500－800。

2014	ZJ-2-1 型 三角支架	施工图图号 S1-15-19/1

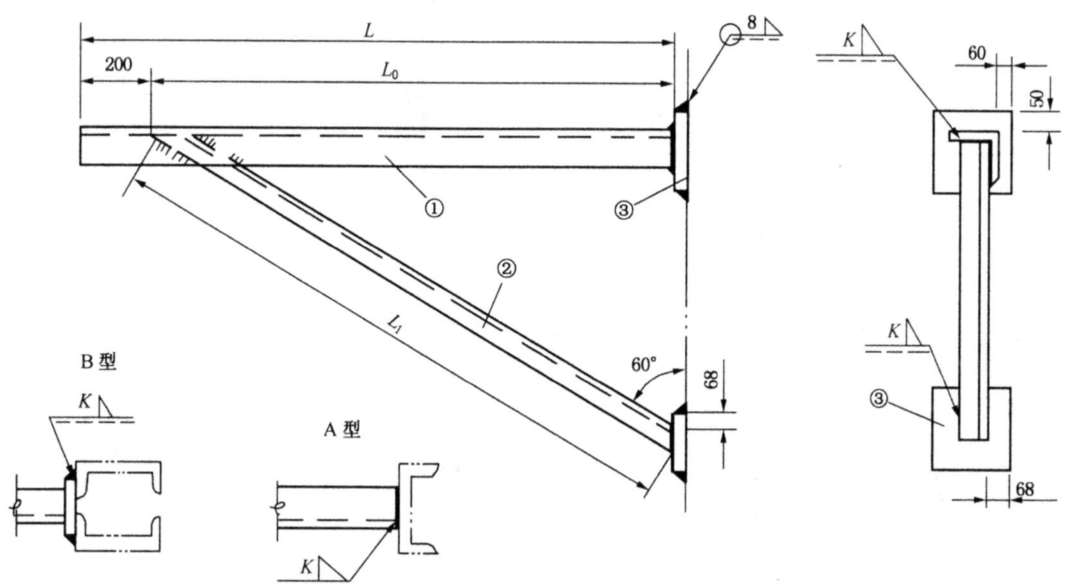

件号	①	②	③		参考总重量/kg
名称	横梁	斜撑	垫板		
数量	1	1		2	
支架型号	ZJ-2-1		A 型	B 型	
规格	∠75×8	∠63×6		$\delta=8$	
L_0/mm	L/mm	L_1/mm		尺寸/mm	
500	700	577		200×200	15
600	800	693			17
700	900	808			18
800	1000	924			20
900	1100	1039			21
1000	1200	1155			23

注：1. 件号③根据具体情况选用，生根不需要垫板时，选用 A 型；需垫板时则选用 B 型。
2. 本支架适用于生根在钢结构的梁或柱上。
3. 焊角高度 K 的数值取连接件中较薄构件的厚度。
4. 材料为 Q235-A·F。
5. 标注方法：若选用 ZJ-2-1 型支架，L_0=500mm 则标记为 ZJ-2-1-500。

2014	ZJ－2－2 型 三 角 支 架	施工图图号 S1－15－19/2

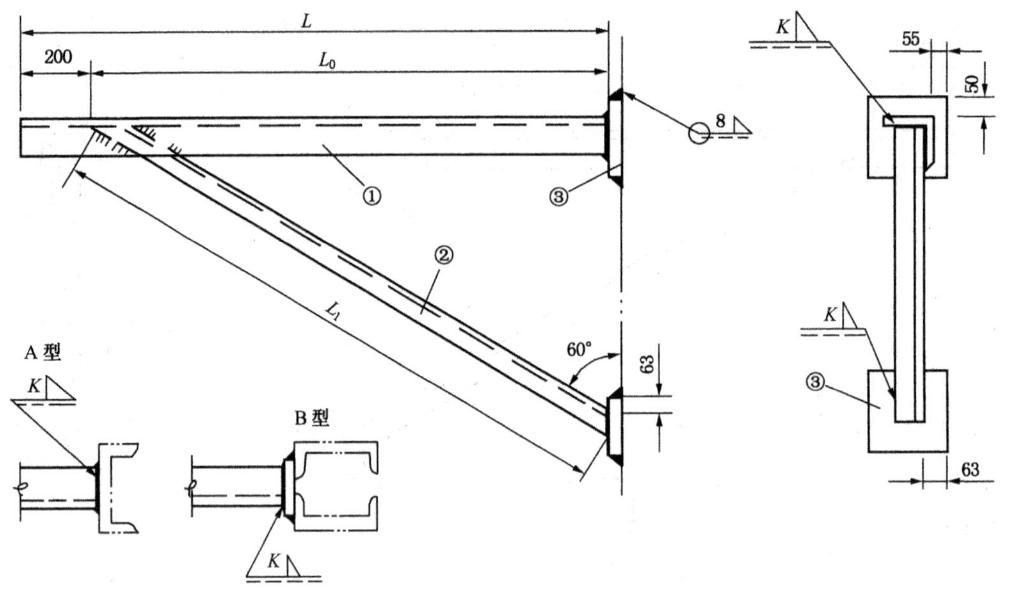

件　　号	①	②	③		参　考 总重量/kg
名　　称	横　梁	斜　撑	垫　板		
数　　量	1	1		2	
支架型号	ZJ－2－2		A 型	B 型	
规　　格	∠100×8	∠75×8		δ＝8	
L_0/mm	L/mm	L_1/mm		尺寸/mm	
500	700	577		200×200	19
600	800	693			22
700	900	808			24
800	1000	924			26
900	1100	1039			28
1000	1200	1155			31
1100	1300	1270			33
1200	1400	1386			35

注：1. 件号③根据具体情况选用，生根不需要垫板时，选用 A 型；需垫板时则选用 B 型。

2. 本支架适用于生根在钢结构的梁或柱上。

3. 焊角高度 K 的数值取连接件中较薄构件的厚度。

4. 材料为 Q235－A・F。

5. 标注方法：若选用 ZJ－2－2 型支架，L_0＝500mm 则标记为 ZJ－2－2－500。

2014	ZJ－2－3、ZJ－2－4 型 三 角 支 架	施工图图号 S1－15－19/3

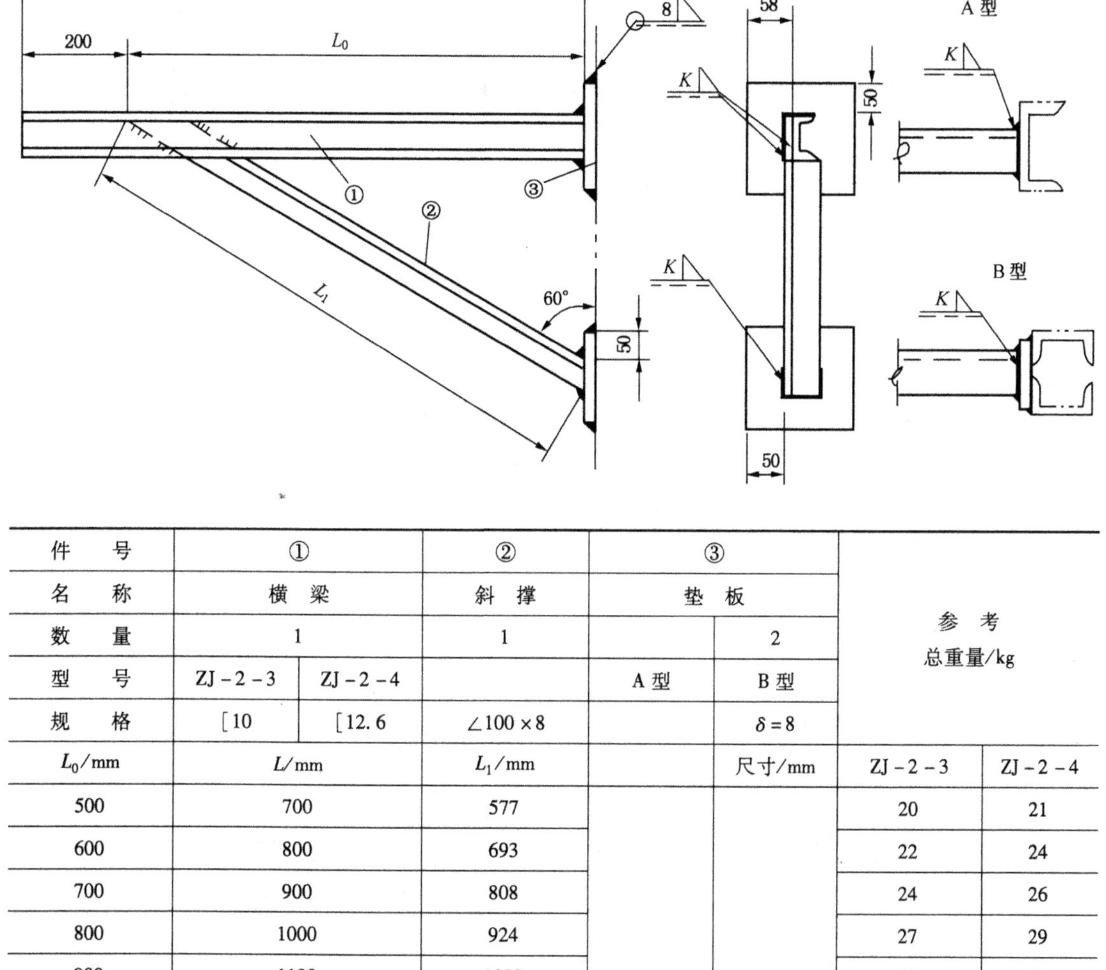

件　号	①		②	③		参　考 总重量/kg	
名　称	横　梁		斜　撑	垫　板			
数　量	1		1		2		
型　号	ZJ－2－3	ZJ－2－4		A 型	B 型		
规　格	[10	[12.6	∠100×8		$\delta=8$		
L_0/mm	L/mm		L_1/mm		尺寸/mm	ZJ－2－3	ZJ－2－4
500	700		577			20	21
600	800		693			22	24
700	900		808			24	26
800	1000		924			27	29
900	1100		1039			29	32
1000	1200		1155			32	34
1100	1300		1270		200×200	34	37
1200	1400		1386			36	40
1300	1500		1501			39	42
1400	1600		1617			41	45
1500	1700		1732			44	48
1600	1800		1848			46	50
1700	1900		1963			49	53

注：1. 件号③根据具体情况选用，生根不需要垫板时，选用 A 型；需垫板时则选用 B 型。
2. 本支架适用于生根在钢结构的梁或柱上。
3. 焊角高度 K 的数值取连接件中较薄构件的厚度。
4. 材料为 Q235－A·F。
5. 标注方法：若选用 ZJ－2－3 型支架，L_0＝500mm 则标记为 ZJ－2－3－500。

2014	ZJ－2－5型 三角支架	施工图图号 S1－15－20/1

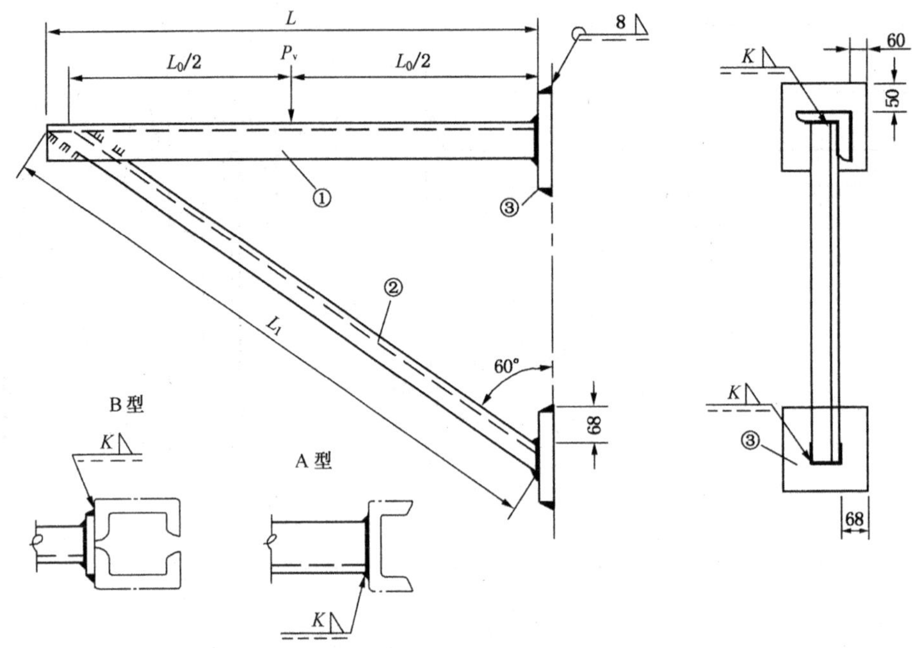

件　号	①	②	③		参　考 总重量/kg
名　称	横　梁	斜　撑	垫　片		
数　量	1	1		2	
支架型号	ZJ－2－5		A型	B型	
规　格	∠75×8	∠63×6		$\delta=8$	
L_0/mm	L/mm	L_1/mm		尺寸/mm	
500	563	650		200×200	14
600	663	766			16.5
700	763	881			17.5
800	863	997			18.5
900	963	1112			20.5
1000	1063	1227			22

注：1. 件号③根据具体情况选用，生根不需要垫片时，选用A型；需垫片时则选用B型。
2. 本支架适用于生根在钢结构的梁或柱上。
3. 焊角高度 K 的数值取连接件中较薄构件的厚度。
4. 材料为Q235－A·F。
5. 标注方法：若选用ZJ－2－5型支架，L_0＝500mm 则标记为ZJ－2－5－500。

2014	ZJ-2-6型 三角支架	施工图图号 S1-15-20/2

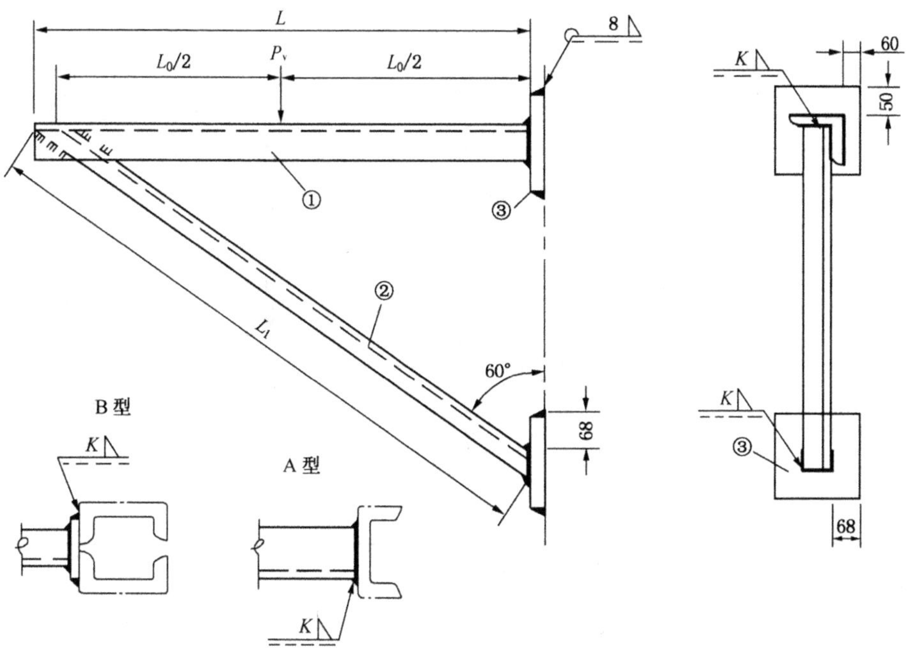

件号	①	②	③		参考总重量/kg
名称	横梁	斜撑	垫片		
数量	1	1		2	
支架型号	ZJ-2-6		A型	B型	
规格	∠100×8	∠75×8		$\delta=8$	
L_0/mm	L/mm	L_1/mm		尺寸/mm	
500	575	644		200×200	18
600	675	779			20.5
700	775	895			22.5
800	875	1010			25
900	975	1126			27
1000	1075	1241			29.5
1100	1175	1357			32
1200	1275	1472			34

注：1. 件号③根据具体情况选用，生根不需要垫片时，选用A型；需垫片时则选用B型。

2. 本支架适用于生根在钢结构的梁或柱上。

3. 焊角高度K的数值取连接件中较薄构件的厚度。

4. 材料为Q235-A·F。

5. 标注方法：若选用ZJ-2-6型支架，L_0=500mm则标记为ZJ-2-6-500。

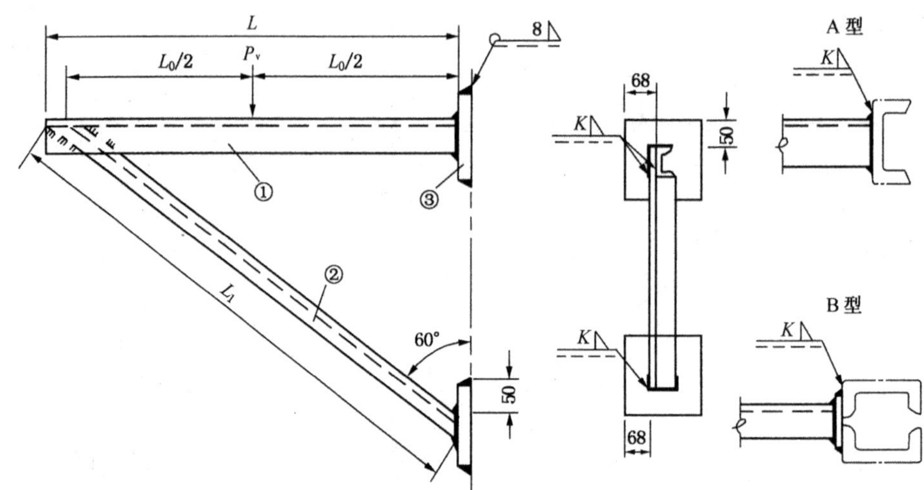

件号	①		②	③		参考 总重量/kg	
名称	横梁		斜撑	垫片			
数量	1		1		2		
支架型号	ZJ－2－7	ZJ－2－8		A型	B型		
规格	［10	［12.6	∠100×8		δ＝8		
L_0/mm	L/mm		L_1/mm		尺寸/mm	ZJ－2－7	ZJ－2－8
500	600		693		200×200	20	21.5
600	700		808			22.5	24
700	800		924			24.5	26.5
800	900		1039			27	29
900	1000		1155			29.5	32
1000	1100		1270			32	34.5
1100	1200		1386			34.5	36
1200	1300		1501			36.5	40
1300	1400		1617			39	42.5
1400	1500		1732			41.5	45
1500	1600		1848			44	47.5
1600	1700		1963			46.5	50.5
1700	1800		2078			49	53

注：1. 件号③根据具体情况选用，生根不需要垫片时，选用A型；需垫片时则选用B型。

2. 本支架适用于生根在钢结构的梁或柱上。

3. 焊角高度K的数值取连接件中较薄构件的厚度。

4. 材料为Q235－A·F。

5. 标注方法：若选用ZJ－2－7型支架，L_0＝500mm则标记为ZJ－2－7－500。

2014	ZJ－2－9 型 三 角 支 架	施工图图号 S1－15－21/1

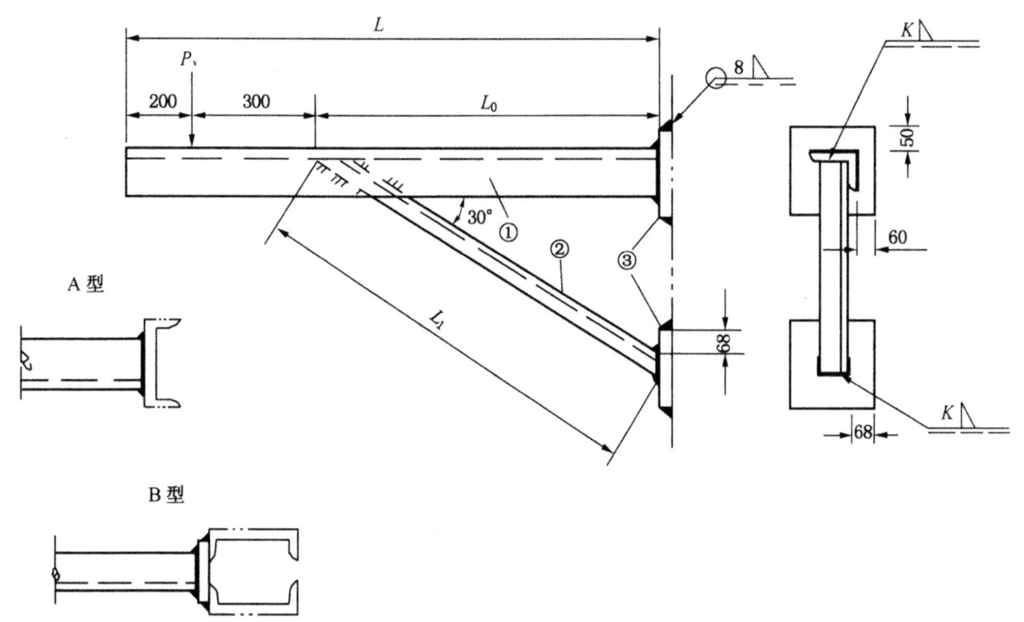

件　　号	①	②	③		参　考 总重量/kg
名　　称	横　梁	斜　撑	垫　板		
数　　量	1	1		2	
支架型号	ZJ－2－9		A 型	B 型	
规　　格	∠75×8	∠63×6		$\delta=8$	
L_0/mm	L/mm	L_1/mm		尺寸/mm	
500	1000	577		200×200	18
600	1100	693			19
700	1200	808			21
800	1300	924			22
900	1400	1039			24
1000	1500	1154			26

注：1. 件号③根据具体情况选用，生根不需要垫板时，选用 A 型；需垫板时则选用 B 型。

2. P_v 为支架所受的集中垂直荷载。

3. 本支架适用于生根在钢结构的梁或柱上。

4. 焊角高度 K 的数值取连接件中较薄构件的厚度。

5. 材料为 Q235－A·F。

6. 标注方法：若选用 ZJ－2－9 型支架，L_0＝500mm 则标记为 ZJ－2－9－500。

2014	ZJ－2－10型 三角支架	施工图图号 S1－15－21/2

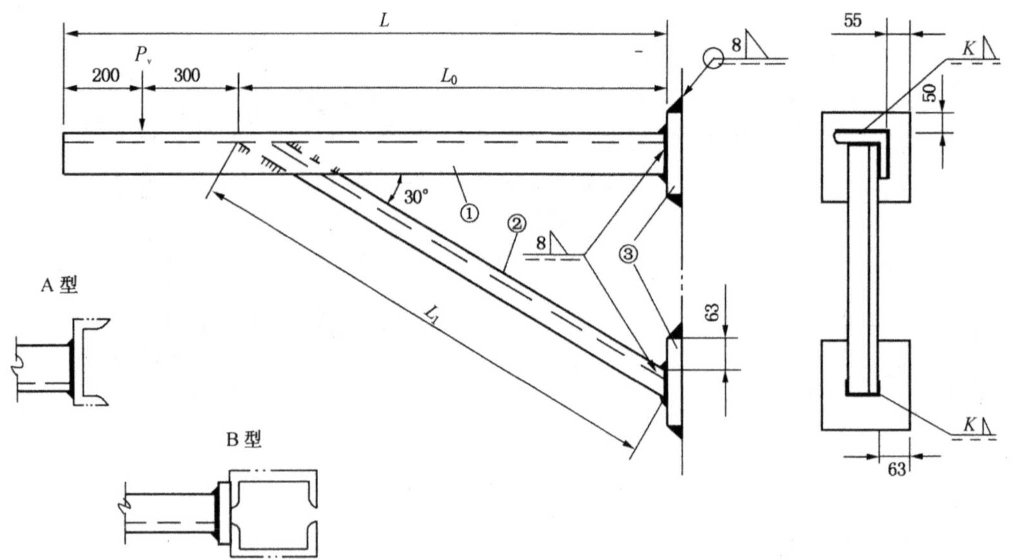

件　　号	①	②	③		参　考 总重量/kg
名　　称	横　梁	斜　撑	垫　板		
数　　量	1	1		2	
支架型号	ZJ－2－10		A型	B型	
规　　格	∠100×8	∠75×8		δ＝8	
L_0/mm	L/mm	L_1/mm		尺寸/mm	
500	1000	577		200×200	23
600	1100	693			25
700	1200	808			27
800	1300	924			30
900	1400	1039			32
1000	1500	1155			34
1100	1600	1270			37
1200	1700	1386			39

注：1. 件号③根据具体情况选用，生根不需要垫板时，选用A型；需垫板时则选用B型。

2. P_v为支架所受的集中垂直荷载。

3. 本支架适用于生根在钢结构的梁或柱上。

4. 焊角高度K的数值取连接件中较薄构件的厚度。

5. 材料为Q235－A·F。

6. 标注方法：若选用ZJ－2－10型支架，L_0＝500mm 则标记为ZJ－2－10－500。

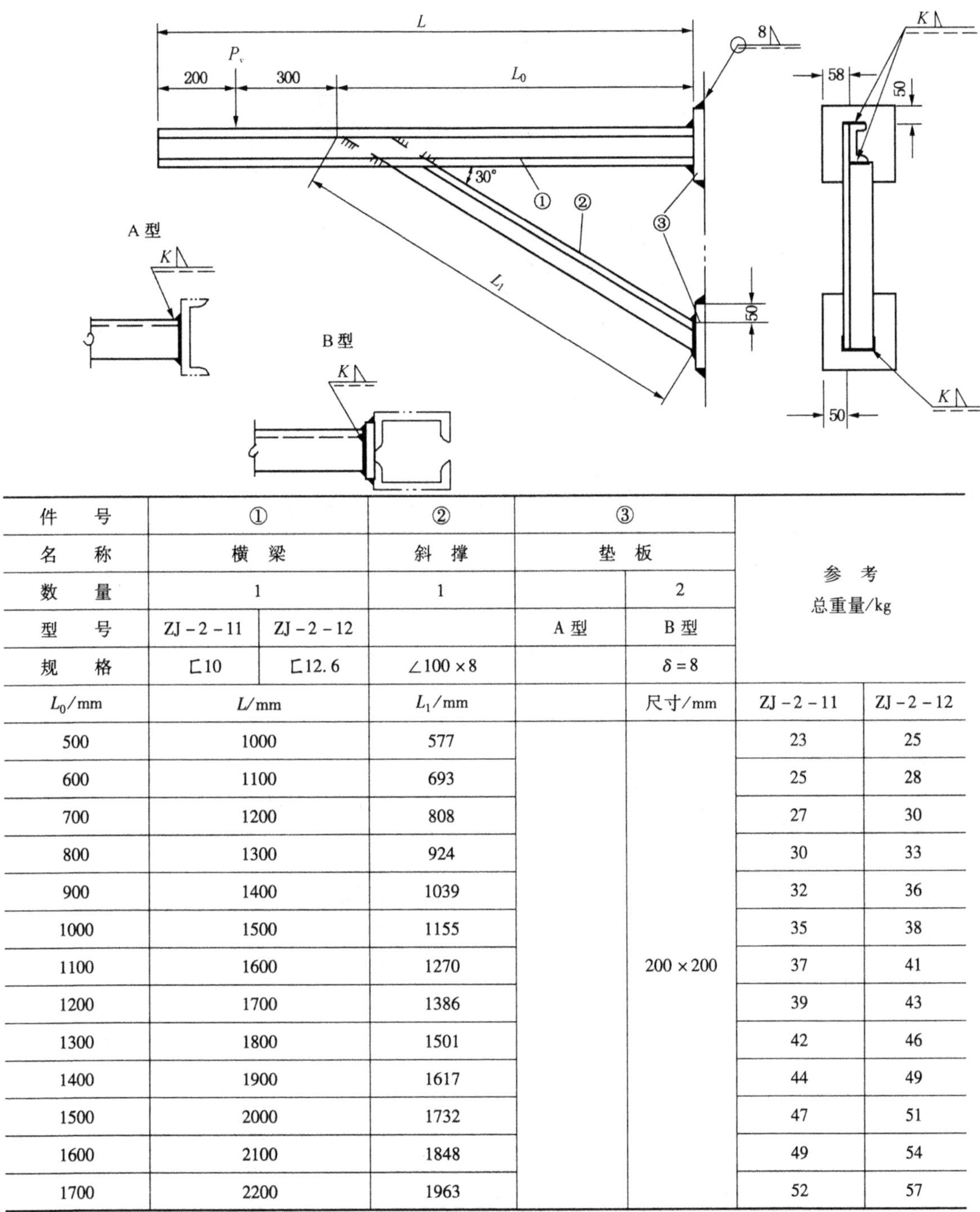

件　号	①		②	③		参考 总重量/kg	
名　称	横　梁		斜　撑	垫　板			
数　量	1		1		2		
型　号	ZJ－2－11	ZJ－2－12		A 型	B 型		
规　格	[10	[12.6	∠100×8		δ＝8		
L_0/mm	L/mm		L_1/mm		尺寸/mm	ZJ－2－11	ZJ－2－12
500	1000		577		200×200	23	25
600	1100		693			25	28
700	1200		808			27	30
800	1300		924			30	33
900	1400		1039			32	36
1000	1500		1155			35	38
1100	1600		1270			37	41
1200	1700		1386			39	43
1300	1800		1501			42	46
1400	1900		1617			44	49
1500	2000		1732			47	51
1600	2100		1848			49	54
1700	2200		1963			52	57

注：1. 件号③根据具体情况选用，生根不需要垫板时，选用 A 型；需垫板时则选用 B 型。

2. P_v 为支架所受的集中垂直荷载。

3. 本支架适用于生根在钢结构的梁或柱上。

4. 材料为 Q235－A・F。

5. 标注方法：若选用 ZJ－2－11 型支架，L_0＝500mm 则标记为 ZJ－2－11－500。

2014	ZJ－2－13～15 型 三角支架	施工图图号 S1－15－22

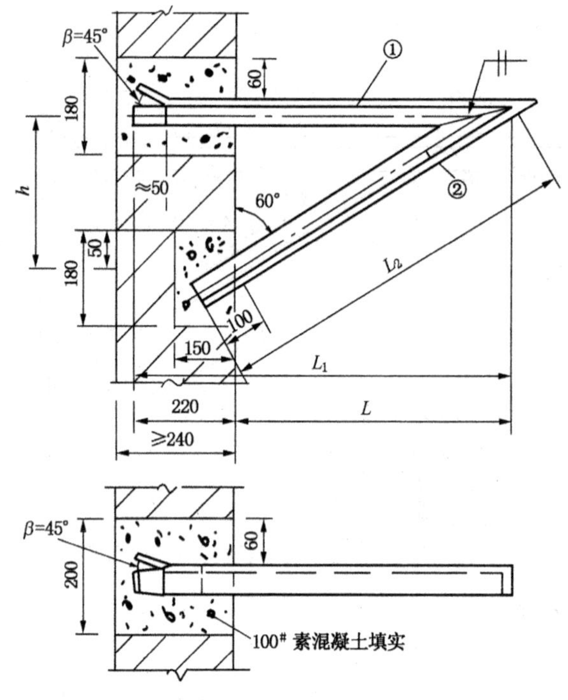

（mm）

件号		①	②	①	②	①	②	参考总重量/kg			素混凝土用量/m^3
名称		横梁	斜撑	横梁	斜撑	横梁	斜撑				
数量		1	1	1	1	1	1	ZJ－2－13	ZJ－2－14	ZJ－2－15	
型号		ZJ－2－13		ZJ－2－14		ZJ－2－15					
规格		∠63×6	∠50×5	∠75×8	∠63×6	[10	∠100×8				
L	h	L_1	L_2	L_1	L_2	L_1	L_2				
500	289	720	662.6	720	658.8	720	648.3	6.8	10.4	15.5	0.014
600	346	820	777.6	820	773.8	820	763.3	7.7	11.9	17.9	
700	404	920	893.6	920	889.8	920	879.3	8.7	13.5	20.3	
800	462	1020	1009.6	1020	1005.8	1020	995.3	9.7	15.1	22.8	
900	520	1120	1124.6	1120	1120.8	1120	1110.3	10.7	16.6	25.2	
1000	577	1220	1240.6	1220	1236.8	1220	1226.3	11.7	18.2	27.6	
1100	635	1320	1355.6	1320	1351.8	1320	1341.3	12.8	19.7	30	
1200	693	1420	1405.6	1420	1476.8	1420	1457.3	13.7	21.3	32.4	

注：1. 标注方法：如选用 ZJ－2－13 型支架，L_0＝500mm 则标记为 ZJ－2－13－500。

2. 尺寸单位为 mm。

2014	ZJ－2－16～18 型 三角支架	施工图图号 S1－15－23

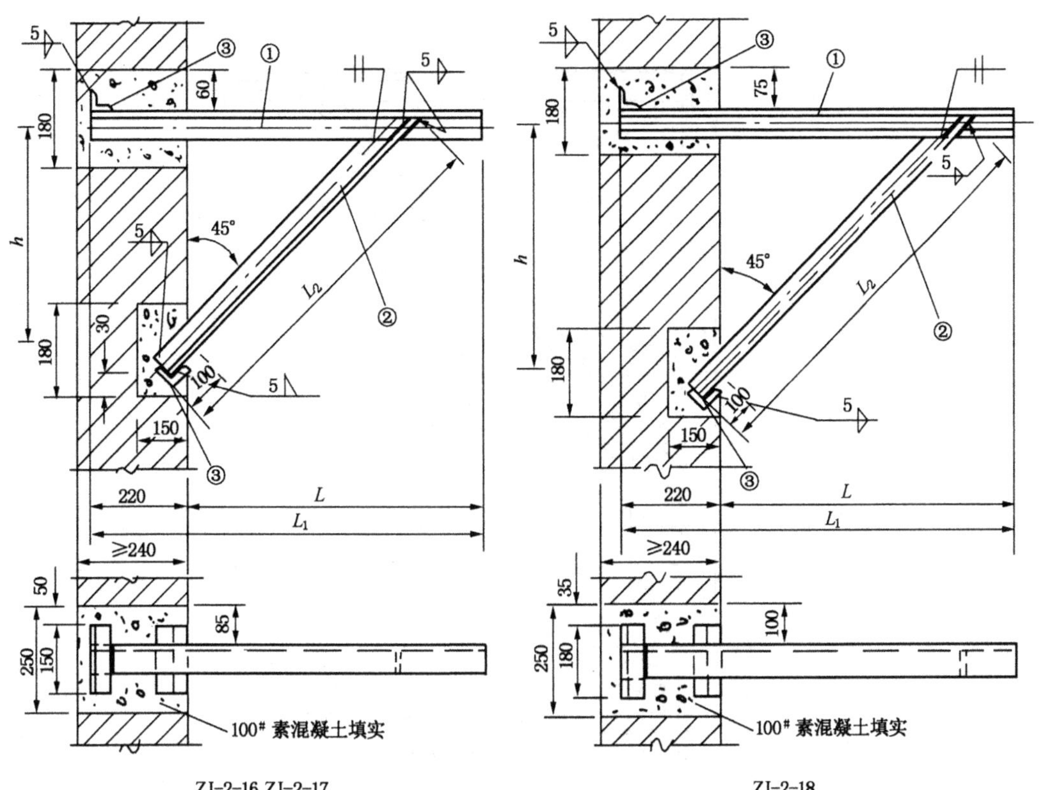

ZJ-2-16,ZJ-2-17　　　　ZJ-2-18

（mm）

件号		①	②	①	②	①	②	③		参考 总重量/kg			素混凝土用量/m^3
名称		横梁	斜撑	横梁	斜撑	横梁	斜撑	预埋件					
数量		1	1	1	1	1	1	2					
型号		ZJ－2－16		ZJ－2－17		ZJ－2－18		∠50×5	∠63×6	ZJ－2－16	ZJ－2－17	ZJ－2－18	
规格		∠63×6	∠50×5	∠75×8	∠63×6	[10	∠100×8						
L	*h*	L_1	L_2	L_1	L_2	L_1	L_2	长度	长度				
500	300	720	499	720	492.5	720	474	150	180	7.33	10.63	15.66	0.014
600	400	820	641	820	634.5	820	616			8.33	12.33	18.46	
700	500	920	782	920	775.5	920	757			9.43	14.03	21.16	
800	600	1020	924	1020	917.5	1020	899			10.53	15.73	23.86	
900	700	1120	1064	1120	1057.5	1120	1030			11.63	17.43	26.66	
1000	800	1220	1206	1220	1119.5	1220	1181			12.73	19.13	29.36	
1100	900	1320	1348	1320	1341.5	1320	1323			13.93	20.93	32.06	
1200	1000	1420	1489	1420	1482.5	1420	1464			14.84	22.63	34.86	

注：1. 件③∠50×5 的角钢，适用于 ZJ－2－16，ZJ－2－17，∠63×6 适用于 ZJ－2－18。

2. 标注方法：如选用 ZJ－2－16 型支架，L_0＝500mm 则标记为 ZJ－2－16－500。

3. 尺寸单位为 mm。

2014	ZJ－2－19～21 型 三 角 支 架	施工图图号 S1－15－24

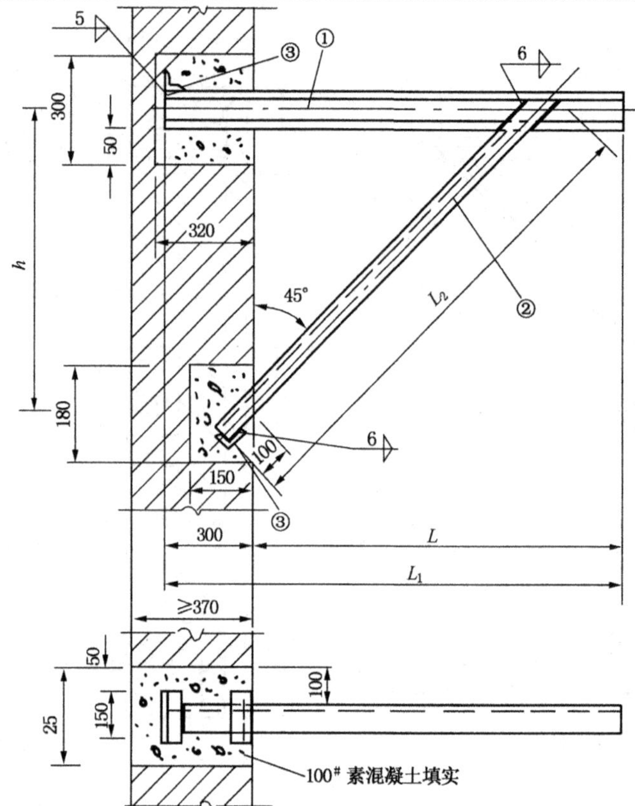

(mm)

件号		①	②	①	②	①	②	③		参考 总重量/kg			素混凝土用量/m^3
名称		横梁	斜撑	横梁	斜撑	横梁	斜撑	预埋件					
数量		1	1	1	1	1	1	2					
型号		ZJ－2－19		ZJ－2－20		ZJ－2－21		∠50×5	∠63×6	ZJ－2－19	ZJ－2－20	ZJ－2－21	
规格		∠63×6	∠50×5	∠75×8	∠63×6	[10	∠100×8						
L	h	L_1	L_2	L_1	L_2	L_1	L_2	长度	长度				
500	200	800	306	800	299.5	800	281	150	180	6.93	10.23	14.16	0.014
600	300	900	421	900	414.5	900	396			7.93	11.83	16.46	
700	400	1000	537	1000	530.5	1000	512			8.93	13.33	18.96	
800	500	1100	652	1100	645.5	1100	627			10.03	14.93	21.36	
900	600	1200	768	1200	761.5	1200	743			11.03	16.43	23.76	
1000	700	1300	883	1300	876.5	1300	858			11.93	18.03	26.16	
1100	800	1400	999	1400	992.5	1400	974			13.03	14.63	28.66	
1200	900	1500	1114	1500	1107.5	1500	1089			14.03	21.13	27.87	

注：1. 件③∠50×5 的角钢，适用于 ZJ－2－19，ZJ－2－20，∠63×6 适用于 ZJ－2－21。

2. 标注方法：如选用 ZJ－2－19 型支架，L_0＝500mm 则标记为 ZJ－2－19－500。

3. 尺寸单位为 mm。

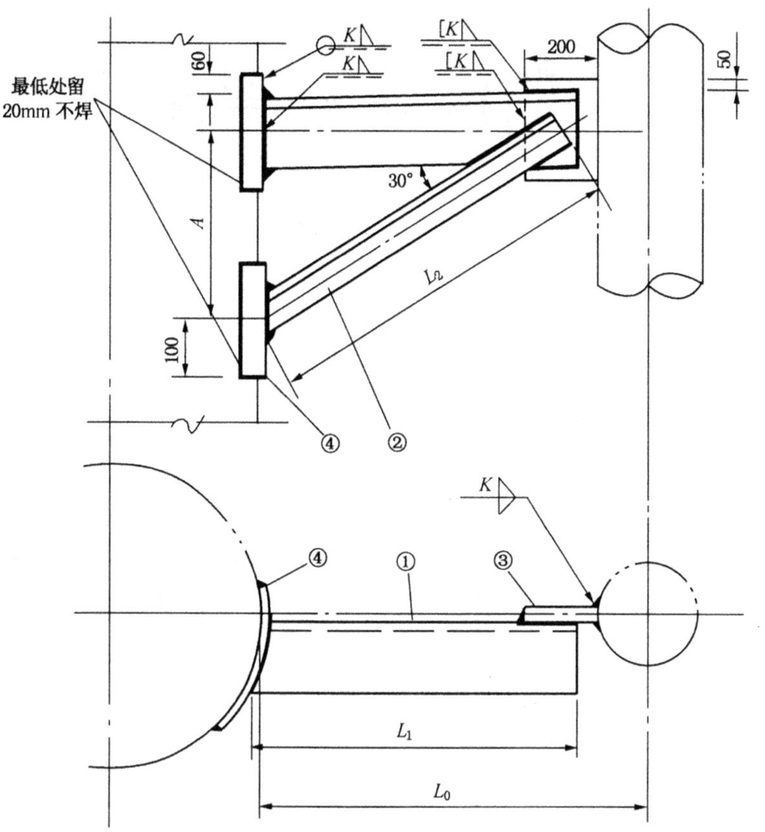

件　　号	①	②	③	④	A/mm	参　考 总重量/kg
名　　称	横　梁	斜　撑	钢　板	垫　板		
数　　量	1	1	1	2		
支架型号	ZJ－2－22					
规　　格	∠75×8	∠63×6	δ=6	δ=8		
L_0/mm	L_1/mm	L_2/mm	尺寸/mm	尺寸/mm		
500	365	410	200×150	200×200	191	12
600	465	525			249	14
700	565	641			307	16
800	665	756			364	17
900	765	872			422	19
1000	865	987			480	20

注：1. 本支架适用于生根在塔或立式容器的器壁上。

2. 焊角高度 *K* 的数值取连接件中较薄构件的厚度。

3. 材料为 Q235－A·F。

4. 标注方法：若选用 ZJ－2－22、*DN*50 型支架，L_0＝500mm 则标记为 ZJ－2－22－50－500。

5. 平面图上未表示斜撑。

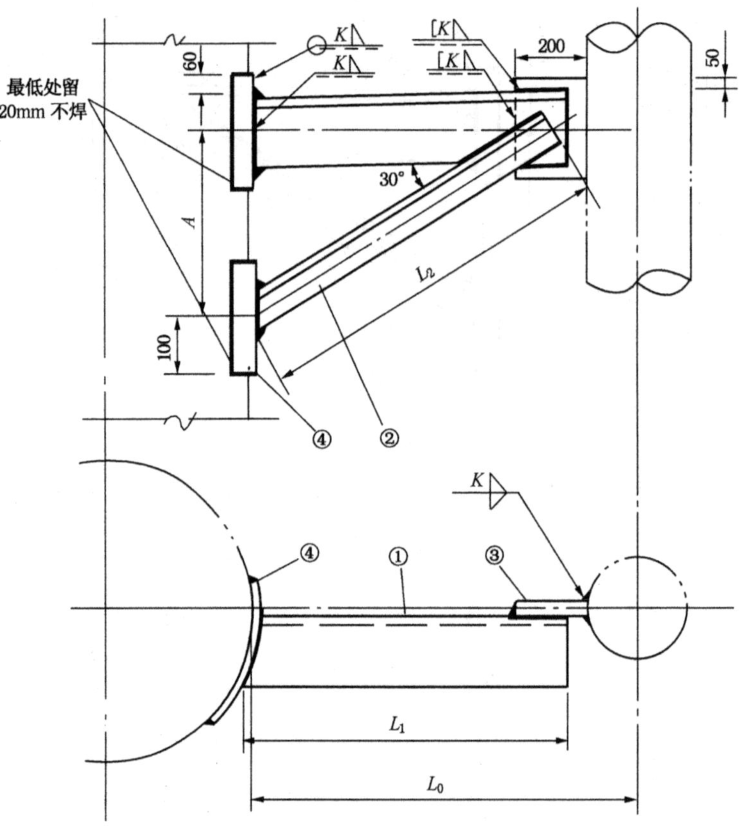

件　　号	①	②	③	④	A/mm	参　考 总重量/kg
名　　称	横　梁	斜　撑	钢　板	垫　板		
数　　量	1	1	1	2		
支架型号	ZJ－2－22					
规　　格	∠75×8	∠63×6	δ＝6	δ＝8		
L_0/mm	L_1/mm	L_2/mm	尺寸/mm	尺寸/mm		
500	340	381	200×150	200×200	177	12
600	440	497			235	14
700	540	612			292	15
800	640	727			350	17
900	740	843			408	18
1000	840	958			465	20

注：1. 本支架适用于生根在塔或立式容器的器壁上。
2. 焊角高度 *K* 的数值取连接件中较薄构件的厚度。
3. 材料为 Q235－A·F。
4. 标注方法：若选用 ZJ－2－22、*DN*80 型支架，L_0＝500mm 则标记为 ZJ－2－22－80－500。
5. 平面图上未表示斜撑。

2014	ZJ－2－22 型 单肢三角固定支架(DN100)	施工图图号 S1－15－25/3

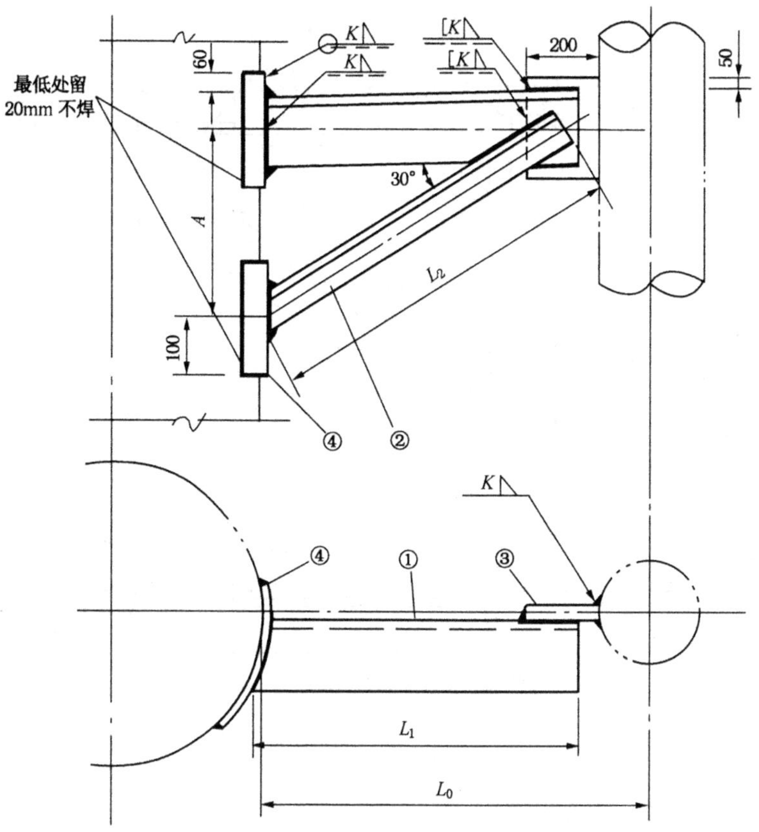

件　　号	①	②	③	④	A/mm	参　考 总重量/kg
名　　称	横　梁	斜　撑	钢　板	垫　板		
数　　量	1	1	1	2		
支架型号	ZJ－2－22					
规　　格	∠75×8	∠63×6	$\delta=6$	$\delta=8$		
L_0/mm	L_1/mm	L_2/mm	尺寸/mm	尺寸/mm		
500	325	364	200×150	200×200	168	12
600	425	479			226	13
700	525	595			284	15
800	625	710			341	16
900	725	826			399	18
1000	825	941			457	20

注:1. 本支架适用于生根在塔或立式容器的器壁上。
2. 焊角高度 K 的数值取连接件中较薄构件的厚度。
3. 材料为 Q235－A·F。
4. 标注方法:若选用 ZJ－2－22、DN100 型支架,L_0＝500mm 则标记为 ZJ－2－22－100－500。
5. 平面图上未表示斜撑。

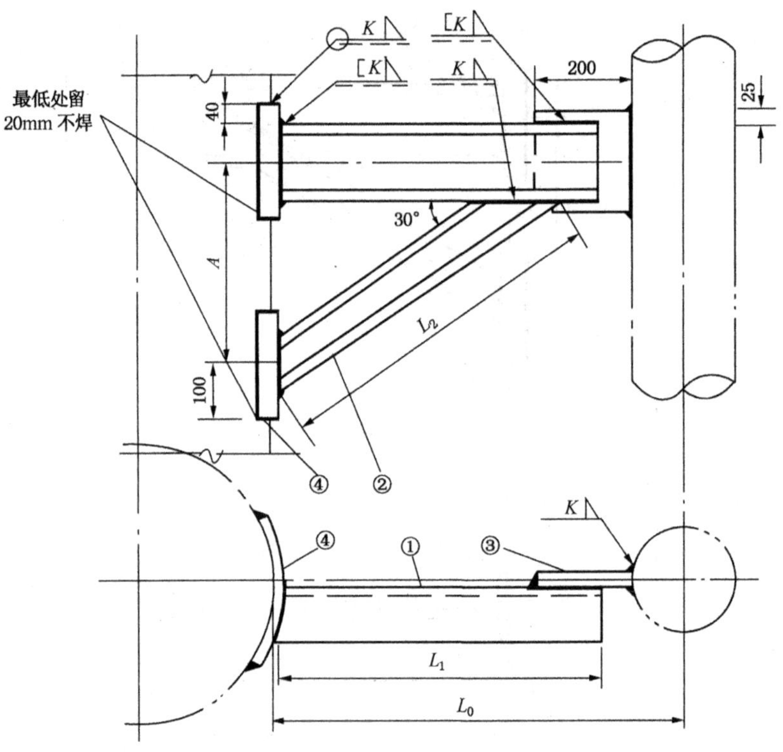

名　　称	①横梁	②斜撑	③钢板	④垫板	A/mm	参　考 总重量/kg
数　　量	1	1	1	2		
支架型号	ZJ－2－23					
规　　格	[10	[10	δ=6	δ=8		
L_0/mm	L_1/mm	L_2/mm	尺寸/mm	尺寸/mm		
500	365	321	200×150	200×200	153	14
600	465	437			211	16
700	565	552			268	18
800	665	668			326	20
900	765	783			384	22
1000	865	899			442	25
1100	965	1014			499	27
1200	1065	1130			557	29
1300	1165	1245			615	31
1400	1265	1361			673	33
1500	1365	1476			730	35
1600	1465	1592			788	38
1700	1565	1707			846	40

注：1. 本支架适用于生根在塔或立式容器的器壁上。
　　2. 焊角高度 K 的数值取连接件中较薄构件的厚度。
　　3. 材料为 Q235－A·F。
　　4. 标注方法：若选用 ZJ－2－23、*DN*50 型支架，L_0＝500mm 则标记为 ZJ－2－23－50－500。
　　5. 平面图上未表示斜撑。

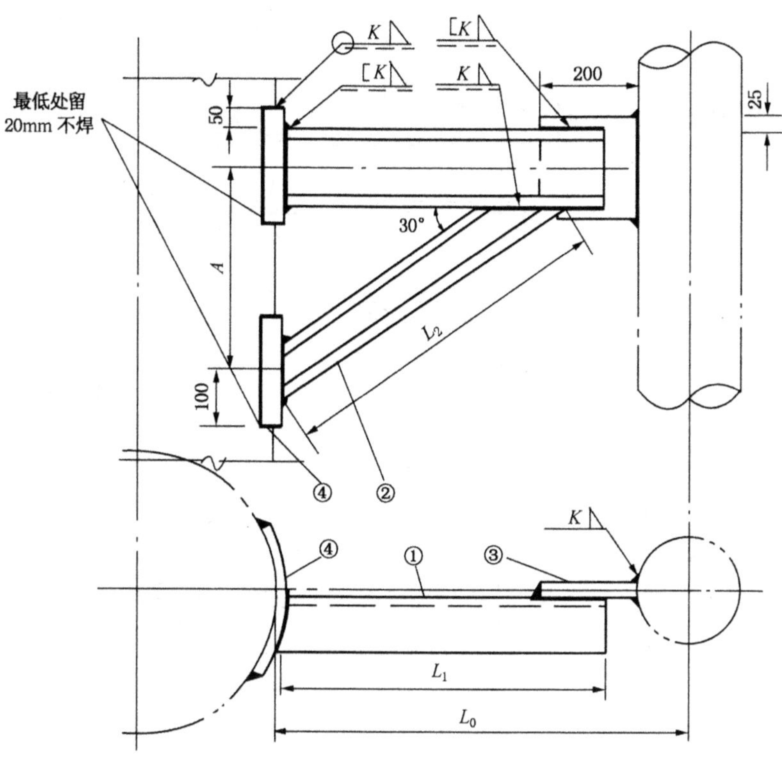

名　称	①横梁	②斜撑	③钢板	④垫板	*A*/mm	参　考 总重量/kg
数　量	1	1	1	2		
支架型号	ZJ－2－23					
规　格	⊏10	⊏10	$\delta=6$	$\delta=8$		
L_0/mm	L_1/mm	L_2/mm	尺寸/mm	尺寸/mm		
500	340	293	200×150	200×200	139	13
600	440	408			196	15
700	540	524			254	18
800	640	639			312	20
900	740	755			370	22
1000	840	870			427	24
1100	940	985			485	26
1200	1040	1101			543	28
1300	1140	1216			600	30
1400	1240	1332			658	33
1500	1340	1447			716	35
1600	1440	1563			774	37
1700	1540	1678			831	39

注：1. 本支架适用于生根在塔或立式容器的器壁上。
2. 焊角高度 *K* 的数值取连接件中较薄构件的厚度。
3. 材料为 Q235－A·F。
4. 标注方法：若选用 ZJ－2－23、*DN*80 型支架，L_0＝500mm 则标记为 ZJ－2－23－80－500。
5. 平面图上未表示斜撑。

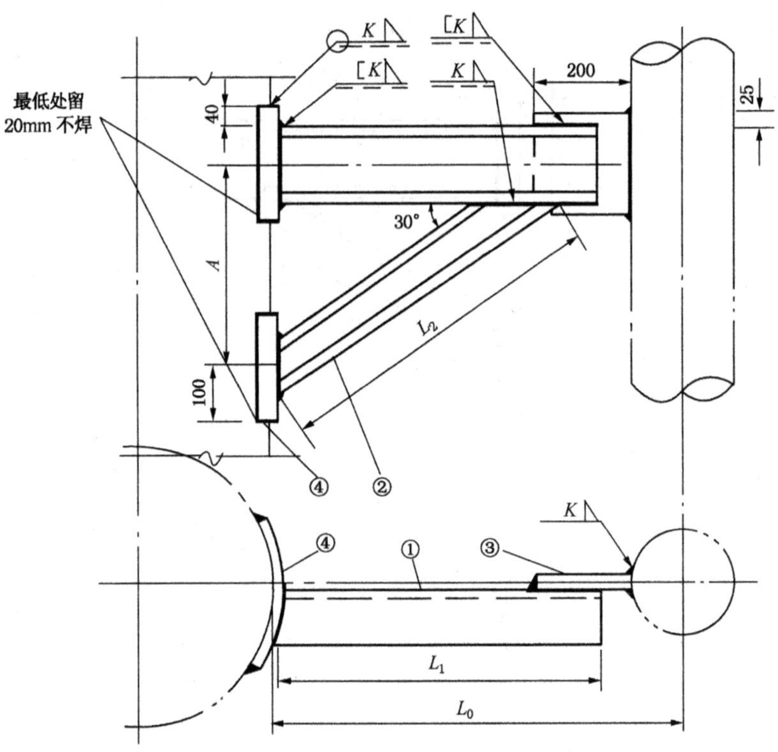

名　称	①横梁	②斜撑	③钢板	④垫板	*A*/mm	参　考 总重量/kg
数　量	1	1	1	2		
支架型号	ZJ－2－23					
规　格	⊏10	⊏10	$\delta=6$	$\delta=8$		
L_0/mm	L_1/mm	L_2/mm	尺寸/mm	尺寸/mm		
500	325	275	200×150	200×200	130	13
600	425	390			188	15
700	525	506			245	17
800	625	622			303	19
900	725	737			361	21
1000	825	853			419	24
1100	925	968			476	26
1200	1025	1084			534	28
1300	1125	1199			592	30
1400	1225	1315			650	32
1500	1325	1430			707	35
1600	1425	1545			764	37
1700	1525	1661			823	39

注：1. 本支架适用于生根在塔或立式容器的器壁上。
2. 焊角高度 *K* 的数值取连接件中较薄构件的厚度。
3. 材料为 Q235－A·F。
4. 标注方法：若选用 ZJ－2－23、*DN*100 型支架，L_0＝500mm 则标记为 ZJ－2－23－100－500。
5. 平面图上未表示斜撑。

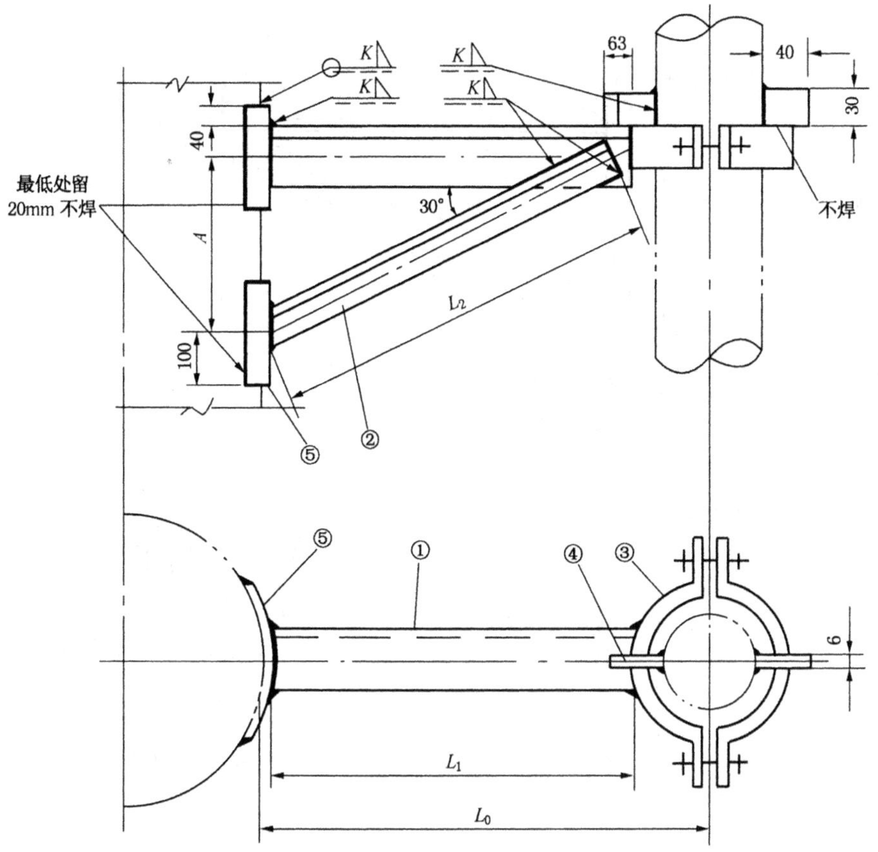

件　号	①	②	③	④	⑤	*A*/mm	参　考 总重量/kg
名　称	横　梁	斜　撑	管　卡	挡　铁	垫　板		
数　量	1	1	1	2	2		
支架型号	ZJ－2－24						
规　格	∠75×8	∠63×6		δ=6	δ=8		
L_0/mm	L_1/mm	L_2/mm	施工图图号	尺寸/mm	尺寸/mm		
500	455	489	S1－15－72	40×30	200×200	231	13
600	555	604				288	14
700	655	720				346	16
800	755	835				404	17
900	855	951				462	19
1000	955	1066				519	20

注：1. 本支架适用于生根在塔或立式容器的器壁上。
2. 焊角高度 *K* 的数值取连接件中较薄构件的厚度。
3. 件④挡铁的材质与管子同材，其他构件的材质为 Q235－A·F。
4. 标注方法：若选用 ZJ－2－24、*DN*50 型支架，L_0=500mm 则标记为 ZJ－2－24－50－500。

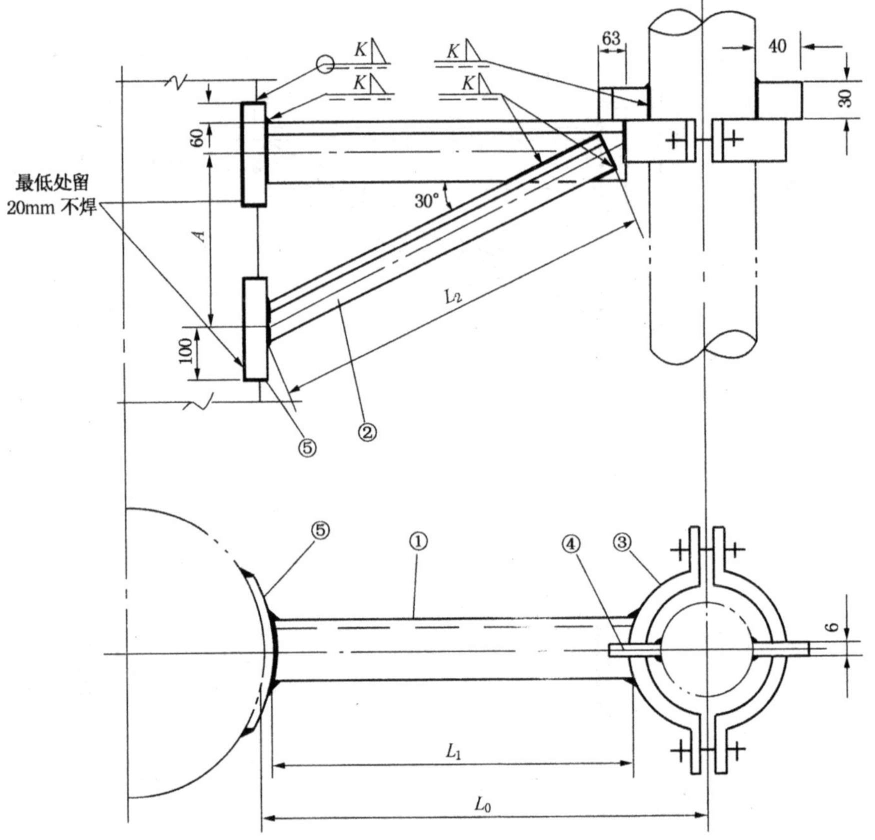

件　　号	①	②	③	④	⑤	A/mm	参　考 总重量/kg
名　　称	横　梁	斜　撑	管　卡	挡　铁	垫　板		
数　　量	1	1	1	2	2		
支架型号	ZJ－2－24						
规　　格	∠75×8	∠63×6		$\delta=6$	$\delta=8$		
L_0/mm	L_1/mm	L_2/mm	施工图图号	尺寸/mm	尺寸/mm		
500	441	473	S1－15－72	40×30	200×200	223	12
600	541	588				281	14
700	641	704				338	15
800	741	819				396	17
900	841	935				454	19
1000	941	1050				512	20

注：1. 本支架适用于生根在塔或立式容器的器壁上。

2. 焊角高度 *K* 的数值取连接件中较薄构件的厚度。

3. 件④挡铁的材质与管子同材，其他构件的材质为 Q235－A·F。

4. 标注方法：若选用 ZJ－2－24、*DN*80 型支架，L_0＝500mm 则标记为 ZJ－2－24－80－500。

5. 平面图上未表示斜撑。

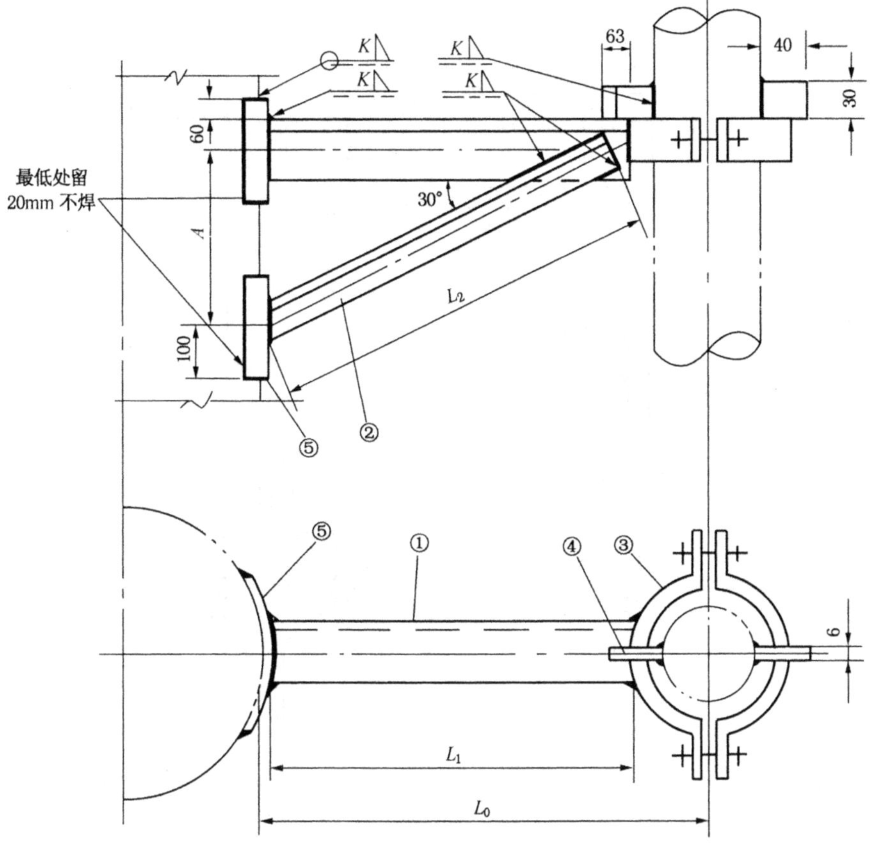

件　　号	①	②	③	④	⑤	A/mm	参　考 总重量/kg
名　　称	横　梁	斜　撑	管　卡	挡　铁	垫　板		
数　　量	1	1	1	2	2		
支架型号	ZJ－2－24						
规　　格	∠75×8	∠63×6		δ＝6	δ＝8		
L_0/mm	L_1/mm	L_2/mm	施工图图号	尺寸/mm	尺寸/mm		
500	428	460	S1－15－72	40×30	200×200	210	12
600	528	576				268	14
700	628	691				326	15
800	728	807				384	17
900	828	922				442	18
1000	928	1037				499	20

注：1. 本支架适用于生根在塔或立式容器的器壁上。
2. 焊角高度 *K* 的数值取连接件中较薄构件的厚度。
3. 件④挡铁的材质与管子同材，其他构件的材质为 Q235－A·F。
4. 标注方法：若选用 ZJ－2－24、*DN*100 型支架，L_0＝500mm 则标记为 ZJ－2－24－100－500。
5. 平面图上未表示斜撑。

2014	ZJ－2－25 型 单肢三角固定支架(*DN*50)	施工图图号 S1－15－28/1

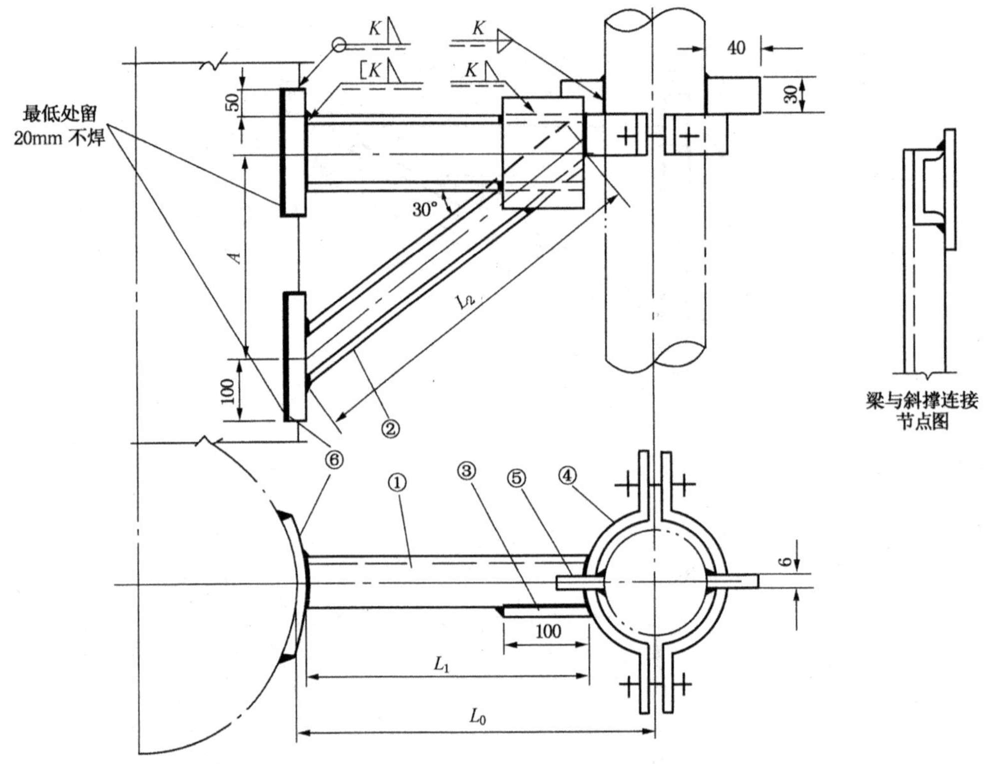

名　称	①横梁	②斜撑	③钢板	④管卡	⑤挡铁	⑥垫板	A/mm	参　考 总重量/kg
数　量	1	1	1	1	2	2		
支架型号	ZJ－2－25							
规　格	⊏10	⊏10	δ＝6		δ＝6	δ＝8		
L_0/mm	L_1/mm	L_2/mm	尺寸/mm	施工图图号	尺寸/mm	尺寸/mm		
500	455	583	150×100	S1－15－72	40×30	200×200	270	16
600	555	698					328	19
700	655	814					385	21
800	755	929					443	24
900	855	1044					501	26
1000	955	1100					558	28
1100	1055	1276					616	30
1200	1155	1391					674	32
1300	1255	1506					732	35
1400	1355	1622					789	37
1500	1455	1738					847	39
1600	1555	1853					906	41
1700	1655	1768					963	43

注：1. 本支架适用于生根在塔或立式容器的器壁上。
2. 焊角高度 K 的数值取连接件中较薄构件的厚度。
3. 件⑤挡铁的材质与管子同材，其他构件的材质为 Q235－A・F。
4. 标注方法：若选用 ZJ－2－25、*DN*50 型支架，L_0＝500mm 则标记为 ZJ－2－25－50－500。
5. 平面图上未表示斜撑。

2014	ZJ－2－25 型 单肢三角固定支架（*DN*80）	施工图图号 S1－15－28/2

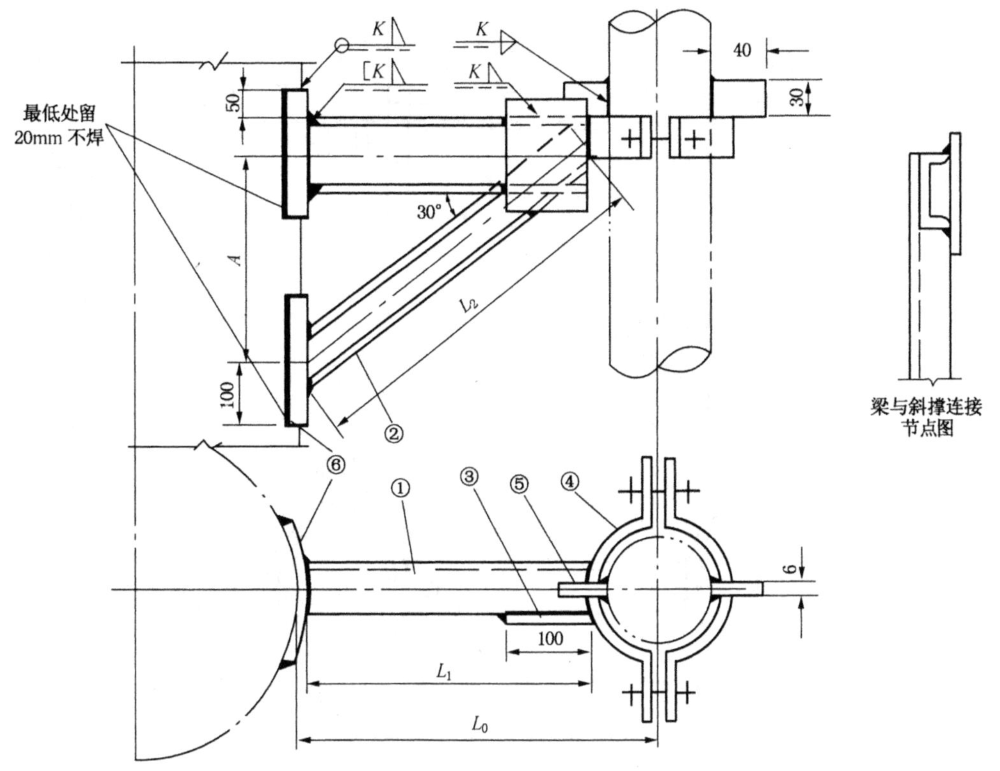

名　称	①横梁	②斜撑	③钢板	④管卡	⑤挡铁	⑥垫板	*A*/mm	参　考 总重量/kg
数　量	1	1	1	1	2	2		
支架型号	ZJ－2－25							
规　格	⊏10	⊏10	$\delta=6$		$\delta=6$	$\delta=8$		
L_0/mm	L_1/mm	L_2/mm	尺寸/mm	施工图图号	尺寸/mm	尺寸/mm		
500	441	567					262	16
600	541	682					320	19
700	641	798					377	21
800	741	913					435	24
900	841	1028					493	26
1000	941	1144					551	28
1100	1041	1260	150×100	S1－15－72	40×30	200×200	608	30
1200	1141	1375					666	32
1300	1241	1490					724	35
1400	1341	1606					782	37
1500	1441	1722					839	39
1600	1541	1837					897	41
1700	1641	1953					955	43

注：1. 本支架适用于生根在塔或立式容器的器壁上。
2. 焊角高度 *K* 的数值取连接件中较薄构件的厚度。
3. 件⑤挡铁的材质与管子同材，其他构件的材质为 Q235－A・F。
4. 标注方法：若选用 ZJ－2－25、*DN*80 型支架，L_0＝500mm 则标记为 ZJ－2－25－80－500。
5. 平面图上未表示斜撑。

2014	ZJ－2－25 型 单肢三角固定支架（*DN*100）	施工图图号 S1－15－28/3

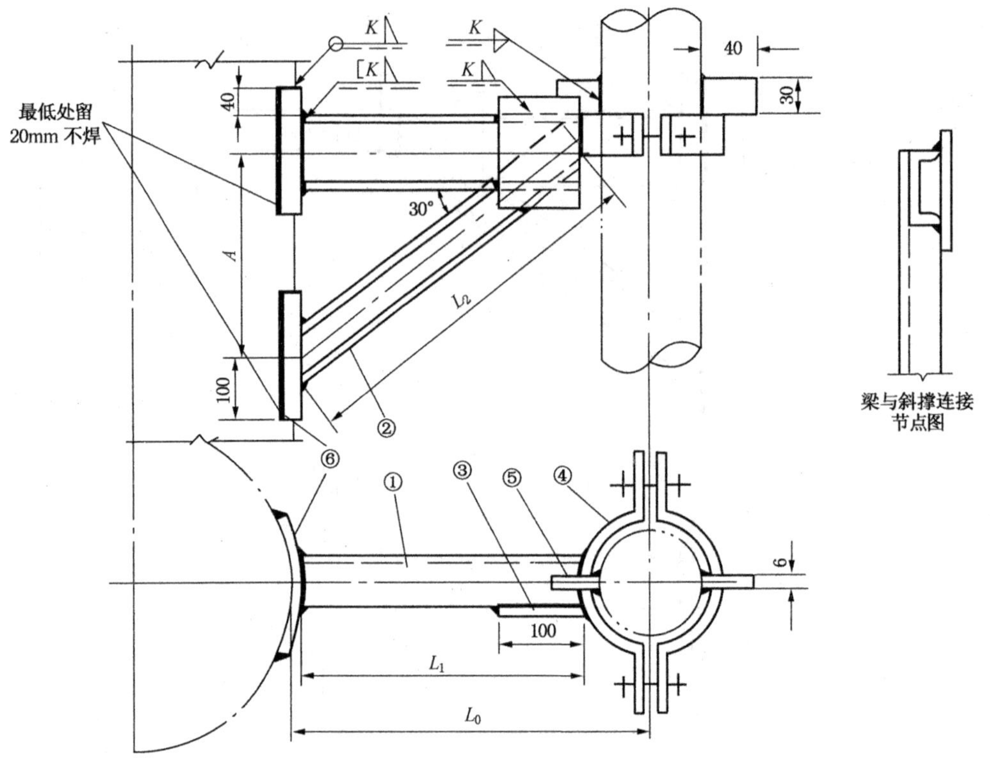

名　　称	①横梁	②斜撑	③钢板	④管卡	⑤挡铁	⑥垫板	*A*/mm	参　考 总重量/kg
数　　量	1	1	1	1	2	2		
支架型号	ZJ－2－25							
规　　格	[10	[10	δ＝6		δ＝6	δ＝8		
L_0/mm	L_1/mm	L_2/mm	尺寸/mm	施工图图号	尺寸/mm	尺寸/mm		
500	428	552	100×50	S1－15－72	40×30	200×200	255	17
600	528	667					313	19
700	628	783					370	21
800	728	898					428	23
900	828	1013					486	25
1000	928	1129					544	28
1100	1028	1245					601	30
1200	1128	1360					659	32
1300	1228	1476					717	34
1400	1328	1591					775	36
1500	1428	1707					832	38
1600	1528	1822					890	41
1700	1628	1938					948	43

注：1. 本支架适用于生根在塔或立式容器的器壁上。
2. 焊角高度 *K* 的数值取连接件中较薄构件的厚度。
3. 件⑤挡铁的材质与管子同材，其他构件的材质为 Q235－A·F。
4. 标注方法：若选用 ZJ－2－25、*DN*100 型支架，L_0＝500mm 则标记为 ZJ－2－25－100－500。
5. 平面图上未表示斜撑。

2014	ZJ-2-26型 双肢三角承重支架($DN150$)	施工图图号 S1-15-29/1

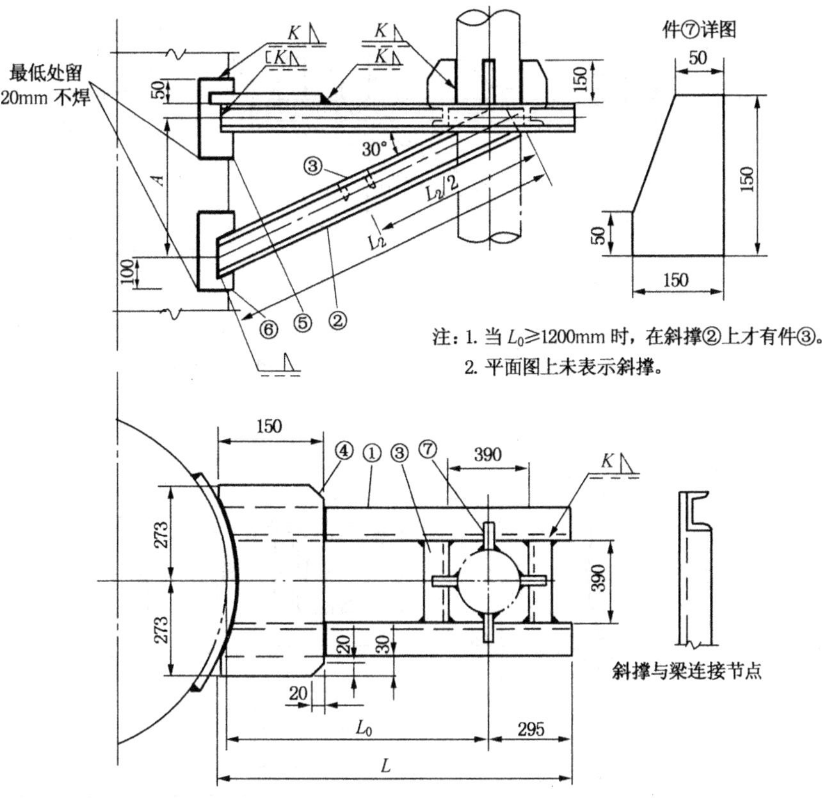

名称	①横梁	②斜撑	③连接梁	④加强板	⑤垫板	⑥垫板	⑦肋板	A/mm	参考 总重量/kg
数量	2	2	L_0<1200 2件	1	1	2	4		
型号	ZJ-2-26		L_0≥1200 3件						
规格	[10	[10	[8	$\delta=8$	$\delta=8$	$\delta=8$	$\delta=6$		
L_0/mm	L/mm	L_2/mm	长度/mm	尺寸/mm	尺寸/mm	尺寸/mm	尺寸/mm		
500	823	725	390	546×150	595×200	200×200	150×150	355	59
600	923	840						413	64
700	1023	955						470	69
800	1123	1070						530	74
900	1223	1185						587	79
1000	1323	1300						645	84
1100	1423	1415						703	89
1200	1523	1530	390					760	97
1300	1623	1645						820	102
1400	1723	1760						877	107
1500	1823	1875						935	112
1600	1923	1990						993	117
1700	2023	2105						1050	122

注：1. 本支架适用于生根在塔或立式容器的器壁上。2. 焊角高度 K 的数值取连接件中较薄构件的厚度。

3. 横梁 L 的长度取决于生根的塔或容器的直径，本表给出的数据仅供开料时参考。4. 材料为 Q235-A·F。

5. 标注方法：若选用 ZJ-2-26、$DN150$ 型支架，L_0=500mm 则标记为 ZJ-2-26-150-500。

2014	ZJ－2－26 型 双肢三角承重支架（*DN*200）	施工图图号 S1－15－29/2

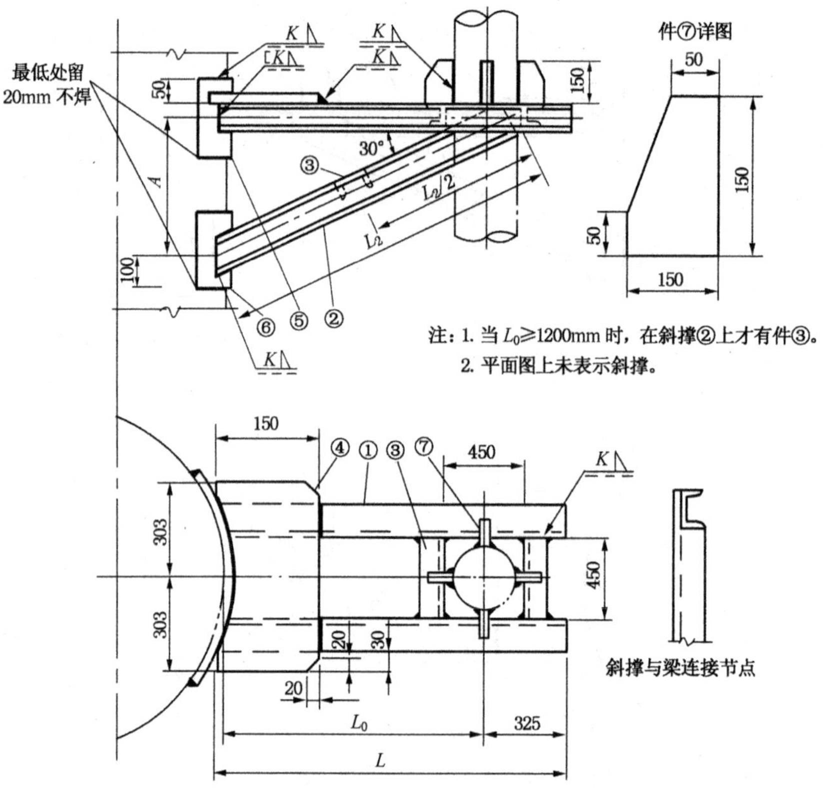

名　　称	①横梁	②斜撑	③连接梁	④加强板	⑤垫板	⑥垫板	⑦肋板	A/mm	参　考 总重量/kg
数　　量	2	2	L_0 <1200 2 件	1	1	2	4		
型　　号	ZJ－2－26		L_0 ≥1200 3 件						
规　　格	⊏10	⊏10	⊏8	δ＝8	δ＝8	δ＝8	δ＝6		
L_0/mm	L/mm	L_2/mm	长度/mm	尺寸/mm	尺寸/mm	尺寸/mm	尺寸/mm		
500	863	735						360	64
600	963	850						418	69
700	1063	965						475	74
800	1163	1080	450					535	79
900	1263	1195						593	84
1000	1363	1310						650	89
1100	1463	1425		606×150	650×200	200×200	150×150	708	94
1200	1563	1540						765	103
1300	1663	1655						825	108
1400	1763	1770	450					883	113
1500	1863	1885						940	118
1600	1963	2000						998	123
1700	2063	2115						1055	128

注：1. 本支架适用于生根在塔或立式容器的器壁上。2. 焊角高度 K 的数值取连接件中较薄构件的厚度。

3. 横梁 L 的长度取决于生根的塔或容器的直径，本表给出的数据仅供开料时参考。4. 材料为 Q235－A·F。

5. 标注方法：若选用 ZJ－2－26、*DN*200 型支架，L_0＝500mm 则标记为 ZJ－2－26－200－500。

2014	ZJ－2－26 型 双肢三角承重支架（*DN*250）	施工图图号 S1－15－29/3

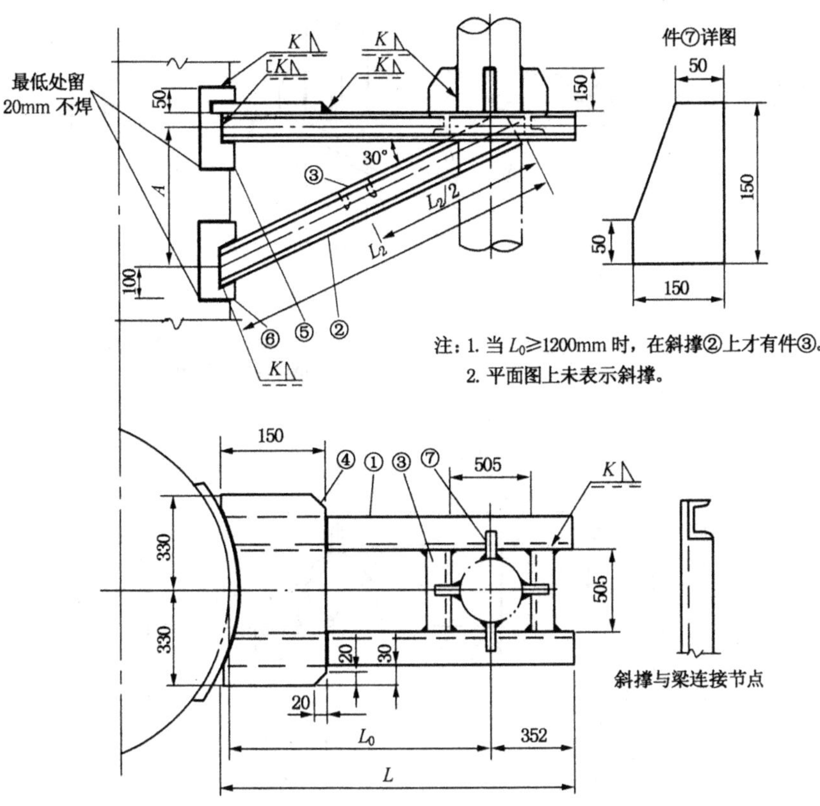

名　　称	①横梁	②斜撑	③连接梁	④加强板	⑤垫板	⑥垫板	⑦肋板	A/mm	参　考 总重量/kg
数　　量	2	2	L_0＜1200 2 件	1	1	2	4		
型　　号	ZJ－2－26		L_0≥1200 3 件						
规　　格	⊏10	⊏10	⊏8	δ＝8	δ＝8	δ＝8	δ＝10		
L_0/mm	L/mm	L_2/mm	长度/mm	尺寸/mm	尺寸/mm	尺寸/mm	尺寸/mm		
500	900	748	505	660×150	710×200	200×200	150×150	366	69
600	1000	863						424	74
700	1100	978						482	79
800	1200	1093						540	84
900	1300	1208						598	89
1000	1400	1323						656	94
1100	1500	1438						714	99
1200	1600	1553	505					772	108
1300	1700	1668						831	109
1400	1800	1783						888	114
1500	1900	1898						946	119
1600	2000	2013						1004	124
1700	2100	2128						1062	129

注：1. 本支架适用于生根在塔或立式容器的器壁上。2. 焊角高度 K 的数值取连接件中较薄构件的厚度。

3. 横梁 L 的长度取决于生根的塔或容器的直径，本表给出的数据仅供开料时参考。4. 材料为 Q235－A・F。

5. 标注方法：若选用 ZJ－2－26、*DN*250 型支架，L_0＝500mm 则标记为 ZJ－2－26－250－500。

2014	ZJ－2－26 型 双肢三角承重支架(*DN*300)	施工图图号 S1－15－29/4

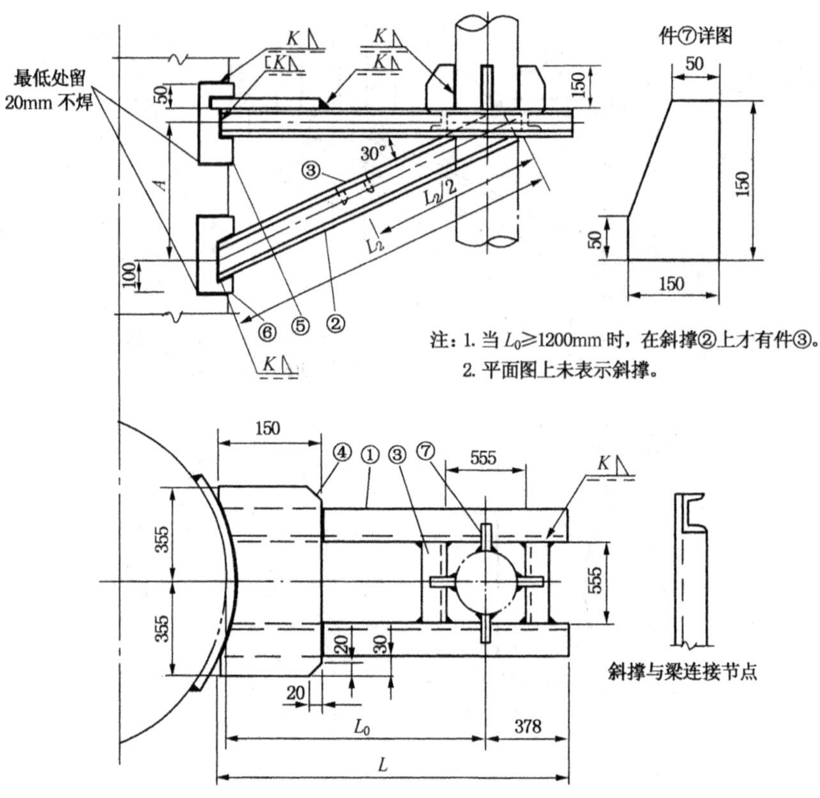

名　称	①横梁	②斜撑	③连接梁	④加强板	⑤垫板	⑥垫板	⑦肋板	A/mm	参考 总重量/kg
数　量	2	2	L_0＜1200 2 件	1	1	2	4		
型　号	ZJ－2－26		L_0≥1200 3 件						
规　格	⊏10	⊏10	⊏8	δ＝8	δ＝8	δ＝8	δ＝10		
L_0/mm	L/mm	L_2/mm	长度/mm	尺寸/mm	尺寸/mm	尺寸/mm	尺寸/mm		
500	936	760						372	74
600	1036	875						430	79
700	1136	990						488	84
800	1236	1105	550					546	89
900	1336	1220						604	94
1000	1436	1335						662	99
1100	1536	1450		710×150	760×200	200×200	150×150	720	104
1200	1636	1565						778	113
1300	1736	1680						836	118
1400	1836	1795						894	123
1500	1936	1910	550					952	128
1600	2036	2025						1010	133
1700	2136	2140						1068	138

注:1. 本支架适用于生根在塔或立式容器的器壁上。2. 焊角高度 K 的数值取连接件中较薄构件的厚度。

3. 横梁 L 的长度取决于生根的塔或容器的直径,本表给出的数据仅供开料时参考。4. 材料为 Q235－A・F。

5. 标注方法:若选用 ZJ－2－26、*DN*300 型支架,L_0＝500mm 则标记为 ZJ－2－26－300－500。

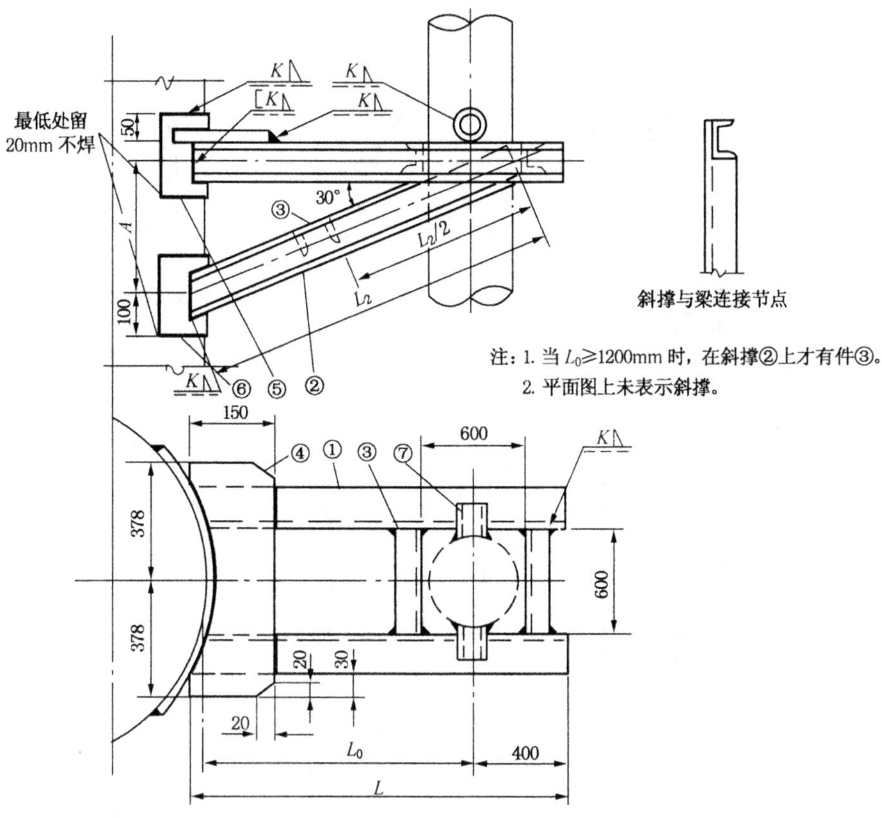

名　　称	①横梁	②斜撑	③连接梁	④加强板	⑤垫板	⑥垫板	⑦无缝钢管	A/mm	参　考 总重量/kg
数　　量	2	2	L_0＜1200 2 件	1	1	2	2		
型　　号	ZJ－2－26		L_0≥1200 3 件						
规　　格	[10	[10	[8	δ＝8	δ＝8	δ＝8	ϕ168.3×7.11		
L_0/mm	L/mm	L_2/mm	长度/mm	尺寸/mm	尺寸/mm	尺寸/mm	长度/mm		
500	968	770						378	75
600	1068	885						436	80
700	1168	1000						494	85
800	1268	1115	600					552	90
900	1368	1230						610	95
1000	1468	1345						668	100
1100	1568	1460		756×150	810×200	200×200	170	716	105
1200	1668	1575						784	114
1300	1768	1690						882	119
1400	1868	1805	600					900	124
1500	1968	1920						958	129
1600	2068	2036						1016	134
1700	2168	2150						1074	139

注：1. 本支架适用于生根在塔或立式容器的器壁上。2. 焊角高度 K 的数值取连接件中较薄构件的厚度。
3. 横梁 L 的长度取决于生根的塔或容器的直径，本表给出的数据仅供开料时参考。
4. 材料为 Q235－A·F，无缝钢管 20 号钢。
5. 标注方法：若选用 ZJ－2－26、DN350 型支架，L_0＝500mm 则标记为 ZJ－2－26－350－500。

2014	ZJ－2－26 型 双肢三角承重支架($DN400$)	施工图图号 S1－15－29/6

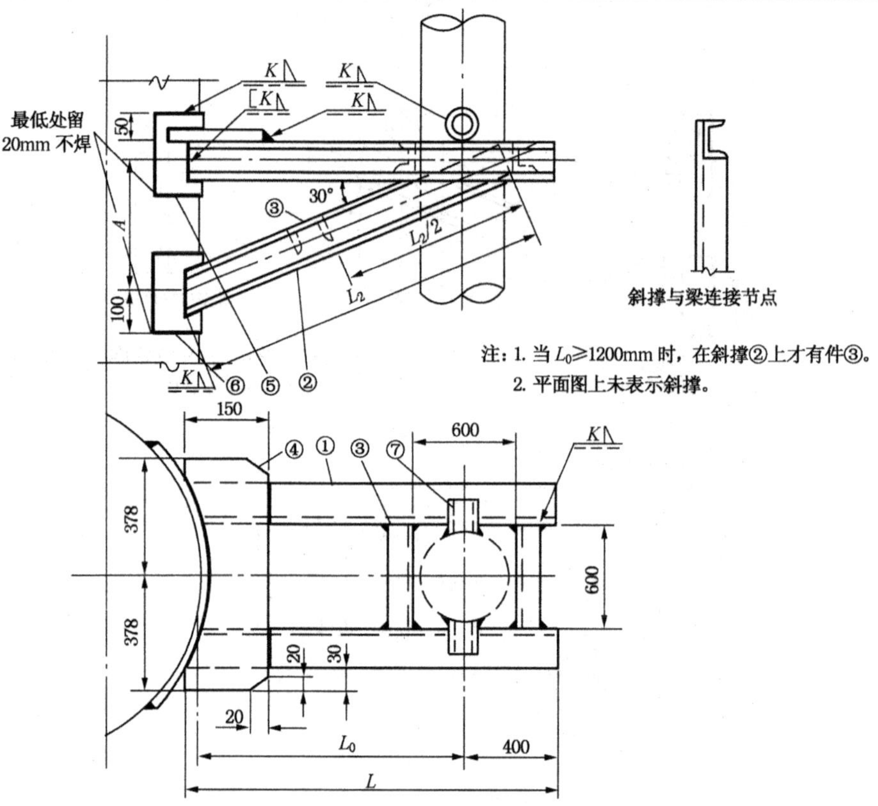

名　　称	①横梁	②斜撑	③连接梁	④加强板	⑤垫板	⑥垫板	⑦无缝钢管	A/mm	参　考 总重量/kg
数　　量	2	2	L_0 < 1200 2 件	1	1	2	2		
型　　号	ZJ－2－26		L_0 ≥1200 3 件						
规　　格	⊏10	⊏10	⊏8	δ = 8	δ = 8	δ = 8	φ168.3×7.11		
L_0/mm	L/mm	L_2/mm	长度/mm	尺寸/mm	尺寸/mm	尺寸/mm	长度/mm		
500	968	770						378	75
600	1068	885						436	80
700	1168	1000						494	85
800	1268	1115	600					552	90
900	1368	1230						610	95
1000	1468	1345						668	100
1100	1568	1460		756×150	870×200	200×200	140	716	105
1200	1668	1575						784	114
1300	1768	1690						882	119
1400	1868	1805	600					900	124
1500	1968	1920						958	129
1600	2068	2036						1016	134
1700	2168	2150						1074	139

注：1. 本支架适用于生根在塔或立式容器的器壁上。2. 焊角高度 K 的数值取连接件中较薄构件的厚度。
3. 横梁 L 的长度取决于生根的塔或容器的直径，本表给出的数据仅供开料时参考。
4. 材料为 Q235－A·F，无缝钢管 20 号钢。
5. 标注方法：若选用 ZJ－2－26、DN400 型支架，L_0＝500mm 则标记为 ZJ－2－26－400－500。

2014	ZJ－2－26型 双肢三角承重支架(DN450)	施工图图号 S1－15－29/7

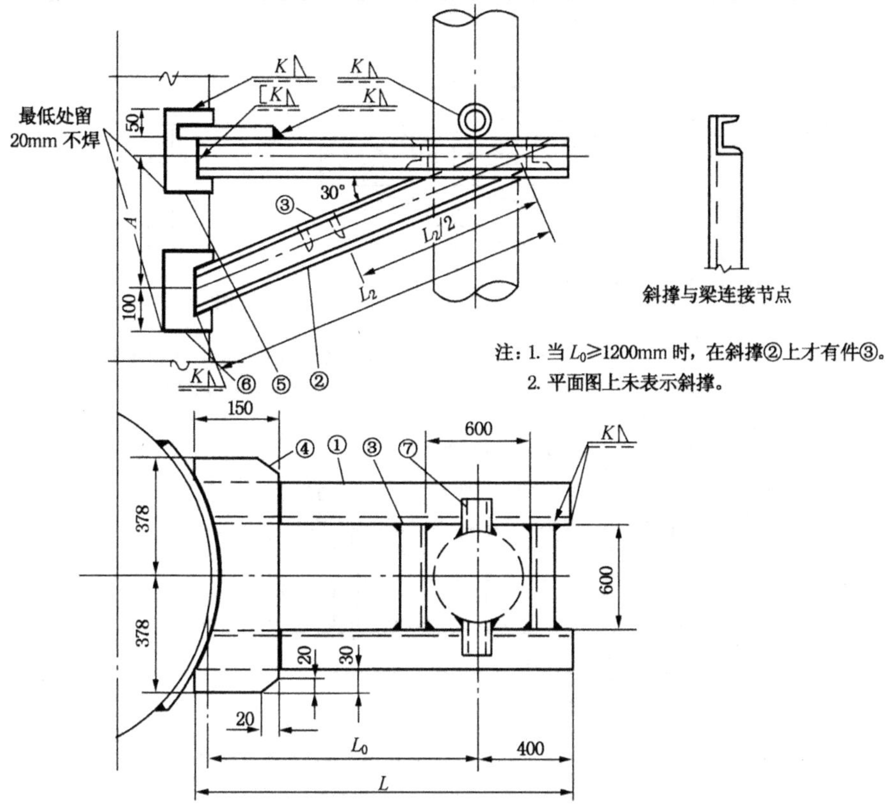

名　　称	①横梁	②斜撑	③连接梁	④加强板	⑤垫板	⑥垫板	⑦无缝钢管	A/mm	参　考 总重量/kg
数　　量	2	2	L_0＜1200 2件	1	1	2	2		
型　　号	ZJ－2－26		L_0≥1200 3件						
规　　格	⊏10	⊏10	⊏8	$\delta=8$	$\delta=8$	$\delta=8$	ϕ168.3×7.11		
L_0/mm	L/mm	L_2/mm	长度/mm	尺寸/mm	尺寸/mm	尺寸/mm	长度/mm		
500	968	770						378	75
600	1068	885						436	80
700	1168	1000						494	85
800	1268	1115	600					552	90
900	1368	1230						610	95
1000	1468	1345						668	100
1100	1568	1460		756×150	810×200	200×200	120	716	105
1200	1668	1575						784	114
1300	1768	1690						882	119
1400	1868	1805	600					900	124
1500	1968	1920						958	129
1600	2068	2036						1016	134
1700	2168	2150						1074	139

注:1. 本支架适用于生根在塔或立式容器的器壁上。　2. 焊角高度K的数值取连接件中较薄构件的厚度。
3. 横梁L的长度取决于生根的塔或容器的直径,本表给出的数据仅供开料时参考。
4. 材料为Q235－A·F,无缝钢管20号钢。
5. 标注方法:若选用ZJ－2－26、DN450型支架,L_0＝500mm则标记为ZJ－2－26－450－500。

2014	ZJ－2－26 型 双肢三角承重支架（*DN*500）	施工图图号 S1－15－29/8

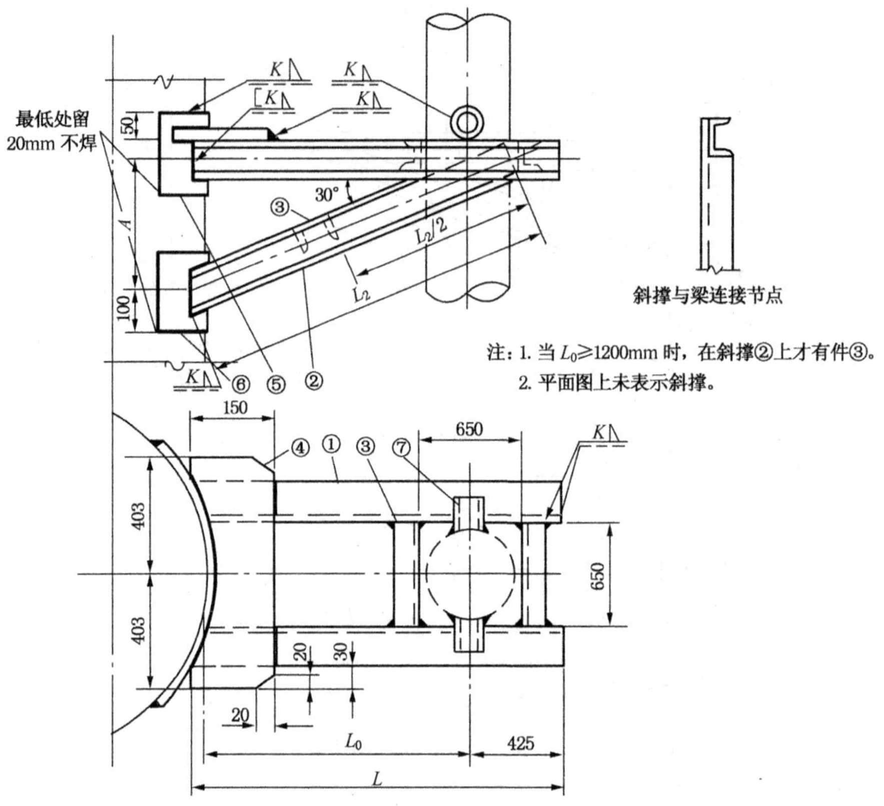

名称	①横梁	②斜撑	③连接梁	④加强板	⑤垫板	⑥垫板	⑦无缝钢管	A/mm	参考总重量/kg
数量	2	2	L_0<1200 2 件	1	1	2	2		
型号	ZJ－2－26		L_0≥1200 3 件						
规格	⊏10	⊏10	⊏8	δ＝8	δ＝8	δ＝8	φ219.1×7.04		
L_0/mm	L/mm	L_2/mm	长度/mm	尺寸/mm	尺寸/mm	尺寸/mm	长度/mm		
500	1006	786						385	78
600	1106	900						443	83
700	1206	1015						500	88
800	1306	1130	650					560	93
900	1406	1245						617	98
1000	1506	1360						675	103
1100	1606	1475		806×150	850×200	200×200	120	733	108
1200	1706	1590						790	117
1300	1806	1705						850	122
1400	1906	1820	650					907	127
1500	2006	1935						965	132
1600	2106	2050						1025	137
1700	2206	2165						1080	142

注：1. 本支架适用于生根在塔或立式容器的器壁上。
2. 焊角高度 K 的数值取连接件中较薄构件的厚度。
3. 横梁 L 的长度取决于生根的塔或容器的直径，本表给出的数据仅供开料时参考。
4. 材料为 Q235－A·F，无缝钢管 20 号钢。
5. 标注方法：若选用 ZJ－2－26、DN500 型支架，L_0＝500mm 则标记为 ZJ－2－26－500－500。

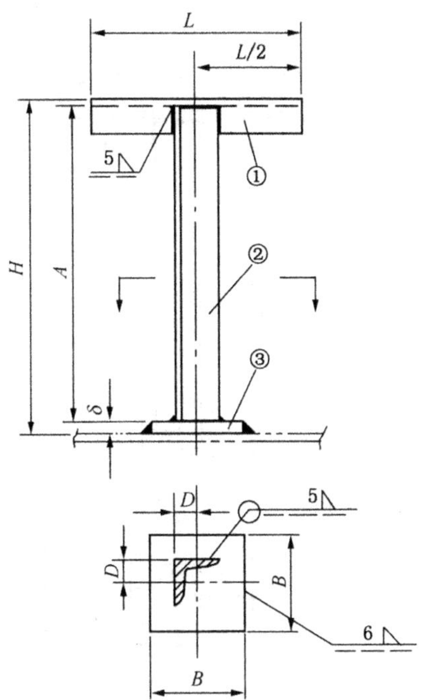

件号	最大尺寸/mm	①		②		③			参考总重量/kg
名称		横梁		支柱/mm		钢板/mm			
数量		1		1		1			
规格		∠50×5	∠63×6	∠63×6	∠75×8	δ	B	D	
支架型号				A	A				
ZJ－3－1	H≤500 L≤500			489		6	100	32	6
ZJ－3－2	H≤800 L≤800				788		110	36	13

注：1. 材料材质为Q235－A·F。

2. 表中给出H、L、A的尺寸为最大尺寸，其具体数值应按设计需要确定。

3. 标注方法：如选用ZJ－3－1型支架，H＝500mm则标记为ZJ－3－1－500。

2014	ZJ-3-3、ZJ-3-4 型 单 柱 支 架	施工图图号 S1-15-31

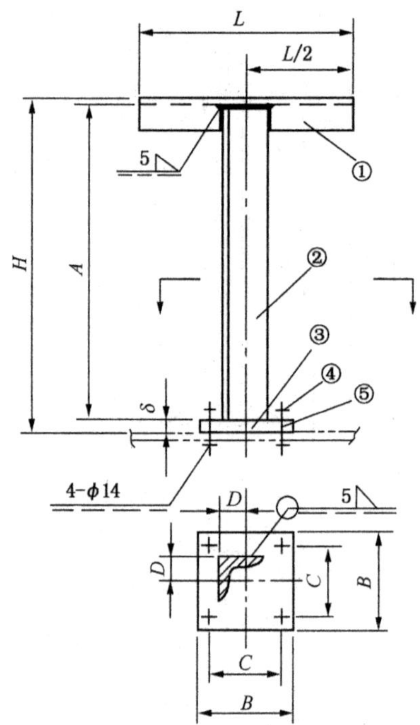

件 号	最大尺寸/mm	①		②		③				④	⑤	参考总重量/kg
名 称		横 梁		支 柱		钢 板				螺 母	螺 栓	
数 量		1		1		1				4个	4个	
规 格		∠50×5	∠63×6	∠63×6	∠75×8	δ	B	C	D	GB/T 41—2000	GB/T 5780—2000	
支架型号				A	A							
ZJ-3-3	H≤500 L≤500			489		6	140	100	32	M12	M12×50	6
ZJ-3-4	H≤800 L≤800				788	6	150	110	36	M12	M12×50	13

注：1. 材料的材质均为 Q235-A·F。

2. 表中给出 H、L、A 的尺寸为最大尺寸，其具体数值应按设计需要确定。

3. 标注方法：如选用 ZJ-3-3 型支架，H=500mm 则标记为 ZJ-3-3-500。

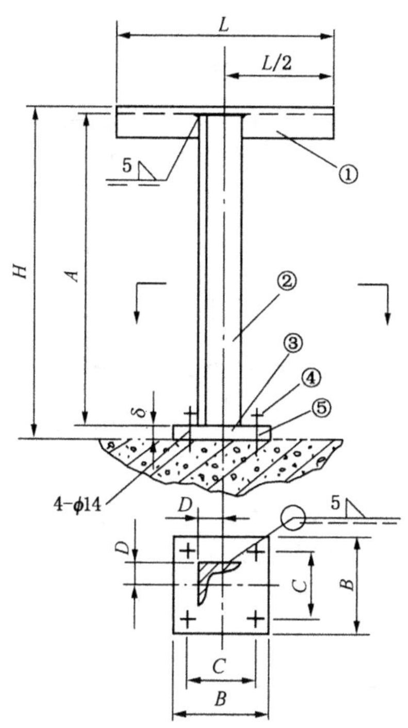

<table>
<tr><td>件　号</td><td rowspan="5">最大
尺寸/
mm</td><td colspan="2">①</td><td colspan="2">②</td><td colspan="4">③</td><td>④</td><td>⑤</td><td rowspan="5">参　考
总重量/kg</td></tr>
<tr><td>名　称</td><td colspan="2">横　梁</td><td colspan="2">支　柱</td><td colspan="4">钢　板</td><td>螺　母</td><td>螺　栓</td></tr>
<tr><td>数　量</td><td colspan="2">1</td><td colspan="2">1</td><td colspan="4">1</td><td>4 个</td><td>4 个</td></tr>
<tr><td>规　格</td><td>∠50×5</td><td>∠63×6</td><td>∠63×6</td><td>∠75×8</td><td>δ</td><td>B</td><td>C</td><td>D</td><td rowspan="2">GB/T
41—2000</td><td rowspan="2">GB/T
5780—2000</td></tr>
<tr><td>支架型号</td><td></td><td></td><td>A</td><td>A</td><td></td><td></td><td></td><td></td></tr>
<tr><td>ZJ－3－5</td><td>H≤500
L≤500</td><td></td><td></td><td>489</td><td></td><td>6</td><td>140</td><td>100</td><td>32</td><td>M12</td><td>M12×300</td><td>6</td></tr>
<tr><td>ZJ－3－6</td><td>H≤800
L≤800</td><td></td><td></td><td></td><td>788</td><td>6</td><td>150</td><td>110</td><td>36</td><td>M12</td><td>M12×300</td><td>13</td></tr>
</table>

注：1. 材料材质为 Q235－A·F，生根在混凝土结构上。

2. 表中给出 H、L、A 的尺寸为最大尺寸，其具体数值应按设计需要确定。

3. 支架与支承件用地脚螺栓固定，所用的地脚螺栓可用射枪打入，或是在土建施工时埋入。

4. 标注方法：如选用 ZJ－3－5 型支架，H＝500mm 则标记为 ZJ－3－5－500。

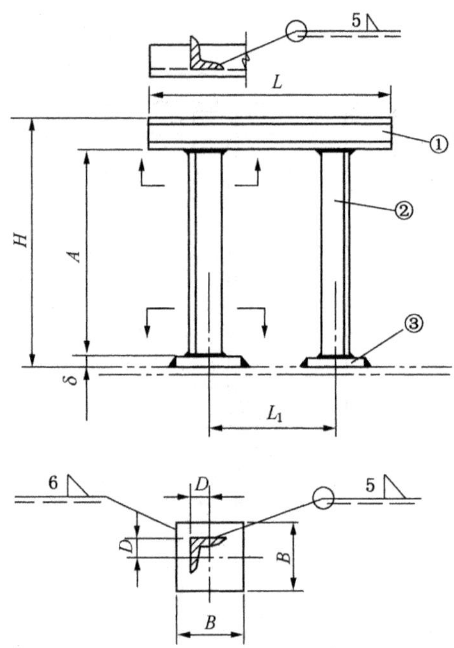

件 号	最大尺寸/mm	①			②			③			参 考 总重量/kg
名 称		横 梁			支 柱			钢 板			
数 量		1			2			2			
规 格		[8	[10	[12.6	∠50×5	∠50×5	∠63×6	δ	B	D	
支架型号					A	A	A				
ZJ－4－1	$H\leqslant800$ $L\leqslant800$ $L_1\geqslant400$	≤800			714			6	100	25	13
ZJ－4－2	$H\leqslant800$ $L\leqslant1000$ $L_1\geqslant400$		≤1000			694		6	100	25	17
ZJ－4－3	$H\leqslant800$ $L\leqslant1200$ $L_1\geqslant400$			≤1200			668	8	100	32	24

注：1. 材料材质为 Q235－A·F。

2. 表中给出 H、L、L_1、A 的尺寸为最大尺寸，其具体数值应按设计需要确定。

3. 标注方法：如选用 ZJ－4－1 型支架，$H=500$mm 则标记为 ZJ－4－1－500。

2014	ZJ－4－4、ZJ－4－5、ZJ－4－6 型 Π 形 支 架	施工图图号 S1－15－36

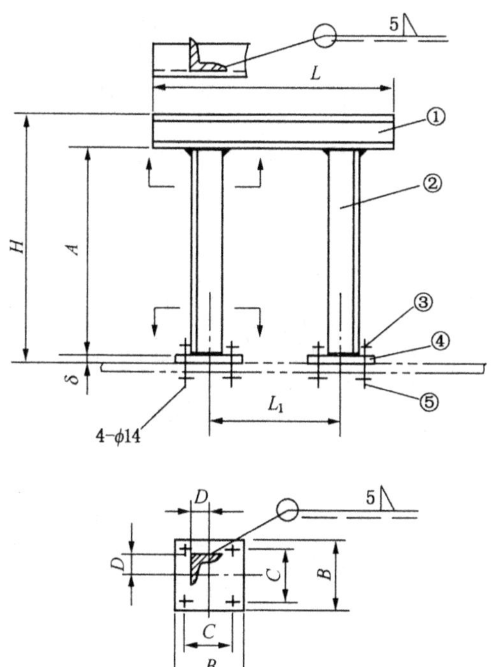

件号	最大尺寸/mm	①			②			③				④	⑤	参考总重量/kg
名称		横梁			支柱			钢板				螺母	螺栓	
数量		1			2			2				8	8	
规格		⊏8	⊏10	⊏12.6	∠50×5	∠50×5	∠63×6	δ	B	C	D	GB/T 41—2000	GB/T 5780—2000	
支架型号					A	A	A							
ZJ－4－4	$H \leqslant 800$ $L \leqslant 800$ $L_1 \geqslant 400$	≤800			714			6	130	90	25	M12	M12×50	14
ZJ－4－5	$H \leqslant 800$ $L \leqslant 1000$ $L_1 \geqslant 400$		≤1000			694		6	130	90	25	M12	M12×50	17
ZJ－4－6	$H \leqslant 800$ $L \leqslant 1200$ $L_1 \geqslant 400$			≤1200			668	8	140	100	32	M12	M12×50	25

注：1. 材料材质为 Q235－A·F。

2. 表中给出 H、L、L_1、A 的尺寸为最大尺寸，其具体数值应按设计需要确定。

3. 支架与支承件用地脚螺栓固定，所用的地脚螺栓可用射枪打入，或是在土建施工时埋入。

4. 标注方法：如选用 ZJ－4－4 型支架，$H=500$ 则标记为 ZJ－4－4－500。

2014	ZJ－4－7、ZJ－4－8、ZJ－4－9型 Π 形 支 架	施工图图号 S1－15－37

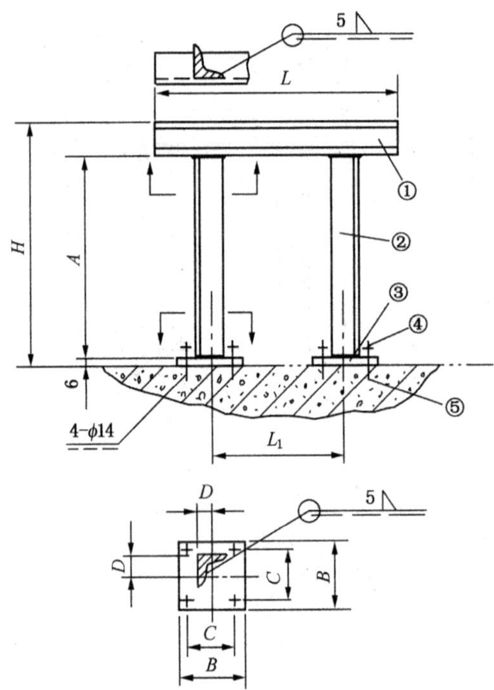

件号	最大尺寸/mm	①			②			③				④	⑤	参考总重量/kg
名称		横梁			支柱			钢板				螺母	螺栓	
数量		1			2			2				8	8	
规格		[8	[10	[12.6	∠50×5	∠50×5	∠63×6	δ	B	C	D	GB/T 41—2000	GB/T 5780—2000	
支架型号					A	A	A							
ZJ－4－7	$H \leqslant 800$ $L \leqslant 800$ $L_1 \geqslant 400$	≤800			714			6	130	90	25	M12	M12×300	14
ZJ－4－8	$H \leqslant 800$ $L \leqslant 1000$ $L_1 \geqslant 400$		≤1000			694		6	130	90	25	M12	M12×300	19
ZJ－4－9	$H \leqslant 800$ $L \leqslant 1200$ $L_1 \geqslant 400$			≤1200			668	8	140	100	32	M12	M12×300	26

注：1. 材料材质为Q235－A·F。

2. 表中给出 H、L、L_1、A 的尺寸为最大尺寸，其具体数值应按设计需要确定。

3. 支架与支承件用地脚螺栓固定，所用的地脚螺栓可用射枪打入，或是在土建施工时埋入。

4. 标注方法：如选用ZJ－4－7型支架，H＝500mm 则标记为ZJ－4－7－500。

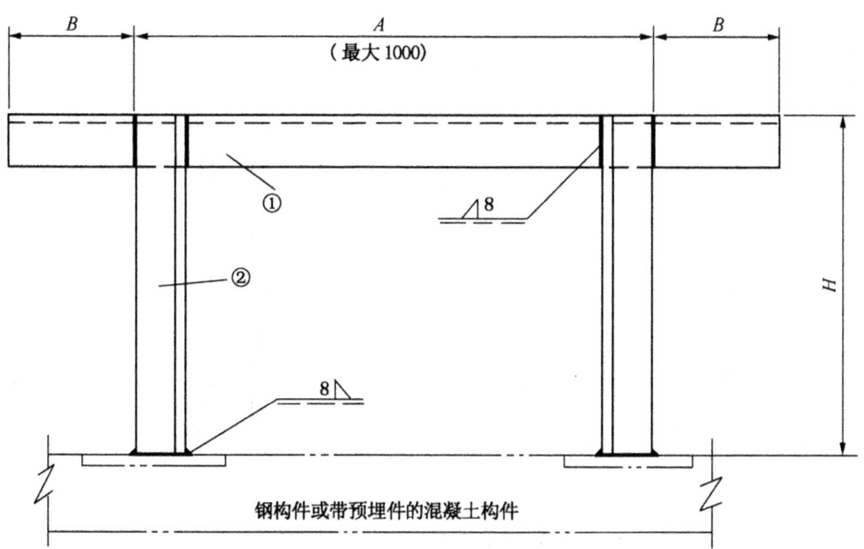

型　号	① 梁∠75×8		② ∠75×8　2 件	参考总重量/kg
	A/mm	B/mm	H/mm	
ZJ－4－10	500	200	1000	27
	600	200		27
	700	300		30
	800	300		31
	900	400		34
	1000	400		35

注：1. 本支架适用于生根在钢梁或带预埋件的混凝土构件上。

2. 本表按 $H=1000$mm 计算，选用时可根据实际情况确定 H 的数值。

3. 标注方法：如选用 ZJ－4－10 型支架，$A=800$mm 则标记为 ZJ－4－10－800。

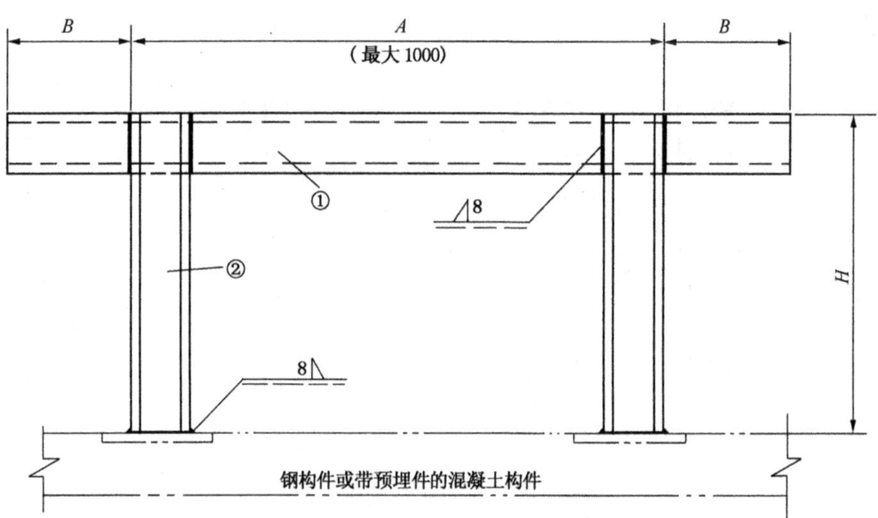

型　号	① 梁⊏10		② ⊏10　2 件	参考总重量/kg
	A/mm	B/mm	H/mm	
ZJ－4－11	500	200	1000	29
	600	200		30
	700	300		33
	800	300		34
	900	400		37
	1000	400		38

注：1. 本支架适用于生根在钢梁或带预埋件的混凝土构件上。

2. 本表按 H＝1000mm 计算，选用时可根据实际情况确定 H 的数值。

3. 标注方法：如选用 ZJ－4－11 型支架，A＝800mm 则标记为 ZJ－4－11－800。

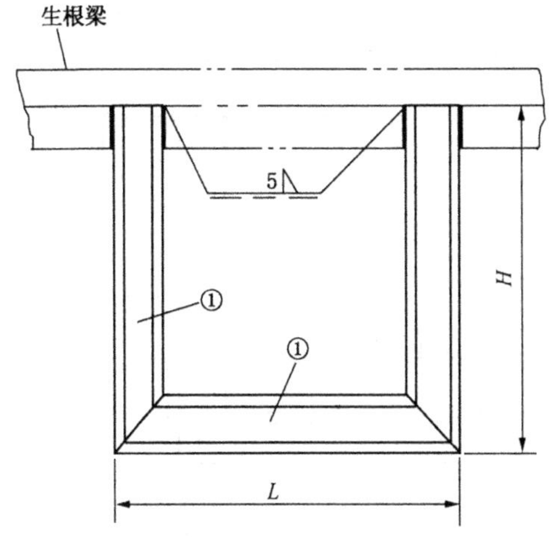

ZJ-4-12

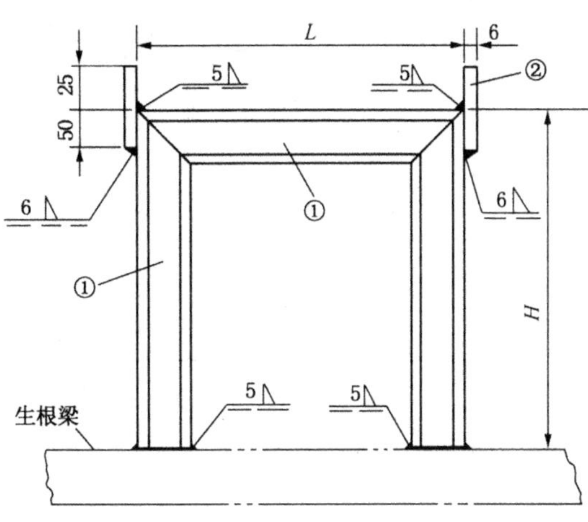

ZJ-4-13

型 号	① 梁和支柱				② 挡铁 2 件	参考总重量/kg	
	规 格	L/mm	H/mm	L＋2H/mm	δ＝6	ZJ－4－12	ZJ－4－13
ZJ－4－12 ZJ－4－13	[10	800	1200	3200	75×75	32.5	33
		1000		3400		34.5	35
		1200		3600		36.5	37
		1400		3800		38.5	39
		1600		4000		40.5	41
		1800		4200		42.5	43
		2000		4400		44.5	45

注：1. 本支架适应于生根在梁上，若用于生根在地面或混凝土的梁柱上，则需预埋钢板。

2. 本表梁和支柱的尺寸，是根据 $H = 1200$mm 计算的。

3. 标注方法：若选用 ZJ－4－12 型支架，$L = 800$mm 时，标注为 ZJ－4－12－800。

ZJ－4－14、ZJ－4－15 型 单柱支（吊）架

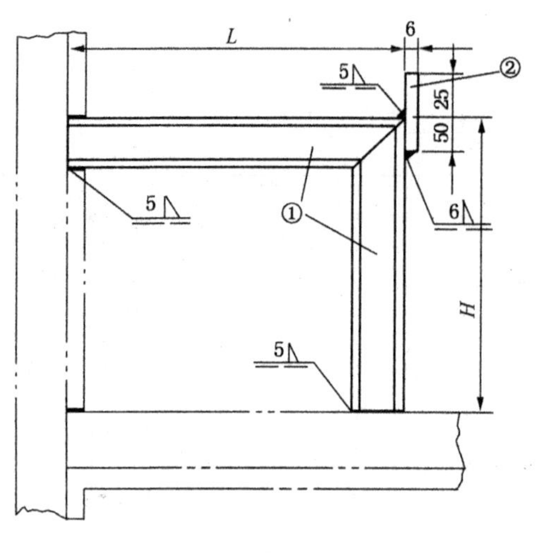

ZJ-4-14

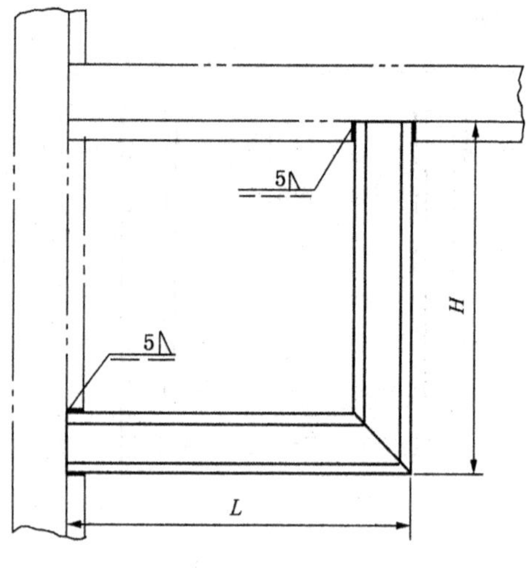

ZJ-4-15

型　号	① 梁和支柱				② 挡铁 1 件	参考总重量/kg	
	规　格	L/mm	H/mm	L＋H/mm	δ＝6	ZJ－4－14	ZJ－4－15
ZJ－4－14	[10	800	1200	2000	75×75	20.5	20
		1000		2200		22.5	22
		1200		2400		24.5	24
		1400		2600		26.5	26
ZJ－4－15		1600		2800		28.5	28
		1800		3000		30.5	30
		2000		3200		32.5	32

注：1. 本支架适应于生根在梁上，若用于生根在地面或混凝土的梁柱上，则需预埋钢板。

2. 本表梁和支柱的尺寸，是根据 $H=1200$mm 计算的。

3. 标注方法：若选用 ZJ－4－14 型支架，$L=800$mm 时，标注为 ZJ－4－14－800。

二、管　托

2014	HT－1、HT－2型 焊接型滑动管托(*DN*15～150)	施工图图号 S1－15－42

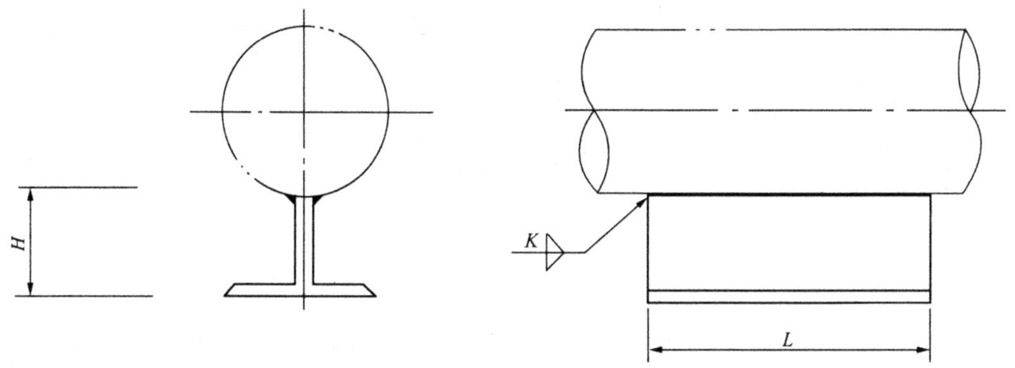

型　号	管径 *DN*	*H*/mm	*L*/mm	管　托 1件	
				规　格	参考总重量/kg
HT－1	15～150	100	250	I 20a	3.5
HT－2		150		I 32a	6.6

注:1. 高为100和150的管托可由20a或由32a工字钢(GB/T 706—2008)直接切割,材质为Q235－A·F。

2. 管托与管道的焊接应采用结422焊条。

3. *K*为焊角高度:*DN*15～50,*K*为3mm;*DN*65～100,*K*为4mm;*DN*125～150,*K*为5mm。

4. 标注方法:如选用HT－1型管托,*DN*50标注为HT－1－50。

2014	HT－1、HT－2 型 焊接型滑动管托（*DN*200、250、300）	施工图图号 S1－15－43/1

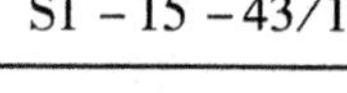

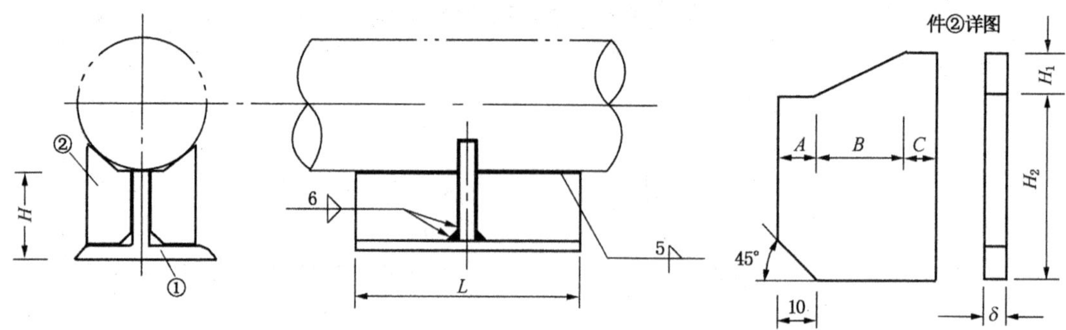

型　　号	A	B	C	H_1/mm		H_2/mm
HT－1	10	25	5	*DN*200	9	88.6
				*DN*250	7	
HT－2				*DN*300	6	135

型　　号	管径 *DN*	H/mm	L/mm	①托板 1 件	②肋板 2 件	参考总重量/kg
				规　　格	规　　格	
HT－1	200～300	100	350	Ⅰ20a	97.6×40 δ＝10	5.5
HT－2		150		Ⅰ32a	144×40 δ＝10	10.5

注：1. 高为 100 和 150 的管托可用 Q235－A · F20a 和 32a 工字钢（GB/T 706—2008）直接切割，肋板用钢板，标准号为：GB/T 709—1988。

2. 标注方法：如选用 HT－1 型管托，*DN*200 标注为 HT－1－200。

2014	HT－3 型 焊接型滑动管托（*DN*200、250、300）	施工图图号 S1－15－43/2

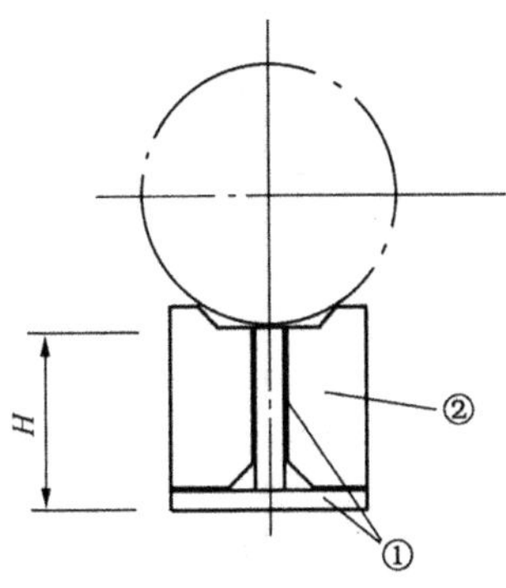

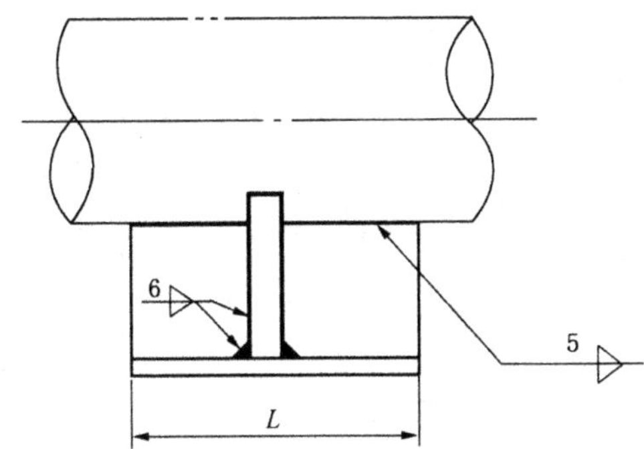

型　　号	管径 DN	H_1	L/mm	H/mm	①托板　1 件	②肋板　2 件	参考总重量/kg
					规　格	规　格	
HT－3	200	10	350	200	190×350 $\delta=10$ 120×350 $\delta=10$	199.6×40 $\delta=10$	10
	250	8					
	300	7					

注：1. 高为 200 的管托，托板和肋板均采用 $\delta=10$ 的 Q235－A·F 钢板（GB/T 709—2006）制造。

2. 标注方法：如选用 HT－3 型管托，*DN*200 标注为 HT－3－200。

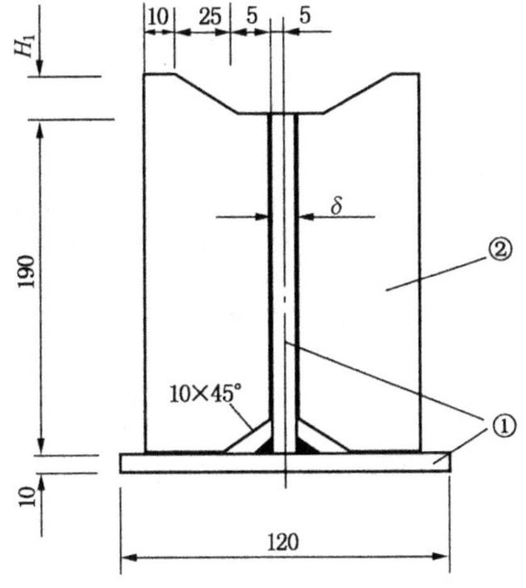

2014	HT－1、HT－2、HT－3 型 焊接型滑动管托（DN350～500）	施工图图号 S1－15－44

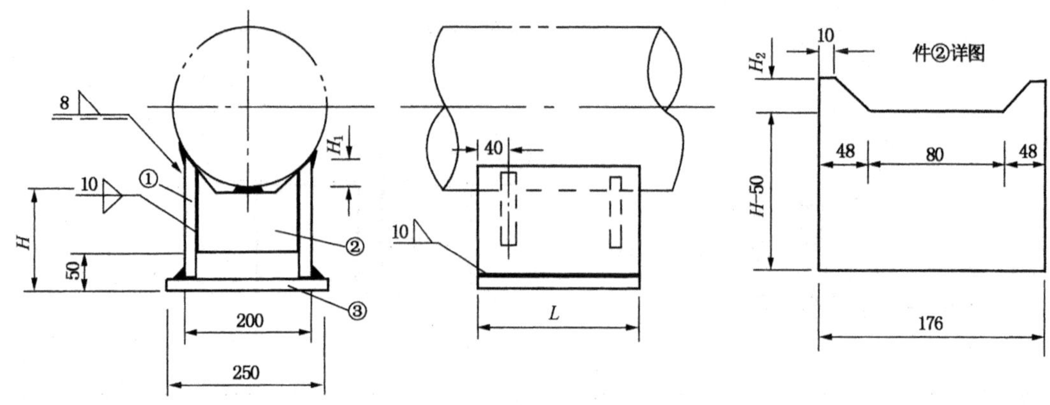

（mm）

管径 DN	外　径	H_1	H_2
350	355.6	30.8	18.1
400	406.4	26.3	15.5
450	457	23	13.7
500	508	20.5	12.3

型　　号	管径 DN	H/mm	L/mm	①支撑板 2 件 规　格	②肋板 2 件 规　格	③托板 1 件 规　格	参考总重量/kg
HT－1	350～500	100	350	350×119 $\delta=12$	176×68 $\delta=12$	350×250 $\delta=12$	18.5
HT－2		150		350×169 $\delta=12$	176×118 $\delta=12$		23.5
HT－3		200		350×219 $\delta=12$	176×168 $\delta=12$		28.5

注：1. 高为 200mm 的管托，托板和肋板均采用 $\delta=12$ 的 Q235－A·F 钢板（GB/T 709—2006）制造。

2. 标注方法：如选用 HT－1 型管托，DN350 标注为 HT－1－350。

2014	HK-1、HK-2 型 卡箍型滑动管托(DN15~150)	施工图图号 S1-15-45

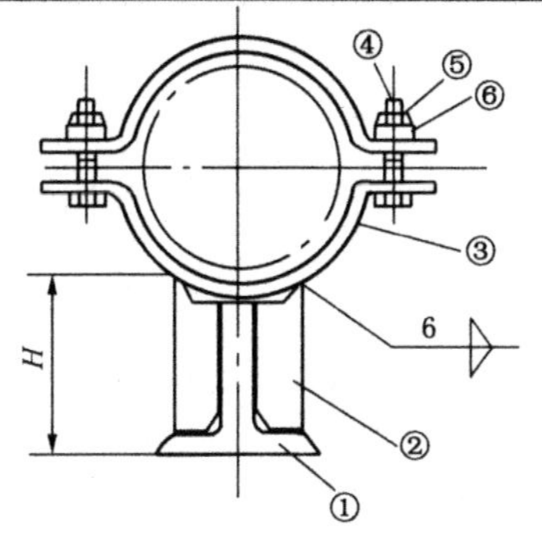

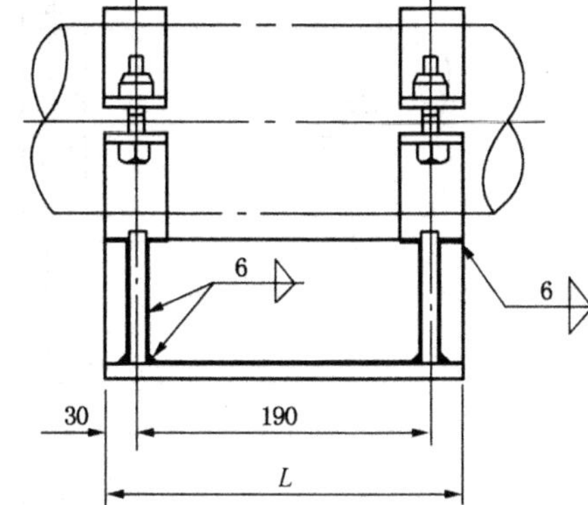

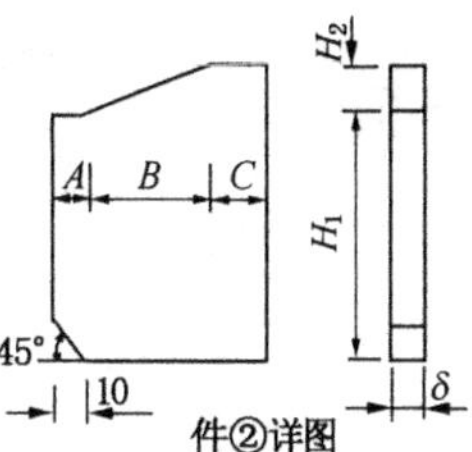

(mm)

管径 DN	A	B	C	H	H_1	H_2
50	7	13	20	100	82.6	10.8
65						7.9
80						6.6
100	10	20	10	150	129	5
125						4
150						3.3

型号	管径 DN	L/mm	H/mm	①托板 1 件	②肋板 4 件	③半管卡 4 件	螺栓	弹簧垫圈	参考总重量/
				规格	规格	扁钢	④、⑤	⑥	kg
HK-1	15	250	100	I 20a	—	□60×6	M12×50 4 副	M12 4 个	6
	20								6
	25								6.5
	32								6.5
	40								6.5
	50				40×93.4 $\delta=10$	□60×6			8
	65								8
	80								8.5
	100						M16×60 4 副	M16 4 个	9.5
	125								10
	150								10
HK-2	15	250	150	I 32a	—	□60×6	M12×50 4 副	M12 4 个	9
	20								9.5
	25								9.5
	32								9.5
	40								9.5
	50				40×139.8 $\delta=10$	□60×6			11.5
	65								12
	80								12
	100						M16×60 4 副	M16 4 个	13
	125								13
	150								14

注:1. 高为 100 和 150 的托板可由 20a 和 32a Q235-A·F 工字钢(GB/T 706—2008)直接切割,弹簧垫圈材质为 65Mn 钢。
2. 管托与管卡的焊接应采用 E4303 焊条。
3. 管卡结构尺寸及施工要求见 SI-15-72/1。
4. 六角头螺栓标准号为 GB/T 5782—2000,螺母为 GB/T 41—2000,弹簧垫圈为 GB/T 859—1987,肋板用钢板为 GB/T 709—2006。
5. 标注方法:如选用 HK-1 型管托,DN50 标注为 HK-1-50。

2014	HK－1、HK－2、HK－3 型 卡箍型滑动管托（*DN*200～300）	施工图图号 S1－15－46

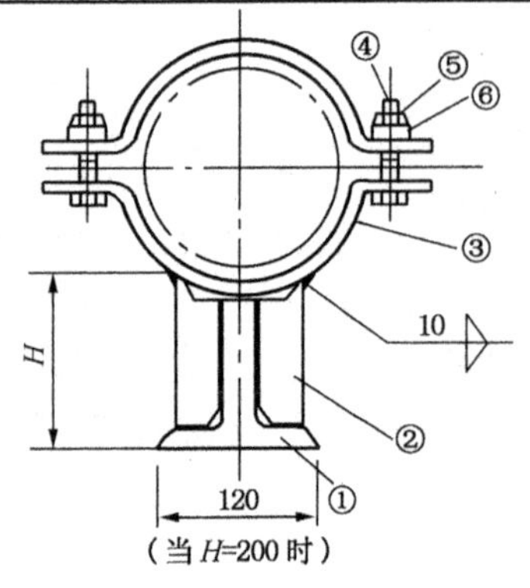

（当 H=200 时）

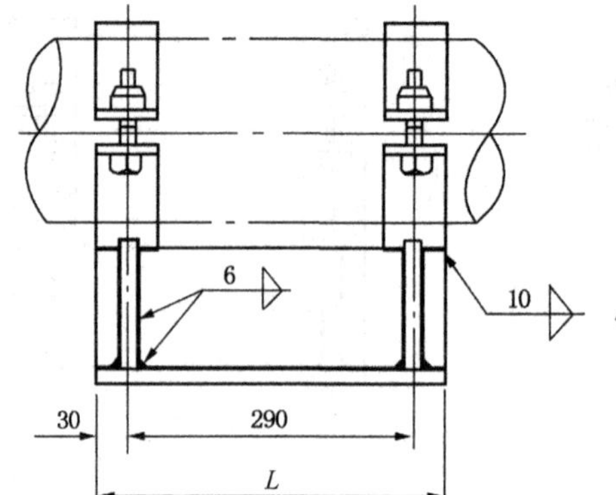

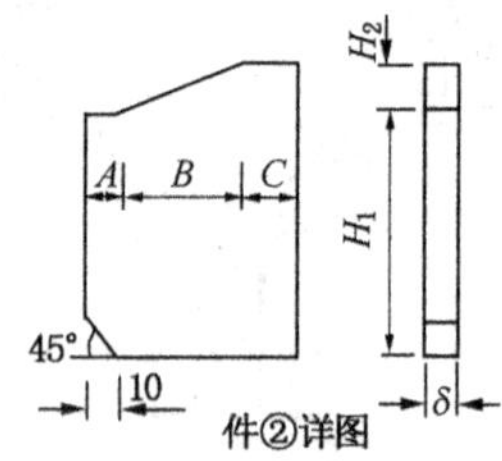

件②详图

（mm）

管径 *DN*	H	A	B	C	H_1	H_2
200	100	10	25	5	76.6	8
250						6.4
300						5.5
200	150				123	8.5
250						6.8
300						5.7
200	200				178	8.6
250						6.9
300						5.9

型　号	管径 *DN*	L/mm	H/mm	①托板 1 件 规　格	②肋板 4 件 规　格	③半管卡 4 件 规　格	螺　栓 ④、⑤	弹簧垫圈 ⑥	参考总重量/ kg
HK－1	200	350	100	I 20a	40×84.6 δ＝10	□80×12	M20×80 4 副	M20 4 个	25
	250								27.5
	300								30
HK－2	200		150	I 32a	40×131.5 δ＝10	□80×12			30
	250								32.5
	300								35
HK－3	200		200	350×178 δ＝10 350×120 δ＝10	40×186.6 δ＝10	□80×12			29.5
	250								32
	300								35

注：1. 高为 100 和 150 的托板可由 20a 或 32aQ235－A·F 工字钢（GB/T 706—2008）直接切割。

2. 高为 200 的管托托板及肋板均采用 δ＝10 的 Q235－A·F 钢板，弹簧垫圈材质为 65Mn 钢。

3. 管卡结构尺寸及施工要求见 S1－15－72/1。

4. 管托与管卡的焊接应采用 E4303 焊条。

5. 六角头螺栓标准号为 GB/T 5782—2000，螺母为 GB/T 41—2000，弹簧垫圈为 GB/T 859—1987，钢板为 GB/T 709—2006。

6. 标注方法：如选用 HK－1 型管托，*DN*200 标注为 HK－1－200。

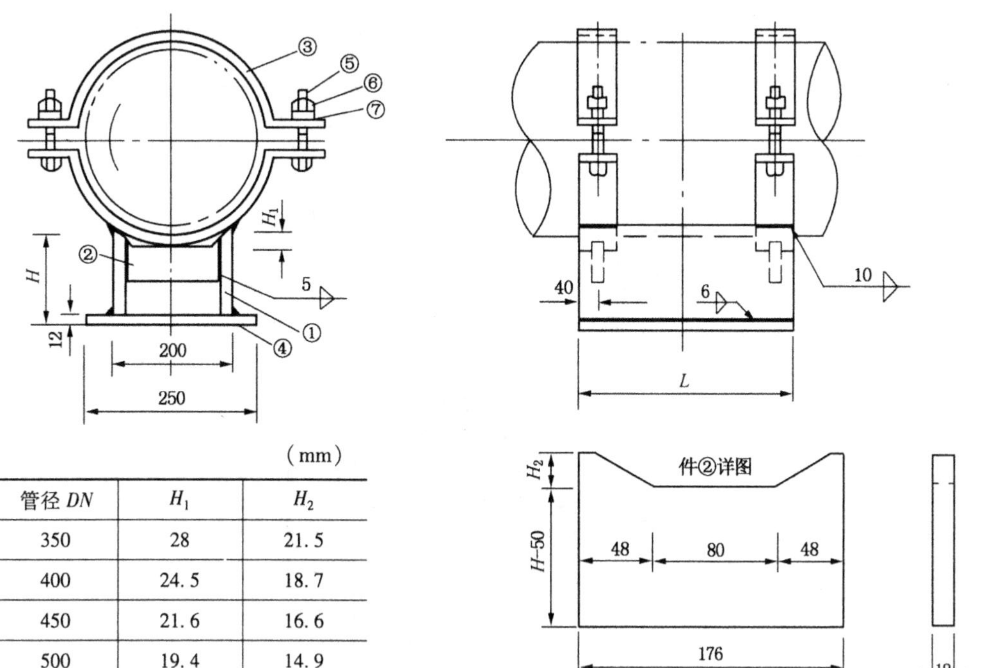

（mm）

管径 *DN*	H_1	H_2
350	28	21.5
400	24.5	18.7
450	21.6	16.6
500	19.4	14.9

型　号	管径 *DN*	*L*/mm	*H*/mm	①④托板	②肋板 2 件	③半管卡 4 件	螺　栓	弹簧垫圈	参考总重量/
				规　格	规　格	规　格	⑤、⑥	⑦	kg
HK－1	350	350	100	350×116 350×250 δ＝12	176×71.5 δ＝12	□80×12	M24×90 4 副	M24 4 个	45
	400								47.5
	450								50
	500								52.5
HK－2	350		150	350×166 350×250 δ＝12	176×121.5 δ＝12	□80×12			50
	400								53
	450								55
	500								57.5
HK－3	350		200	350×216 350×250 δ＝12	176×171.5 δ＝12	□80×12			55
	400								57.5
	450								60
	500								62.5

注：1. 托板及肋板均采用 Q235－A·F 钢板（GB/T 709—2006）制造。弹簧垫圈用 65Mn 钢。

2. 管卡结构尺寸及施工要求见 S1－15－72/1。

3. 管托与管卡的焊接应采用 E4303 焊条。

4. 六角头螺栓标准号为 GB/T 5782—2000，螺母为 GB/T 41—2000，弹簧垫圈为 GB/T 859—1987。

5. 标注方法：如选用 HK－1 型管托，*DN*350 标注为 HK－1－350。

2014	GT－1、GT－2 型 固定管托（*DN*50～150）	施工图图号 S1－15－48

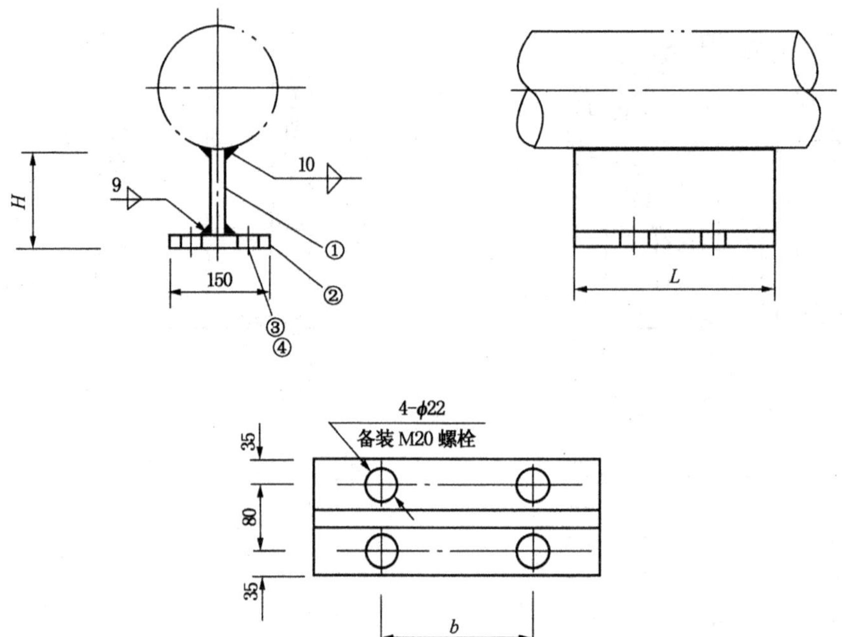

型　号	管径 *DN*	*H*/mm	*L*/mm	③④螺栓（B 型）		①②托板	参考总重量/kg
				规　格	数　量	规　格	
GT－1	50～150	100	250	M20×80	4 副	250×90　$\delta=10$ 250×150　$\delta=10$	6
GT－2		150		M20×80	4 副	250×140　$\delta=10$ 250×150　$\delta=10$	7

注：1. 托板采用 Q235－A・F 钢板（GB/T 709—2006）制造。

2. 六角头螺栓标准号为 GB/T 5782—2000，螺母为 GB/T 41—2000。

3. 标注方法：如选用 GT－1 型管托，*DN*150 标注为 GT－1－150。

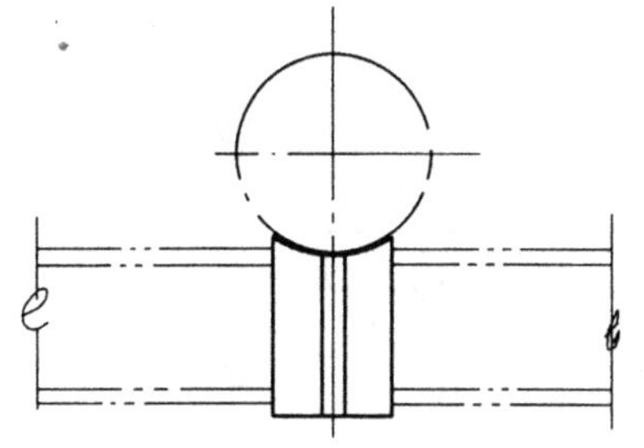

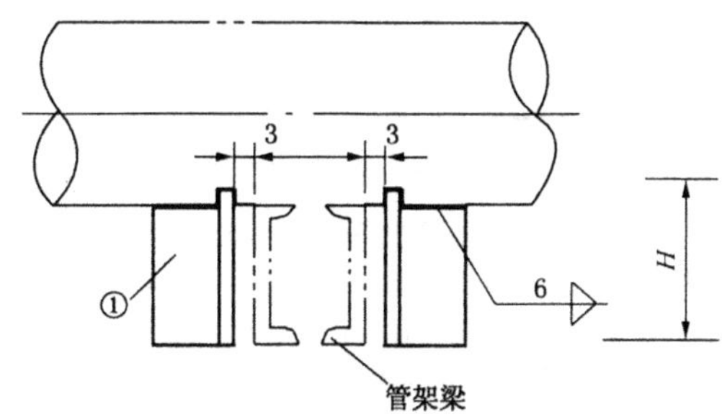

型号	管径 *DN*	*H*/mm	①挡铁 2 件	参考总重量/kg
			规格	
ZD－1	200	112	I 20a	3.14
	250	110	I 20a	3.08
	300	108	I 20a	3.02

注：1. 挡铁可直接由 20aQ235－A·F 工字钢（GB/T 706—2008）切割。

2. 标注方法：若选用 ZD－1 型挡块，*DN*200 标注为 ZD－1－200。

2014	ZD－1型 止推挡块（*DN*350～500）	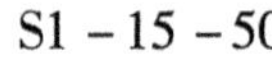 施工图图号 S1－15－50

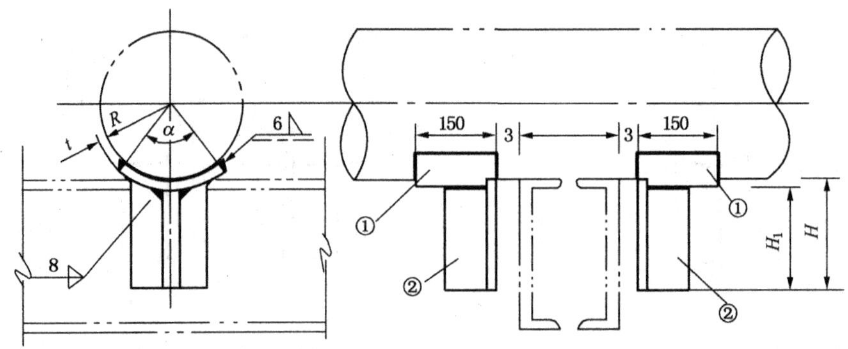

管径 *DN*	外　径	①加强板			
		R	α	展开长度 *L*/mm	*t*
350	355.6	177.8	60°	186.2	6
400	406.4	203.2	60°	213	6
450	457	228.5	60°	239.3	10
500	508	254	60°	266	10

型　号	管径 *DN*	*H*/mm	①加强板　2件	②挡铁　2件	参考总重量/kg
			规　格	规　格	
ZD－1	350	100	186×150　δ＝6	I 20a	5.5
	400	100	213×150　δ＝6		6
	450	100	239×150　δ＝10		8.5
	500	100	266×150　δ＝10		9

注：1. 挡铁可直接由20aQ235－A·F工字钢（GB/T 706—2008）切割。加强板用钢板，标准号为GB/T 709—2006。

2. 挡铁长度 $H_1=H-6$（mm）。

3. 标注方法：若选用ZD－1型挡块。*DN*350则标注为ZD－1－350。

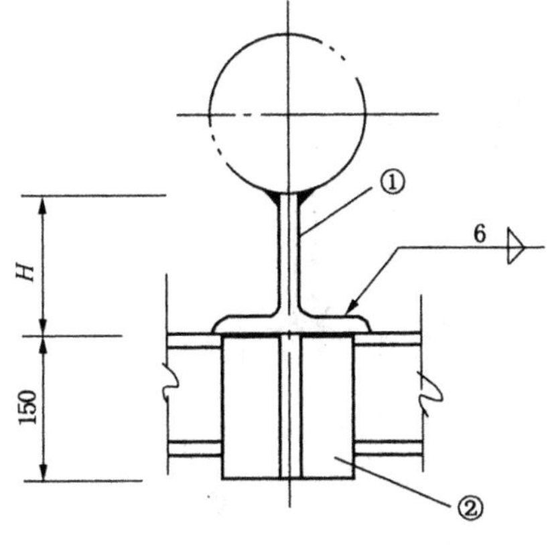

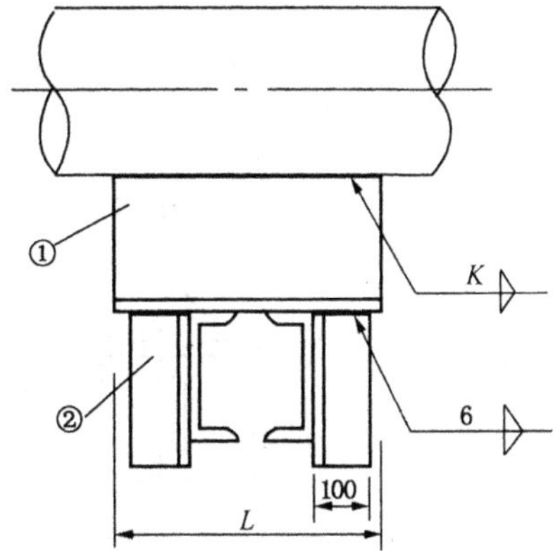

型　号	管径 *DN*	*H*	*L*	①管托	②挡铁　2 件	参考总重量/kg
				规　格	规　格	
ZT－1	15～150	100	600	I 20a	I 20a	13
ZT－2		150		I 32a	I 20a	20

注：1. 挡铁的位置由梁宽决定。

2. 高为 100 和 150 的托板系由 20a 和 32aQ235－A·F 工字钢（GB/T 706—2008）直接切割，挡铁由 20a 工字钢直接切割。

3. *K* 为焊角高度，*DN*15～50，*K* 为 3mm；*DN*65～100，*K* 为 4mm；*DN*125～150，*K* 为 5mm。

4. 梁与挡铁之间留 3mm 空隙。

5. 标注方法：如选用 ZT－1 型管托，*DN*150 标注为 ZT－1－150。

2014	ZT－1、ZT－2 型 止推管托（*DN*200～300）	施工图图号 S1－15－52

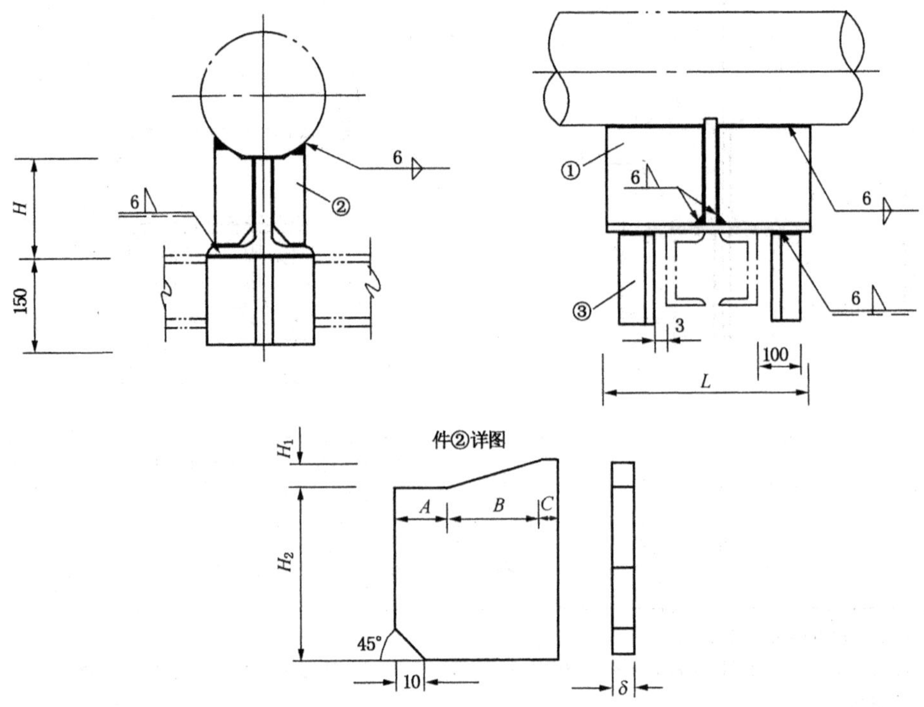

（mm）

型 号	A	B	C	H_1		H_2
ZT－1	10	25	5	*DN*200 *DN*250 *DN*300	9 7 6	88.6
ZT－2	10	25	5			135

型 号	管径 *DN*	H/mm	L/mm	①管托 1 件	②肋板 2 件	③挡铁 2 件	参考总重量/kg
				规 格	规 格	规 格	
ZT－1	200～300	100	600	I 20a	98×40 $\delta=10$	I 20a	13.5
ZT－2		150		I 32a	144×40 $\delta=10$	I 20a	21

注：1. 托高为 100 和 150 的管托可由 20a 或 32a Q235－A·F 工字钢（GB/T 706—2008）直接切割。挡铁由 20a 工字钢直接切割。

2. 挡铁的位置由梁宽决定。

3. 肋板用钢板，标准号为 GB/T 709—2006。

4. 梁与挡铁之间留 3mm 空隙。

5. 标注方法：如选用 ZT－1 型管托，*DN*200 标注为 ZT－1－200。

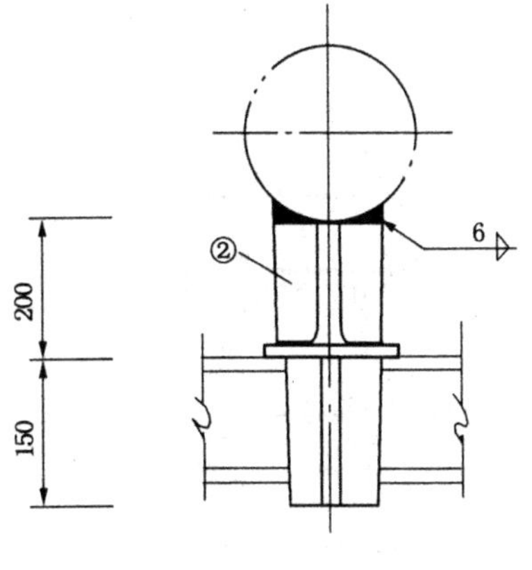

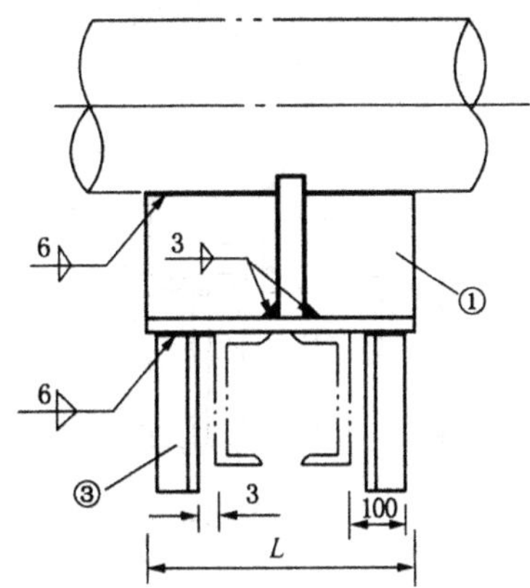

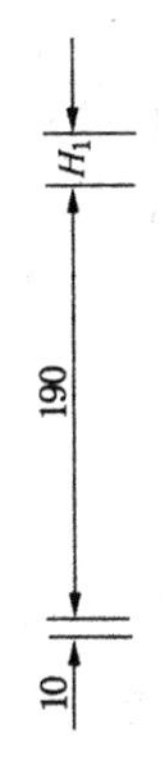

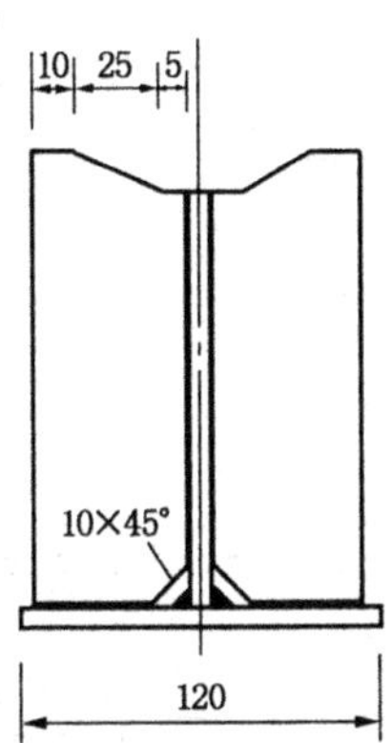

型　号	管径 *DN*	H_1/mm	*L*/mm	①管托 1 件	②肋板 2 件	③挡铁 2 件	参考总重量/kg
				规　格	规　格	规　格	
ZT－3	200	9.6	600	190×600 δ＝10 120×600 δ＝10	200×40 δ＝10	I 20a	20.5
	250	7.6					
	300	6.3					

注：1. 托高为 200 的管托，肋板均采用 δ＝10 的钢板（GB/T 709—2006）制造。

2. 挡铁可由 20a 工字钢（GB/T 706—2008）直接切割，材质为 Q235－A · F。

3. 标注方法：若选用 ZT－3 型管托，*DN*200 标注为 ZT－3－200。

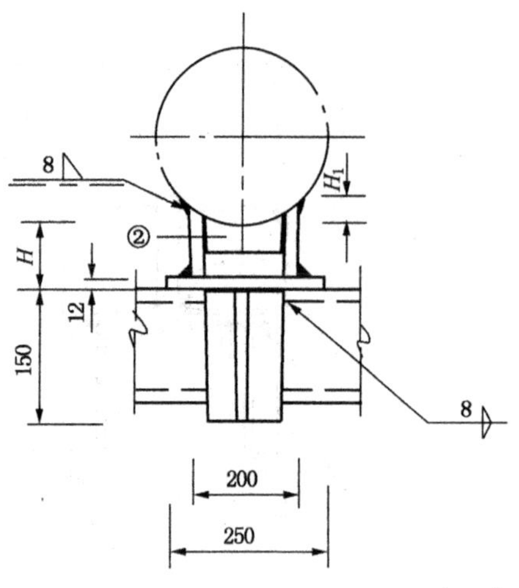

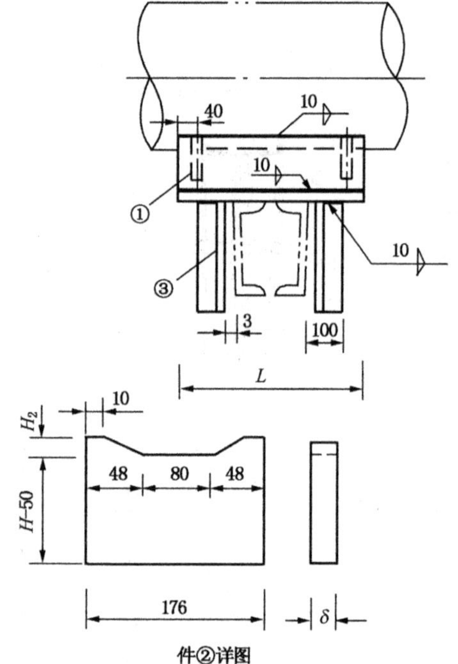

件②详图

（mm）

管径 DN	外　径	H_1	H_2
350	355.6	30.8	18.1
400	406.4	26.3	15.5
450	457	23	13.7
500	508	20.5	12.3

型　号	管径 DN	H/mm	L/mm	①管托 1 件 规　格	②肋板 2 件 规　格	③挡铁 2 件 规　格	参考总重量/kg
ZT－1	350～500	100	600	600×119 δ=12 600×250 δ=12	176×68 δ=12	I 20a	34
ZT－2		150		600×169 δ=12 600×250 δ=12	176×118 δ=12	I 20a	41.5
ZT－3		200		600×219 δ=12 600×250 δ=12	176×168 δ=12	I 20a	49

注：1. 管托及肋板均采用 δ=12 的 Q235－A·F 钢板（GB/T 709—2006）制造。

2. 挡铁可由 20aQ235－A·F 工字钢（GB/T 706—2008）直接切割。

3. 梁与挡铁之间留 3mm 空隙。

4. 标注方法：若选用 ZT－1 型管托，DN350 标注为 ZT－1－350。

2014	ZK－1、ZK－2 型 卡箍型止推管托（*DN*15～150）	施工图图号 S1－15－55

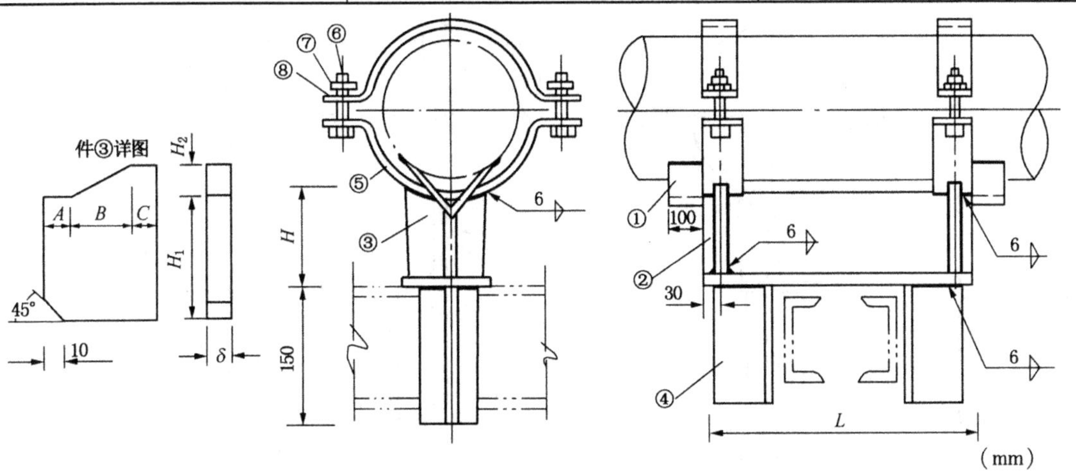

（mm）

管径 *DN*	*A*	*B*	*C*	H_2
50				10.8
65	7	13	20	7.9
80				6.6
100				5
125	10	20	10	4
150				3.3

型　号	管径 *DN*	*L*/mm	$\frac{H}{H_1}$/mm	①角形挡铁 2 件 规　格	②管托 规　格	③肋板 4 件 规　格	④挡铁 2 件 规　格	⑤管卡 4 件 规　格	螺　栓 ⑥　⑦	弹簧垫圈 ⑧	参考总重量/kg
	15										16
	20										16
	25										16
	32								M12×50 4 副	M12 4 个	16.5
	40										16.5
ZK－1	50		$\frac{100}{82.6}$		I 20a						18
	65										18
	80					40×93.4 δ＝10					18.5
	100										19
	125								M16×60 4 副	M16 4 个	19.5
	150	600		∠50×5			I 20a	≡60×6			20
	15										23.5
	20										23.5
	25										23.5
	32								M12×50 4 副	M12 4 个	24
	40										24
ZK－2	50		$\frac{150}{129}$		I 32a						26
	65										26
	80										26.5
	100					40×139.8 δ＝10					27
	125								M16×60 4 副	M16 4 个	28
	150										28

注：1. 托高为 100 和 150 的管托及挡铁由 20a 或 32a 工字钢（GB/T 706—2008）直接切割，材质为 Q235－A·F。弹簧垫圈材质为 65Mn 钢。
2. 管卡结构尺寸及施工要求见 SI－15－72/1。
3. 六角头螺栓标准号为 GB/T 5782—2000，螺母为 GB/T 41—2000，弹簧垫圈为 GB/T 859—1987，钢板为 GB/T 709—2006。
4. 标注方法：如选用 ZK－1 型管托，*DN*50 标注为 ZK－1－50。

2014	ZK－1、ZK－2、ZK－3 型 卡箍型止推管托（*DN*200～300）	施工图图号 S1－15－56

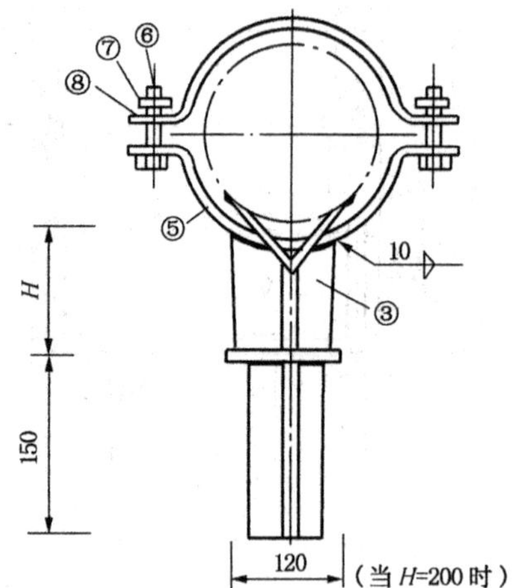

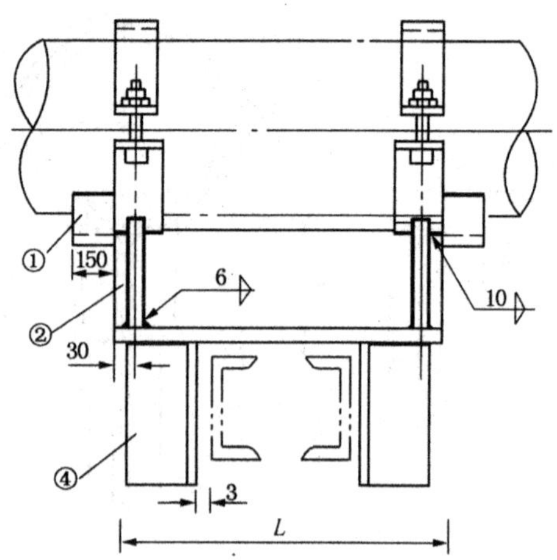

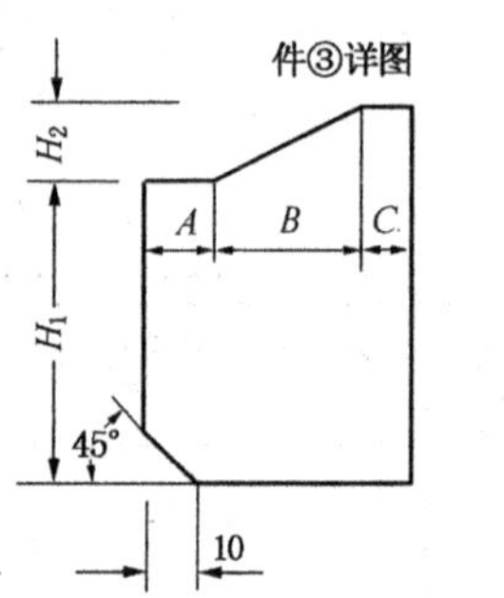

δ

（mm）

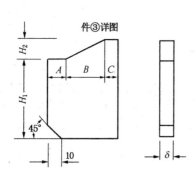

管径 *DN*	*A*	*B*	*C*	H_2
200				8
250				6.4
300				5.5
200				8.5
250	10	25	5	6.8
300				5.7
200				8.6
250				6.9
300				5.9

型　号	管径 *DN*	$\frac{H}{H_1}$/mm	*L*/mm	①角形挡铁 2 件	②管托	③肋板 4 件	④挡铁 2 件	⑤管卡 4 件	螺　栓 ⑥ ⑦	弹簧垫圈 ⑧	参考总重量/kg
				规　格	规　格	规　格	规　格	规　格			
ZK－1	200	$\frac{100}{76.6}$	600	∠75×8	Ⅰ20a	40×84.6 δ=10	Ⅰ20a	═80×12	M20×80 4 副	M20 4 个	35
	250										38
	300										40
ZK－2	200	$\frac{150}{123}$			Ⅰ32a	40×131.5 δ=10					43
	250										46
	350										48
ZK－3	200	$\frac{200}{178}$			600×178 δ=10 600×120 δ=10	40×186.6 δ=10					42
	250										45
	300										47

注：1. 托高为 100 和 150 的管托及挡铁可由 20a 或 32a 工字钢（GB/T 706—2008）直接切割，高为 200 的管托及肋板均采用 δ=10 钢板（GB/T 709—2006）制造，材质为 Q235－A·F。弹簧垫圈材质为 65Mn 钢。

2. 六角头螺栓标准号为 GB/T 5782—2000，螺母为 GB/T 41—2000，弹簧垫圈为 GB/T 859—1987。

3. 管卡结构尺寸及施工要求见 SI－15－72/1。

4. 管托与管卡的焊接应采用结 422 焊条。

5. 标注方法：如选用 ZK－1 型管托，*DN*200 标注为 ZK－1－200。

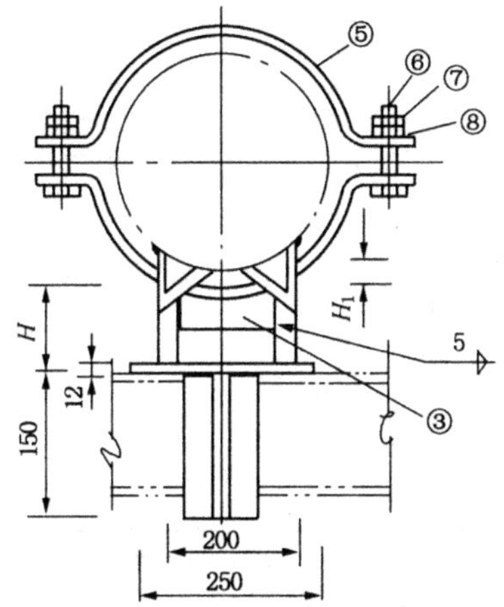

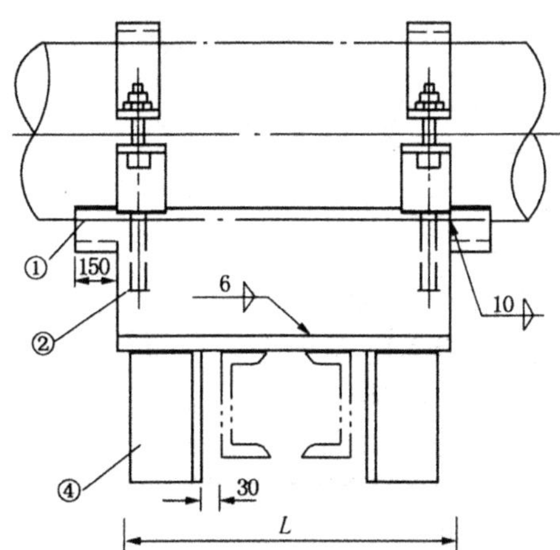

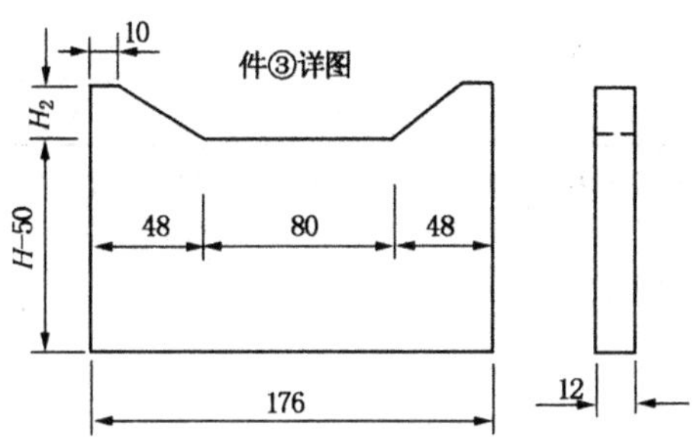

(mm)

管径 *DN*	H_1	H_2
350	30.8	18.1
400	26.3	15.5
450	23	13.7
500	20.5	12.3

型号	管径 *DN*	*H*/mm	*L*/mm	①角形挡铁 4件	②管托	③肋板 2件	④挡铁 2件	⑤管卡 4件	螺栓 ⑥ ⑦	弹簧垫圈 ⑧	参考总重量/kg
				规格	规格	规格	规格	规格			
ZK-1	350	100	600	∠75×8	600×116 δ=12	176×71.5 δ=12	I 20a	═80×12	M24×90 4副	M24 4个	64
	400										66
	450				600×250 δ=12						68.5
	500										71
ZK-2	350	150			600×166 δ=12	176×121.5 δ=12					71
	400										73
	450				600×250 δ=12						76
	500										78
ZK-3	350	200			600×216 δ=12	176×171.5 δ=12					78
	400										80.5
	450				600×250 δ=12						83
	500										85.5

注:1. 挡铁由20a工字钢(GB/T 706—2008)直接切割,材质为Q235—A·F。支撑板及肋板均采用δ=12的Q235-A·F钢板(GB/T 709—2006)制造。弹簧垫圈用65Mn钢。
2. 管卡结构尺寸及施工要求见SI-15-72/1。
3. 六角头螺栓标准号为GB/T 5782—2000,螺母为GB/T 41—2000,弹簧垫圈为GB/T 859—1987。
4. 管托与管卡的焊接应采用E4303焊条。
5. 标注方法:如选用ZK-1型管托,*DN*350标注为ZK-1-350。

2014	DT-1、DT-2 型 导向管托(*DN*15～150)	施工图图号 S1-15-58

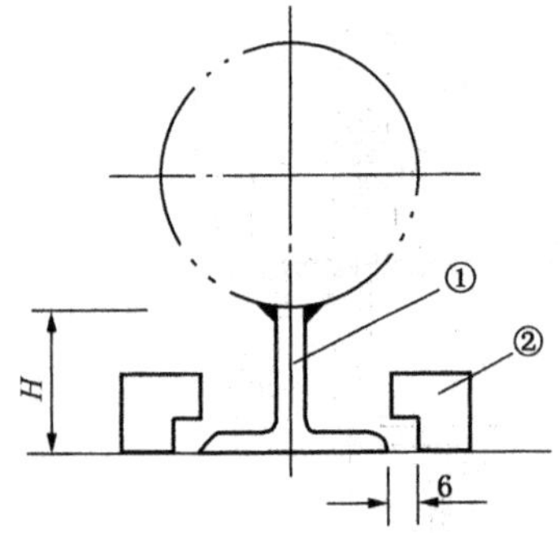

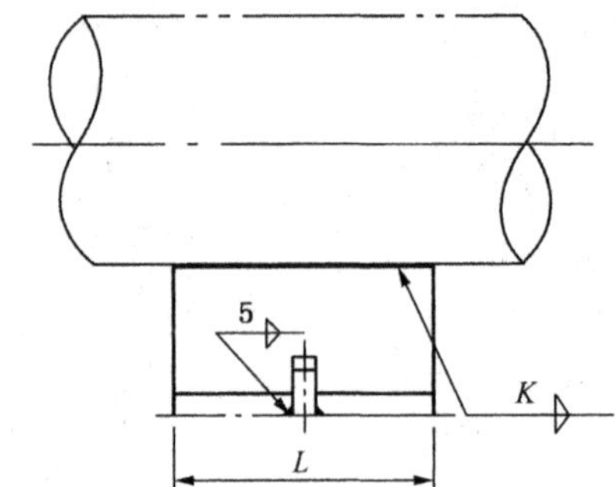

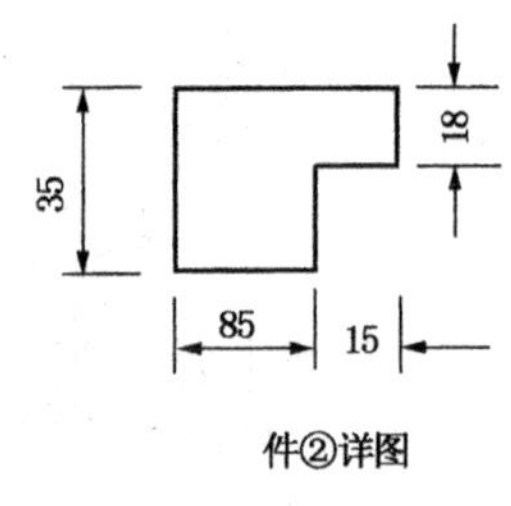

件②详图

型　号	管径 *DN*	*H*	*L*	①管托	②导向板 2 件	参考总重量/kg
				规　格	规　格	
DT-1	15～150	100	250	I 20a	100×35 δ=16	4.5
DT-2		150		I 32a		7.5

注:1. 高为 100 和 150 的管托,可由 20a 或 32aQ235-A·F 工字钢(GB/T 706—2008)直接切割,导向板采用厚钢板(GB/T 709—2006)制造,材质 Q235-A·F。

2. *K* 为焊角高度,*DN*15～50,*K* 为 3mm;*DN*65～100,*K* 为 4mm;*DN*125～150,*K* 为 5mm。

3. 标注方法:如选用 DT-1 型管托,*DN*100 标注为 DT-1-100。

2014	DT-1、DT-2、DT-3 型 导向管托（*DN*200~300）	施工图图号 S1-15-59

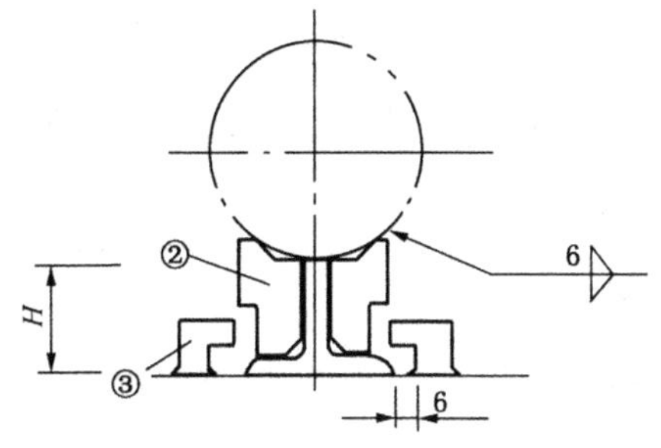

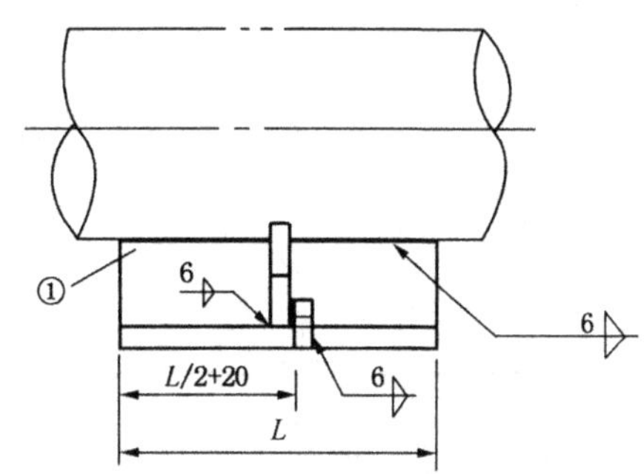

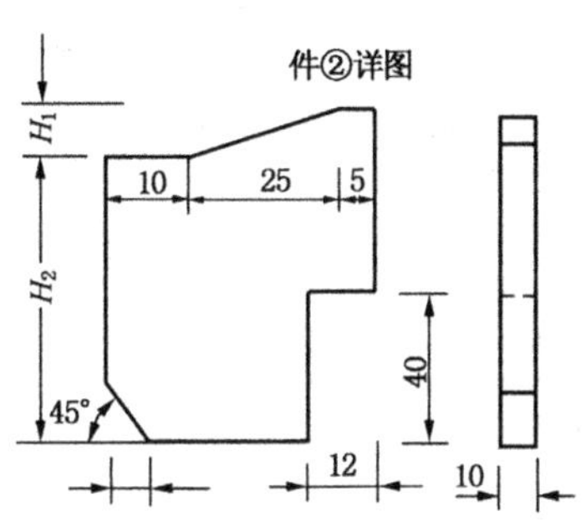

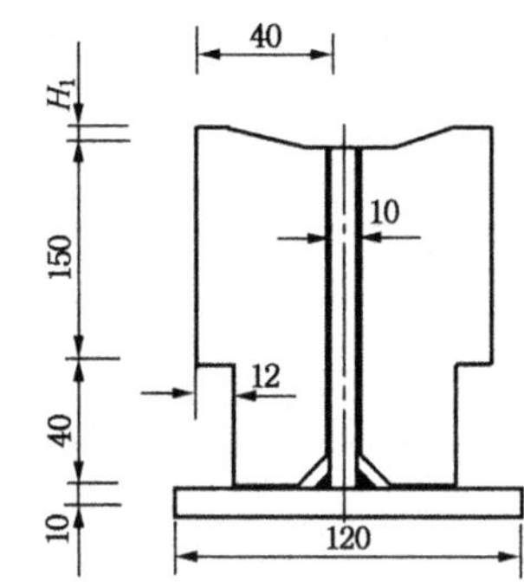

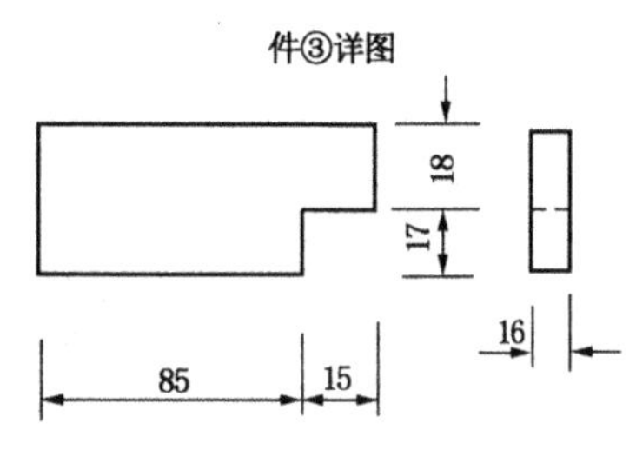

型　号	H_1/mm		H_2/mm	H/mm	L/mm	①管　托	②肋板 2 件	③导向板 2 件	参考总重量/kg
						规　格	规　格	规　格	
DT-1	*DN*200	9	88.6	100	350	I 20a	40×97.6 δ=10	100×35 δ=16	6.5
	*DN*250	7							
	*DN*300	6							
DT-2	*DN*200	9.6	135	150		I 32a	40×144 δ=10		11
	*DN*250	7.6							
	*DN*300	6.3							
DT-3	*DN*200	10	190	200		350×190，δ=10 350×120，δ=10	40×199.6 δ=10		11
	*DN*250	8							
	*DN*300	7							

注：1. 高为 100 和 150 的管托可由 20a 或 32aQ235-A·F 工字钢（GB/T 706—2008）直接切割；高为 200 的管托，导向板采用 δ=10 及 δ=16 的钢板（GB/T 709—2006）制造。

2. 标注方法：如选用 DT-1 型管托，*DN*200 标注为 DT-1-200。

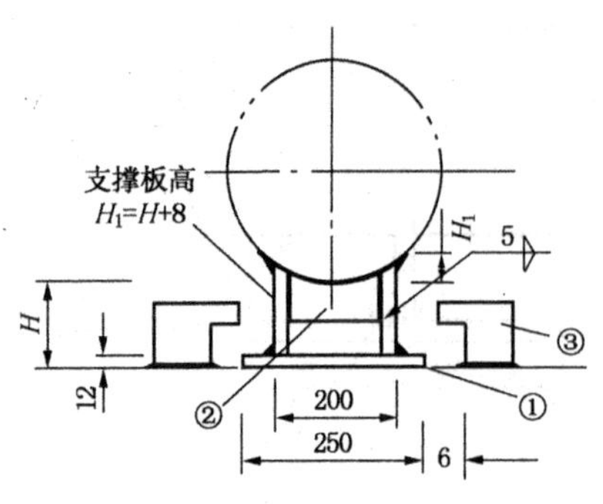

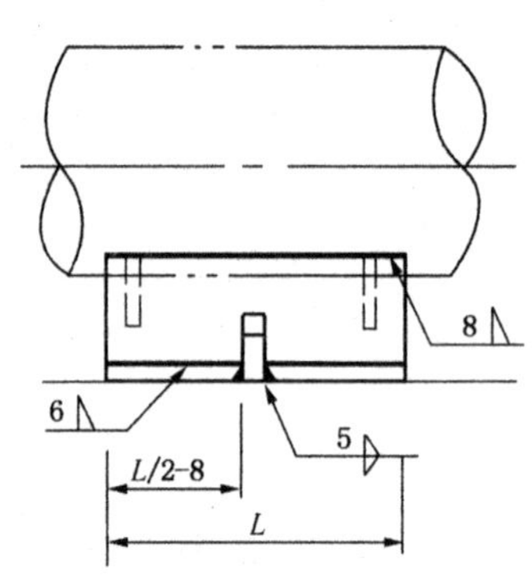

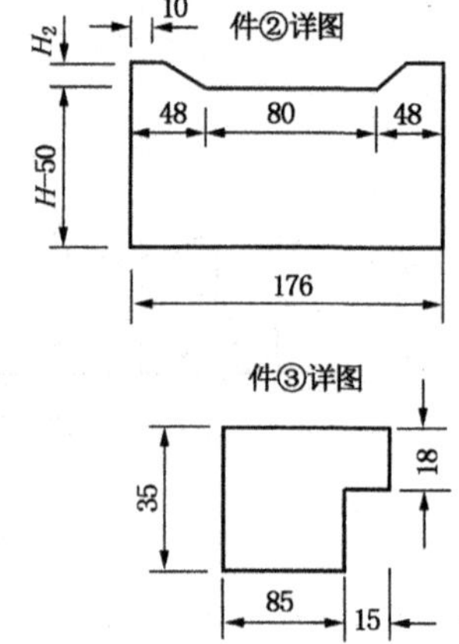

(mm)

管径 *DN*	H_1	H_2
350	30.8	18.1
400	26.3	15.5
450	23	13.7
500	20.5	12.3

型　号	管径 *DN*	*H*	*L*	① 管　托	② 肋板 2 件	③ 导向板 2 件	参考总重量/kg
				规　格	规　格	规　格	
DT－1	350～500	100	350	350×119,δ＝12 250×350,δ＝12	176×68,δ＝12	100×35 δ＝16	19.5
DT－2		150		350×169,δ＝12 350×250,δ＝12	176×118,δ＝12		25
DT－3		200		350×219,δ＝12 350×250,δ＝12	176×168,δ＝12		30

注:1. 高为 100 和 150 的管托可由 Q235－A・F20a 或 32a 工字钢(GB/T 706—2008)直接切割;高为 200 的管托,导向板采用 δ＝12 及 δ＝16 的钢板(GB/T 709—2006)制造。

2. 标注方法:如选用 DT－1 型管托,*DN*350 标注为 DT－1－350。

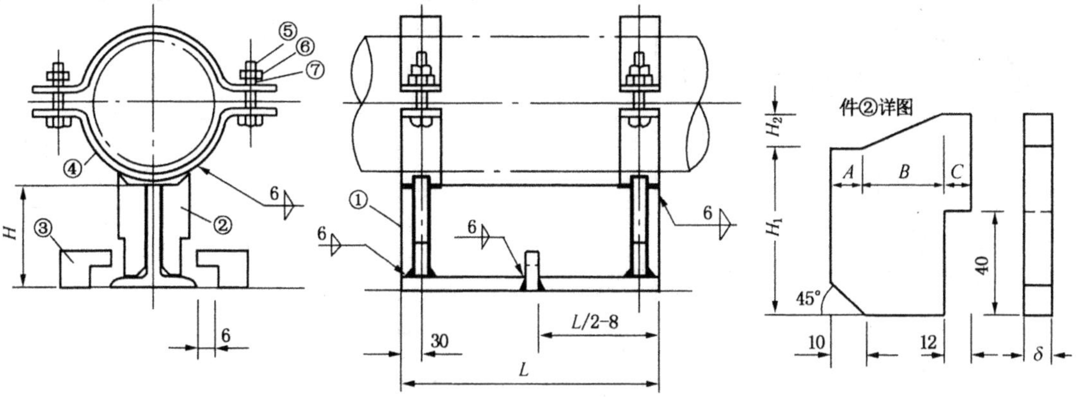

2014	DK－1、DK－2 型 卡箍型导向管托（DN15～150）	施工图图号 S1－15－61

件②详图

件③详图

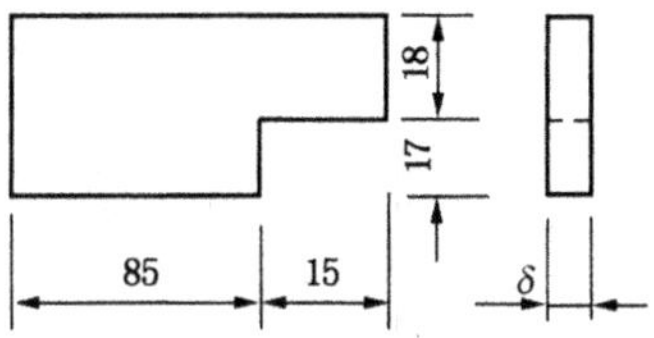

（mm）

管径 DN	A	B	C	H	H_1	H_2
50						10.8
65	7	13	20	100	82.6	7.9
80						6.6
100						5
125	10	20	10	150	129	4
150						3.3

型　号	管径 DN	H/mm	L/mm	①管托 规　格	②肋板 4 件 规　格	③导向板 2 件 规　格	④管卡 4 件 规　格	螺　栓 ⑤　⑥	弹簧垫圈 ⑦	参考总重量/kg
	15									7
	20									7
	25						□60×6			7
	32							M12×50 4 副	M12 4 个	7.5
	40									7.5
DK－1	50	100		I 20a						9
	65						□60×6			9
	80				40×93.4 δ＝10					9.5
	100									10
	125						□60×6	M16×60 4 副	M16 4 个	11
	150					100×35 δ＝16				11
	15		250							10
	20									10
	25						□60×6			10.5
	32							M12×50 4 副	M12 4 个	10.5
	40									10.5
DK－2	50	150		I 32a						13
	65						□60×6			13
	80				40×139.8 δ＝10					13
	100									14
	125						□60×6	M16×60 4 副	M16 4 个	14.5
	150									15

注：1. 高为 100 和 150 的管托，可由 20a 或 32aQ235－A·F 工字钢（GB/T 706—2008）直接切割，弹簧垫圈用 65Mn 钢。
2. 管托与管卡的焊接应采用 E4303 焊条。
3. 六角头螺栓标准号为 GB/T 5782—2000，螺母为 GB/T 41—2000，弹簧垫圈为 GB/T 859—1987，钢板为 GB/T 709—2006。
4. 管卡结构及施工要求见 SI－15－72/1。5. 标注方法：如选用 DK－1 型管托，DN50 标注为 DK－1－50。

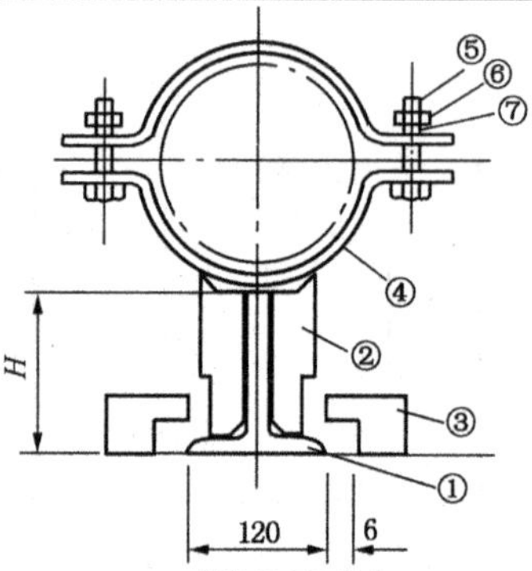

2014	DK-1、DK-2、DK-3 型 卡箍型导向管托（DN200~300）	施工图图号 S1-15-62

件③详图

件②详图

（当 H=200 时）

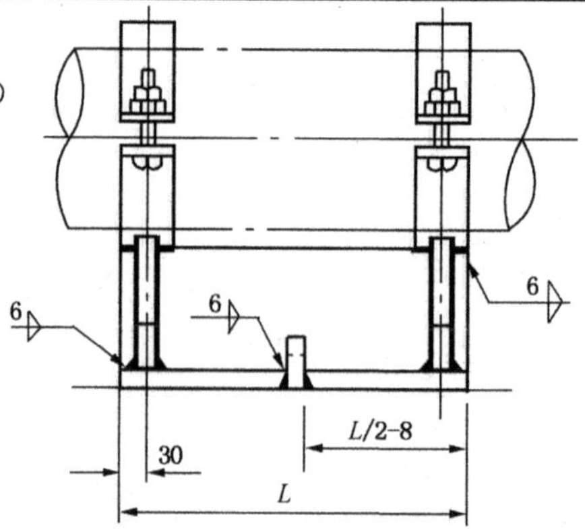

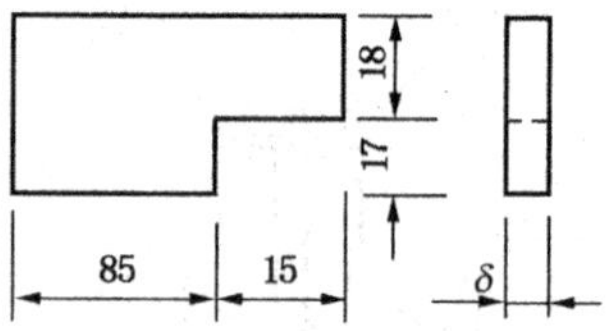

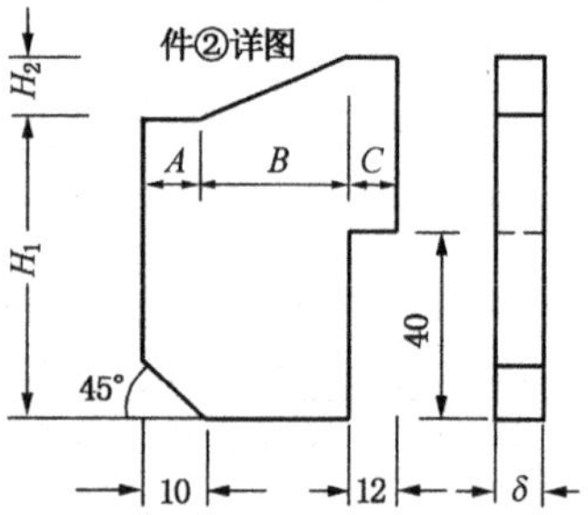

（mm）

管径 DN	H	A	B	C	H_1	H_2
200	100	10	25	5	76.6	8
250						6.4
300						5.5
200	150				123	8.5
250						6.8
300						5.7
200	200				178	8.6
250						6.9
300						5.9

型　号	管径 DN	H/ mm	L/ mm	①管托 规　格	②肋板 2 件 规　格	③导向板 2 件 规　格	④管卡 4 件 规　格	螺　栓 ⑤　⑥	弹簧垫圈 ⑦	参考总重量/kg
DK-1	200	100	350	I 20a	40×84.6 δ=10	100×35 δ=16	□80×12	M20×80 4 副	M20 4 个	26
	250									28
	300									30.5
DK-2	200	150		I 32a	40×131.5 δ=10					30.5
	250									33
	300									35.5
DK-3	200	200		350×178 δ=10 350×120 δ=10	40×186.6 δ=10					30
	250									33
	300									35.5

注：1. 高为 100 和 150 的管托，可由 20a 或 32aQ235-A·F 工字钢（GB/T 706—2008）直接切割。高为 200 的管托，导向板采用 δ=12 及 δ=16 钢板（GB/T 709—2006）制造，弹簧垫圈用 65Mn 钢。

2. 管托与管卡的焊接应采用 E4303 焊条。

3. 六角头螺栓标准号为 GB/T 5782—2000，螺母为 GB/T 41—2000，弹簧垫圈为 GB/T 859—1987。

4. 标注方法：如选用 DK-1 型管托，DN200 标注为 DK-1-200。

2014	DK－1、DK－2、DK－3 型 卡箍型导向管托（*DN*350～500）	施工图图号 S1－15－63

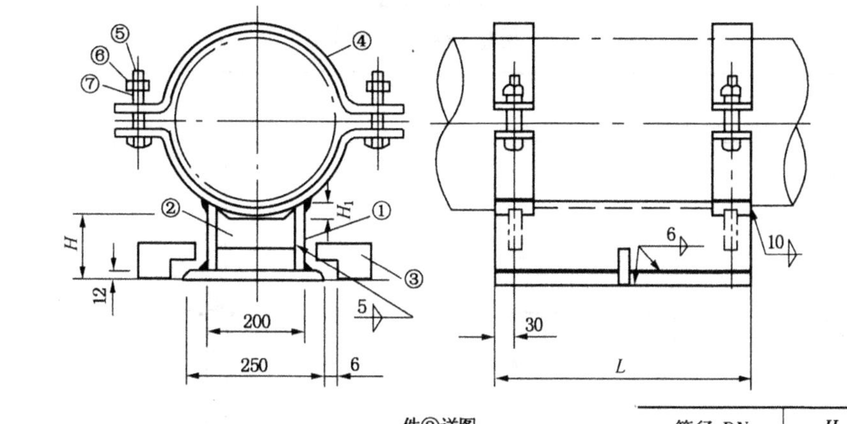

件②详图

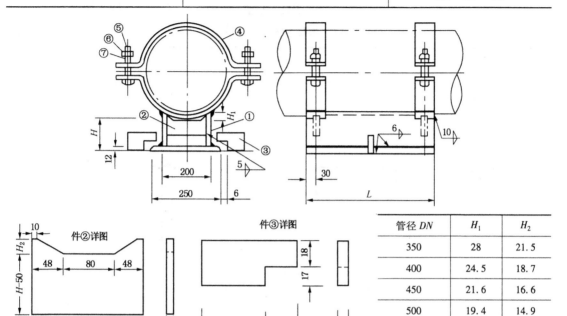

10
H_2
$H-50$
48
80
48
176
12

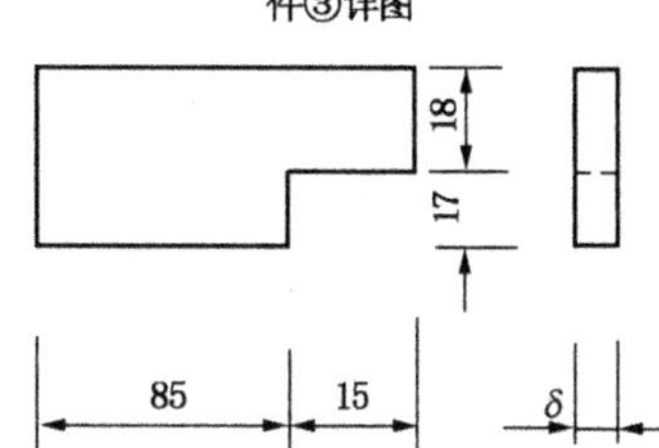

管径 *DN*	H_1	H_2
350	28	21.5
400	24.5	18.7
450	21.6	16.6
500	19.4	14.9

型号	管径 *DN*	*H*/ mm	*L*/ mm	①管托 规格	②肋板 2 件 规格	③导向板 2 件 规格	④管卡 4 件 规格	螺栓 ⑤ ⑥	弹簧垫圈 ⑦	参考总重量/kg
DK－1	350	100	350	350×116 350×250 δ＝12	176×71.5 δ＝12	100×35 δ＝16	□80×12	M24×90 4 副	M24 4 个	46
	400									48.5
	450									51
	500									53.5
DK－2	350	150		350×166 350×250 δ＝12	176×121.5 δ＝12					51
	400									54
	450									56
	500									58.5
DK－3	350	200		350×216 350×250 δ＝12	176×171.5 δ＝12					56
	400									58.5
	450									61
	500									63

注：1. 管托、肋板及导向板采用 δ＝12、δ＝16Q235－A·F 钢板（GB/T 709—2006）制造，弹簧垫圈用 65Mn 钢。

2. 六角头螺栓标准号为 GB/T 5782—2000，螺母为 GB/T 41—2000，弹簧垫圈为 GB/T 859—1987。

3. 管托与管卡的焊接应采用 E4303 焊条。

4. 标注方法：如选用 DK－1 型管托，*DN*200 标注为 DK－1－400。

三、管吊（吊板、吊杆、吊钩）与管卡

2014	DG－1 型 吊板（生根构件）	施工图图号 S1－15－64

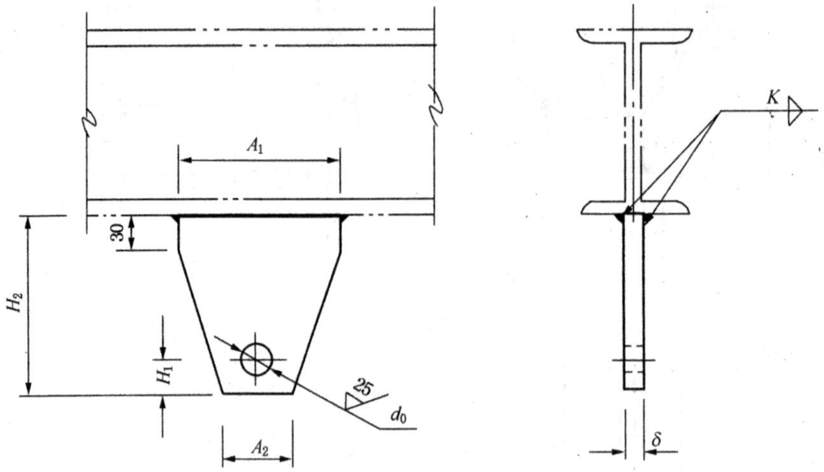

(mm)

型　　号	适用吊杆直径 d	A_1	A_2	d_0	H_1	H_2	δ	K	参考总重量/kg
DG－1－12	12	100	30	16	18	100	10	7	0.61
DG－1－16	16			20	22				
DG－1－20	20	120	40	24	26	120	10	7	0.85
DG－1－24	24	150	60	28	30	150	16	12	2.5
DG－1－30	30	200	80	34	36	200	20	14	5

注：1. 吊板采用 Q235－A・F 的厚钢板（GB/T 709—2006）制造。

2. 标注方法：如选用 DG－1 型生根构件吊杆直径为 d12 时，标为 DG－1－12。

2014	DG－2 型 吊板(生根构件)	施工图图号 S1－15－65

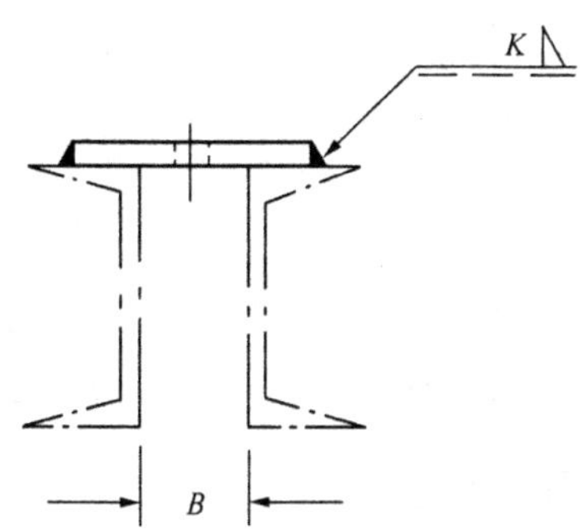

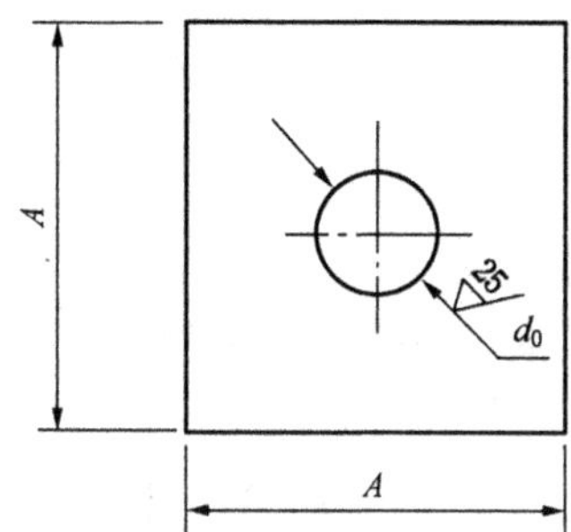

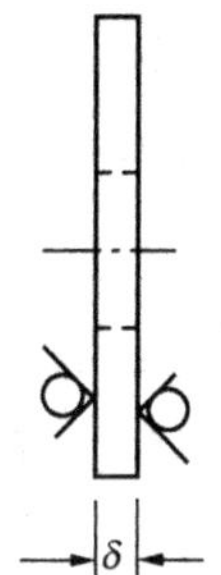

(mm)

型　　号	适用吊杆直径 d	A	B	d_0	δ	参考总重量/kg
DG－2－12	12	100	30～50	16	12	1
DG－2－16	16			20		
DG－2－20	20			24		
DG－2－24	24	150	75	28	16	3
DG－1－30	30	200	100	34	20	6.5

注:1. 吊板采用 Q235－A・F 的厚钢板(GB/T 709—2006)制造。

2. 零件加工尺寸公差按 GB/T 1804—2000－m 的精度,锐边锉钝。

3. 焊角高度 K 的数值取钢板的厚度。

4. 标注方法:如选用 DG－2 型生根构件,吊杆直径为 d12 时,标为 DG－2－12。

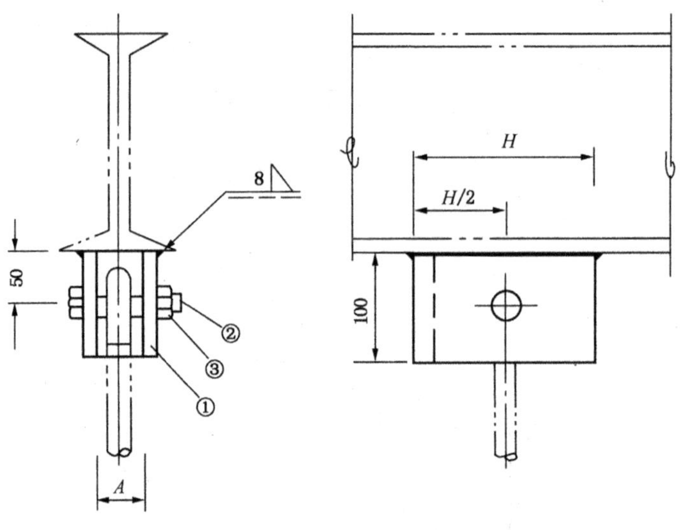

件①详图

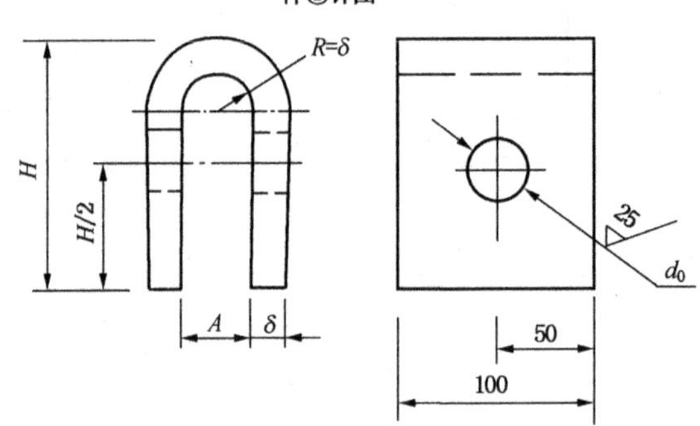

（mm）

型　　号	适用吊杆直径 d	A	H	d_0	①吊板展开长 L	δ	②螺栓 1 个	③螺母 1 个	参考总重量/kg
DG－3－12	12	20	100	18	207	10	M12×55	M12	2
DG－3－16	16	21	100	18	207	10	M16×60	M16	2
DG－3－20	20	24	150	22	309	12	M20×80	M20	3.5
DG－3－24	24	28	150	26	309	14	M24×90	M24	4
DG－3－30	30	32	180	34	372	16	M30×115	M30	5

注：1. 吊板采用 Q235－A·F 的厚钢板（GB/T 709—2006）制造。六角头螺栓标准号为 GB/T 5782—2000，螺母为 GB/T 41—2000。

2. 零件加工尺寸公差按 GB/T 1804—2000－m 的精度，锐边锉钝。

3. 标注方法：如选用 DG－3 型生根构件。吊杆直径为 d12 时，标为 DG－3－12。

2014	**DB－1型** **平管吊板**	施工图图号 S1－15－68

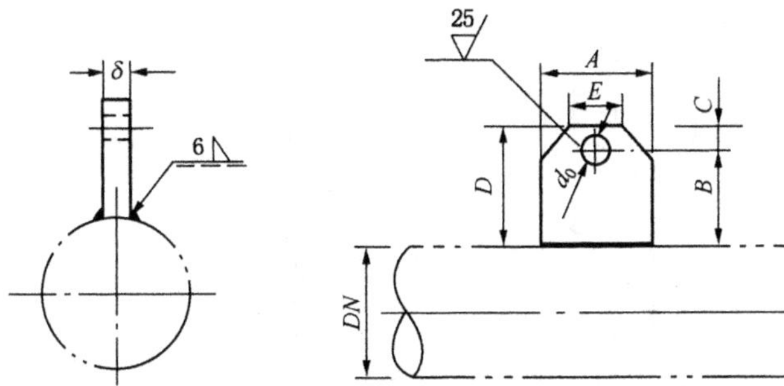

型　号	管子公称直径 *DN*	适用吊杆直径 *d*	钢　板　规　格/mm							参考总重量/kg
			A	*B*	*C*	*D*	*E*	δ	d_0	
DB－1－12	≤50	12	60	100	20	120	40	8	16	0.45
DB－1－16	80～150	16	80	100	30	130	60	8	20	0.65
DB－1－20	200～300	20	100	100	40	140	80	12	24	1.5

注:1. 吊板采用Q235－A·F钢板(GB/T 709—2006)制造。

2. 零件加工尺寸公差按GB/T 1804—2000－m的精度,锐边锉钝。

3. 标注方法:如选用DB－1型吊板,吊杆直径为*d*12时,标为DB－1－12。

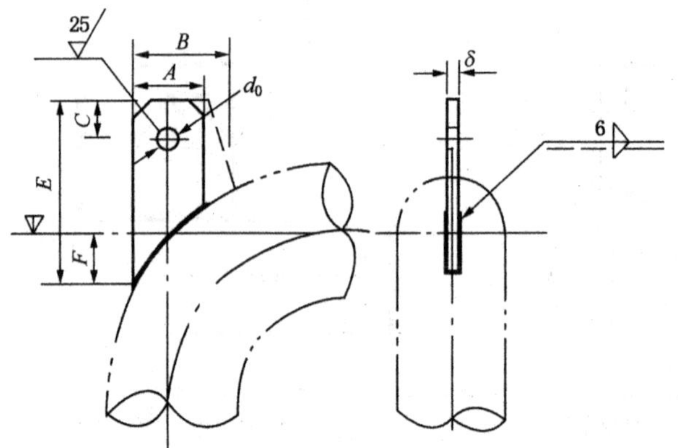

型　号	管子公称直径 DN	适用吊杆直径 d	钢　板　规　格/mm							参考总重量/kg
			A	B	C	E	F	d_0	δ	
DB－2－12	≤50	12	60		20	130	40	16	8	0.5
DB－2－16	80～150	16	80		30	180	60	20	8	1
DB－2－20	200～300	20	100	150	40	230	90	24	12	3

注：1. 吊板采用 Q235－A・F 钢板（GB/T 709—2006）制造。

2. 零件加工尺寸公差按 GB/T 1804—2000－m 的精度，锐边锉钝。

3. 标注方法：如选用 DB－2 型吊板，吊杆直径为 d12 时，标为 DB－2－12。

<table>
<tr><td rowspan="2">2014</td><td rowspan="2">DB-3 型
立管吊耳(DN15~300)</td><td>施工图图号</td></tr>
<tr><td>S1-15-70</td></tr>
</table>

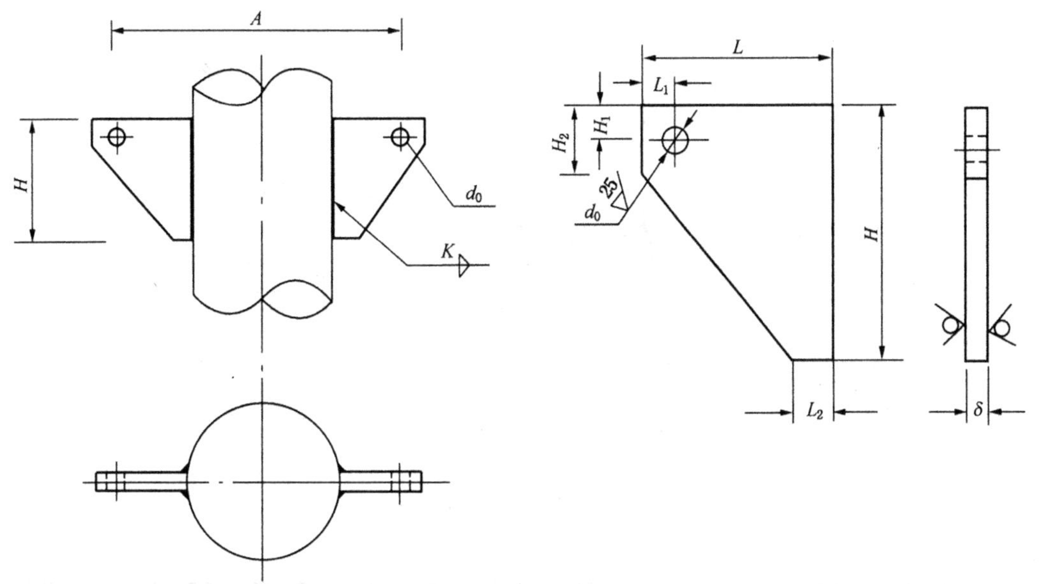

<table>
<tr><th rowspan="2">型　号</th><th>管径</th><th rowspan="2">A</th><th colspan="8">吊　　板/mm</th><th rowspan="2">K</th><th>适用吊杆</th><th>参考总</th></tr>
<tr><th>DN</th><th>L</th><th>L_1</th><th>L_2</th><th>H</th><th>H_1</th><th>H_2</th><th>d_0</th><th>δ</th><th>直径</th><th>重量/kg</th></tr>
<tr><td>DB-3-15</td><td>15</td><td>322</td><td rowspan="11">175</td><td rowspan="11">25</td><td rowspan="11">15</td><td rowspan="11">200</td><td rowspan="11">23</td><td rowspan="11">50</td><td rowspan="11">22</td><td rowspan="11">10</td><td rowspan="6">3</td><td rowspan="8">12</td><td rowspan="11">4</td></tr>
<tr><td>DB-3-20</td><td>20</td><td>327</td></tr>
<tr><td>DB-3-25</td><td>25</td><td>334</td></tr>
<tr><td>DB-3-32</td><td>32</td><td>342</td></tr>
<tr><td>DB-3-40</td><td>40</td><td>348</td></tr>
<tr><td>DB-3-50</td><td>50</td><td>360</td></tr>
<tr><td>DB-3-65</td><td>65</td><td>376</td><td rowspan="3">4</td></tr>
<tr><td>DB-3-80</td><td>80</td><td>389</td></tr>
<tr><td>DB-3-100</td><td>100</td><td>414</td><td rowspan="6">16</td></tr>
<tr><td>DB-3-125</td><td>125</td><td>440</td><td rowspan="2">5</td></tr>
<tr><td>DB-3-150</td><td>150</td><td>459</td></tr>
<tr><td>DB-3-200</td><td>200</td><td>579</td><td rowspan="3">210</td><td rowspan="3">30</td><td rowspan="3">25</td><td rowspan="3">300</td><td rowspan="3">25</td><td rowspan="3">50</td><td rowspan="3">22</td><td rowspan="3">16</td><td rowspan="3">6</td><td rowspan="3">10</td></tr>
<tr><td>DB-3-250</td><td>250</td><td>633</td></tr>
<tr><td>DB-3-300</td><td>300</td><td>685</td></tr>
</table>

注:1. 吊耳采用 Q235-A·F 钢板(GB/T 709—2006)制造。

2. 零件加工尺寸公差按 GB/T 1804—2000-m 的精度,锐边锉钝。

3. 标注方法:如选用 DB-3 型吊耳,被支承管管径为 *DN*50 时,标为 DB-3-50。

2014	DB－4 型 立管吊耳(*DN*200～500)	施工图图号 S1－15－71

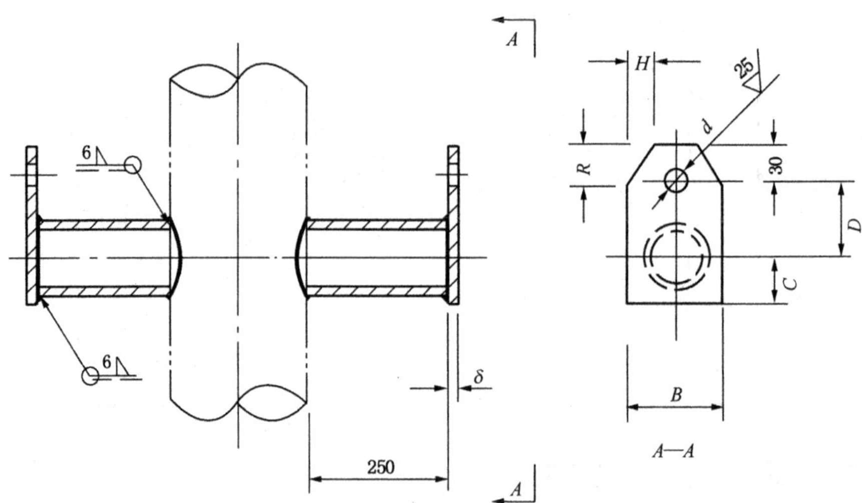

(mm)

型　号	管径 *DN*	支承管	吊杆直径	*d*	*B*	*H*	*C*	*R*	*δ*	*D*	参考总重量/kg
DB－4－200	200	88.9×5.56	16	18	105	18	52	50	10	115	9
DB－4－250	250	88.9×5.56	16	18	105	18	52	50	10	115	9
DB－4－300	300	88.9×5.56	16	18	105	18	52	50	10	115	9
DB－4－350	350	114.3×6.02	20	22	125	22	65	65	10	125	13
DB－4－400	400	114.3×6.02	20	22	125	22	65	65	12	125	13.5
DB－4－450	450	168.3×7.1	24	26	175	28	87	65	12	150	23
DB－4－500	500	168.3×7.1	30	32	175	34	87	75	12	150	23

注:1. 吊耳采用 Q235－A·F 钢板(GB/T 709—2006)制造,支承管采用 20 号钢无缝钢管(GB/T 8163—2008)。

2. 零件加工尺寸公差按 GB/T 1804—2000－m 的精度,锐边锉钝。

3. 标注方法:如选用 DB－4 型吊耳,被支承管管径为 *DN*300 时,标为 DB－4－300。

2014	DB-5 型 吊　卡(DN15~500)	施工图图号 S1-15-72/1

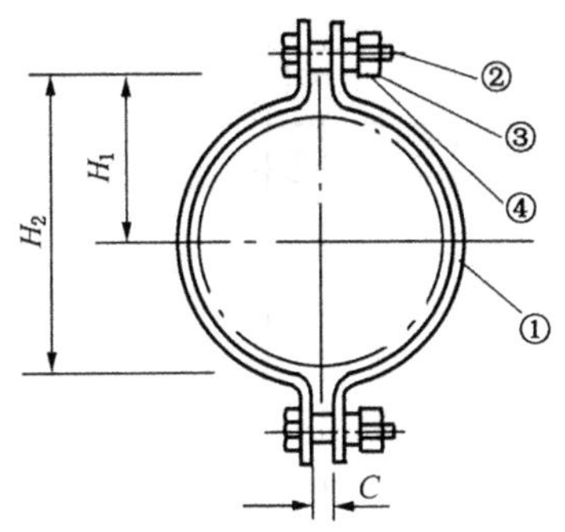

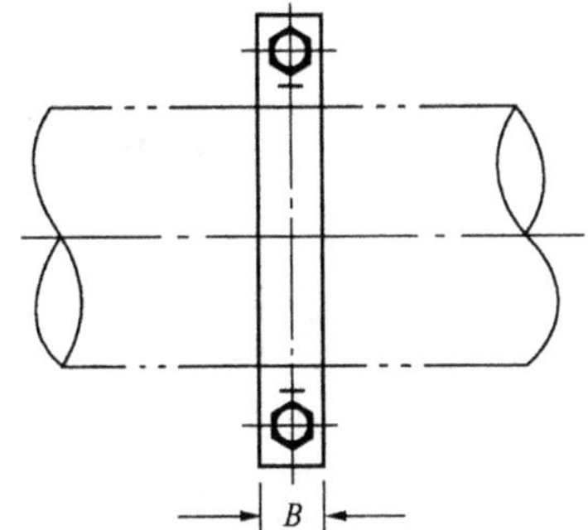

型　号	管径 DN	B/mm	C/mm	H_1/mm	H_2/mm	适用吊杆直　径	①半管卡零件编号 2 件	②螺栓	③螺母	④弹簧垫圈	参考总重量/kg
DB-5-15	15	60	16	28	39	12	1-15	M12×50 2 个	M12 2 个	M12 2 个	1.5
DB-5-20	20			31	45		1-20				1.5
DB-5-25	25			37	54		1-25				1.5
DB-5-32	32			42	63		1-32				1.5
DB-5-40	40			47	71		1-40				1.5
DB-5-50	50			52	82		1-50				2
DB-5-65	65			61	99		1-65				2
DB-5-80	80			68	113		1-80				2
DB-5-100	100		20	79	136	16	1-100	M16×60 2 个	M16 2 个	M16 2 个	2.5
DB-5-125	125			92	162		1-125				2.5
DB-5-150	150			107	191		1-150				3
DB-5-200	200	80	24	144	254	20	1-200	M20×80 2 个	M20 2 个	M20 2 个	9.5
DB-5-250	250			193	330		1-250				11
DB-5-300	300			200	363		1-300				12
DB-5-350	350		28	213	391	24	1-350	M24×90 2 个	M24 2 个	M24 2 个	14
DB-5-400	400			238	441		1-400				15
DB-5-450	450			264	493		1-450				16
DB-5-500	500			289	543		1-500				17

注:1. 吊卡采用 Q235-A·F 厚钢板(GB/T 709—2006)制造,弹簧垫圈用 65Mn 钢。

2. 六角头螺栓标准号为 GB/T 5782—2000,螺母为 GB/T 41—2000,弹簧垫圈为 GB/T 859—1987。

3. 零件加工尺寸公差按 GB/T 1804—2000-m 的精度,锐边锉钝。

4. 标注方法:如选用 DB-5 型吊卡,被吊管管径为 DN80 时,标为 DB-5-80。

<table>
<tr><td rowspan="2">2014</td><td rowspan="2">DB－5 型吊卡
半管卡施工图</td><td>施工图图号</td></tr>
<tr><td>S1－15－72/2</td></tr>
</table>

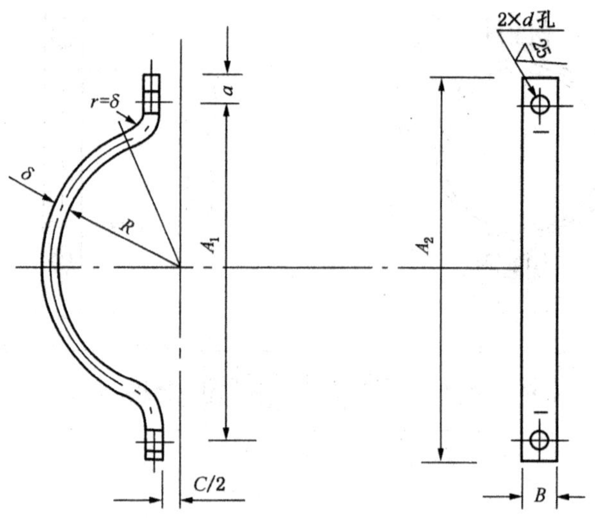

（mm）

<table>
<tr><th>零件编号</th><th>管径 DN</th><th>管子外径</th><th>A_1</th><th>A_2</th><th>a</th><th>B</th><th>C</th><th>d</th><th>R</th><th>δ</th><th>展开长度</th><th>参考总重量/kg</th></tr>
<tr><td>1－15</td><td>15</td><td>21.3,22</td><td>67</td><td>127</td><td rowspan="11">30</td><td rowspan="11">60</td><td rowspan="8">16</td><td rowspan="8">14</td><td>12</td><td rowspan="11">6</td><td>189</td><td>0.6</td></tr>
<tr><td>1－20</td><td>20</td><td>26.9,27</td><td>73</td><td>133</td><td>14</td><td>196</td><td>0.6</td></tr>
<tr><td>1－25</td><td>25</td><td>33.7,34</td><td>85</td><td>145</td><td>18</td><td>208</td><td>1</td></tr>
<tr><td>1－32</td><td>32</td><td>42.4,42</td><td>95</td><td>155</td><td>22</td><td>221</td><td>1</td></tr>
<tr><td>1－40</td><td>40</td><td>48.3,48</td><td>105</td><td>165</td><td>25</td><td>230</td><td>1</td></tr>
<tr><td>1－50</td><td>50</td><td>60.3,60</td><td>116</td><td>176</td><td>31</td><td>249</td><td>1</td></tr>
<tr><td>1－65</td><td>65</td><td>76.1,76</td><td>134</td><td>194</td><td>39</td><td>274</td><td>1</td></tr>
<tr><td>1－80</td><td>80</td><td>88.9,89</td><td>147</td><td>207</td><td>45</td><td>293</td><td>1</td></tr>
<tr><td>1－100</td><td>100</td><td>114.3,114</td><td>173</td><td>233</td><td rowspan="3">20</td><td rowspan="3">18</td><td>58</td><td>338</td><td>1</td></tr>
<tr><td>1－125</td><td>125</td><td>139.7,140</td><td>200</td><td>260</td><td>71</td><td>379</td><td>1.5</td></tr>
<tr><td>1－150</td><td>150</td><td>168.3,168</td><td>229</td><td>280</td><td>85</td><td>422</td><td>1.5</td></tr>
<tr><td>1－200</td><td>200</td><td>219.1,219</td><td>308</td><td>388</td><td rowspan="7">40</td><td rowspan="7">80</td><td rowspan="3">24</td><td rowspan="3">22</td><td>110</td><td rowspan="7">12</td><td>573</td><td>4.5</td></tr>
<tr><td>1－250</td><td>250</td><td>273</td><td>406</td><td>446</td><td>138</td><td>661</td><td>5</td></tr>
<tr><td>1－300</td><td>300</td><td>323.9,325</td><td>419</td><td>499</td><td>164</td><td>743</td><td>6</td></tr>
<tr><td>1－350</td><td>350</td><td>355.6,351</td><td>449</td><td>529</td><td rowspan="4">28</td><td rowspan="4">26</td><td>179</td><td>816</td><td>6.5</td></tr>
<tr><td>1－400</td><td>400</td><td>406.4,402</td><td>500</td><td>580</td><td>204</td><td>895</td><td>7</td></tr>
<tr><td>1－450</td><td>450</td><td>457,450</td><td>552</td><td>632</td><td>230</td><td>976</td><td>7.5</td></tr>
<tr><td>1－500</td><td>500</td><td>508,500</td><td>602</td><td>682</td><td>255</td><td>1055</td><td>8</td></tr>
</table>

2014	DB-6 型 吊　　卡	施工图图号 S1-15-73/1

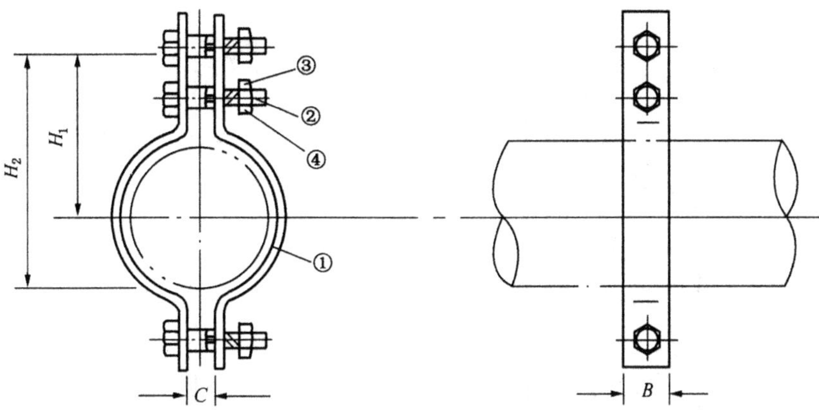

型　号	管径 DN	B/mm	C/mm	H_1/mm	H_2/mm	适用吊杆直　径	①半管卡零件编号 2 件	②螺栓	③螺母	④弹簧垫圈	参考总重量/kg
DB-6-100	100	60	20	159	216	16	2-100	M16×60 3 个	M16 3 个	M16 3 个	3
DB-6-125	125			172	242		2-125				3
DB-6-150	150			187	271		2-150				3.5
DB-6-200	200	80	24	234	344	20	2-200	M20×80 3 个	M20 3 个	M20 3 个	11
DB-6-250	250			283	420		2-250				12.5
DB-6-300	300			290	452		2-300				14
DB-6-350	350		28	303	480	24	2-350	M24×90 3 个	M24 3 个	M24 3 个	15.5
DB-6-400	400			328	531		2-400				16.5
DB-6-450	450			374	603		2-450				18
DB-6-500	500			399	653		2-500				19.5

注：1. 管卡采用 Q235-A·F 厚钢板(GB/T 709—2006)制造，弹簧垫圈用 65Mn 钢。

2. 六角头螺栓标准号为 GB/T 5782—2000，螺母为 GB/T 41—2000，弹簧垫圈为 GB/T 859—1987。

3. 零件加工尺寸公差按 GB/T 1804—2000-m 的精度，锐边锉钝。

4. 标注方法：如选用 DB-6 型吊卡，被吊管管径为 DN200 时，标为 DB-6-200。

2014	DB－6 型吊卡 半管卡施工图	施工图图号 S1－15－73/2

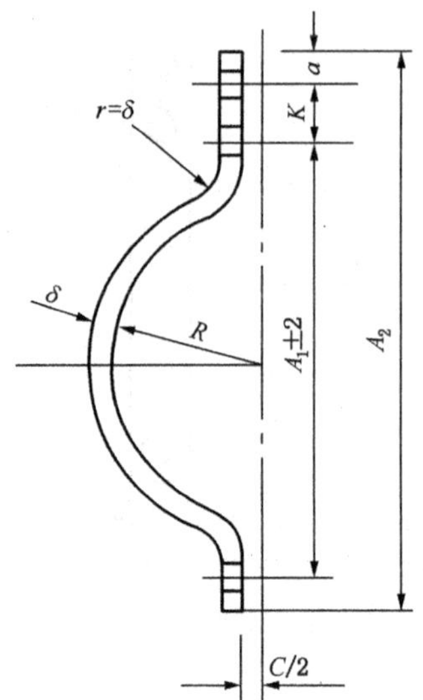

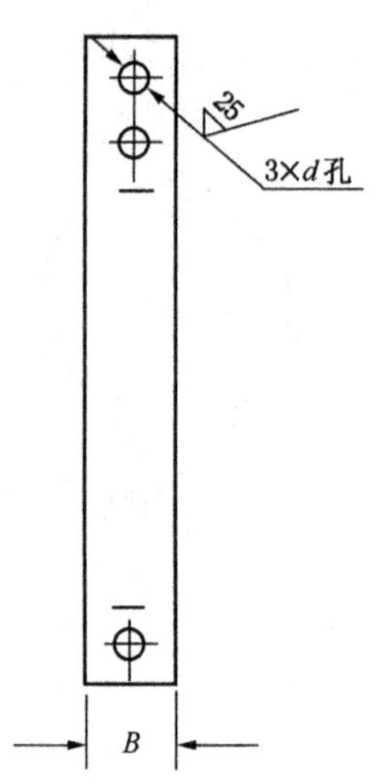

(mm)

<table>
<tr><th>零件编号</th><th>管径 DN</th><th>管子外径</th><th>A_1</th><th>A_2</th><th>a</th><th>B</th><th>C</th><th>d</th><th>R</th><th>δ</th><th>K</th><th>展开长度 L</th><th>参考总重量/kg</th></tr>
<tr><td>2－100</td><td>100</td><td>114</td><td>173</td><td>313</td><td rowspan="3">30</td><td rowspan="3">60</td><td rowspan="3">20</td><td rowspan="3">18</td><td>58</td><td rowspan="3">6</td><td rowspan="3">80</td><td>418</td><td>1.5</td></tr>
<tr><td>2－125</td><td>125</td><td>140</td><td>200</td><td>340</td><td>71</td><td>458</td><td>1.5</td></tr>
<tr><td>2－150</td><td>150</td><td>168</td><td>229</td><td>369</td><td>85</td><td>502</td><td>2</td></tr>
<tr><td>2－200</td><td>200</td><td>219</td><td>308</td><td>478</td><td rowspan="7">40</td><td rowspan="7">80</td><td rowspan="3">24</td><td rowspan="3">22</td><td>110</td><td rowspan="7">12</td><td rowspan="5">90</td><td>663</td><td>5</td></tr>
<tr><td>2－250</td><td>250</td><td>273</td><td>406</td><td>576</td><td>138</td><td>751</td><td>6</td></tr>
<tr><td>2－300</td><td>300</td><td>325</td><td>419</td><td>589</td><td>164</td><td>833</td><td>6.5</td></tr>
<tr><td>2－350</td><td>350</td><td>355.6</td><td>449</td><td>619</td><td rowspan="4">28</td><td rowspan="4">26</td><td>179</td><td>906</td><td>7</td></tr>
<tr><td>2－400</td><td>400</td><td>406</td><td>500</td><td>670</td><td>204</td><td>985</td><td>8</td></tr>
<tr><td>2－450</td><td>450</td><td>457</td><td>552</td><td>742</td><td>230</td><td rowspan="2">110</td><td>1086</td><td>8.5</td></tr>
<tr><td>2－500</td><td>500</td><td>508</td><td>602</td><td>792</td><td>255</td><td>1165</td><td>9</td></tr>
</table>

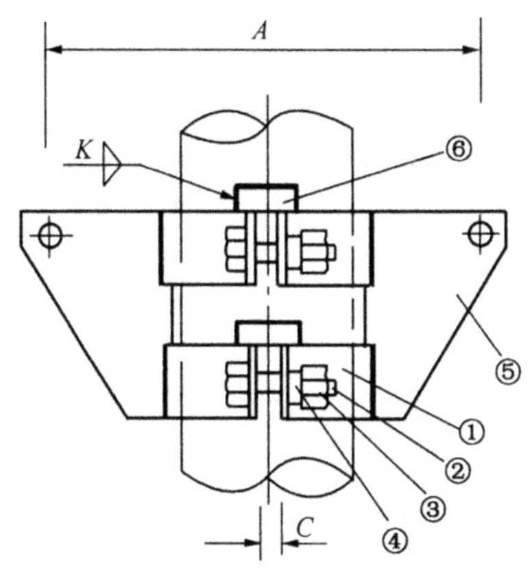

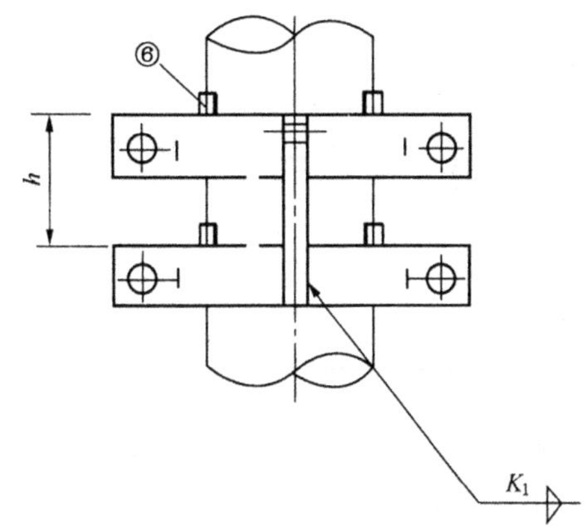

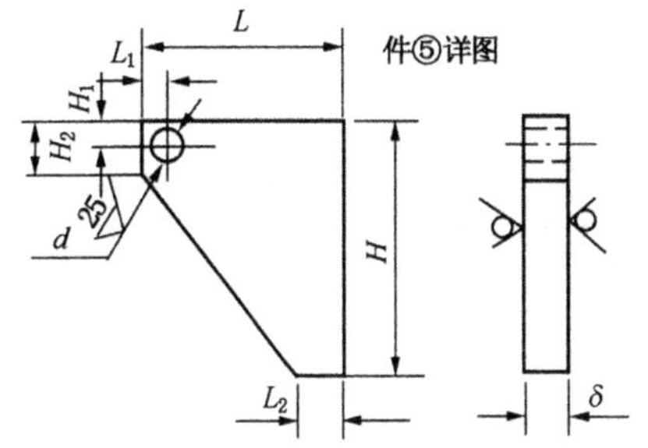

件⑤详图

零件名称	管径范围 *DN*	*d*	*H*	H_1	H_2	*L*	L_1	L_2	*δ*
⑤肋板 2件	15～150	22	200	23	50	175	25	15	10
	200～300	22	300	25	50	210	30	25	16
	350～500	34	350	35	70	215	35	25	16

型　号	管径 *DN*	*A*	*C*	*h*	*K*	K_1	适用吊杆直　径	①半管卡零件编号4个	②螺栓	③螺母	④弹簧垫圈	⑥挡铁(材质同管子)	参考总重量/kg
DB－7－50	50	374	16	140	3	6	12	1－50	M12×50 4个	M12 4个	M12 4个	30×30 δ＝6 4块	7
DB－7－65	65	390			4			1－65					7.5
DB－7－80	80	402						1－80					7.5
DB－7－100	100	428	20				16	1－100	M16×60 4个	M16 4个	M16 4个	40×40 δ＝8 4块	9
DB－7－125	125	454			5			1－125					9
DB－7－150	150	482						1－150					10
DB－7－200	200	604	24	230	6	12		1－200	M20×80 4个	M20 4个	M20 4个	60×60 δ＝10 4块	30
DB－7－250	250	660						1－250					33
DB－7－300	300	712						1－300					35
DB－7－350	350	742	28	270	8		20	1－350	M24×90 4个	M24 4个	M24 4个	80×80 δ＝10 4块	41
DB－7－400	400	792						1－400					44
DB－7－450	450	844						1－450					46
DB－7－500	500	894						1－500					49

注:1. 吊卡采用Q235－A·F厚钢板(GB/T 709—2006)制造,弹簧垫圈用65Mn钢。
2. 六角头螺栓标准号为GB/T 5782—2000螺母为GB/T 41—2000,弹簧垫圈为GB/T 859—1987。
3. 零件加工尺寸公差按GB/T 1804—2000－m的精度,锐边锉钝。
4. 标注方法:如选用DB－7型吊卡,被吊管管径为*DN*80时,标注为DB－7－80。

2014	DL－1 型 吊　　杆	施工图图号 S1－15－75

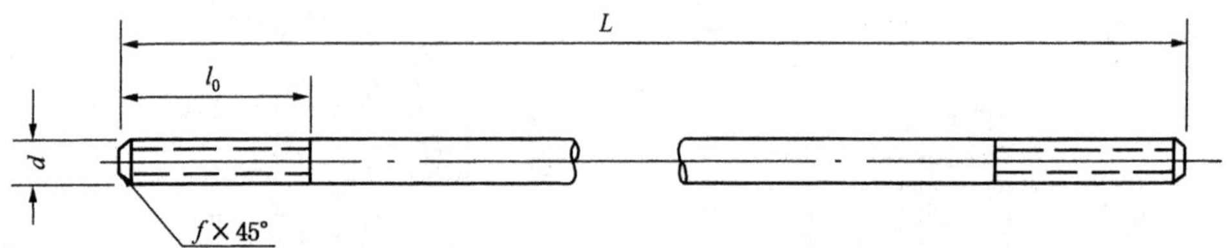

（mm）

型　　号	d	f	l_0
DL－1－12	12	1.8	$L\leqslant400$　$l_0=100$ $L\geqslant500$　$l_0=150$
DL－1－16	16	2	
DL－1－20	20	2.5	
DL－1－24	24	3	
DL－1－30	30	3.5	
DL－1－36	36	4	
DL－1－42	42	4.5	
DL－1－48	48	5	
DL－1－56	56	5.5	
DL－1－64	64	6	

注：1. 吊杆用圆钢的标准号为 GB/T 702—2004。

2. 吊杆加工要求：螺纹按 GB/T 196—2003 的规定，螺纹公差按 GB/T 197—2003 的规定，螺纹尾部按 GB 3—1997 的规定。

3. 标注方法：如选用 DL－1 型吊杆，$d12$，$L=500$，标注为 DL－1－12－500。

2014	DL－2型 吊　　杆	施工图图号 S1－15－76

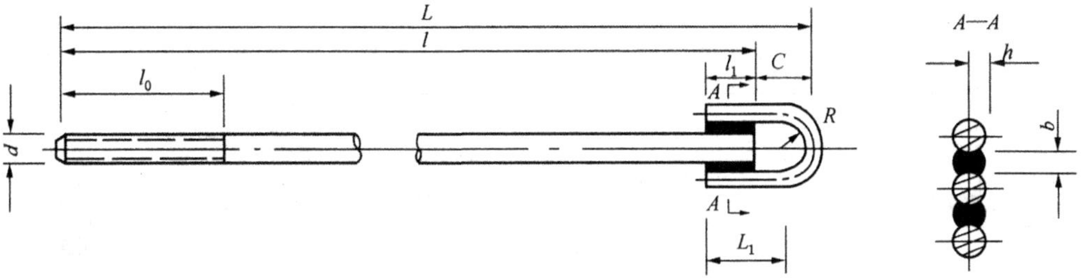

（mm）

型　　号	d	C	l_0	l_1	b	R	h	吊　耳(圆钢)	
								L_1	展开长度
DL－2－12	12	25	$L \leqslant 400$ $l_0 = 100$ $L \geqslant 500$ $l_0 = 150$	37	10	7	6	55	142
DL－2－16	16	30		45	12	10	8	65	187
DL－2－20	20	40		57	14	12	10	85	238
DL－2－24	24	50		68	17	13	12	105	289
DL－2－30	30	60		81	20	16	15	125	347
DL－2－36	36	70		95	23	20	18	145	409
DL－2－42	42	80		108	26	23	21	165	468
DL－2－48	48	90		121	29	26	24	185	527
DL－2－56	56	100		135	32	30	28	205	592
DL－2－64	64	110		149	35	34	32	225	657

（mm）

L / l / 型号	200	300	400	500	600	700	800	900	1000	1200	1400	1600	1800	2000
DL－2－12	175	275	375	475	575	675	775	875	975	1175	1375	1575	1775	1975
DL－2－16	170	270	370	470	570	670	770	870	970	1170	1370	1570	1770	1970
DL－2－20	160	260	360	460	560	660	760	860	960	1160	1360	1560	1760	1960
DL－2－24	150	250	350	450	550	650	750	850	950	1150	1350	1550	1750	1950
DL－2－30	140	240	340	440	540	640	740	840	940	1140	1340	1540	1740	1940
DL－2－36	130	230	330	430	530	630	730	830	930	1130	1330	1530	1730	1930
DL－2－42	120	220	320	420	520	620	720	820	920	1120	1320	1520	1720	1920
DL－2－48	110	210	310	410	510	610	710	810	910	1110	1310	1510	1710	1910
DL－2－56	100	200	300	400	500	600	700	800	900	1000	1300	1500	1700	1900
DL－2－64	90	190	290	390	490	590	690	790	890	990	1290	1490	1590	1890

注:1. 吊杆用圆钢的标准号为 GB/T 702—2008。

2. 螺杆见 S1－15－78。

3. 吊杆加工要求:螺纹按 GB/T 196—2003 的规定,螺纹公差按 GB/T 197—2003 的规定,螺纹尾部按 GB 3—1997 的规定。

4. 标注方法:如选用 DL－2 型吊杆,d12,L＝500 标注为 DL－2－12－500。

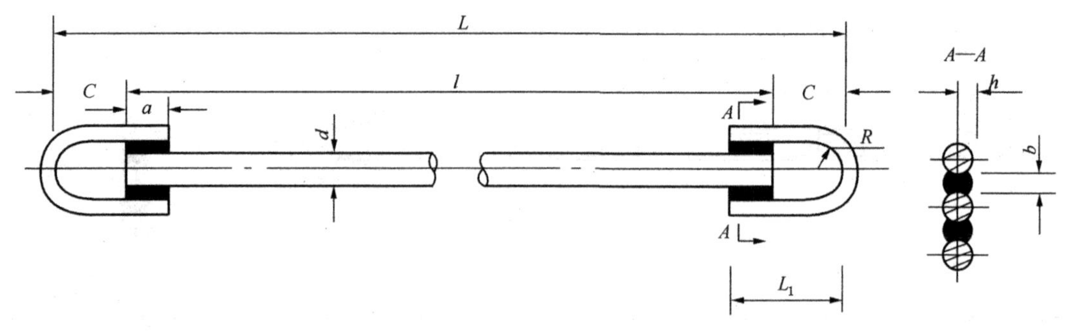

(mm)

型　　号	a	C	R	b	h	吊　耳(圆钢)	
						L_1	展开长度
DL-3-12	37	25	7	10	6	55	142
DL-3-16	45	30	10	12	8	65	187
DL-3-20	57	40	12	14	10	85	238
DL-3-24	68	50	13	17	12	105	289
DL-3-30	81	60	16	20	15	125	347
DL-3-36	95	70	20	23	18	145	409
DL-3-42	108	80	23	26	21	165	468
DL-3-48	121	90	26	29	24	185	527
DL-3-56	135	100	30	32	28	205	592
DL-3-64	149	110	34	35	32	225	657

(mm)

型号 \ l \ L	200	300	400	500	600	700	800	900	1000	1200	1400	1600	1800	2000
DL-3-12	150	250	350	450	550	650	750	850	950	1150	1350	1550	1750	1950
DL-3-16	140	240	340	440	540	640	740	840	940	1140	1340	1540	1740	1940
DL-3-20	120	220	320	420	520	620	720	820	920	1120	1320	1520	1720	1920
DL-3-24	100	200	300	400	500	600	700	800	900	1100	1300	1500	1700	1900
DL-3-30	80	180	280	380	480	580	680	780	880	1080	1280	1480	1680	1880
DL-3-36	60	160	260	360	460	560	660	760	860	1060	1260	1460	1660	1860
DL-3-42	40	140	240	340	440	540	640	740	840	1040	1240	1440	1640	1840
DL-3-48		120	220	320	420	520	620	720	820	1020	1220	1420	1620	1820
DL-3-56		100	200	300	400	500	600	700	800	1000	1200	1400	1600	1800
DL-3-64		80	180	280	380	480	580	680	780	980	1180	1380	1580	1780

注:1. 吊杆用圆钢的标准号为 GB/T 702—2008。

2. 标注方法:如选用 DL-3 型吊杆,$d12$,$L=500$ 标注为 DL-3-12-500。

2014	DL－4 型 吊　　杆	施工图图号 S1－15－78

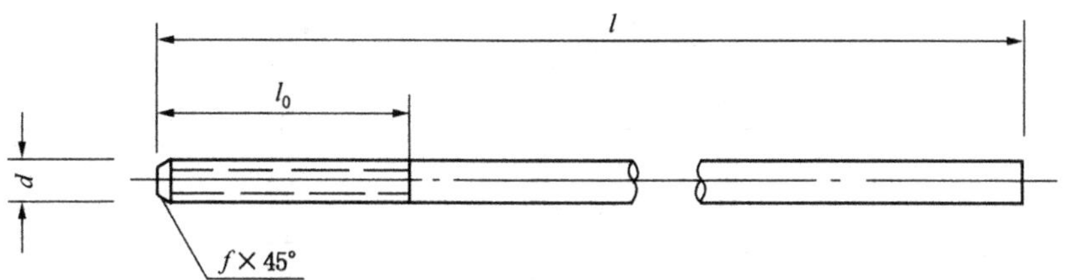

（mm）

型号 \ l \ L	200	300	400	500	600	700	d	f	l_0
DL－4－12	175	275	375	475	575	675	12	1.8	$L \leqslant 400$ $l_0 = 100$ $L \geqslant 400$ $l_0 = 150$
DL－4－16	170	270	370	470	570	670	16	2	
DL－4－20	160	260	360	460	560	660	20	2.5	
DL－4－24	150	250	350	450	550	650	24	3	
DL－4－30	140	240	340	440	540	640	30	3.5	
DL－4－36	130	230	330	430	530	630	36	4	
DL－4－42	120	220	320	420	520	620	42	4.5	
DL－4－48	110	210	310	410	510	610	48	5	
DL－4－56	100	200	300	400	500	600	56	5.5	
DL－4－64	90	190	290	390	490	590	64	6	

（mm）

型号 \ l \ L	800	900	1000	1200	1400	1600	1800	2000
DL－4－12	775	875	975	1175	1375	1575	1775	1975
DL－4－16	770	870	970	1170	1370	1570	1770	1970
DL－4－20	760	860	960	1160	1360	1560	1760	1960
DL－4－24	750	850	950	1150	1350	1550	1750	1950
DL－4－30	740	840	940	1140	1340	1540	1740	1940
DL－4－36	730	830	930	1130	1330	1530	1730	1930
DL－4－42	720	820	920	1120	1320	1520	1720	1920
DL－4－48	710	810	910	1110	1310	1510	1710	1910
DL－4－56	700	800	900	1100	1300	1500	1700	1900
DL－4－64	690	790	890	1090	1290	1490	1690	1890

注：1. 吊杆用圆钢的标准号为 GB/T 702—2008。

2. 吊杆加工要求：螺纹按 GB/T 196—2003 的规定，螺纹公差按 GB/T 197—2003 的规定，螺纹尾部按 GB 3—1997 的规定。

3. 标注方法：如选用 DL－4 型吊杆，d12，L＝500 标注为 DL－4－12－500。

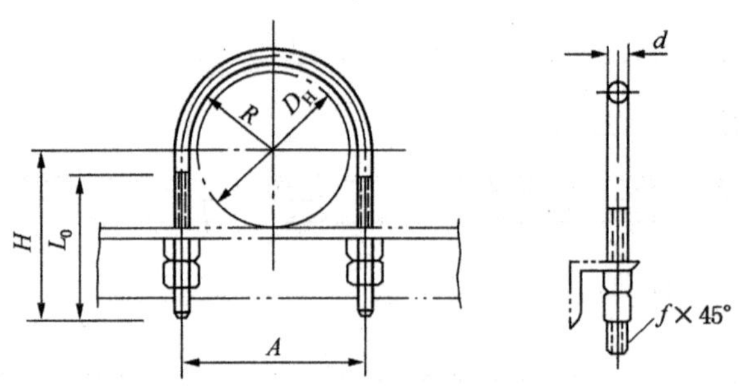

（mm）

型　号	管径 *DN*	管子外径 D_H	*A*	管　卡						螺　母	参考总重量/kg
				d	*H*	*R*	L_0	*f*	展开长度		
PK－1－15	15	22	38	12	45	13	50	1.8	150	M12 4个	0.5
PK－1－20	20	27	44		48	16			165		0.5
PK－1－25	25	34	50		50	19			180		0.5
PK－1－32	32	42	58		54	23			199		0.5
PK－1－40	40	48	64		58	26			217		0.5
PK－1－50	50	60	76		62	32			243		0.5
PK－1－65	65	76	92		72	40			289		0.5
PK－1－80	80	89	105		86	47			339		0.5
PK－1－100	100	114	134	16	100	59	75	2	410	M16 4个	1
PK－1－125	125	140	160		115	72			481		1
PK－1－150	150	168	188		125	86			545		1
PK－1－150A	150	168.3	192		128	88			551		1.5
PK－1－200	200	219	244	20	160	112	85	2.5	703	M20 4个	2
PK－1－250	250	273	298		185	139			838		2.5
PK－1－300	300	325	350		214	165			978		3
PK－1－350	350	355	384	24	235	180	105	3.5	1073	M24 4个	3.5
PK－1－400	400	406	434		260	205			1202		5
PK－1－450	450	457	486		285	231			1333		5.5
PK－1－500	500	508	536		310	256			1462		6
PK－1－600	600	610 630	644 664	30	370	307 317	115	3.5	1783	M30 4个	10

注：1. 管卡用圆钢的标准号为 GB/T 702—2008，螺母为 GB/T 41—2000。

2. 螺纹按 GB/T 196—2003 的规定，螺纹公差按 GB/T 197—2003 的规定。

3. 材料材质为 Q235－A·F。

4. 标注方法：如选用 PK－1 型管卡，*DN*50 标注为 PK－1－50。

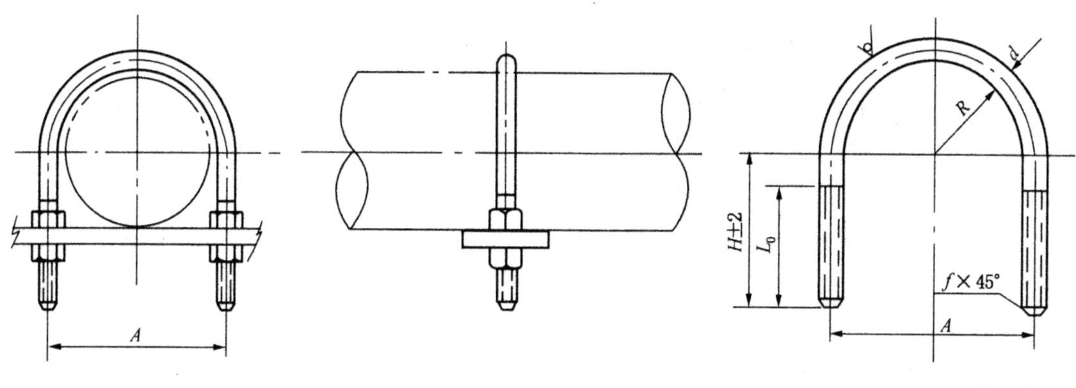

(mm)

型号	管径 *DN*	管子外径 D_H	*A*	管卡 d	H	R	L_0	f	展开长度	薄螺母	螺母	参考总质量/kg
PK-2-15	15	21.3,22	38	12	45	13	50	1.8	150	M12 2个	M12 2个	0.5
PK-2-20	20	26.9,27	44		48	16			165			0.5
PK-2-25	25	33.7,34	50		50	19			180			0.5
PK-2-32	32	42.4,42	58		54	23			199			0.5
PK-2-40	40	48.3,48	64		58	26			217			0.5
PK-2-50	50	60.3,60	76		62	32			243			0.5
PK-2-65	65	76.1,76	92		72	40			289			0.5
PK-2-80	80	88.9,89	110		86	47			339			0.5
PK-2-100	100	114.3,114	134	16	100	59	75	2	410	M16 2个	M16 2个	1
PK-2-125	125	139.7,140	160		115	72			481			1
PK-2-150	150	168	188		125	86			545			1
PK-2-150A	150	168.3	192		128	88			551			1
PK-2-200	200	219.1,219	244	20	160	112	85	2.5	703	M20 2个	M20 2个	2
PK-2-250	250	273	298		185	139			838			2.5
PK-2-300	300	323.9,325	350		214	165			978			3
PK-2-350	350	355.6,351	384	24	235	180	105	3.5	1073	M24 2个	M24 2个	4.5
PK-2-400	400	406.4,402	434		260	205			1202			5
PK-2-450	450	457,450	486		285	231			1333			6
PK-2-500	500	508,500	542		310	256			1462			6
PK-2-600	600	610,630	644 664	30	370	307,317	125	4.5	1783	M30 2个	M30 2个	10

注:1. 管卡用圆钢的标准号为 GB/T 702—2008,螺母为 GB/T 41—2000,薄螺母为 GB/T6172.1—2000。
2. 螺纹按 GB/T 196—2003 的规定,螺纹公差按 GB/T 197—2003 的规定。
3. 材料材质为 Q235-A·F。
4. 标注方法:如选用 PK-2 型管卡,*DN*50 标注为 PK-2-50。

2014	**PK－3 型** **管卡(*DN*15～600)**	施工图图号 S1－15－81/1

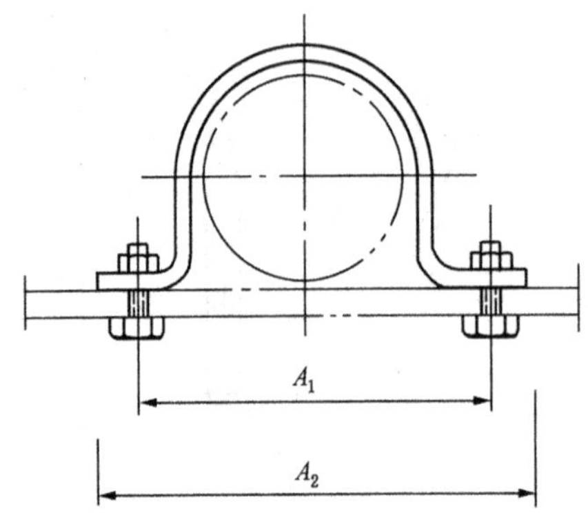

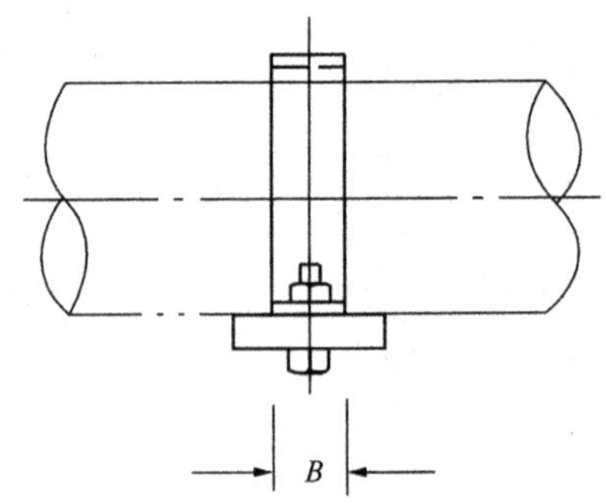

型　号	管径 *DN*	A_1/mm	A_2/mm	*B*/mm	管　卡 零件编号	螺　栓	螺　母	参考总重量/kg
PK－3－15	15	76	136	60	5－15	M12×50 2个	M12 2个	1
PK－3－20	20	80	140		5－20			1
PK－3－25	25	88	148		5－25			1
PK－3－32	32	96	156		5－32			1
PK－3－40	40	102	162		5－40			1
PK－3－50	50	114	174		5－50			1
PK－3－65	65	130	190		5－65			1.5
PK－3－80	80	146	206		5－80			1.5
PK－3－100	100	178	238		5－100	M16×60 2个	M16 2个	2
PK－3－125	125	200	260		5－125			2
PK－3－150	150	220	280		5－150			2
PK－3－150A	150	230	290		5－150A			2
PK－3－200	200	314	394	80	5－200	M20×80 2个	M20 2个	4
PK－3－250	250	370	450		5－250			4
PK－3－300	300	424	504		5－300			5
PK－3－350	350	497	577		5－350	M24×90 2个	M24 2个	10
PK－3－400	400	547	627		5－400			11
PK－3－450	450	597	677		5－450			12
PK－3－500	500	649	729		5－500			13
PK－3－600	600	751	831		5－600	M30×110 2个	M30 2个	16

注:1. 管卡用厚钢板的标准号为 GB/T 709—2006,六角头螺栓为 GB/T 5782—2000,螺母为 GB/T 41—2000。

2. 材料材质为 Q235－A·F。

3. 标注方法:如选用 PK－3 型管卡,*DN*50 则标注为 PK－3－50。

2014	PK－3 型管卡 零件施工图	施工图图号 S1－15－81/2

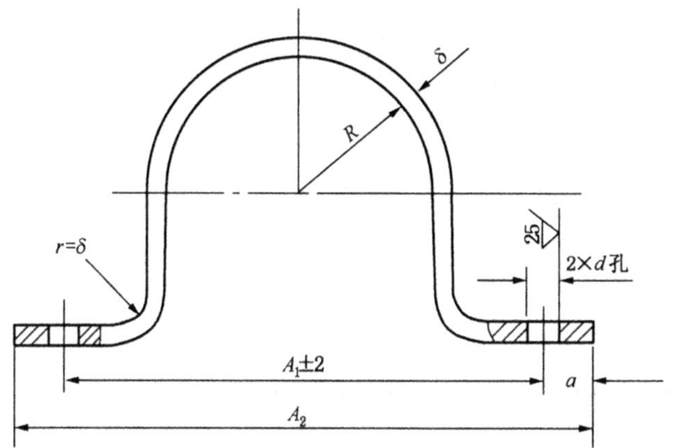

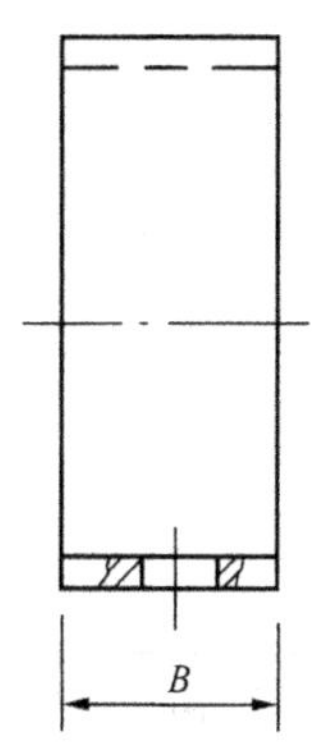

（mm）

型　号	管径 DN	管子外径 D_H	A_1	A_2	a	B	d	R	δ	展开长度	参考总重量/kg
5－15	15	22，21.25	76	136	30	60	14	13	6	179	1
5－20	20	27，26.75	80	140	30	60	14	15	6	189	1
5－25	25	34，33.5	88	148	30	60	14	19	6	209	1
5－32	32	42，42.25	96	156	30	60	14	23	6	230	1
5－40	40	48	102	162	30	60	14	26	6	245	1
5－50	50	60	114	174	30	60	14	32	6	276	1
5－65	65	76，75.5	130	190	30	60	14	40	6	317	1
5－80	80	89，88.5	146	206	30	60	14	47	6	355	1
5－100	100	114	178	238	30	60	18	60	6	428	1.5
5－125	125	140	200	260	30	60	18	72	6	488	1.5
5－150	150	168	220	280	30	60	18	86	6	539	2
5－150A	150	168.3	230	290	30	60	18	87	6	565	2
5－200	200	219	314	394	40	80	22	113	6	750	3
5－250	250	273	370	450	40	80	22	140	6	891	4
5－300	300	325	424	504	40	80	22	167	6	1030	4
5－350	350	377	497	577	40	80	26	193	12	1187	9
5－400	400	426	547	627	40	80	26	218	12	1314	10
5－450	450	480	597	677	40	80	26	244	12	1446	11
5－500	500	530	649	729	40	80	26	270	12	1581	12
5－600	600	610，630	751	831	40	80	30	320	12	1840	14

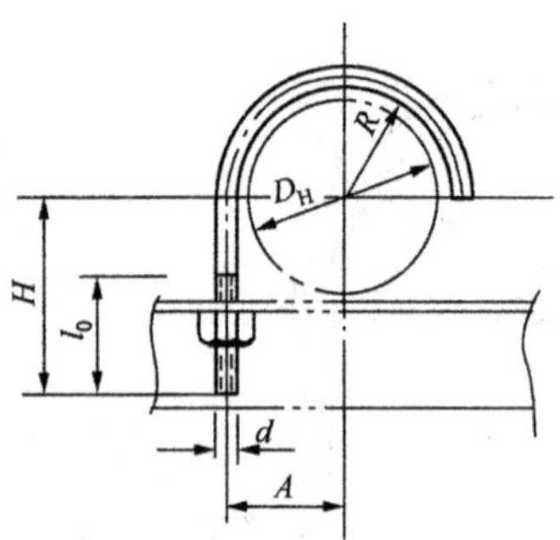

(mm)

型　号	管径 *DN*	管子外径 D_H	*A*	管　卡					螺　母	参考总重量/kg
				d	*H*	*R*	l_0	展开长度		
PK -4 -15	15	22	19	12	45	13	50	105	M12 1个	0.5
PK -4 -20	20	27	22		48	16		117		0.5
PK -4 -25	25	34	25		50	19		130		0.5
PK -4 -32	32	42	29		54	23		145		0.5
PK -4 -40	40	48	32		58	26		159		0.5
PK -4 -50	50	60	38		62	32		181		0.5

注:1. 管卡用圆钢的标准号为 GB/T 702—2008,螺母为 GB 41—2000。

2. 螺纹按 GB/T 196—2003 的规定,螺纹公差按 GB/T 197—2003 的规定。

3. 材料材质为 Q235 - A · F。

4. 标注方法:如选用 PK -4 型管卡,*DN*50 则标注为 PK -4 -50。

2014	PK-5 型 管卡（*DN*80~600）	施工图图号 S1-15-83

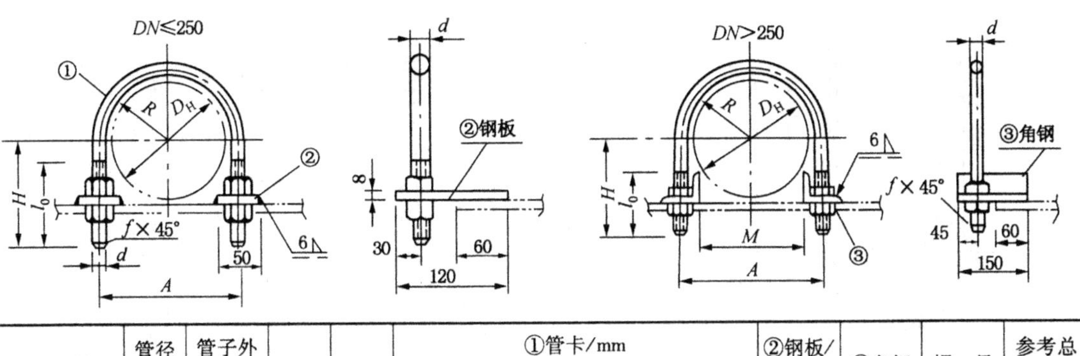

型号	管径 *DN*	管子外径 D_H	*A*/mm	*M*/mm	①管卡/mm						②钢板/mm	③角钢	螺母	参考总重量/kg
					d	*H*	*R*	l_0	*f*	展开长度				
PK-5-80	80	89	105	—	12	86	47	50	1.8	339	120×50 δ=8 2件	∠63×6 2件	M12 4个	3
PK-5-100	100	114	134		16	100	59	75	2	410			M16 4个	3.5
PK-5-125	125	140	160			115	72			481				4
PK-5-150	150	168	188			125	86			545				4
PK-5-200	200	219	244		20	160	112	85	2.5	703			M20 4个	4.5
PK-5-250	250	273	298			185	139			838				5
PK-5-300	300	325	350	287		214	165			978				5.5
PK-5-350	350	355	384	339	24	235	180	105	3.5	1073			M24 4个	7
PK-5-400	400	406	434	388		260	205			1202				8
PK-5-450	450	457	486	442		285	231			1333				8
PK-5-500	500	508	536	492		310	256			1462				8.5
PK-5-600	600	613	644	582	30	370	307	115	3.5	1783			M30 4个	13
		630	664				317							

注：1. 管卡用圆钢的标准号为 GB/T 702—2008，钢板为 GB/T 709—2006 角钢为 GB/T 706—2008，螺母为 GB/T 41—2000。

2. 螺纹按 GB/T 196—2003 的规定，螺纹公差按 GB/T 197—2003 的规定。

3. 材料材质为 Q235-A·F。

4. 标注方法：如选用 PK-5 型管卡，*DN*150 则标注为 PK-5-150。

<table>
<tr><td rowspan="2">2014</td><td rowspan="2">**PK－6 型**
管卡（*DN*15～600）</td><td>施工图图号</td></tr>
<tr><td>S1－15－84/1</td></tr>
</table>

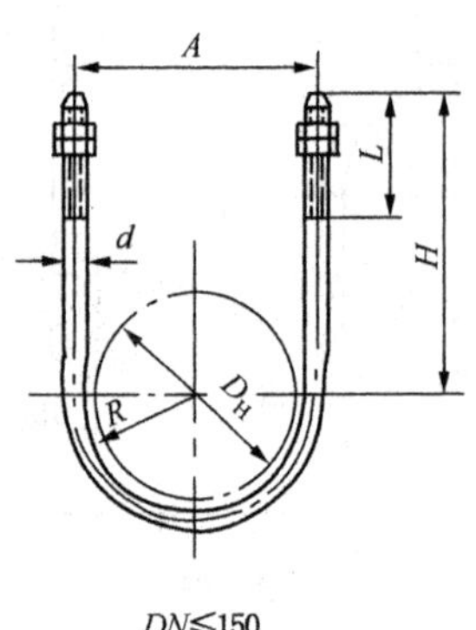

DN≤150

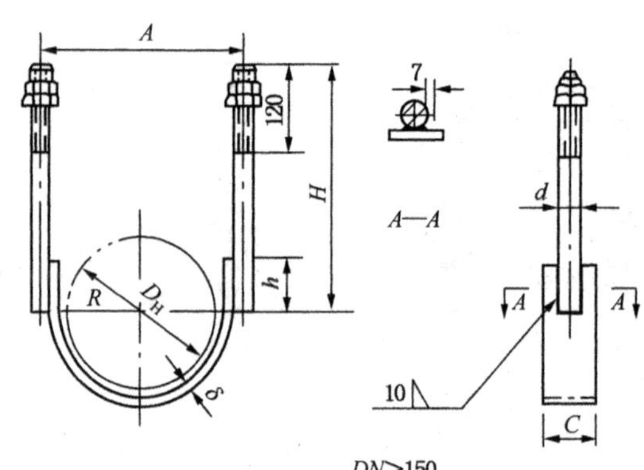

DN>150

（mm）

<table>
<tr><th>型　号</th><th>管径
DN</th><th>管子外径
D_H</th><th>*A*</th><th>*d*</th><th>*R*</th><th>*L*</th><th>*h*</th><th>*C*</th><th>*δ*</th><th>扁钢
展开长度</th><th>螺　母</th></tr>
<tr><td>PK－6－15</td><td>15</td><td>22</td><td>38</td><td rowspan="7">12</td><td>13</td><td rowspan="9">80</td><td rowspan="9">—</td><td rowspan="9">—</td><td rowspan="9">—</td><td rowspan="9">—</td><td rowspan="7">M12
4 个</td></tr>
<tr><td>PK－6－20</td><td>20</td><td>27</td><td>44</td><td>16</td></tr>
<tr><td>PK－6－25</td><td>25</td><td>34</td><td>50</td><td>19</td></tr>
<tr><td>PK－6－32</td><td>32</td><td>42</td><td>58</td><td>23</td></tr>
<tr><td>PK－6－40</td><td>40</td><td>48</td><td>64</td><td>26</td></tr>
<tr><td>PK－6－50</td><td>50</td><td>60</td><td>76</td><td>32</td></tr>
<tr><td>PK－6－80</td><td>80</td><td>89</td><td>105</td><td>47</td></tr>
<tr><td>PK－6－100</td><td>100</td><td>114</td><td>134</td><td rowspan="2">16</td><td>59</td><td rowspan="2">M16
4 个</td></tr>
<tr><td>PK－6－150</td><td>150</td><td>168</td><td>188</td><td>86</td></tr>
<tr><td>PK－6－200</td><td>200</td><td>219</td><td>264</td><td rowspan="3">20</td><td>112</td><td rowspan="9">100</td><td rowspan="4">40</td><td rowspan="4">50</td><td rowspan="9">10</td><td>448</td><td rowspan="3">M20
4 个</td></tr>
<tr><td>PK－6－250</td><td>250</td><td>273</td><td>318</td><td>139</td><td>532</td></tr>
<tr><td>PK－6－300</td><td>300</td><td>325</td><td>370</td><td>165</td><td>614</td></tr>
<tr><td>PK－6－350</td><td>350</td><td>355</td><td>404</td><td rowspan="4">24</td><td>180</td><td>661</td><td rowspan="4">M24
4 个</td></tr>
<tr><td>PK－6－400</td><td>400</td><td>406</td><td>454</td><td>205</td><td rowspan="5">50</td><td rowspan="5">80</td><td>760</td></tr>
<tr><td>PK－6－450</td><td>450</td><td>457</td><td>506</td><td>231</td><td>841</td></tr>
<tr><td>PK－6－500</td><td>500</td><td>508</td><td>556</td><td>256</td><td>920</td></tr>
<tr><td rowspan="2">PK－6－600</td><td rowspan="2">600</td><td>613</td><td>664</td><td rowspan="2">30</td><td>307</td><td>1080</td><td rowspan="2">M30
4 个</td></tr>
<tr><td>630</td><td>684</td><td>317</td><td>1112</td></tr>
</table>

2014	PK－6 型管卡 展开长度	施工图图号 S1－15－84/2

DN≤150 的管卡圆钢的展开长度 （mm）

H \ DN	15	20	25	40	50	80	100	150
100	260	270	280	300	320	370	400	
150	360	370	380	400	420	470	500	600
200	460	470	480	500	520	570	600	700
250	560	570	580	600	620	670	700	800
300	660	670	680	700	720	770	800	900
350				800	820	870	900	1000
400				900	920	970	1000	1100
450				1000	1020	1070	1100	1200
500				1100	1120	1170	1200	1300
550							1300	1400
600							1400	1500
650							1500	1600
700							1600	1700
750							1700	1800
800							1800	1900
850							1900	2000
900							2000	2100

DN＞150 的管卡圆钢的长度（2 件） （mm）

H	d＝20	d＝24	d＝30
200	400		
250	500		
300	600		
350		700	
400		800	
450		900	
500		1000	
550			1100
600			1200

注：1. 管卡用圆钢的标准号为 GB/T 702—2008，扁钢用钢带的标准号为 GB/T 709—2006，螺母为 GB/T 41—2000。

2. 螺纹按 GB/T 196—2003 的规定，螺纹公差按 GB/T 197—2003 的规定。

3. 材料材质为 Q235－A·F。

4. 标注方法：如选用 PK－6 型管卡，DN50 则标注为 PK－6－50。

2014	PT－1 型 平管支托（*DN*50～400）	施工图图号 S1－15－85

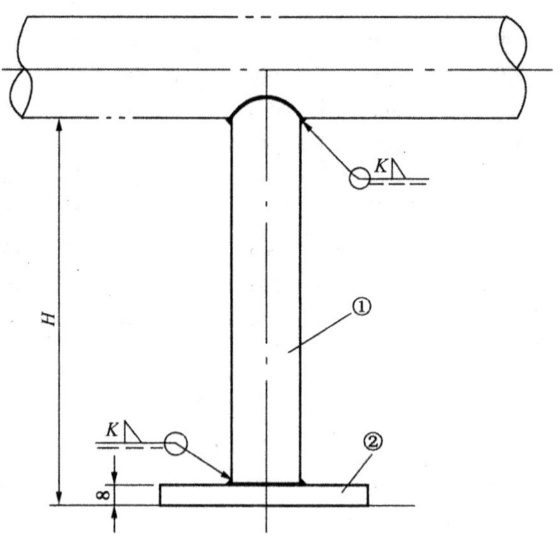

（mm）

型　号	公称直径 *DN*	①支承管		②钢板	参考总质量/kg
		DN	长度	规格 δ＝8	
PT－1－50－H	≤50	25	1000	150×150	4
PT－1－80－H	80	50	1000	200×200	8
PT－1－100－H	100	50	1000	200×200	8
PT－1－150－H	150	50	1000	200×200	8
PT－1－200－H	200	80	1000	300×300	14
PT－1－250－H	250	80	1000	300×300	14
PT－1－300－H	300	80	1000	300×300	14
PT－1－350－H	350	80	1000	300×300	14
PT－1－400－H	400	100	1000	400×400	21

注：1. 支承管的材质同被支承管，支承管用有缝钢管（GB/T 3091—2008），材质均为 Q235A · F，钢板的标准号为 GB/T 709—2006。

2. 按 *H*＝1000mm 开料，选用时要根据需要填写 *H* 值。

3. 焊角高度 *K* 的数值取连接件中较薄构件的厚度。

4. 标注方法：如选用 PT－1 型支托，*DN*＝50，*H*＝500 标注为 PT－1－50－500。

2014	PT－2 型 平管支托（DN50～400）	施工图图号 S1－15－86

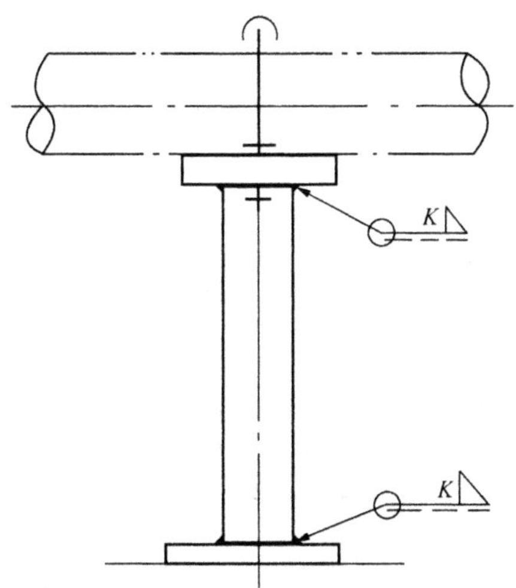

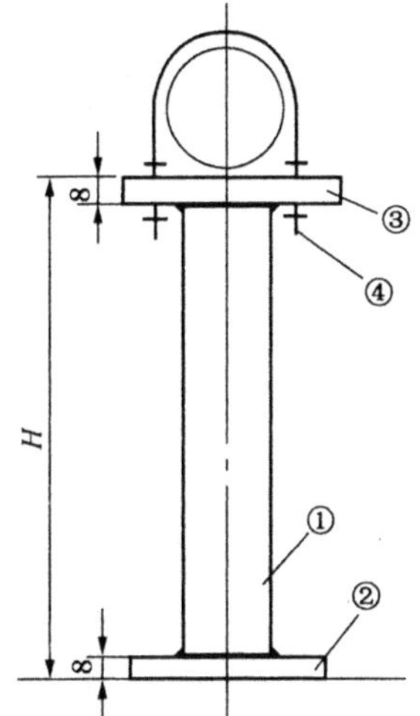

型　号	公称直径 DN	①支承管 DN	②钢板/mm	③钢板/mm	④管卡型号	参考总重量/kg
PT－2－50－H	50	25	150×150	150×150	PK－1－50	6
PT－2－80－H	80	50	200×200	150×150	PK－1－80	10
PT－2－100－H	100	50	200×200	200×200	PK－1－100	11
PT－2－150－H	150	50	200×200	300×300	PK－1－150	12.5
PT－2－200－H	200	80	300×300	350×350	PK－1－200	21
PT－2－250－H	250	80	300×300	400×400	PK－1－250	22
PT－2－300－H	300	80	300×300	450×450	PK－1－300	23
PT－2－350－H	350	80	300×300	500×500	PK－1－350	25
PT－2－400－H	400	100	400×400	550×550	PK－1－400	33

注：1. 本支架适用于合金钢管道。支承管用焊接钢管（GB/T 3091—2008）Q235—A·F 钢板的标准号为 GB/T 709—2006。

2. 按 H=984 开料，选用时要根据需要填写 H 值。

3. 焊角高度 K 的数值取连接件中较薄构件的厚度。

4. 管卡的施工图图号：S1－15－79。

5. 标注方法：如选用 PT－2 型支托，DN=50，H=800mm 的管托标注为 PT－2－50－800。

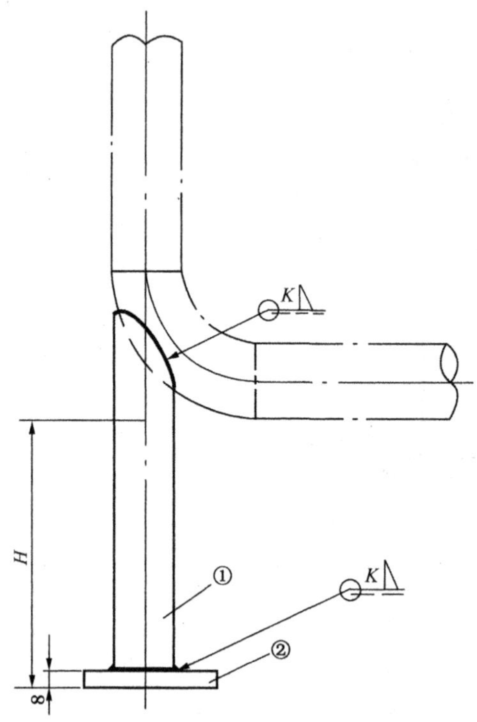

型　号	公称直径 *DN*	①支承管			②钢板	参考总重量/kg
		DN	*H*/mm	长度/mm	规格/mm	
WT－1－50－H	≤50	25	1000	1051	150×150	4
WT－1－80－H	80	50	1000	1070	200×200	8
WT－1－100－H	100	50	1000	1048	200×200	8
WT－1－150－H	150	50	1000	1050	200×200	8
WT－1－200－H	200	80	1000	1078	300×300	15
WT－1－250－H	250	80	1000	1082	300×300	15
WT－1－300－H	300	80	1000	1090	300×300	15
WT－1－350－H	350	80	1000	1114	300×300	20
WT－1－400－H	400	100	1000	1138	400×400	23

注：1. 被支承管的弯头 $R=1.5DN$，件①支承管与被支承管同材，支承管用焊接钢管（GB/T 3091—2008），其余材质均为，Q235－A·F，钢板的标准号为 GB/T 709—1988。

2. 按 $H=1000$mm 时长度计算，选用时要根据需要填写 H 值。

3. 焊角高度 K 的数值取连接件中较薄构件的厚度。

4. 标注方法：如选用 WT－1 型支托，$DN=50$，$H=500$mm 的支托标注为 WT－1－50－500。

2014	WT－2 型 弯头支托（DN50～250）	施工图图号 S1－15－88

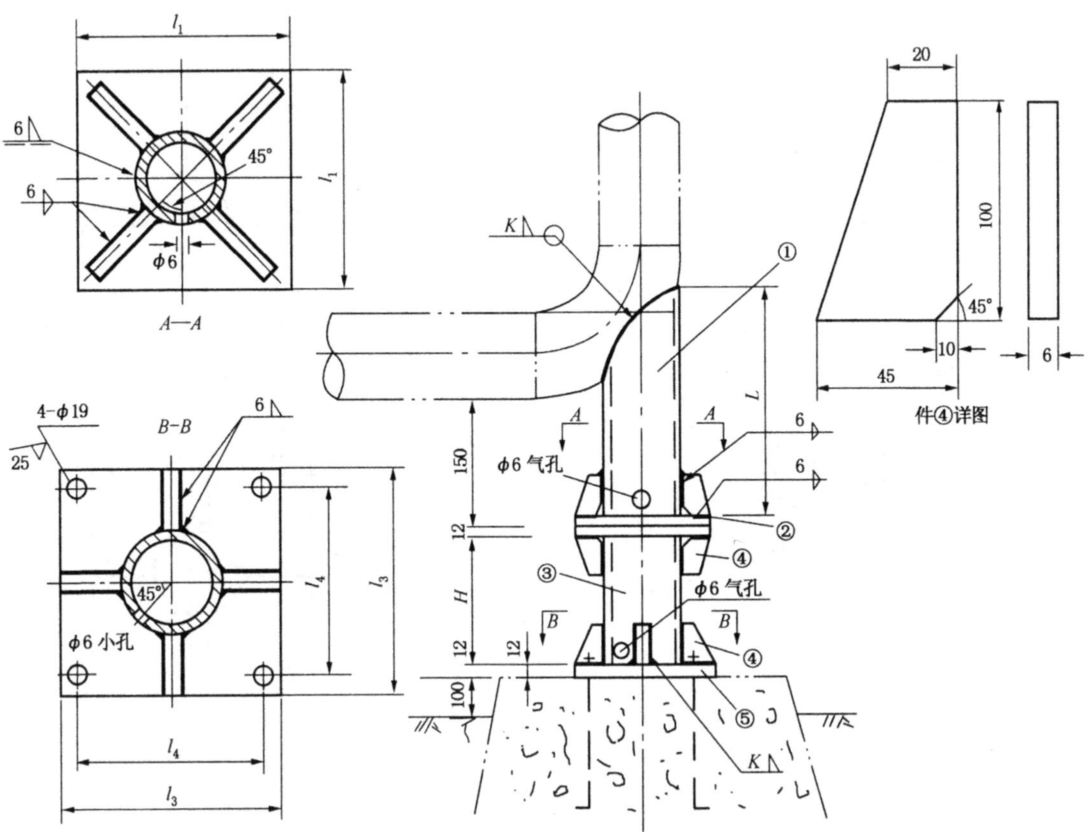

（mm）

型　号	公称直径 DN	①支承管		②钢板 $\delta=12$　2 块	③支承管		④钢板	⑤钢板　$\delta=12$		参考总重量/kg
		DN	L	l_1	DN	H		l_3	l_4	
WT－2－50－H	50	40	220	180	40	1000	$\delta=6$ 12 块	180	100	17
WT－2－65－H	65	50	240	180	50	1000		180	100	18
WT－2－80－H	80	50	246	180	50	1000		180	100	18
WT－2－100－H	100	80	288	180	80	1000		180	100	23
WT－2－125－H	125	100	326	260	100	1000		260	180	36
WT－2－150－H	150	100	333	260	100	1000		260	180	36
WT－2－200－H	200	150	390	260	150	1000		260	180	47
WT－2－250－H	250	150	435	260	150	1000		260	180	47

注：1. 被支承管的弯头为 $R=1.5DN$，件①支承管与被支承管同材，件③支承管用焊接钢管（GB/T 3091—2008），其余材质为 Q235－A·F，钢板的标准号为 GB/T 709—2006。

2. 按 $H=1000$mm 时长度计算，选用时要根据需要填写 H 值。

3. 焊角高度 K 的数值取连接件中较薄构件的厚度。

4. 标注方法：如选用 WT－2 型支托，$DN=50$，$H=500$mm 的支托标注为 WT－2－50－500。

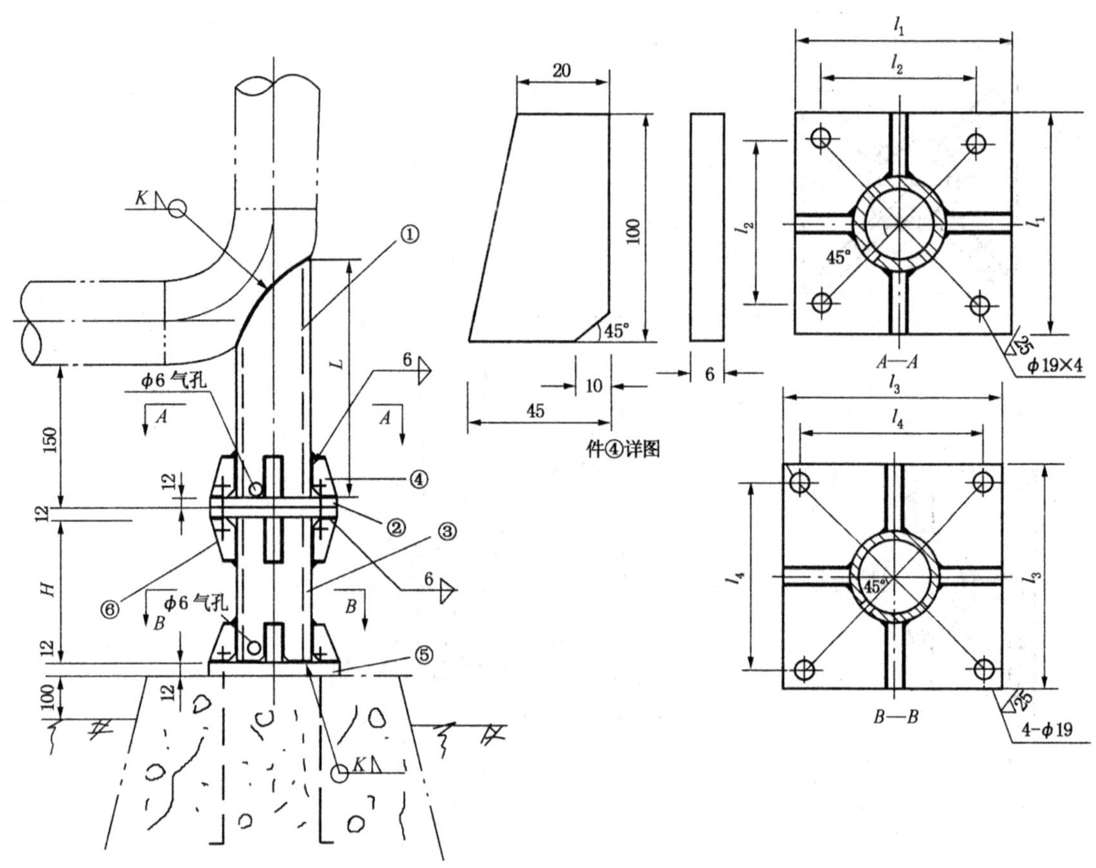

(mm)

型　号	公称直径 DN	①支承管		②钢板 δ=12　2块		③支承管		④钢板	⑤钢板 δ=12		⑥单头螺栓	参考总重量/kg
		DN	L	l_1	l_2	DN	H		l_3	l_4		
WT-3-50-H	50	40	220	180	100	40	1000	δ=6 12块	180	100	M12×50 4副	16.5
WT-3-65-H	65	50	240	180	100	50	1000		180	100		18
WT-3-80-H	80	50	246	180	100	50	1000		180	100		18
WT-3-100-H	100	80	288	180	100	80	1000		180	100		23
WT-3-125-H	125	100	326	260	180	100	1000		260	180		37
WT-3-150-H	150	100	333	260	180	100	1000		260	180		37
WT-3-200-H	200	150	390	260	180	150	1000		260	180	M16×60 4副	47
WT-3-250-H	250	150	435	260	180	150	1000		260	180		48

注:1. 被支承管的弯头为 $R=1.5DN$,件①支承管与被支承管同材,件③支承管用焊接钢管(GB/T 3098—2001),其余材质为 Q235-A·F,钢板的标准号为 GB/T 709—2006,六角头螺栓为 GB/T 901—88,螺母为 GB/T 41—2000。
2. 按 $H=1000$mm 时长度计算,选用时要根据需要填写 H 值。
3. 焊角高度 K 的数值取连接件中较薄构件的厚度。
4. 标注方法:如选用 WT-3 型支托,$DN=50$,$H=500$mm 的支托标注为 WT-3-50-500。

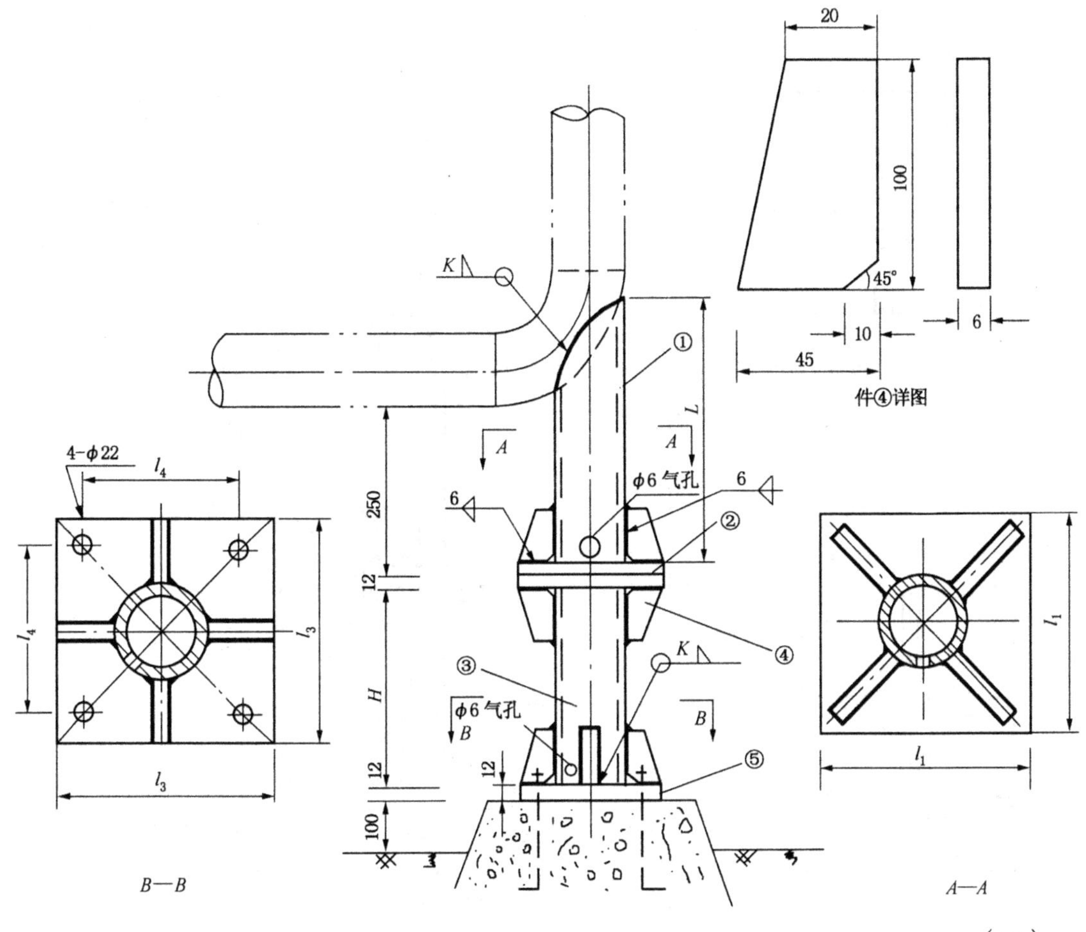

(mm)

型　号	公称直径 *DN*	①支承管		②钢板 δ=12　2 块	③支承管		④钢板	⑤钢板　δ=12		参考总重量/kg
		DN	*L*	l_1	*DN*	*H*		l_3	l_4	
WT-4-300-H	300	200	452	310	200	1000	δ=6 12 块	310	230	84
WT-4-350-H	350	250	539	370	250	1000		370	290	113
WT-4-400-H	400	250	530	370	250	1000		370	290	113
WT-4-450-H	450	250	537	370	250	1000		370	290	113
WT-4-500-H	500	250	530	370	250	1000		370	290	113

注:1. *H* 按 1000mm 计算,选用时要根据需要填写 *H* 值。

2. 被支承管的弯头为 $R=1.5DN$。

3. 焊角高度 *K* 的数值取连接件中较薄构件的厚度。

4. 件①支承管与被支承管同材,件③支承管用焊接钢管(GB/T 3091—2008),其余的材质均为 Q235-A·F。

5. 标注方法:若选用 WT-4 型支托,*DN*=300,*H*=500mm 的支托标注为 WT-4-300-500。

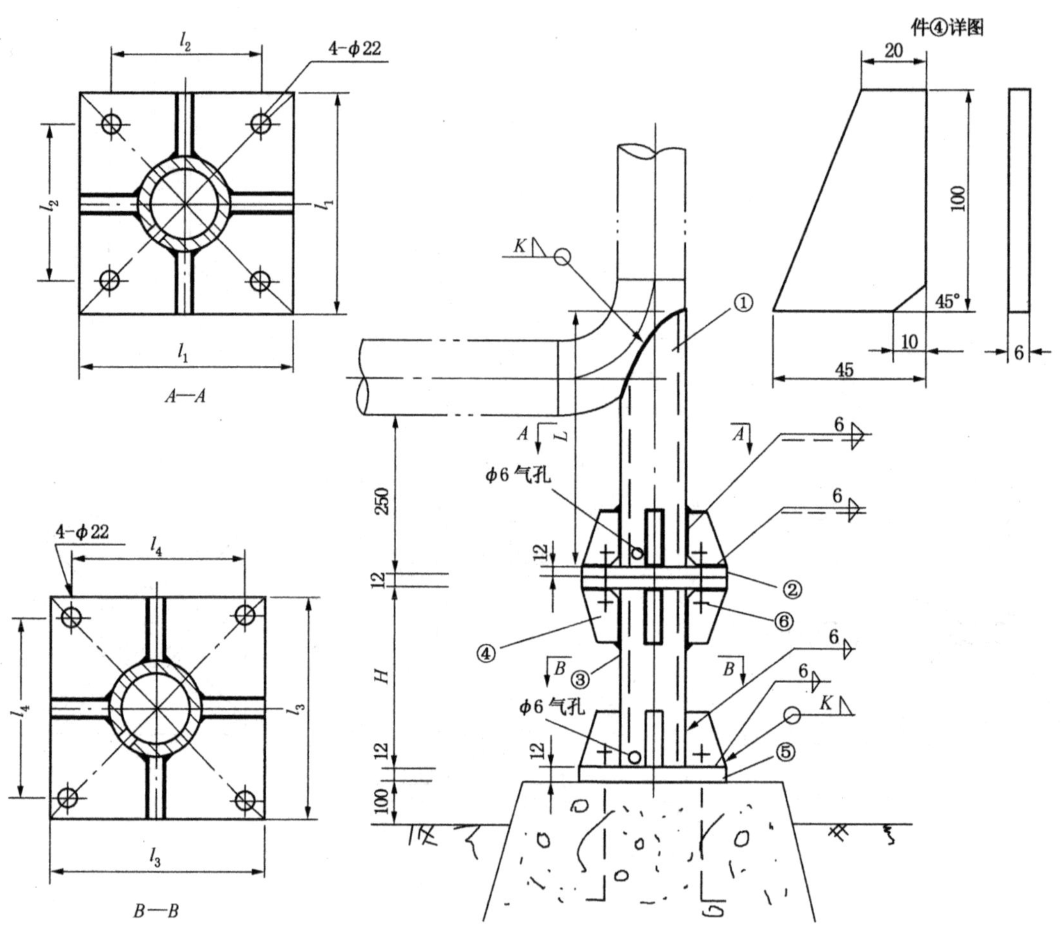

（mm）

型　号	公称直径 DN	①支承管		②钢板 δ=12　2 块		③支承管		④钢板	⑤钢板 δ=12		⑥单头螺栓	参考总重量/kg
		DN	L	l_1	l_2	DN	H		l_3	l_4		
WT-5-300-H	300	200	452	310	230	200	1000	δ=6 12 块	310	230	M20×60 4 副	85
WT-5-350-H	350	250	539	370	290	250	1000		370	290		114
WT-5-400-H	400	250	530	370	290	250	1000		370	290		114
WT-5-450-H	450	250	527	370	290	250	1000		370	290		114
WT-5-500-H	500	250	530	370	290	250	1000		370	290		114

注：1. *H* 按 1000mm 计算，选用时要根据需要填写 *H* 值。被支承管的弯头为 *R*=1.5*DN*。

2. 钢板的标准号为 GB/T 709—2006，六角头螺栓为 GB/T 5782—2000，螺母为 GB/T 41—2000。

3. 焊角高度 *K* 的数值取连接件中较薄构件的厚度。

4. 件①支承管与被支承管同材，件③支承管用焊接钢管（GB/T 3091—2008），其余的材质均为 Q235-A·F。

5. 标注方法：若选用 WT-5 型支托，*DN*=300，*H*=500mm 的支托标注为 WT-5-300-500。

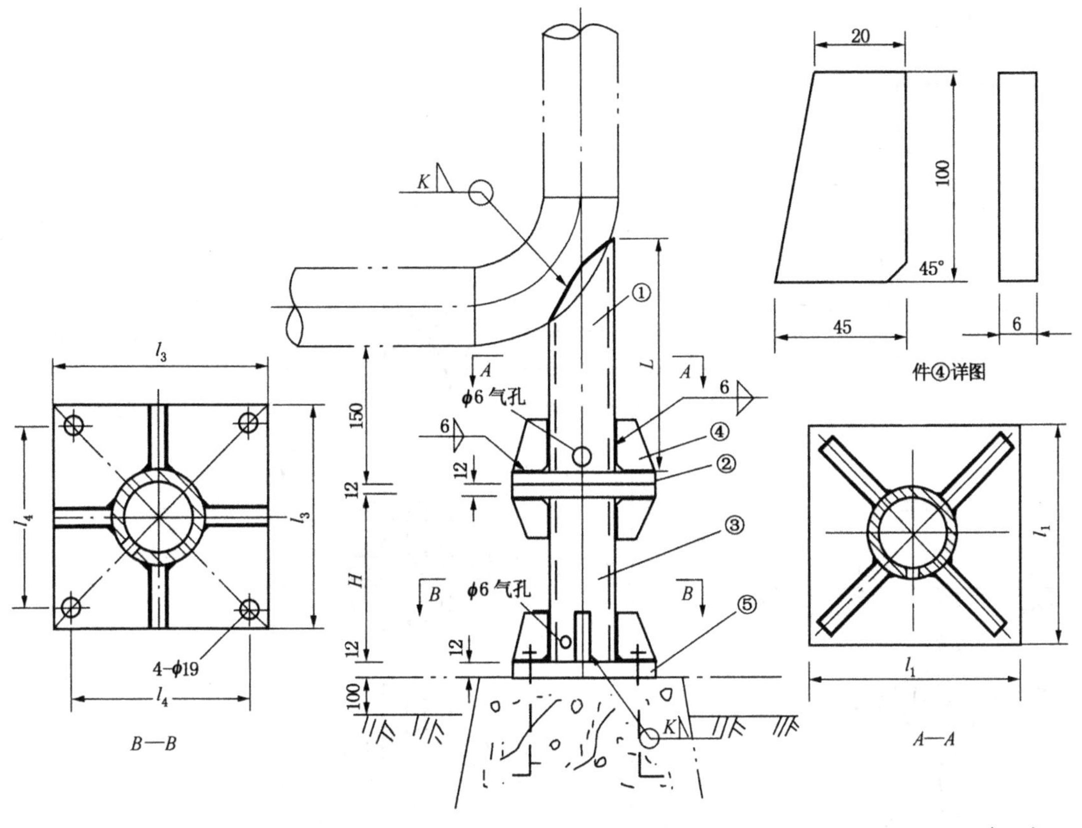

(mm)

型 号	公称直径 DN	①支承管		②钢板 $\delta=12$ 2 块	③支承管		④钢板	⑤钢板 $\delta=12$		参考总重量/kg
		DN	L	l_1	DN	H		l_3	l_4	
WT-6-50-H	50	40	220	180	40	1000	$\delta=6$ 12 块	180	100	17
WT-6-65-H	65	50	240	180	50	1000		180	100	18
WT-6-80-H	80	50	246	180	50	1000		180	100	18
WT-6-100-H	100	80	288	180	80	1000		180	100	24
WT-6-125-H	125	100	326	260	100	1000		260	180	38
WT-6-150-H	150	100	333	260	100	1000		260	180	38
WT-6-200-H	200	150	390	260	150	1000		260	180	51
WT-6-250-H	250	150	435	260	150	1000		260	180	52

注:1. 焊角高度 K 的数值取连接件中较薄构件的厚度。
2. H 按 1000mm 计算,选用时要根据需要填写 H 值。
3. 件①支承管与被支承管同材,件③支承管用焊接钢管(GB/T 3091—2008),其余的材质均为 Q235-A·F。
4. 被支承管的弯头为 $R=1.5DN$。
5. 钢板标准号为 GB/T 709—2006。
6. 标注方法:若选用 WT-6 型支托,$DN=50$,$H=500$mm 的支托标注为 WT-6-50-500。

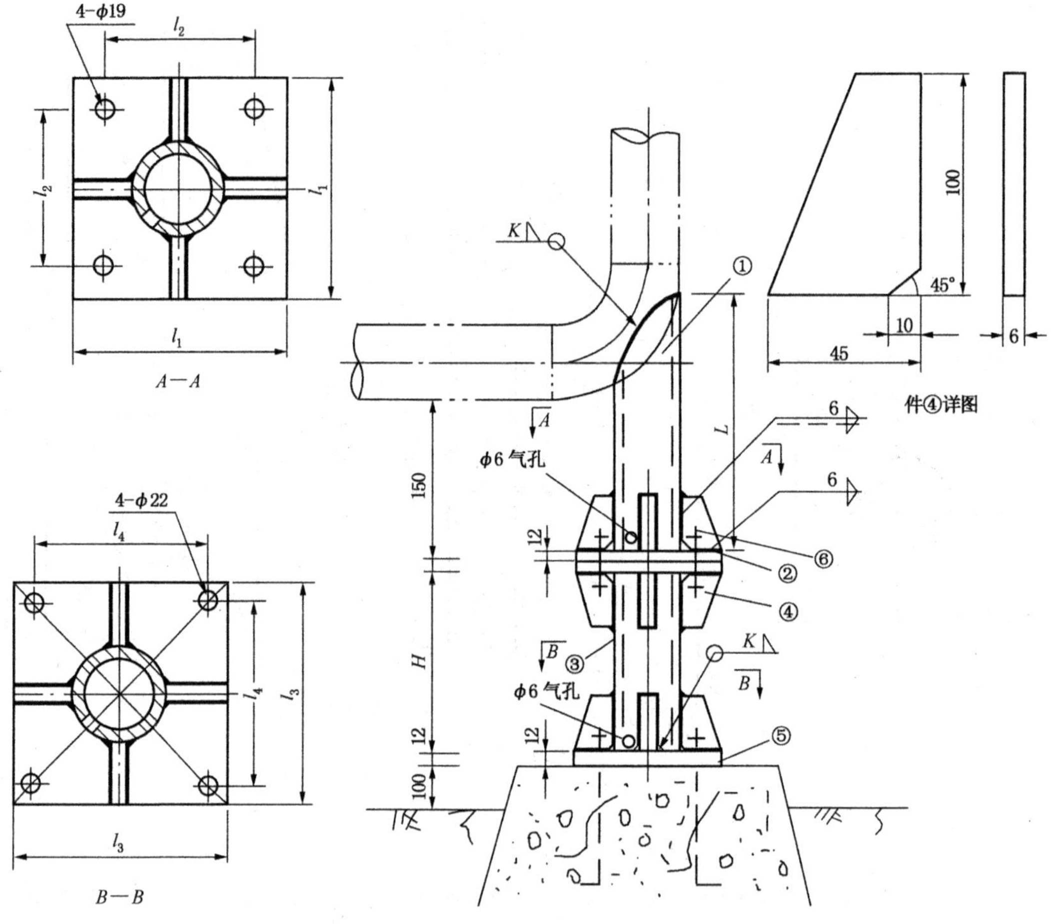

（mm）

型　号	公称直径 DN	①支承管		②钢板 $\delta=12$　2 块		③支承管		④钢板	⑤钢板 $\delta=12$		⑥单头螺栓	参考总重量/kg
		DN	L	l_1	l_2	DN	H		l_3	l_4		
WT－7－50－H	50	40	220	180	100	40	1000	$\delta=6$ 12 块	180	100	M12×50 4 副	17
WT－7－65－H	65	50	240	180	100	50	1000		180	100		18
WT－7－80－H	80	50	246	180	100	50	1000		180	100		19
WT－7－100－H	100	80	288	180	100	80	1000		180	100		24
WT－7－125－H	125	100	326	260	180	100	1000		260	180		39
WT－7－150－H	150	100	333	260	180	100	1000		260	180		39
WT－7－200－H	200	150	390	260	180	150	1000		260	180	M16×60 4 副	51
WT－7－250－H	250	150	435	260	180	150	1000		260	180		53

注：1. 焊角高度 K 的数值取连接件中较薄构件的厚度。
2. 按 $H=1000$mm 时长度计算，选用时要根据需要填写 H 值。
3. 件①支承管与被支承管同材，件③支承管用焊接钢管（GB/T 3091—2008），其余的材质均为 Q235－A・F。
4. 被支承管的弯头为 $R=1.5DN$。
5. 钢板的标准号为 GB/T 709—2006，六角头螺栓为 GB/T 5782—2000，螺母为 GB/T 41—2000。
6. 标注方法：若选用 WT－7 型支托，$DN=50$，$H=500$mm 的支托标注为 WT－7－50－500。

2014	WT-8 型 弯头支托（DN300～500）	施工图图号 S1-15-94

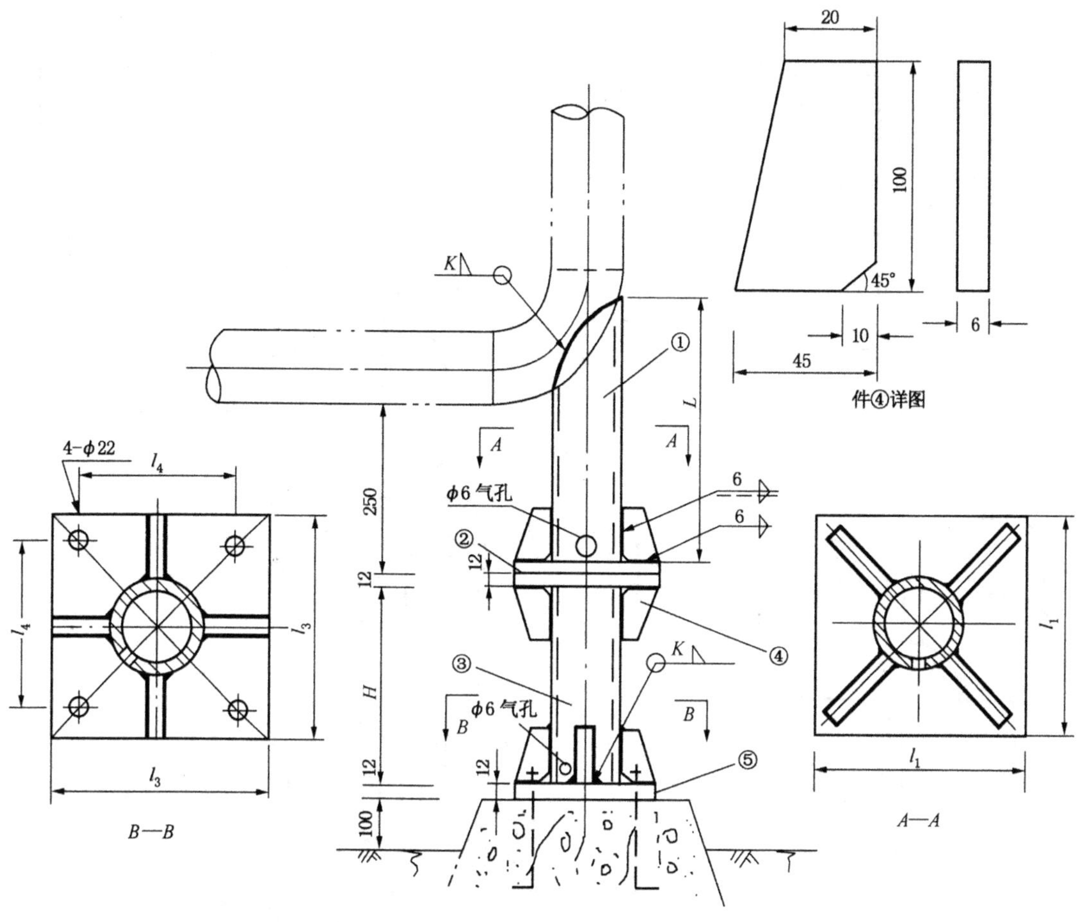

(mm)

型　号	公称直径 DN	①支承管		②钢板 δ=12　2 块	③支承管		④钢板	⑤钢板　δ=12		参考总重量/kg
		DN	L	l_1	DN	H		l_3	l_4	
WT-8-300-H	300	200	452	310	200	1000	δ=6 12 块	310	230	86
WT-8-350-H	350	250	539	370	250	1000		370	290	118
WT-8-400-H	400	250	530	370	250	1000		370	290	118
WT-8-450-H	450	250	527	370	250	1000		370	290	118
WT-8-500-H	500	250	530	370	250	1000		370	290	118

注：1. 焊角高度 K 的数值取连接件中较薄构件的厚度。

2. H 按 1000mm 计算，选用时要根据需要填写 H 值。

3. 件①支承管与被支承管同材，件③支承管用焊接钢管（GB/T 3091—2008），其余的材质均为 Q235-A·F。

4. 被支承管的弯头为 $R=1.5DN$。

5. 钢板标准号为 GB/T 709—2006。

6. 标注方法：若选用 WT-8 型支托，$DN=300$，$H=500$mm 的支托标注为 WT-8-30-500。

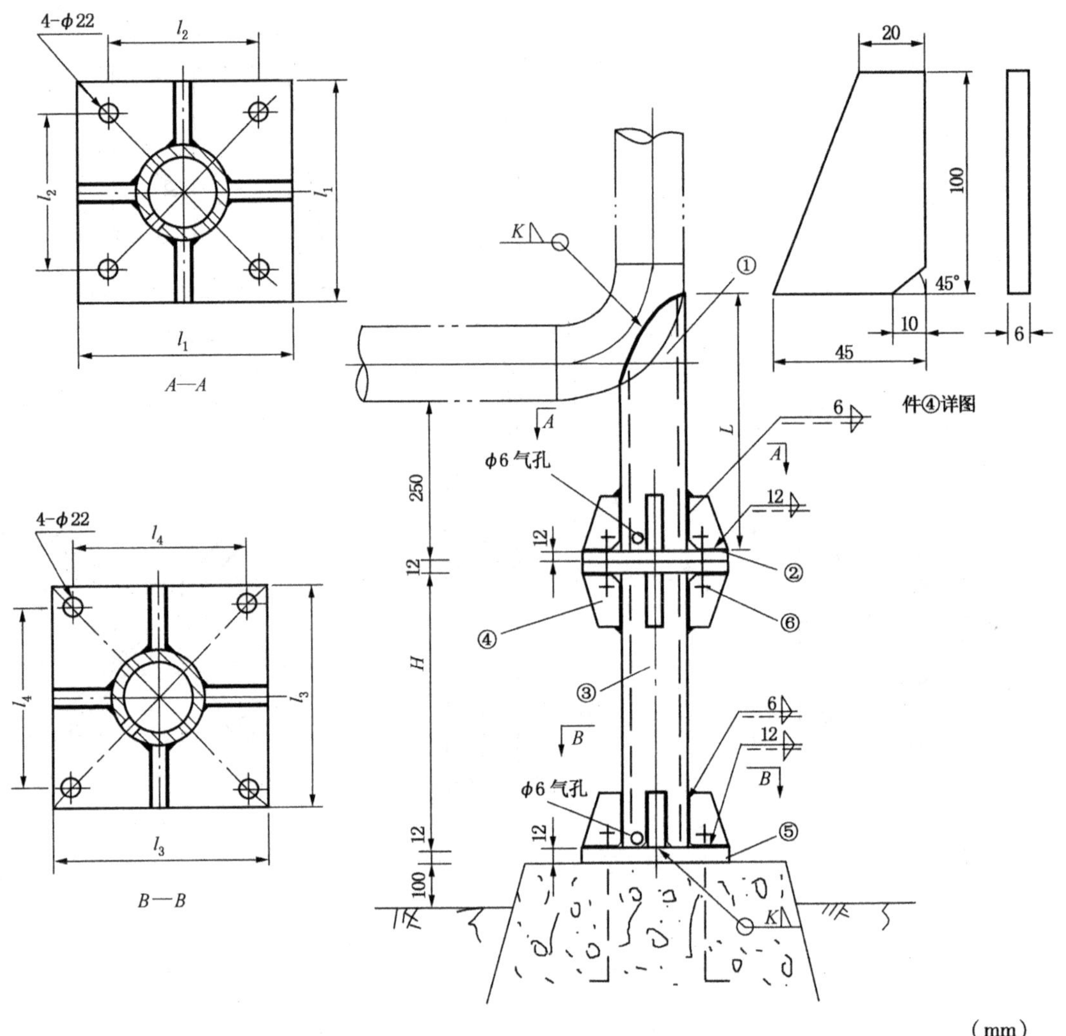

（mm）

型　号	公称直径 *DN*	①支承管		②钢板 δ=12　2 块		③支承管		④钢板	⑤钢板 δ=12		⑥单头螺栓	参考总重量/kg
		DN	*L*	l_1	l_2	*DN*	*H*		l_3	l_4		
WT－9－300－H	300	200	452	310	230	200	1000	δ=6 12 块	310	230	M20×60 4 副	87
WT－9－350－H	350	250	539	370	290	250	1000		370	290		120
WT－9－400－H	400	250	530	370	290	250	1000		370	290		120
WT－9－450－H	450	250	527	370	290	250	1000		370	290		120
WT－9－500－H	500	250	530	370	290	250	1000		370	290		120

注：1. 焊角高度 *K* 的数值取连接件中较薄构件的厚度。
2. *H* 按 1000mm 计算，选用时要根据需要填写 *H* 值。
3. 件①支承管与被支承管同材，件③支承管用焊接钢管（GB/T 3091—2008），其余的材质均为 Q235－A・F。
4. 被支承管的弯头 *R*＝1.5*DN*。
5. 钢板标准号为：GB/T 709—2006，六角头螺栓为 GB/T 5782—2000，螺母为 GB/T 41—2000。
6. 标注方法：若选用 WT－9 型支托，*DN*＝300，*H*＝500mm 的支托标注为 WT－9－300－500。

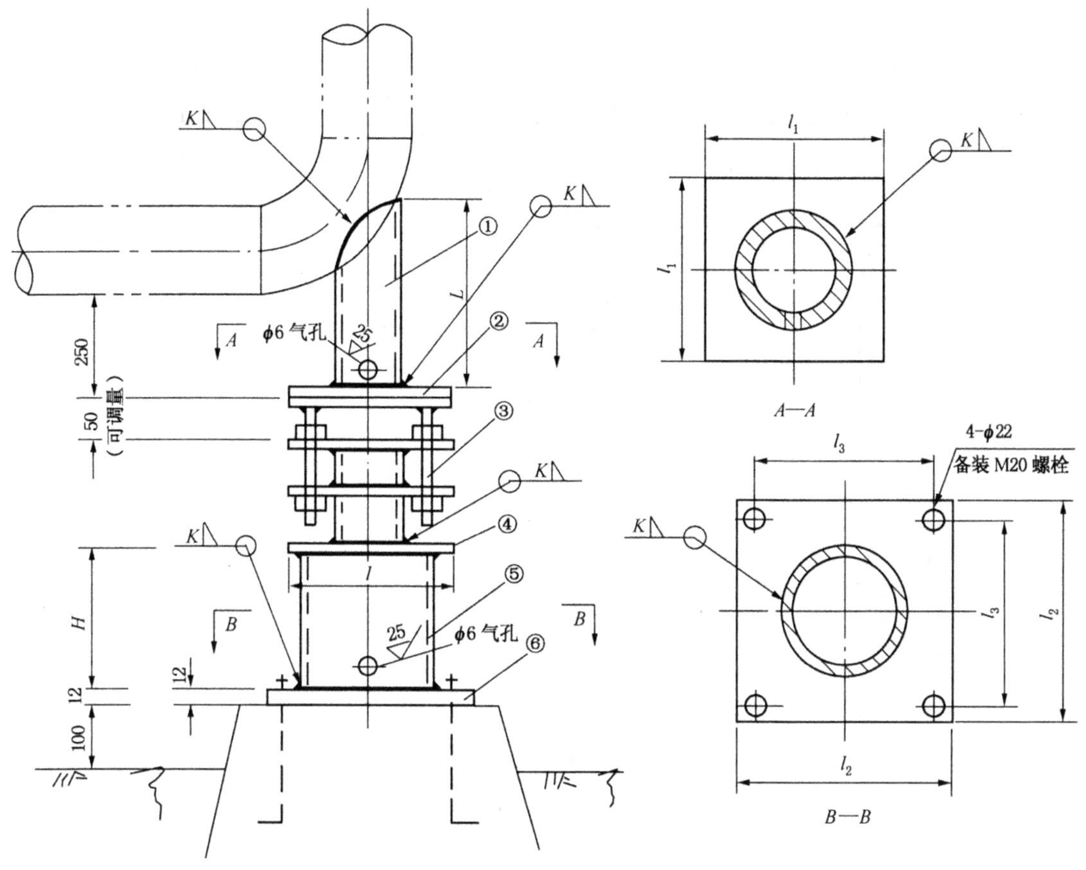

（mm）

型　号	公称直径 DN	①支承管		②钢板 δ=12 2块	③可调支座型号	④钢板 δ=12	⑤支承管		⑥钢板 δ=12		参考总重量/kg
		DN	L	l_1		l	DN	H	l_2	l_3	
WT-10-250-H	250	150	435	250	VEF-1	370	250	1000	370	290	93
WT-10-300-H	300	200	452	300	VEF-2	430	300	1000	440	360	125
WT-10-350-H	350	250	539	350	VEF-3	490	350	1000	510	430	160
WT-10-400-H	400	250	530	400	VEF-4	490	350	1000	510	430	166
WT-10-450-H	450	250	537	450	VEF-5	490	350	1000	510	430	175
WT-10-500-H	500	250	530	500	VEF-6	490	350	1000	510	430	184

注：1. 焊角高度 *K* 的数值取连接件中较薄构件的厚度。

2. *H* 按 1000mm 计算，选用时要根据需要填写 *H* 值。

3. 表中参考总重量不包括可调支架重量，可调支架见 S1-15-96/2。

4. 件①支承管与被支承管同材，件⑤支承管用焊接钢管（GB/T 3091—2008），其余材质均为 Q235-A·F，钢板标准号为：GB/T 709—2006。

5. 标注方法：若选用 WT-10 型支托，*DN*=250，*H*=500mm 标注为 WT-10-250-500。

2014	WT－10 型可调弯头支托 VEF 可调支座	施工图图号 S1－15－96/2

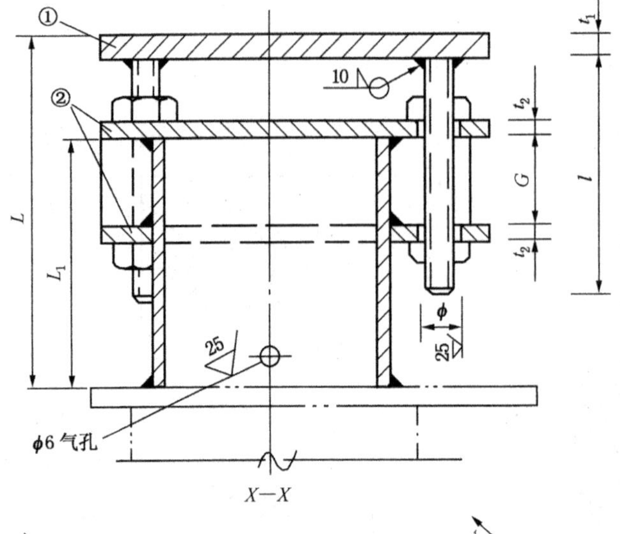

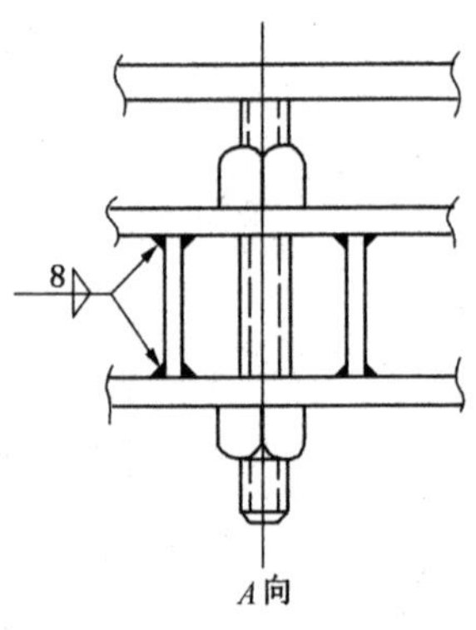

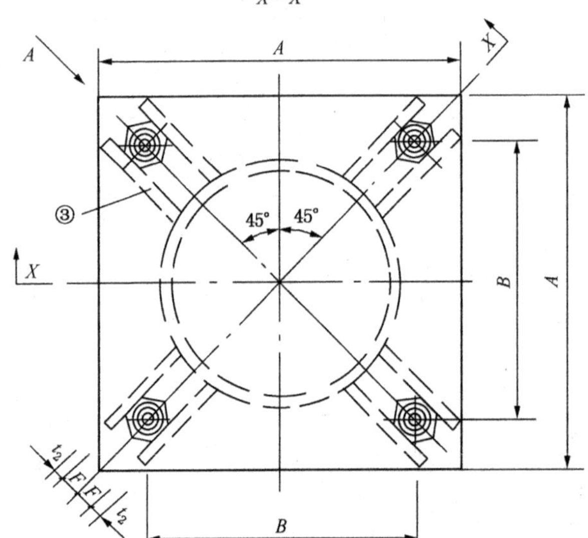

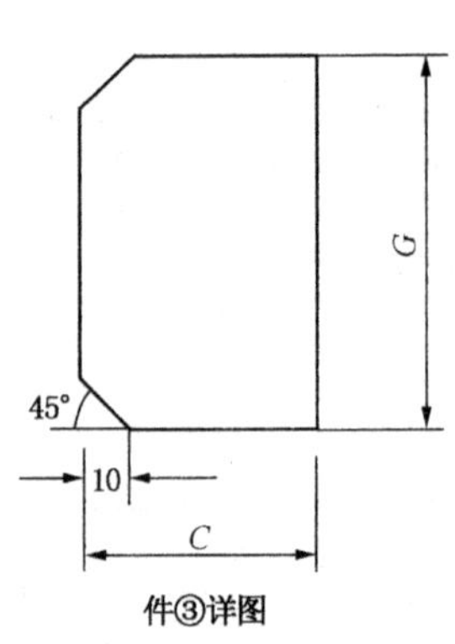

件③详图

（mm）

型　号	L	A	B	F	G	C	t_1	t_2	支承管 DN	支承管 L_1	螺栓 4 副 $M \times l$	螺栓孔	①钢板	②钢板	③钢板	参考总重量/kg
VEF－1	280	250	190	15	60	69	16	10	150	210	M20×170	22	$\delta=16$ 1 块	$\delta=10$ 2 块	$\delta=10$ 8 块	26
VEF－2	290	300	230	20	70	76	16	10	200	220	M24×180	26				40
VEF－3	300	350	270	25	80	78	16	10	250	230	M30×200	32				55
VEF－4	320	360	270	30	90	80	16	10	250	240	M36×220	38				61
VEF－5	330	370	270	35	100	82	16	10	250	250	M42×250	44				70
VEF－6	360	380	270	40	110	84	16	10	250	260	M48×280	50				81

注：1. 螺栓选用等长双头螺栓标准号为 GB/T 901—88，螺母为 GB/T 41—2000。

2. 零件加工尺寸公差按 GB/T 1804—2000－m 的精度，锐边锉钝。

3. 支承管用焊接钢管（GB/T 3091—2008），材质为 Q235－A·F。

2014	WT-11 型 可调弯头支托（DN15~500）	施工图图号 S1-15-97

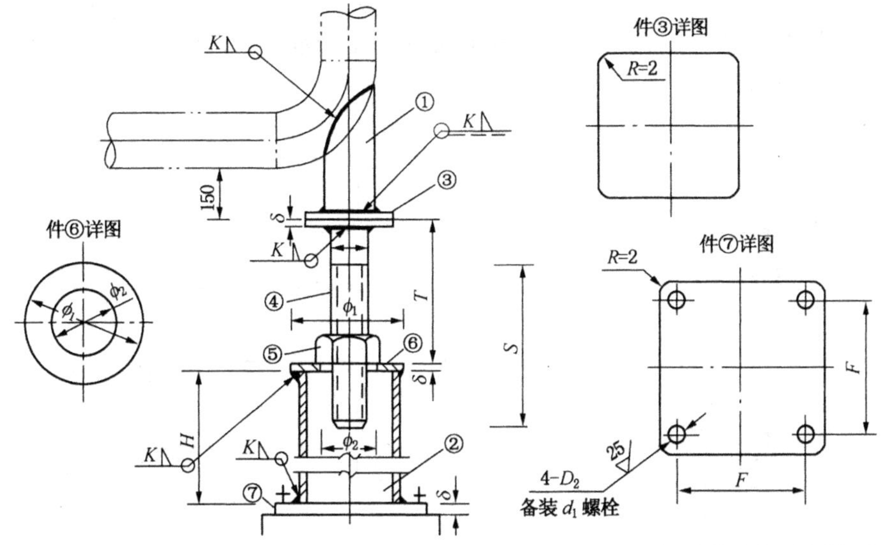

型号	公称直径 DN	①支承管		②支承管		③托板	④螺栓		⑤六角螺母	⑥钢板	⑦钢板
		DN	长度/mm	DN	长度/mm	规格（2 块）	规格	长度/mm	规格（粗制）	规格	规格
WT-11-15	15	15	175	40	1000	$\delta=8$ 150×150	M24	150	M24	$\delta=8$ ϕ_1 70 ϕ_2 30	$\delta=8$ 250×250
WT-11-20	20	20	180								
WT-11-25	25	25	190								
WT-11-40	40	40	210								
WT-11-50	50	50	225	50	1500	$\delta=10$ 200×200	M24	150	M24	$\delta=10$ ϕ_1 80 ϕ_2 30	$\delta=10$ 250×250
WT-11-80	80										
WT-11-100	100										
WT-11-150	150	80	270	80	1500	$\delta=10$ 250×250	M30	180	M30	$\delta=10$ $\phi_1$110 $\phi_2$36	$\delta=10$ 300×300
WT-11-200	200	100	300	100	1500	$\delta=10$ 300×300	M56	210	M56	$\delta=10$ $\phi_1$130 $\phi_2$60	
WT-11-250	250										
WT-11-300	300	150	375	150	1500	$\delta=10$ 350×350	M76	235	M76	$\delta=10$ $\phi_1$180 $\phi_2$84	$\delta=10$ 350×350
WT-11-350	350	200	450	200	1500	$\delta=12$ 350×350	M76	250	M76	$\delta=12$ $\phi_1$250 $\phi_2$84	$\delta=12$ 350×350
WT-11-400	400										
WT-11-450	450	250	525	250	1500	$\delta=12$ 450×450	M76	250	M76	$\delta=12$ $\phi_1$300 $\phi_2$84	$\delta=12$ 450×450
WT-11-500	500										

（mm）

型号	公称直径 DN	d_1	D_2	F	S	T
WT-11-15~40	15~40	M10×30	12	190	120	75
WT-11-50~100	50~100	M12×40	15	190	120	75
WT-11-150	150	M12×40	15	220	150	90
WT-11-200、250	200 250	M16×50	19	220	175	115
WT-11-300	300	M16×50	19	270	195	130
WT-11-350、400	350 400	M16×50	19	290	200	150
WT-11-450、500	450 500	M16×50	23	360	200	150

注：1. 焊角高度 K 的数值取连接件较薄构件的厚度。

2. 件①支承管与被支承管同材，件②支承管用焊接钢管（GB/T 3091—2008），其余材质均为 Q235A·F。

3. 螺栓标准号为 GB/T 901—1988，螺母为 GB/T 41—2000，M76 螺栓、螺母用 SH/T 3404—1996。

4. 选用时 H 的值应根据具体情况另行计算。

5. 标注方法：若选用 WT-11 型支托、DN50，H=500mm，可标注为 WT-11-50-500。

五、立管支托

2014	LT－1－1 型 单支立管支托（*DN*15～300）	施工图图号 S1－15－98

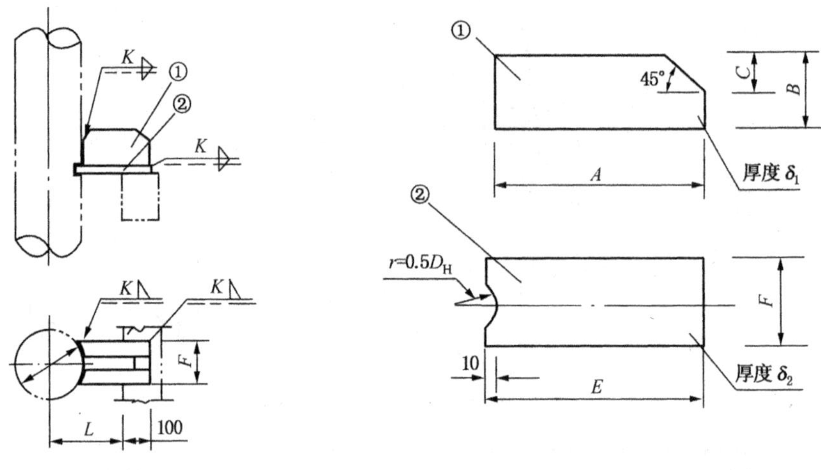

（mm）

件　号	①				②			参考总重量/kg
名　称	钢　板				钢　板			
数　量	1				1			
规　格	*A*	*B*	*C*	δ_1	*E*	*F*	δ_2	
支架型号								
LT－1－1－15～25	$L-\frac{D_H}{2}+100$ $L\leqslant 200$	80	25	8	$L-\frac{D_H}{2}+110$ $L\leqslant 200$	80	8	3
LT－1－1－32～50		100	30	8		100	8	4
LT－1－1－65～150		140	45	14		140	14	8.5
LT－1－1－200～300		160	45	16		160	16	8
LT－1－1/1－15～25	$L-\frac{D_H}{2}+100$ $200<L\leqslant 400$	100	30	10	$L-\frac{D_H}{2}+110$ $200<L\leqslant 400$	100	10	8
LT－1－1/1－32～50		120	40	12		120	12	11
LT－1－1/1－65～150		160	50	16		160	16	19
LT－1－1/1－200～300		180	60	18		180	18	21

注：1. 焊角高度 *K* 的数值取连接件中较薄构件的厚度。

2. 表中给出的 *L* 尺寸为最大尺寸，其具体数值应按设计需要取用。

3. 钢板标准号为 GB/T 709—2006 材质为 Q235－A·F。

4. 标注方法：如选用 LT－1－1 型支托、*DN*50，标注为 LT－1－1－50。

2014	**LT－1－2 型** **单支立管支托（*DN*15～300）**	施工图图号 S1－15－99

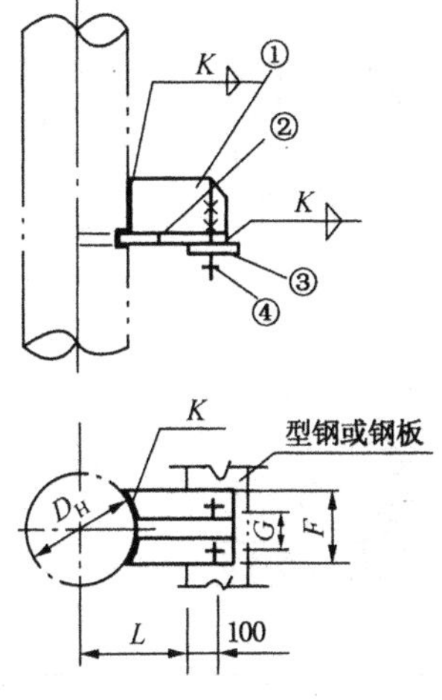

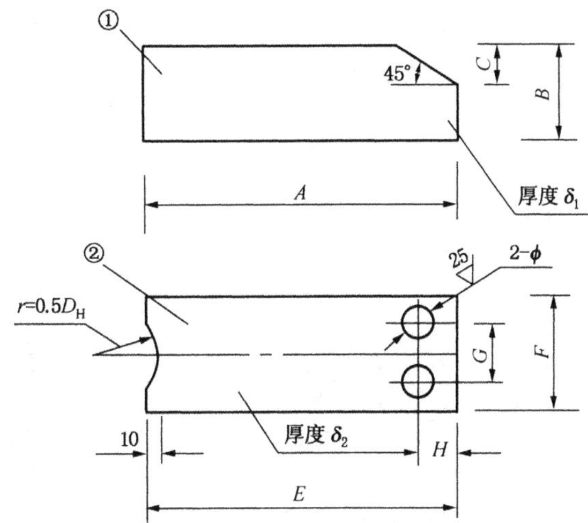

（mm）

件号	①				②						③	④	参考总重量/kg
名称	钢板				钢板						螺母	螺栓	
数量	1				1						4个	2个	
规格	*A*	*B*	*C*	δ_1	*E*	*F*	*G*	*H*	孔ϕ	δ_2			
支架型号													
LT－1－2－15～25	$L+H-\frac{D_H}{2}+100$ $L\leqslant200$	80	25	8	$L+H-\frac{D_H}{2}+110$ $L\leqslant200$	80	50	30	14	8	M12	M12×55	4
LT－1－2－32～50		100	30	8		100	60	30	18	8	M16	M16×60	4
LT－1－2－65～150		140	45	14		140	80	40	23	14	M20	M20×80	8
LT－1－2－200～300		160	45	16		160	90	40	27	16	M24	M24×90	6
LT－1－2/1－15～25	$L+H-\frac{D_H}{2}+100$ $200<L\leqslant400$	100	30	10	$L+H-\frac{D_H}{2}+110$ $200<L\leqslant400$	100	60	30	18	10	M16	M16×60	7
LT－1－2/1－32～50		120	40	12		120	70	35	20	12	M18	M18×75	12
LT－1－2/1－65～150		160	50	16		160	44	40	30	16	M27	M27×95	21
LT－1－2/1－200～300		180	60	18		180	100	45	34	18	M30	M30×100	23

注：1. 焊角高度 *K* 的数值取连接件中较薄构件的厚度。

2. 表中给出的 *L* 尺寸为最大尺寸，其具体数值应按设计需要取用。

3. 双头螺栓标准号为 GB/T 901—1988，螺母为 GB/T 41—2000，钢板为 GB/T 709—2006，材质为 Q235－A·F。

4. 标注方法：如选用 LT－1－2 型支托、*DN*50，标注为 LT－1－2－50。

2014	LT-1-3 型 单支立管支托(*DN*15~300)	施工图图号 S1-15-100

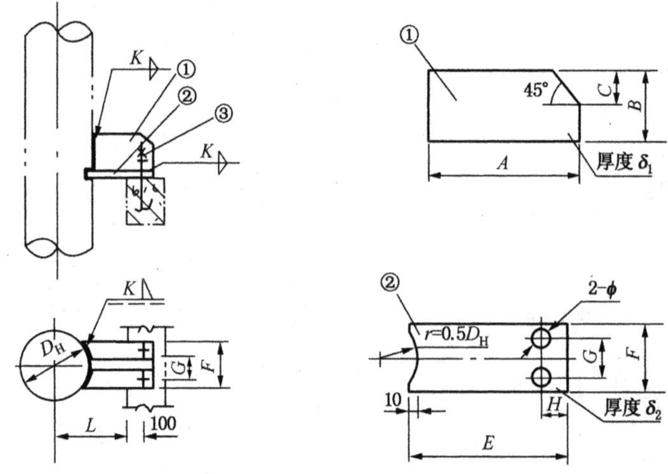

件号	①				②						③	参考总重量/kg
名称	钢板/mm				钢板/mm						螺母	
数量	1				1						4 个	
规格	*A*	*B*	*C*	δ_1	*E*	*F*	*G*	*H*	孔 ϕ	δ_2		
支架型号												
LT-1-3-15~25	$L+H-\frac{D_H}{2}+100$ $L\leqslant 200$	80	25	8	$L+H-\frac{D_H}{2}+110$ $L\leqslant 200$	80	50	30	14	8	M12	4
LT-1-3-32~50		100	30	8		100	60	30	18	8	M16	4
LT-1-3-65~150		140	45	14		140	80	40	23	14	M20	8
LT-1-3-200~300		160	45	16		160	90	40	27	16	M24	6
LT-1-3/1-15~25	$L+H-\frac{D_H}{2}+100$ $200<L\leqslant 400$	100	30	10	$L+H-\frac{D_H}{2}+110$ $200<L\leqslant 400$	100	60	30	18	10	M16	7
LT-1-3/1-32~50		120	40	12		120	70	35	20	12	M18	12
LT-1-3/1-65~150		160	50	16		160	100	40	30	16	M27	21
LT-1-3/1-200~300		180	60	18		180	100	45	34	18	M30	23

注:1. 焊角高度 *K* 的数值取连接件中较薄构件的厚度。

2. 表中给出的 *L* 尺寸为最大尺寸,其具体数值应按设计需要取用。

3. 螺母的标准号为 GB/T 41—2000,钢板为 GB/T 709—2006,材质为 Q235-A·F。

4. 标注方法:如选用 LT-1-3 型支托、*DN*50,标注为 LT-1-3-50。

2014	LT－2－1 型 双支立管支托（*DN*15～600）	施工图图号 S1－15－101

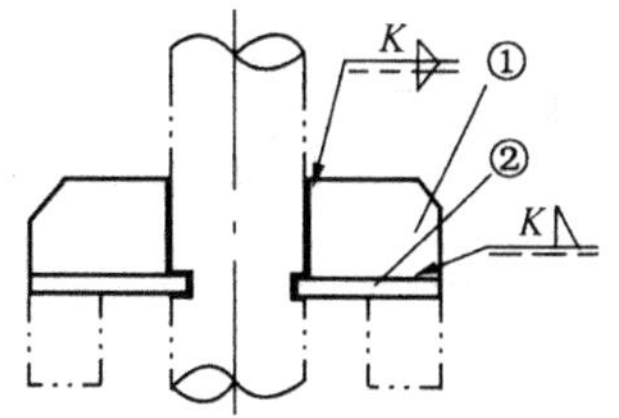

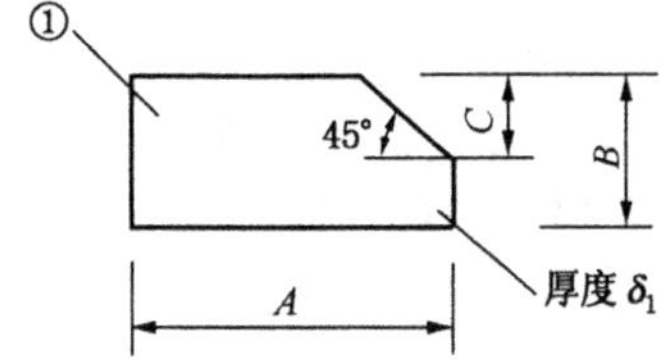

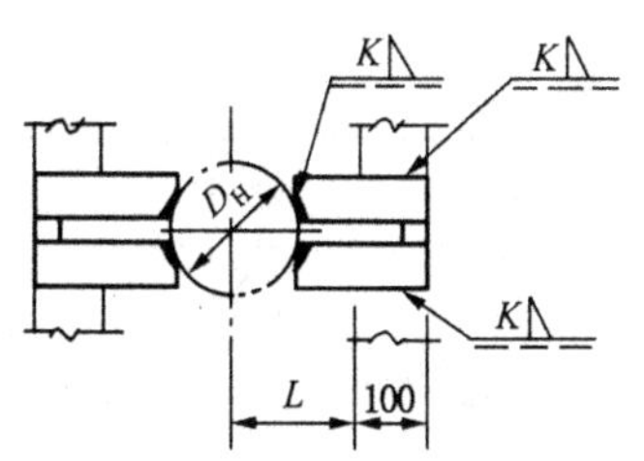

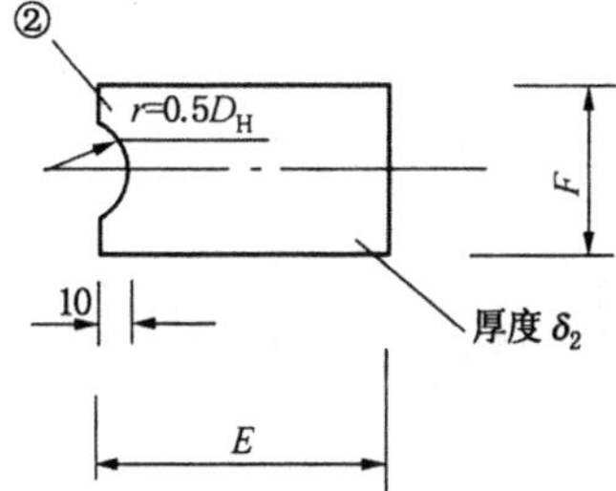

件　号	①				②			参考总重量/kg
名　称	钢板/mm				钢板/mm			
数　量	2				2			
规　格	*A*	*B*	*C*	δ_1	*E*	*F*	δ_2	
支架型号								
LT－2－1－15～32	$L-\frac{D_H}{2}+100$ $L \leqslant 200$	80	25	6	$L-\frac{D_H}{2}+110$ $L \leqslant 200$	80	6	5
LT－2－1－40～65		80	25	8		80	8	6
LT－2－1－80～125		100	30	8		100	8	7
LT－2－1－150～350		140	45	12		140	12	12
LT－2－1/1－15～32	$L-\frac{D_H}{2}+100$ $200 < L \leqslant 400$	100	30	6	$L-\frac{D_H}{2}+110$ $200 < L \leqslant 400$	100	6	10
LT－2－1/1－40～65		100	30	10		100	10	16
LT－2－1/1－80～125		120	40	12		120	12	21
LT－2－1/1－150～350		160	50	18		160	18	39
LT－2－1/1－400～600		200	65	22		200	22	42

注：1. 焊角高度 *K* 的数值取连接件中较薄构件的厚度。

2. 表中给出的 *L* 尺寸为最大尺寸，其具体数值应按设计需要取用。

3. 钢板的标准号为 GB/T 709—2006，材质为 Q235－A · F。

4. 标注方法：如选用 LT－2－1 型支托、*DN*50，标注为 LT－2－1－50。

2014	LT-2-2 型 双支立管支托(*DN*15~600)	施工图图号 S1-15-102

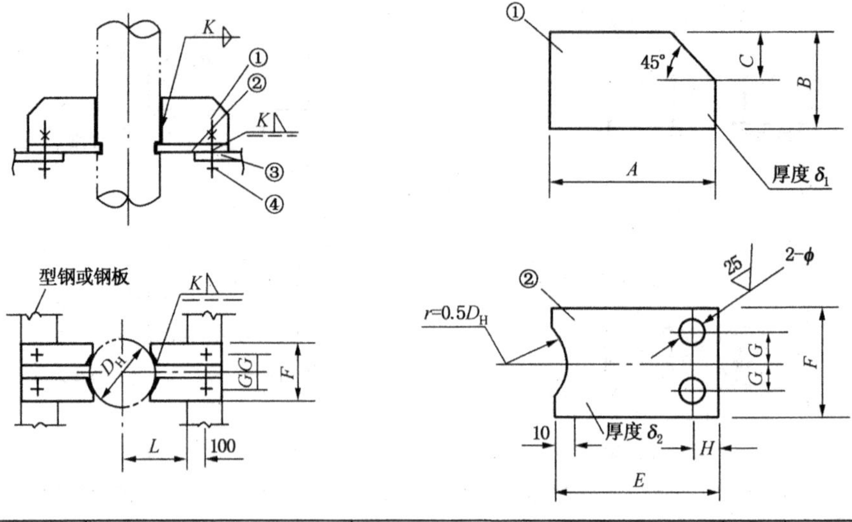

件号	①				②						③	④	参考总重量/kg
名称	钢板/mm				钢板/mm						螺母	螺栓	
数量	2				2						8个	4个	
规格	*A*	*B*	*C*	δ_1	*E*	*F*	*G*	*H*	孔ϕ	δ_2			
支架型号													
LT-2-2-15~32	$L+H-\frac{D_H}{2}+100$ $L\leqslant200$	80	25	6	$L+H-\frac{D_H}{2}+110$ $L\leqslant200$	80	20	30	12	6	M10	M10×45	5
LT-2-2-40~65		80	25	8		80	25	30	14	8	M12	M12×50	6
LT-2-2-80~125		100	30	8		100	30	30	18	8	M16	M16×60	7
LT-2-2-150~350		140	45	12		140	35	40	23	12	M20	M20×70	12
LT-2-2/1-15~32	$L+H-\frac{D_H}{2}+100$ $200<L\leqslant400$	100	30	6	$L+H-\frac{D_H}{2}+110$ $200<L\leqslant400$	100	25	30	14	6	M12	M12×50	10
LT-2-2/1-40~65		100	30	10		100	30	30	18	10	M16	M16×60	16
LT-2-2/1-80~125		120	40	12		120	35	40	23	12	M20	M20×70	21
LT-2-2/1-150~350		160	50	18		160	45	40	27	18	M24	M24×80	39
LT-2-2/1-400~600		200	65	22		200	55	40	30	22	M27	M27×85	42

注:1. 焊角高度*K*的数值取连接件中较薄构件的厚度。

2. 表中给出的*L*尺寸为最大尺寸,其具体数值应按设计需要取用。

3. 双头螺栓的标准号为GB/T 901—1988,螺母GB/T 41—2000,钢板为GB/T 709—2006,材质为Q235-A·F。

4. 标注方法:如选用LT-2-2型支托、*DN*50,标注为LT-2-2-50。

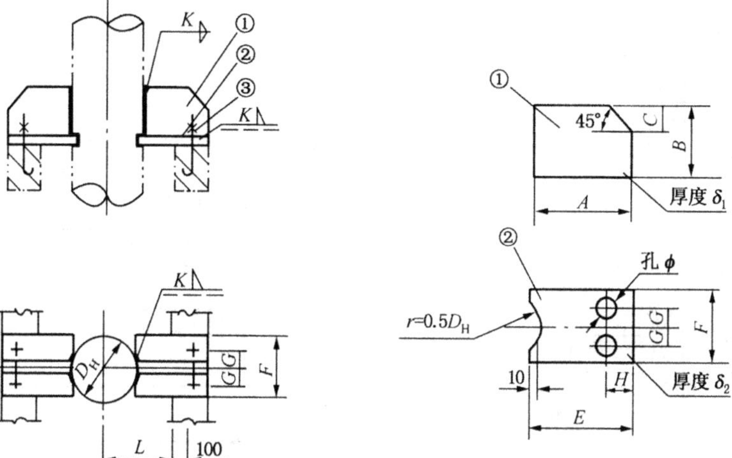

件号	①				②						③	参考总重量/kg
名称	钢板/mm				钢板/mm						螺母	
数量	2				2						4 个	
规格	A	B	C	δ_1	E	F	G	H	孔 ϕ	δ_2		
支架型号												
LT－2－3－15～32	$L+H-\frac{D_H}{2}+100$ $L\leqslant 200$	80	25	6	$L+H-\frac{D_H}{2}+110$ $L\leqslant 200$	80	20	30	12	6	M10	5
LT－2－3－40～65		80	25	8		80	25	30	14	8	M12	6
LT－2－3－80～125		100	30	8		100	30	30	18	8	M16	7
LT－2－3－150～350		140	45	12		140	35	40	23	12	M20	12
LT－2－3/1－15～32	$L+H-\frac{D_H}{2}+100$ $200<L\leqslant 400$	100	30	6	$L+H-\frac{D_H}{2}+110$ $200<L\leqslant 400$	100	25	30	14	6	M12	10
LT－2－3/1－40～65		100	30	10		100	30	30	18	10	M16	16
LT－2－3/1－80～125		120	40	12		120	35	40	23	12	M20	21
LT－2－3/1－150～350		160	50	18		160	45	40	27	18	M24	38
LT－2－3/1－400～600		200	65	22		200	55	40	34	22	M30	42

注：1. 焊角高度 K 的数值取连接件中较薄构件的厚度。

2. 表中给出的 L 尺寸为最大尺寸，其具体数值应按设计需要取用。

3. 螺母标准号为 GB/T 41—2000，钢板的标准号为 GB/T 709—2006，材质为 Q235－A·F。

4. 标注方法：如选用 LT－2－3 型支托、DN50，标注为 LT－2－3－50。

2014	LT－3－1型 卡箍型立管支托（*DN*25～150）	施工图图号 S1－15－104

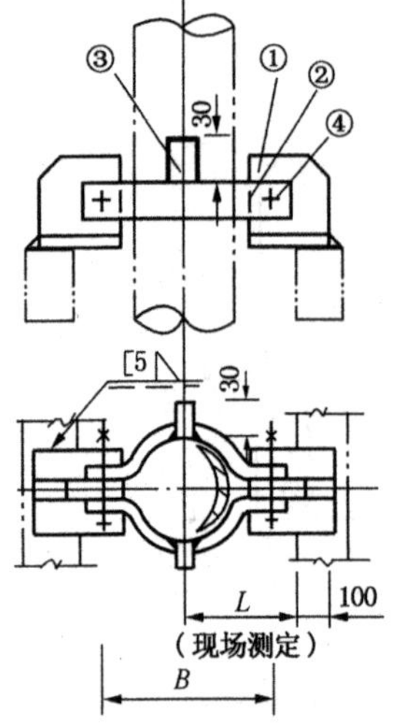

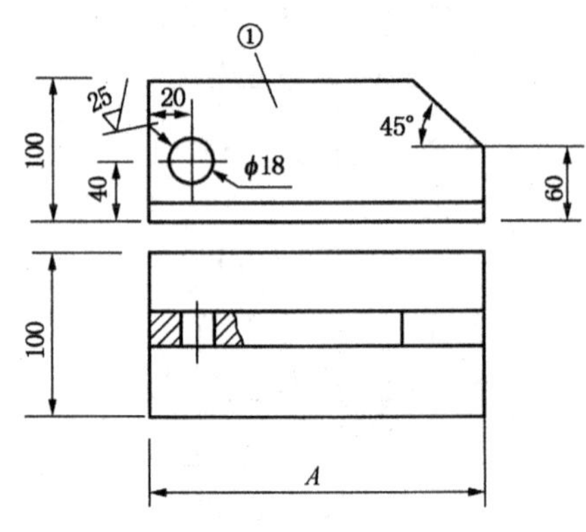

件号			①		②	③	④	
名称			托板（mm）		管卡	挡铁	螺栓、螺母	
数量	*B*/mm	*L*/mm	2		2	2	2副	参考总重量/kg
规格			*A*	长×宽 长×高	施工图图号 S1－15－72/1	钢板/mm		
LT－3－1－25	85	*L*≤200	278	*A*×100 δ＝6 *A*×94 δ＝6	1－25	30×30 δ＝6	M12×50	6.5
LT－3－1－32	95		273		1－32			6.5
LT－3－1－40	105		268		1－40			6.5
LT－3－1－50	116		262		1－50			6.5
LT－3－1－65	134		253		1－65			6.5
LT－3－1－80	147		247		1－80			6.5
LT－3－1－100	173		234		1－100	40×40 δ＝8	M16×60	7
LT－3－1－125	200		220		1－125			7
LT－3－1－150	229		206		1－150			7

注：1. 适用于*L*≤200mm。

2. 本表按*L*＝200mm计算*A*值，设计时应根据实际尺寸取值。

3. $A = L - \frac{B}{2} + 120$（mm）。

4. 六角螺栓标准号为GB/T 5782—2000，螺母为GB/T 41—2000，钢板为GB/T 709—2006，材质为Q235－A·F。

5. 安装时管卡上的螺栓必须用小于12in的板手拧紧。

6. 标注方法：如选用LT－3－1型支托、*DN*50，标注为LT－3－1－50。

2014	LT－3－2 型 卡箍型立管支托（*DN*25～150）	施工图图号 S1－15－105

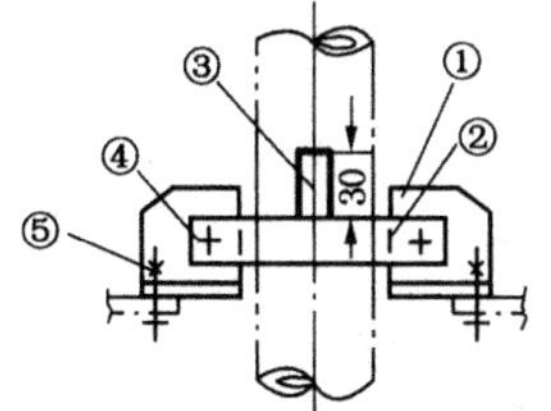

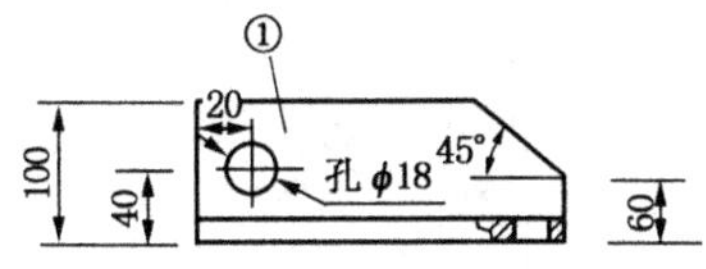

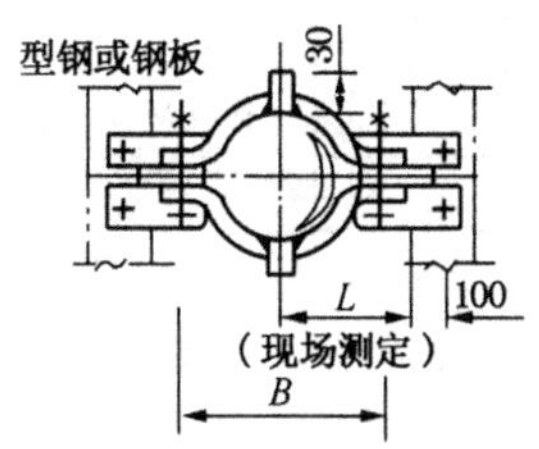

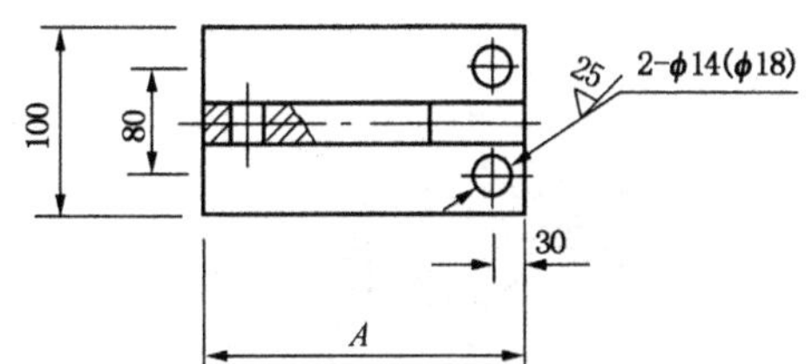

件号			①		②	③	④	⑤	参考总重量/kg
名称			托板/mm		管卡	挡铁/mm	六角头螺栓	双头螺栓	
数量	B/mm	L/mm	2		2	2	2 副	4 副	
规格			A	长×宽 长×高	施工图图号 S1－15－72/1	钢板			
LT－3－2－25	85	L≤200	278	A×100 δ＝6 A×94 δ＝6	1－25	30×30 δ＝6	M12×50	M12×50	7
LT－3－2－32	95		273		1－32				7
LT－3－2－40	105		268		1－40				7
LT－3－2－50	116		262		1－50				7
LT－3－2－65	134		253		1－65				7
LT－3－2－80	147		247		1－80				7
LT－3－2－100	173		234		1－100	40×40 δ＝8	M16×60	M16×60	7
LT－3－2－125	200		220		1－125				7
LT－3－2－150	229		206		1－150				7

注：1. 适用于 $L \leqslant 200$mm。

2. 本表按 $L=200$mm 计算 A 值，设计时应根据实际尺寸取值。

3. $A = L - \frac{B}{2} + 120$(mm)。

4. 双头螺栓标准号为 GB/T 901—1988，六角螺栓为 GB/T 5782—2000，螺母为 GB/T 41—2000，钢板为 GB/T 709—2006，材质为 Q235－A·F。

5. 标注方法：如选用 LT－3－2 型支托、*DN*50，标注为 LT－3－2－50。

2014	LT-3-3型 卡箍型立管支托(*DN*25～150)	施工图图号 S1-15-106

支架与支承件用地脚螺栓固定

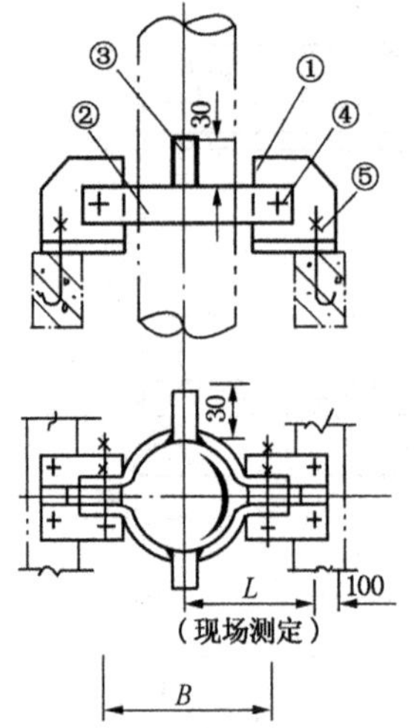

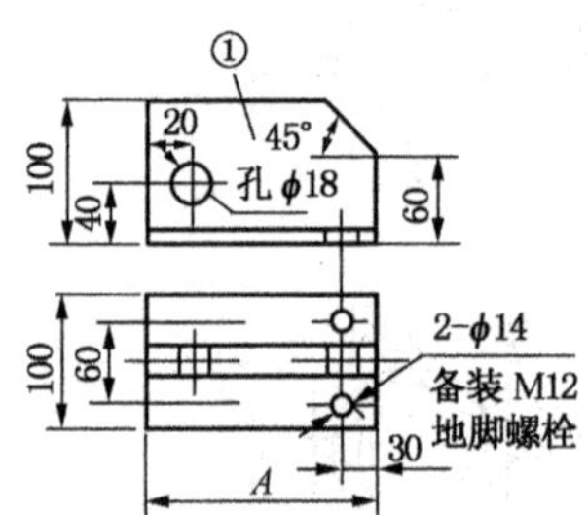

件 号	B/mm	L/mm	①		②	③	④	⑤	参考总重量/kg
名 称			托板/mm		管 卡	挡铁/mm	螺栓、螺母	螺母	
数 量			2		2	2	2副	4个	
规 格			A	长×宽 长×高	施工图图号 S1-15-72/1	钢板			
LT-3-3-25	85	L≤200	278	A×100 δ=6 A×94 δ=6	1-25	30×30 δ=6	M12×50	M12	7
LT-3-3-32	95		273		1-32				7
LT-3-3-40	105		268		1-40				7
LT-3-3-50	116		262		1-50				7
LT-3-3-65	134		253		1-65				7
LT-3-3-80	147		247		1-80				7
LT-3-3-100	173		234		1-100	40×40 δ=8	M16×60	M12	7
LT-3-3-125	200		220		1-125				7
LT-3-3-150	229		206		1-150				7

注：1. 适用于$L \leqslant 200$mm。

2. 本表按L计算A值，设计时应根据实际尺寸取值。

3. $A = L - \frac{B}{2} + 120$(mm)。

4. 六角螺栓标准号为GB/T 5782—2000，螺母为GB/T 41—2000，钢板为GB/T 709—2006，材质为Q235-A·F。

5. 标注方法：如选用LT-3-3型支托、*DN*50，标注为LT-3-3-50。

六、假管支托

2014	JT－1 型 弯头用假管支托(*DN*25～600)	施工图图号 S1－15－107

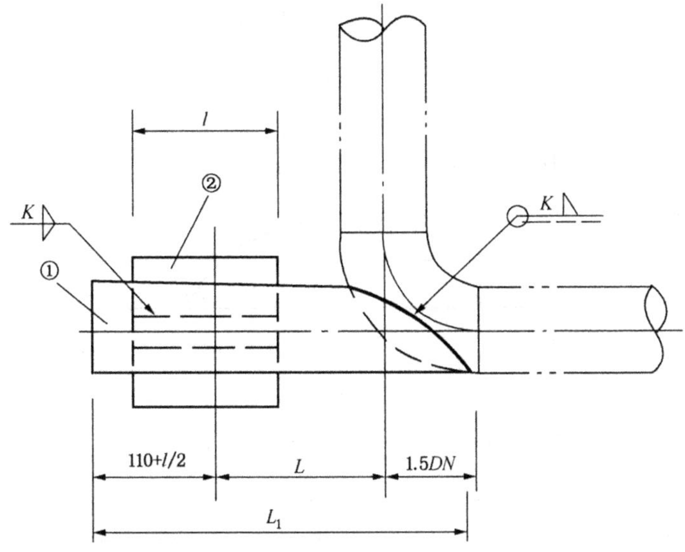

型　　号	管公称直径	①支承管焊接钢		②管托	参考总重量/
	DN	*DN*	L_1/mm	施工图图号	kg
JT－1－25～150－L	25～150	同被支承管	3460	S1－15－42	62
JT－1－200、250－L	200、250		3735	S1－15－43	207
JT－1－300～600－L	300～600		4035	S1－15－44	366

注：1. 表中 L 为设计长度，本图按 L＝3000mm 开料，选用时要根据需要填写 L 值。

2. 支承管的长度和重量是按三种特定管径的管子进行计算的，选用时应根据选用的管径计算。被支承管的弯头 R＝1.5*DN*；支承管用焊接钢管标准号为 GB/T 3091—2008，材质为 Q235－A・F。

3. 表中参考总重量不包括管托的重量。

4. 焊角高度 K 的数值取连接件中较薄构件的厚度。

5. 标注方法：如选用 JT－1 型支托、*DN*100，L＝3000mm 标注为 JT－1－100－3000。

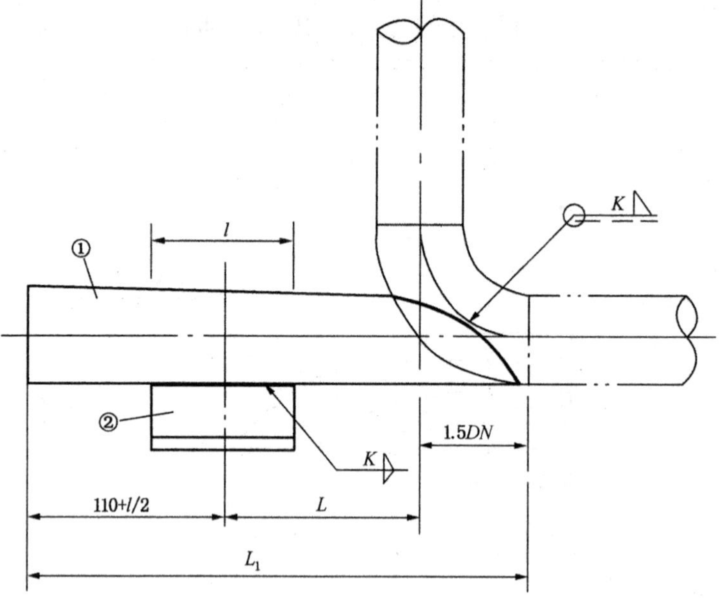

型　　号	管公称直径	①支承管焊接钢		②管托	参考总重量/
	DN	*DN*	L_1/mm	施工图图号	kg
JT－1－25～150－L	25～150	同被支承管	3460	S1－15－42	62
JT－1－200、250－L	200、250		3735	S1－15－43	207
JT－1－300～600－L	300～600		4035	S1－15－44	366

注：1. 表中 *L* 为设计长度，本图按 *L*＝3000mm 开料，选用时要根据需要填写 *L* 值。

2. 支承管的长度和重量是按三种特定管径的管子进行计算的，选用时应根据选用的管径计算。被支承管的弯头 *R*＝1.5*DN*；支承管用焊接钢管标准号为 GB/T 3091—2008，材质为 Q235－A·F。

3. 表中参考总重量不包括管托的重量。

4. 焊角高度 *K* 的数值取连接件中较薄构件的厚度。

5. 标注方法：如选用 JT－1 的支托、*DN*100，*L*＝3000mm 标注为 JT－1－100－3000。

2014	JT－1 型 弯头用假管支托（DN25～600）	施工图图号 S1－15－109

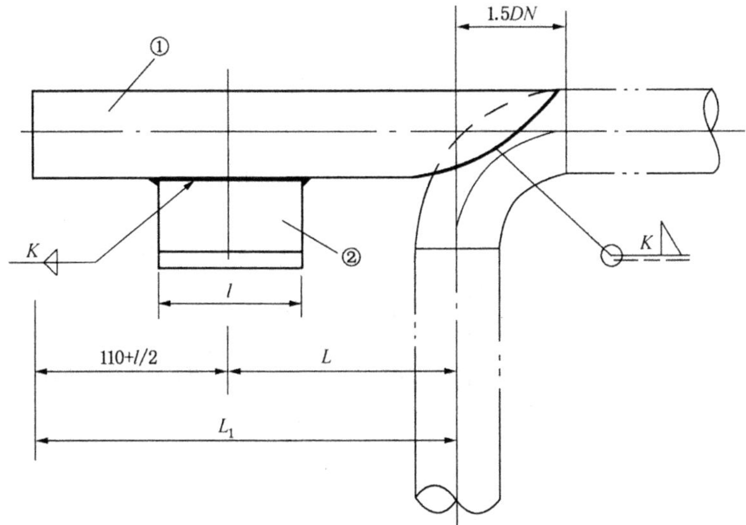

型　　号	公称直径 DN	①支承管焊接钢		②管托	参考总重量/kg
		DN	L_1/mm	施工图图号	
JT－1－25～150－L	25～150	同被支承管	3460	S1－15－42	62
JT－1－200、250－L	200、250		3735	S1－15－43	207
JT－1－300～600－L	300～600		4035	S1－15－44	366

注：1. 表中 L 为设计长度，本图按 L＝3000mm 开料，选用时要根据需要填写 L 值。

2. 支承管的长度和重量是按三种特定管径的管子进行计算的，选用时应根据选用的管径计算。被支承管的弯头 R＝1.5DN；支承管用焊接钢管标准号为 GB/T 3091—2008，材质为 Q235－A·F。

3. 表中参考总重量不包括管托的重量。

4. 焊角高度 K 的数值取连接件中较薄构件的厚度。

5. 标注方法：如选用 JT－1 型支托、DN100，L＝3000mm 标注为 JT－1－100－3000。

2014	JT－2 型 弯头用假管支托(合金钢管道)(*DN*25～600)	施工图图号 S1－15－110

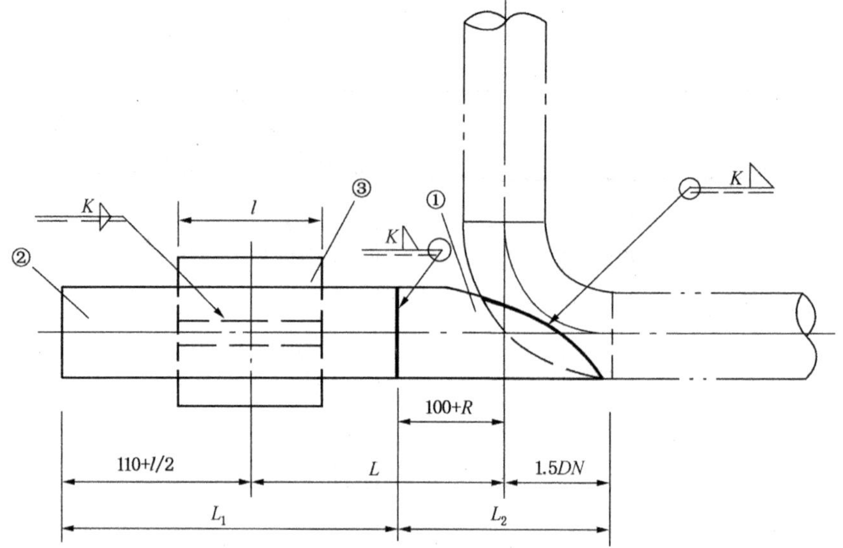

型　　号	公称直径/ *DN*	材料规格及用量					参考总重量/ kg
		①支承管(材质同被支承管)		②支承管		③管托	
		DN	L_2/mm	*DN*	L_1/mm	施工图图号	
JT－2－25～150－L	25～150	同被支承管	409	同被支承管	3056	S1－15－42	98
JT－2－200、250－L	200、250		712		3023	S1－15－43	289
JT－2－300～600－L	300～600		1104		2930	S1－15－44	783

注:1. 表中 *L* 为设计长度,本图按 *L*＝3000mm 开料,选用时要根据需要填写 *L* 值。

2. 支承管的长度和重量是按三种特定管径的管子进行计算的,选用时应根据选用的管径计算。被支承管的弯头 *R*＝1.5*DN*。

3. 焊角高度 *K* 的数值取连接件中较薄构件的厚度。

4. 件②支承管可用焊接钢管(GB/T 3091—2008),材质为 Q235－A・F。

5. 标注方法:如选用 JT－2 型支托、*DN*100,*L*＝3000mm,标注为 JT－2－100－3000。

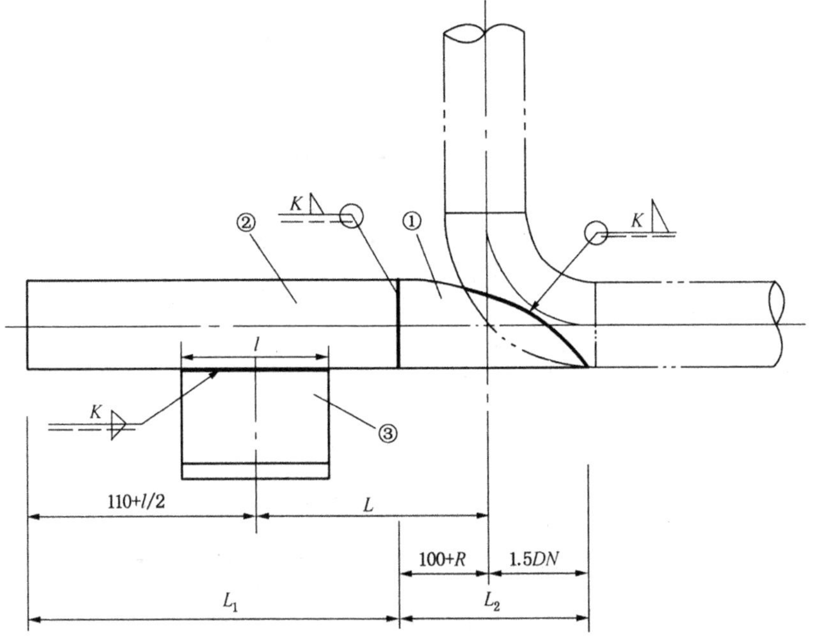

型　　号	公称直径/DN	材料规格及用量					参考总重量/kg
		①支承管(材质同被支承管)		②支承管		③管托	
		DN	L_2/mm	DN	L_1/mm	施工图图号	
JT-2-25～150-L	25～150	同被支承管	409	同被支承管	3056	S1-15-42	98
JT-2-200、250-L	200、250		712		3023	S1-15-43	289
JT-2-300～600-L	300～600		1104		2930	S1-15-44	783

注:1. 表中 L 为设计长度,本图按 $L=3000$mm 开料,选用时要根据需要填写 L 值。

2. 支承管的长度和重量是按三种特定管径的管子进行计算的,选用时应根据选用的管径计算。被支承管的弯头 $R=1.5DN$。

3. 焊角高度 K 的数值取连接件中较薄构件的厚度。

4. 件②支承管可用焊接钢管(GB/T 3091—2008),材质均为 Q235-A·F。

5. 标注方法:如选用 JT-2 型支托、*DN*100,$L=3000$mm 标注为 JT-2-100-3000。

2014	JT－2 型 弯头用假管支托(合金钢管道)(DN25～600)	施工图图号 S1－15－112

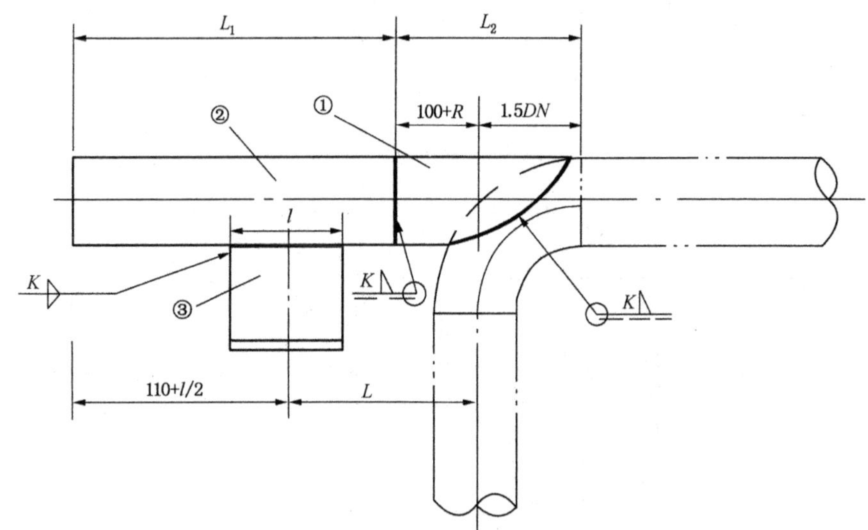

型　　号	公称直径/DN	材料规格及用量					参考总重量/kg
		①支承管(材质同被支承管)		②支承管		③管托	
		DN	L_2/mm	DN	L_1/mm	施工图图号	
JT－2－25～150－L	25～150	同被支承管	409	同被支承管	3056	S1－15－42	98
JT－2－200、250－L	200、250		712		3023	S1－15－43	289
JT－2－300～600－L	300～600		1104		2930	S1－15－44	783

注:1. 表中 L 为设计长度,本图按 $L=3000$mm 开料,选用时要根据需要填写 L 值。

2. 支承管的长度和重量是按三种特定管径的管子进行计算的,选用时应根据选用的管径计算。被支承管的弯头 $R=1.5DN$。

3. 焊角高度 K 的数值取连接件中较薄构件的厚度。

4. 件②支承管可用焊接钢管(GB/T 3091—2008),材质均为 Q235－A・F。

5. 标注方法:如选用 JT－2 型支托、DN100,$L=3000$mm 标注为 JT－2－100－3000。

七、邻管支架

2014	LP－1～6 型 邻管支架	施工图图号 S1－15－113

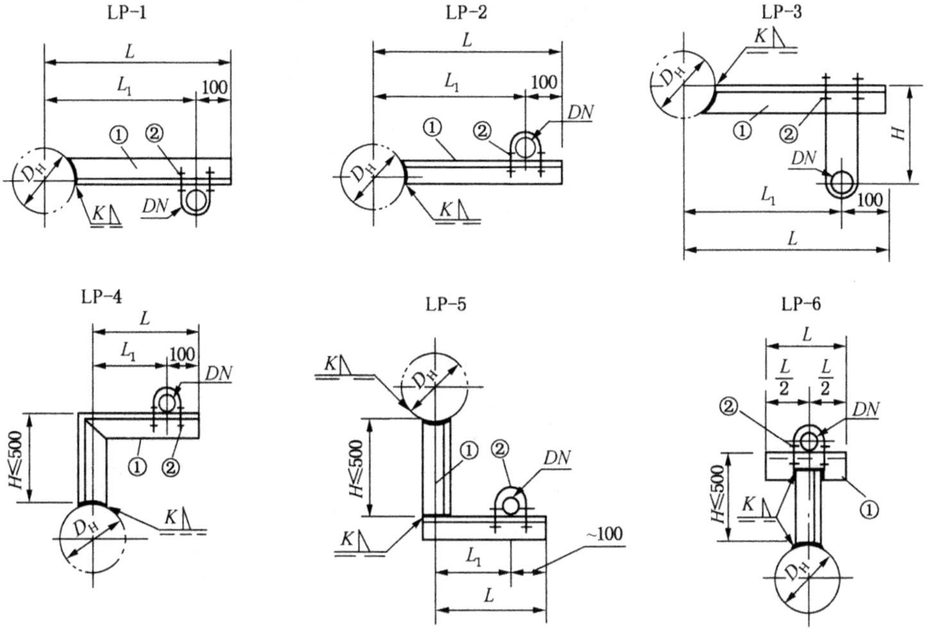

LP-1

LP-2

LP-3

LP-4

LP-5

LP-6

支架型号	LP－1，LP－2			LP－3			LP－4，LP－5			LP－6		
名　称	①横梁 1 件		②管卡 1 件	①横梁 1 件		②管卡 1 件	①横梁 1 件		②管卡 1 件	①横梁 1 件		②管卡 1 件
规　格	∠63×6		PK－1－DN	∠63×6		PK－1－DN	∠63×6		PK－1－DN	∠63×6		PK－1－DN
L_1	L/mm	重量/kg	施工图图号	L/mm	重量/kg	施工图图号	H＋L/mm	重量/kg	施工图图号	H＋L/mm	重量/kg	施工图图号
200	300	1.72	S1－15－79	300	1.72	S1－15－79	800	4.58	S1－15－79	700	4	S1－15－79
250	350	2		350	2		850	4.86		750	4.29	
300	400	2.29		400	2.29		900	5.15		800	4.58	
350	450	2.57		450	2.57		950	5.43		850	4.86	
400	500	2.86		500	2.86		1000	5.72		900	5.15	
450	550	3.15		550	3.15		1050	6.01		950	5.43	
500	600	3.43		600	3.43		1100	6.29		1000	5.72	
550	650	3.72		650	3.72		1150	6.58		1050	6.01	
600	700	4		700	4		1200	5.72		1100	6.29	

注：1. H 可按实际需要，等边角钢的标准号为 GB/T 706—2008，材质为 Q235－A·F。

2. 焊角高度 K 取较薄焊件的厚度。

3. 标注方法：若选用支承管 $DN=300$，被支承管 $DN=100$，$H=200$mm，$L=400$mm 的邻管支架可标注为：LP－3－$\frac{100-200}{300}$－400。

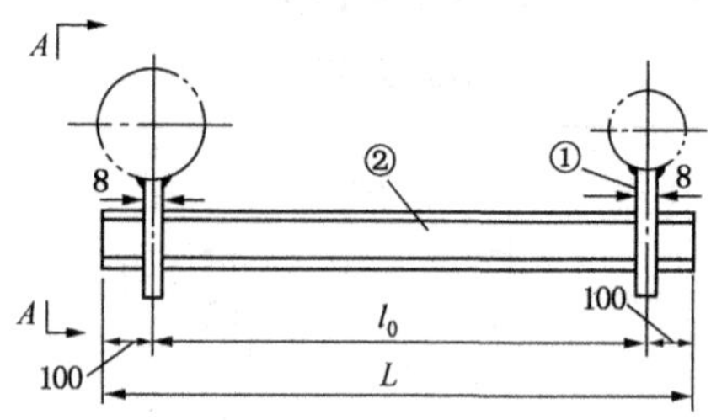

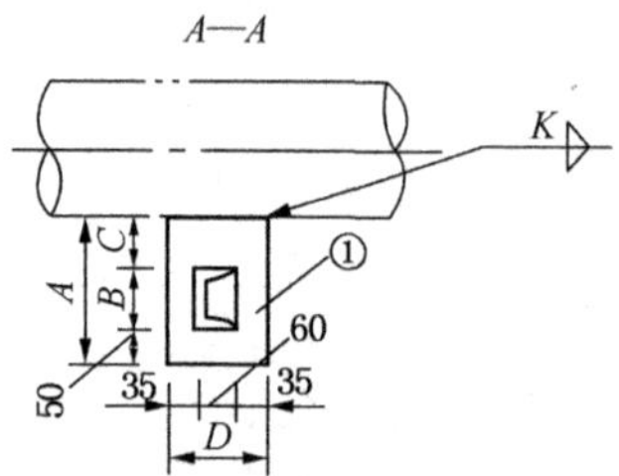

支架型号	① 吊　板/mm						② 吊　梁		
	A	B	C	D	δ	件数(个)	规格	L/mm	件数
LP－7	200	90	60	130	8	2	⊏8	l_0+200	1
	220	110	60	130	8	2	⊏10	l_0+200	1
	240	130	60	130	8	2	⊏12.6	l_0+200	1

注：1. 本支架适用于碳钢管道。吊梁用槽钢标准号为 GB/T 706—2008，吊板用钢板标准号为 GB/T 709—2006 材质均为 Q235－A·F。

2. 焊角高度 K 的数值取连接件中较薄焊件的厚度。

3. 标注方法：若选用 LP－7 型支架，吊梁为⊏10，l_0＝1500mm，可标注为 LP－7－1500－⊏10。

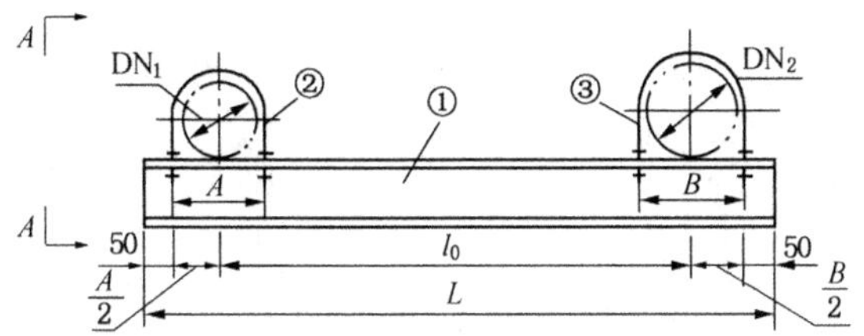

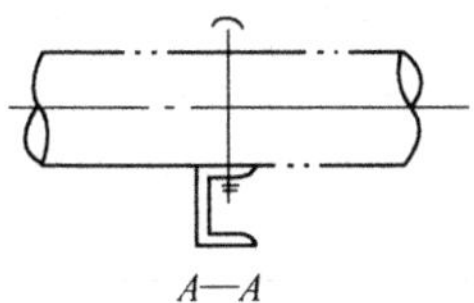
A—A

支架型号	①支架梁			②管　卡			③管　卡		
	规　格	L/mm	件　数	型　号	件数	施工图图号	型号	件数	施工图图号
LP－8	[8	$l_0+\frac{A}{2}+\frac{B}{2}+100$	1	PK－2－DN_1	1	S1－15－80	PK－2－DN_2	1	S1－15－80
	[10		1						
	[12.6		1						

注：1. A 或 B＝管外径＋管卡直径＋6（mm）。

2. 支架梁用槽钢的标准号为 GB/T 706—2008，材质为 Q235－A・F。

3. 标注方法：如选用 LP－8 型支架，支架梁为[10，l_0＝1500mm，支承管管径为 DN200，DN150，标注为 LP－8－1500－[10－200，150。

2014	**LP-9型** **邻管支架**	施工图图号 S1-15-116/1

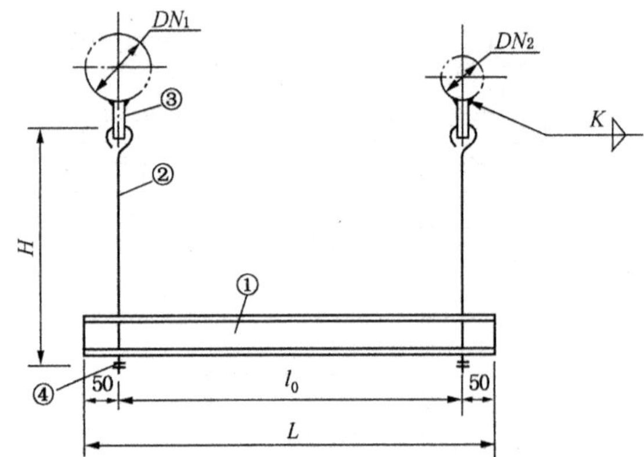

支架型号	①吊梁			②吊杆			③吊板			④螺母
	规格	L/mm	件数	规格	件数	施工图图号	规格	件数	施工图图号	4个
LP-9	[8	l_0+100	1	DL-2-12	2	S1-15-76	DB-1-DN_1	2	S1-15-68	M12
	[10	l_0+100	1	DL-2-16	2		DB-1-DN_2	2		M16
	[12.6									

注:1. 本支架适用于碳钢管道,吊梁用槽钢的标准号为GB/T 706—2008,螺母为GB/T 41—2000,材质为Q235-A·F。

2. 焊角高度K的数值取连接件中较薄构件的厚度。

3. 标注方法:如选用LP-9型支架,吊梁用[10,l_0=1000mm,支承管管径为DN100,DN200,吊杆ϕ12、H=1200mm,标注为LP-9-1000-[10-200、100,DL-2-12-1200。

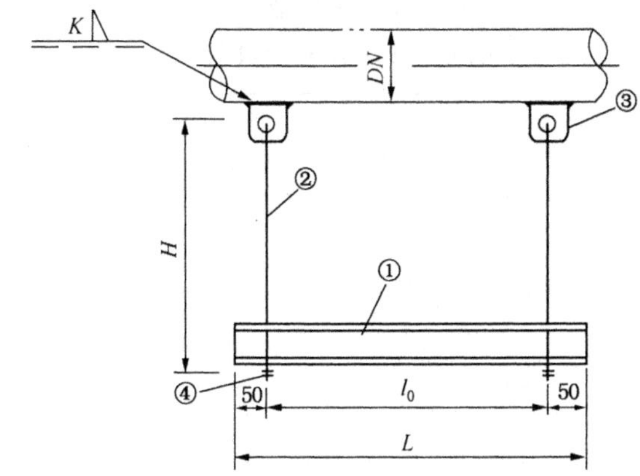

支架型号	①吊　梁			②吊　杆			③吊　板			④螺母
	规　格	L/mm	件数	规　格	件数	施工图图号	规　格	件数	施工图图号	4 个
LP－10	[8	l_0 +100	1	DL－2－12	2	S1－15－76	DB－1－DN_1	2	S1－15－68	M12
	[10			DL－2－16	2		DB－1－DN_2	2		M16
	[12.6									

注:1. 本支架适用于碳钢管道,吊梁用槽钢的标准号为 GB/T 706—2008,螺母为 GB/T 41—2000,材质为 Q235－A・F。

2. 焊角高度 K 的数值取连接件中较薄构件的厚度。

3. 标注方法:如选用 LP－9 型支架,吊梁用[10,l_0 = 1000mm,支承管管径为 DN100,DN200,吊杆 ϕ12、H = 1200mm,标注为 LP－9－1000－[10－200、100,DL－2－12－1200。

八、止推支架

2014	ZJ－*DN*－*L* 型 止推支架（*DN*50～500）	施工图图号 S1－15－117

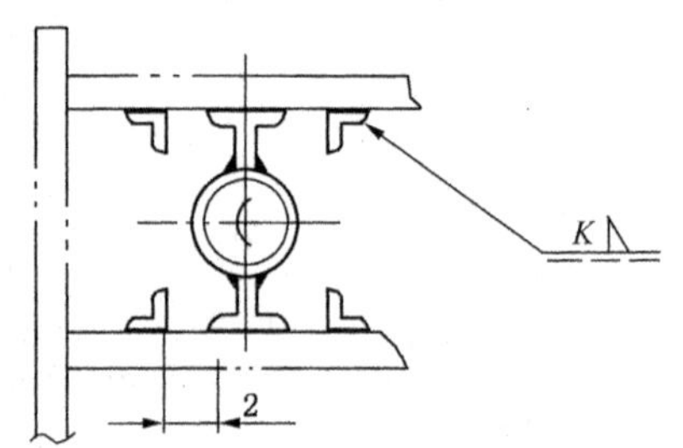

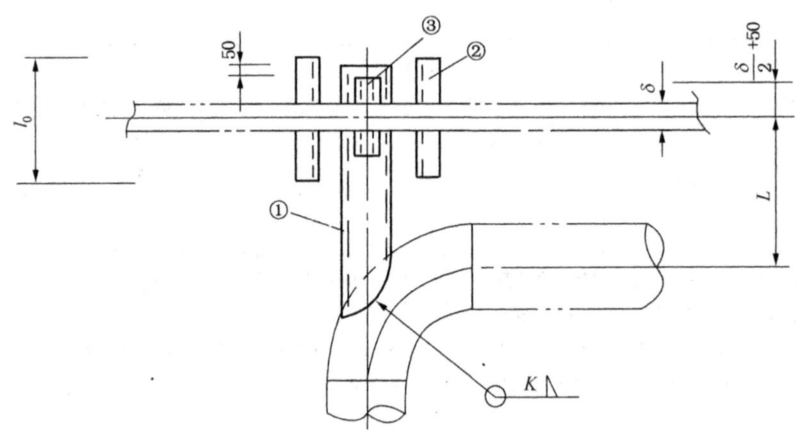

<table>
<tr><th rowspan="3">型　号</th><th rowspan="3">公称直径/
DN</th><th colspan="4">材料规格及用量</th><th rowspan="3">参考总重量/
kg</th></tr>
<tr><th colspan="2">①支 承 管</th><th>②角钢∠40×4 4 块</th><th>③管托 2 个</th></tr>
<tr><th>DN</th><th>长度/mm</th><th>l_0/mm</th><th>施工图图号</th></tr>
<tr><td>ZJ－50－L</td><td>50</td><td>40</td><td>1730</td><td>350</td><td rowspan="4">S1－15－42</td><td>10</td></tr>
<tr><td>ZJ－80－L</td><td>80</td><td>50</td><td>1745</td><td>350</td><td>12</td></tr>
<tr><td>ZJ－100－L</td><td>100</td><td>80</td><td>1795</td><td>350</td><td>19</td></tr>
<tr><td>ZJ－150－L</td><td>150</td><td>100</td><td>1860</td><td>350</td><td>24</td></tr>
<tr><td>ZJ－200－L</td><td>200</td><td>150</td><td>1980</td><td>450</td><td rowspan="3">S1－15－43</td><td>40</td></tr>
<tr><td>ZJ－250－L</td><td>250</td><td>150</td><td>1965</td><td>450</td><td>40</td></tr>
<tr><td>ZJ－300－L</td><td>300</td><td>200</td><td>2075</td><td>450</td><td>82</td></tr>
<tr><td>ZJ－350－L</td><td>350</td><td>250</td><td>2155</td><td>450</td><td rowspan="4">S1－15－44</td><td>105</td></tr>
<tr><td>ZJ－400－L</td><td>400</td><td>250</td><td>2175</td><td>450</td><td>106</td></tr>
<tr><td>ZJ－450－L</td><td>450</td><td>250</td><td>2195</td><td>450</td><td>107</td></tr>
<tr><td>ZJ－500－L</td><td>500</td><td>250</td><td>2225</td><td>450</td><td>108</td></tr>
</table>

注：1. 焊角高度 *K* 的数值取连接件中较薄构件的厚度。

2. 表中总重量不包括管托的重量。总重量按 *L*＝1500mm 开料，选用时要根据需要填写 *L* 值。

3. 被支承管的变头 *R*＝1.5*DN*。

4. 零件编号①的支承管用焊接钢管（GB/T 3091—2008），材质均为 Q235－A·F。零件②角钢标准号为 GB/T 706—2008。

5. 标注方法：若选用 ZJ－*DN*－*L* 型支架，*DN*300，*L*＝500mm，标注为 ZJ－300－500。

第三节　支架估料

表 3－3－1　支架估料表

支架型号	型钢				钢板				圆钢		螺母		螺栓		无缝钢管		施工图图号
	规格	数量/m	规格	数量/m	规格	数量/m^2	规格	数量/m^2	规格	数量/m	规格	数量/个	规格	数量/个	规格	数量/m	
ZJ－1－1	∠63×6	L															S1－15－1
ZJ－1－2	∠75×8	L															S1－15－1
ZJ－1－3	[10	L															S1－15－2
ZJ－1－4	[12.6	L															S1－15－2
ZJ－1－5	∠63×6	L															S1－15－3
ZJ－1－6	∠75×8	L															S1－15－3
ZJ－1－7	∠63×6	L			δ=8	0.04											S1－15－3
ZJ－1－8	∠75×8	L			δ=8	0.04											S1－15－3
ZJ－1－9	[10	L															S1－15－4
ZJ－1－10	[12.6	L															S1－15－4
ZJ－1－11	[10	L			δ=8	0.04											S1－15－4
ZJ－1－12	[12.6	L			δ=8	0.04											S1－15－4
ZJ－1－13	∠63×6	2L			δ=8	0.11											S1－15－5
ZJ－1－14	∠75×8	2L			δ=8	0.11											S1－15－5
ZJ－1－15	[8	L			δ=8	0.13											S1－15－6
ZJ－1－16	[10	L			δ=8	0.13											S1－15－6
ZJ－1－25	∠63×6	L			δ=8	0.04	δ=6	0.0012									
DN15～40									φ12	0.22	M12	4					S1－15－11
ZJ－1－26	∠75×8	L			δ=8	0.04	δ=6	0.0012									
DN15～40									φ12	0.22	M12	4					S1－15－11
ZJ－1－27　DN50～100	[10	L			δ=6	0.03	δ=8	0.04									S1－15－12

续表

支架型号	型钢				钢板				圆钢		螺母		螺栓		无缝钢管		施工图图号
	规格	数量/m	规格	数量/m	规格	数量/m^2	规格	数量/m^2	规格	数量/m	规格	数量/个	规格	数量/个	规格	数量/m	
ZJ－1－28 *DN*50～100	[12.6	*L*			δ=6	0.03	δ=8	0.04									S1－15－12
ZJ－1－29 *DN*50～80	[10	*L*			δ=6	0.09	δ=8	0.04			M12	2	M12×50	2			S1－15－13/1.2
*DN*100	[12.6	*L*			δ=6	0.09	δ=8	0.04			M16	2	M16×60	2			S1－15－13/1.2
ZJ－1－30 *DN*50、80	[10	*L*			δ=6	0.09	δ=8	0.04			M12	2	M12×50	2			S1－15－13/3
*DN*100	[12.6	*L*			δ=6	0.09	δ=8	0.04			M12	2	M16×60	2			S1－15－13/3
ZJ－1－31 *DN*150、200	[12.6	2*L*	[8	0.8	δ=8	0.3											S1－15－14/1.2
ZJ－1－32 *DN*250、300	[12.6	2*L*	[8	1.0	δ=10	0.09	δ=8	0.26									S1－15－14/3.4
ZJ－1－33 *DN*350、400	[12.6	2*L*	[8	1.2	δ=8	0.3									φ168.3×7.11	0.4	S1－15－14/5.6
*DN*450、500	[12.6	2*L*	[8	1.2	δ=8	0.3									φ219.1×7.04	0.3	S1－15－14/7.8
ZJ－1－34																	S1－15－15
*DN*15～40	∠63×6	*L*			δ=8	0.04			φ12	0.22	M12	4					
ZJ－1－35 *DN*15～150	[10	*L*	I20a	0.25/2个	δ=6	0.015	δ=16	0.006									S1－15－16
DT－1. DT－2			I32a	0.25/2个	δ=6	0.015	δ=16	0.006									
ZJ－1－36 *DN*200～500	[12.6	2*L*	[8	1.1	δ=8	0.1											S1－15－17
ZJ－1－37 *DN*200～500	[12.6	2*L*	[8	1.6	δ=8	0.15	δ=6	0.1									S1－15－18
ZJ－2－1	∠75×8	*L*	∠63×6	$\frac{2\sqrt{3}}{3}L_0$	δ=8①	0.04											S1－15－19/1
ZJ－2－2	∠100×8	*L*	∠75×8	$\frac{8\sqrt{3}}{3}L_0$	δ=8①	0.04											S1－15－19/2
ZJ－2－3	[10	*L*	∠100×8	$\frac{2\sqrt{3}}{3}L_0$	δ=8①	0.04											S1－15－19/3
ZJ－2－4	[12.6	*L*	∠100×8	$\frac{2\sqrt{3}}{3}L_0$	δ=8①	0.04											S1－15－19/3

注：①用于 B 型。

续表

支架型号	型钢				钢板				圆钢		螺母		螺栓		无缝钢管		施工图图号
	规格	数量/m	规格	数量/m	规格	数量/m^2	规格	数量/m^2	规格	数量/m	规格	数量/个	规格	数量/个	规格	数量/m	
ZJ－2－5	∠75×8	L	∠63×6	$\frac{2\sqrt{3}}{3}L$	$\delta=8$①	0.04											S1－15－20/1
ZJ－2－6	∠100×8	L	∠75×8	$\frac{2\sqrt{3}}{3}L$	$\delta=8$①	0.04											S1－15－20/2
ZJ－2－7	[10	L	∠100×8	$\frac{2\sqrt{3}}{3}L$	$\delta=8$①	0.04											S1－15－20/3
ZJ－2－8	[12.6	L	∠100×8	$\frac{2\sqrt{3}}{3}L$	$\delta=8$①	0.04											S1－15－20/3
ZJ－2－9	∠75×8	$L_0+0.5$	∠63×6	$\frac{2\sqrt{3}}{3}L_0$	$\delta=8$①	0.04											S1－15－21/1
ZJ－2－10	∠100×8	$L_0+0.5$	∠75×8	$\frac{2\sqrt{3}}{3}L_0$	$\delta=8$①	0.04											S1－15－21/2
ZJ－2－11	[10	$L_0+0.5$	∠100×8	$\frac{2\sqrt{3}}{3}L_0$	$\delta=8$①	0.04											S1－15－21/3
ZJ－2－12	[12.6	$L_0+0.5$	∠100×8	$\frac{2\sqrt{3}}{3}L_0$	$\delta=8$①	0.04											S1－15－21/3
ZJ－2－13	∠63×6	$L+0.22$	∠50×5	$\frac{L}{\sin60°}+0.1$													S1－15－22
ZJ－2－14	∠75×8	$L+0.22$	∠63×6	$\frac{L}{\sin60°}+0.1$													S1－15－22
ZJ－2－15	[10	$L+0.22$	∠100×8	$\frac{L}{\sin60°}+0.1$													S1－15－22

注：①用于 B 型。

续表

支架型号	型钢				钢板				圆钢		螺母		螺栓		无缝钢管		施工图图号
	规格	数量/m	规格	数量/m	规格	数量/m^2	规格	数量/m^2	规格	数量/m	规格	数量/个	规格	数量/个	规格	数量/m	
ZJ－2－16	∠63×6	$L+0.4$	∠50×5	$\frac{L-0.2}{\sin45°}+0.25$													S1－15－23
ZJ－2－17	∠75×8	$L+0.22$	∠63×6	$\frac{L-0.2}{\sin45°}+0.28$													S1－15－23
	∠50×5	0.15															
ZJ－2－18	[10	$L+0.22$	∠100×8	$\frac{L-0.2}{\sin45°}+0.1$													S1－15－23
	∠63×6	0.18	∠50×5	0.15													
ZJ－2－19	∠63×6	$L+0.48$	∠50×5	$\frac{L-0.3}{\sin45°}+0.25$													S1－15－24
ZJ－2－20	∠75×8	$L+0.3$	∠63×6	$\frac{L-0.3}{\sin45°}+0.28$													S1－15－24
ZJ－2－21	[10	$L+0.3$	∠100×8	$\frac{L-0.3}{\sin45°}+0.1$													S1－15－24
			∠63×6	0.18													
			∠50×5	0.15													
ZJ－2－22*DN*50～100	∠75×8	L_1	∠63×6	$\frac{2\sqrt{3}}{3}L_1$	$\delta=6$	0.03	$\delta=8$	0.04									S1－15－25
ZJ－2－23*DN*50～100	[10	L_1	∠100×8	$\frac{2\sqrt{3}}{3}L_1$	$\delta=6$	0.03	$\delta=8$	0.04									S1－15－26
ZJ－2－24 *DN*50、80	∠75×8	L_1	∠63×6	$\frac{2\sqrt{3}}{3}L_1$	$\delta=6$	0.62	$\delta=8$	0.8			M12	2	M12×50	2			S1－15－27/1.2

续表

支架型号	型钢				钢板				圆钢		螺母		螺栓		无缝钢管		施工图图号
	规格	数量/m	规格	数量/m	规格	数量/m^2	规格	数量/m^2	规格	数量/m	规格	数量/个	规格	数量/个	规格	数量/m	
DN100	∠75×8	L_1	∠63×6	$\frac{2\sqrt{3}}{3}L_1$	δ=6	0.62	δ=8	0.8			M16	2	M16×60	2			S1-15-27/3
ZJ-2-25DN50、80	[10	L_1	[10	$\frac{2\sqrt{3}}{3}L_1$	δ=6	0.62	δ=8	0.3			M12	2	M12×50	2			S1-15-28/1.2
DN100	[10	L_1	[10	$\frac{2\sqrt{3}}{3}L_1$	δ=6	0.62	δ=8	0.8			M16	2	M16×50	2			S1-15-28/3
ZJ-2-26DN150~300	[10	$2L+\frac{4\sqrt{3}}{3}L$	[8	1.8	δ=6	0.2	δ=8	0.34									S1-15-29/1~4
					δ=10[①]	0.1											
ZJ-2-26DN350~450	[10	$2L+\frac{4\sqrt{3}}{3}L$	[8	1.8			δ=8	0.34							φ168.3×7.11	0.4	S1-15-29/5~7
ZJ-2-26DN500	[10	$2L+\frac{4\sqrt{3}}{3}L$	[8	2			δ=8	0.34							φ219.1×7.04	0.3	S1-15-29/8
ZJ-3-1	∠50×3	L	∠63×6	H	δ=6	0.01											S1-15-30
ZJ-3-2	∠63×6	L	∠75×8	H	δ=6	0.012											S1-15-30
ZJ-3-3	∠50×3	L	∠63×6	H	δ=6	0.02					M12	8	M12×50[②]	4			S1-15-31
ZJ-3-4	∠63×6	L	∠75×8	H	δ=6	0.023					M12	8	M12×50[②]	4			S1-15-31
ZJ-3-5	∠50×3	L	∠63×6	H	δ=6	0.02											S1-15-32

注：①用于 DN250. 300

②双头螺栓；未注明的为单头螺栓。

续表

支架型号	型钢				钢板				圆钢		螺母		螺栓		无缝钢管		施工图图号
	规格	数量/m	规格	数量/m	规格	数量/m^2	规格	数量/m^2	规格	数量/个	规格	数量/m	规格	数量/个	规格	数量/m	
ZJ-3-6	∠63×6	*L*	∠75×8	*H*	δ=6	0.023											S1-15-32
ZJ-4-1	[8	*L*	∠50×5	2*H*	δ=6	0.02											S1-15-35
ZJ-4-2	[10	*L*	∠50×5	2*H*	δ=6	0.02											S1-15-35
ZJ-4-3	[12.6	*L*	∠63×6	2*H*	δ=6	0.02											S1-15-35
ZJ-4-4	[8	*L*	∠50×5	2*H*	δ=6	0.034					M12	8	M12×50①	4			S1-15-36
ZJ-4-5	[10	*L*	∠50×5	2*H*	δ=6	0.034					M12	8	M12×50①	4			S1-15-36
ZJ-4-6	[12.6	*L*	∠63×6	2*H*	δ=8	0.04					M12	8	M12×50①	4			S1-15-36
ZJ-4-7	[8	*L*	∠50×5	2*H*	δ=6	0.034											S1-15-37
ZJ-4-8	[10	*L*	∠50×5	2*H*	δ=6	0.034											S1-15-37
ZJ-4-9	[12.6	*L*	∠63×6	2*H*	δ=8	0.04											S1-15-37
ZJ-4-10	∠75×8	*A*+2*B*+2*H*															S1-15-38
ZJ-4-11	[10	*A*+2*B*+2*H*															S1-15-39
ZJ-4-12	[10	*L*+2*H*															S1-15-40
ZJ-4-13	[10	*L*+2*H*			δ=6	0.012											S1-15-40
ZJ-4-14	[10	*L*+*H*			δ=6	0.006											S1-15-41
ZJ-4-15	[10	*L*+*H*															S1-15-41
HT-1-*DN*15~150	I20a	0.25/2个															S1-15-42
HT-2-*DN*15~150	I32a	0.25/2个															S1-15-42
HT-1-*DN*200~300	I20a	0.35/2个			δ=10	0.009											S1-15-43/1
HT-2-*DN*200~300	I32a	0.35/2个			δ=10	0.012											S1-15-43/1
HT-3-*DN*200~300					δ=10	0.14											S1-15-43/2
HT-1-*DN*350~500					δ=12	0.2											S1-15-44
HT-2-*DN*350~500					δ=12	0.24											S1-15-44
HT-3-*DN*350~500					δ=12	0.3											S1-15-44

注：①双头螺栓；未注明为单头螺栓。

续表

支架型号	型钢				钢板				螺母		弹簧垫圈		螺栓		扁钢		施工图图号
	规格	数量/m	规格	数量/m	规格	数量/m^2	规格	数量/m^2	规格	数量/个	规格	数量/个	规格	数量/个	规格	数量/m	
HK-1-15~50	I20a	0.25/2个			$\delta=10$	0.015			M12	4	12	4	M12×50	4	60×6	0.37	S1-15-45
HK-1-65	I20a	0.25/2个			$\delta=10$	0.015			M12	4	12	4	M12×50	4	60×6	0.42	S1-15-45
HK-1-80	I20a	0.25/2个			$\delta=10$	0.015			M12	4	12	4	M12×50	4	60×6	0.46	S1-15-45
HK-1-100	I20a	0.25/2个			$\delta=10$	0.015			M16	4	16	4	M16×60	4	60×6	0.54	S1-15-45
HK-1-125	I20a	0.25/2个			$\delta=10$	0.015			M16	4	16	4	M16×60	4	60×6	0.62	S1-15-45
HK-1-150	I20a	0.25/2个			$\delta=10$	0.015			M16	4	16	4	M16×60	4	60×6	0.68	S1-15-45
HK-2-15~50	I32a	0.25/2个			$\delta=10$	0.022			M12	4	12	4	M12×50	4	60×6	0.37	S1-15-45
HK-2-65	I32a	0.25/2个			$\delta=10$	0.022			M12	4	12	4	M12×50	4	60×6	0.42	S1-15-45
HK-2-80	I32a	0.25/2个			$\delta=10$	0.022			M12	4	12	4	M12×50	4	60×6	0.46	S1-15-45
HK-2-100	I32a	0.25/2个			$\delta=10$	0.022			M16	4	16	4	M16×60	4	60×6	0.54	S1-15-45
HK-2-125	I32a	0.25/2个			$\delta=10$	0.022			M16	4	16	4	M16×60	4	60×6	0.62	S1-15-45
HK-2-150	I32a	0.25/2个			$\delta=10$	0.022			M16	4	16	4	M16×60	4	60×6	0.68	S1-15-45
HK-1-200	I20a	0.35/2个			$\delta=10$	0.014			M20	4	20	4	M20×80	4	80×12	0.94	S1-15-46
HK-1-250	I20a	0.35/2个			$\delta=10$	0.014			M20	4	20	4	M20×80	4	80×12	1.12	S1-15-46
HK-1-300	I20a	0.35/2个			$\delta=10$	0.014			M20	4	20	4	M20×80	4	80×12	1.28	S1-15-46
HK-2-200	I32a	0.35/2个			$\delta=10$	0.021			M20	4	20	4	M20×80	4	80×12	0.94	S1-15-46
HK-2-250	I32a	0.35/2个			$\delta=10$	0.021			M20	4	20	4	M20×80	4	80×12	1.12	S1-15-46
HK-2-300	I32a	0.35/2个			$\delta=10$	0.021			M20	4	20	4	M20×80	4	80×12	1.28	S1-15-46
HK-3-200					$\delta=10$	0.14			M20	4	20	4	M20×80	4	80×12	0.94	S1-15-46
HK-3-250					$\delta=10$	0.14			M20	4	20	4	M20×80	4	80×12	1.12	S1-15-46
HK-3-300					$\delta=10$	0.14			M20	4	20	4	M20×80	4	80×12	1.28	S1-15-46
HK-1-350					$\delta=12$	0.18			M24	4	24	4	M24×90	4	80×12	1.43	S1-15-47
HK-1-400					$\delta=12$	0.18			M24	4	24	4	M24×90	4	80×12	1.6	S1-15-47
HK-1-450					$\delta=12$	0.18			M24	4	24	4	M24×90	4	80×12	1.76	S1-15-47
HK-1-500					$\delta=12$	0.18			M24	4	24	4	M24×90	4	80×12	1.92	S1-15-47
HK-2-350					$\delta=12$	0.24			M24	4	24	4	M24×90	4	80×12	1.43	S1-15-47

续表

支架型号	型钢				钢板				螺母		弹簧垫圈		螺栓		扁钢		施工图图号
	规格	数量/m	规格	数量/m	规格	数量/m^2	规格	数量/m^2	规格	数量/个	规格	数量/个	规格	数量/个	规格	数量/m	
HK－2－400					δ＝12	0.24			M24	4	24	4	M24×90	4	80×12	1.6	S1－15－47
HK－2－450					δ＝12	0.24			M24	4	24	4	M24×90	4	80×12	1.76	S1－15－47
HK－2－500					δ＝12	0.24			M24	4	24	4	M24×90	4	80×12	1.92	S1－15－47
HK－3－350					δ＝12	0.29			M24	4	24	4	M24×90	4	80×12	1.43	S1－15－47
HK－3－400					δ＝12	0.29			M24	4	24	4	M24×90	4	80×12	1.6	S1－15－47
HK－3－450					δ＝12	0.29			M24	4	24	4	M24×90	4	80×12	1.76	S1－15－47
HK－3－500					δ＝12	0.29			M24	4	24	4	M24×90	4	80×12	1.92	S1－15－47
GT－1－*DN*50～150					δ＝10	0.06			M20	8			M20×80	4			S1－15－48
GT－2－*DN*50～150					δ＝10	0.08			M20	8			M20×80	4			S1－15－48
ZD－1－200	I20a	0.11															S1－15－49
ZD－1－250	I20a	0.11															S1－15－49
ZD－1－300	I20a	0.11															S1－15－49
ZD－1－350	I20a	0.12			δ＝6	0.06											S1－15－50
ZD－1－400	I20a	0.12			δ＝6	0.07											S1－15－50
ZD－1－450	I20a	0.12			δ＝10	0.08											S1－15－50
ZD－1－500	I20a	0.12			δ＝10	0.08											S1－15－50
ZT－1－*DN*15～150	I20a	0.15	I20a	0.6/2个													S1－15－51
ZT－2－*DN*15～150	I20a	0.16	I32a	0.6/2个													S1－15－51
ZT－1－*DN*200～300	I20a	0.15	I20a	0.6/2个	δ＝10	0.008											S1－15－52
ZT－2－*DN*200～300	I20a	0.15	I32a	0.6/2个	δ＝10	0.012											S1－15－52
ZT－3－*DN*200～300	I20a	0.15			δ＝10	0.21											S1－15－53
ZT－1－*DN*350～500	I20a	0.15			δ＝12	0.29											S1－15－54
ZT－2－*DN*350～500	I20a	0.15			δ＝12	0.37											S1－15－54
ZT－3－*DN*350～500	I20a	0.15			δ＝12	0.45											S1－15－54
ZK－1－50	I20a	0.15	I20a	0.6/2个			δ＝10	0.018	M12	4	12	4	M12×50	4	60×6	0.37	S1－15－55
	∠50×5	0.2															

续表

支架型号	型钢				钢板				螺母		弹簧垫圈		螺栓		扁钢		施工图图号
	规格	数量/m	规格	数量/m	规格	数量/m^2	规格	数量/m^2	规格	数量/个	规格	数量/个	规格	数量/个	规格	数量/m	
ZK-1-65	I20a	0.15	I20a	0.6/2个			δ=10	0.018	M12	4	12	4	M12×50	4	60×6	0.42	S1-15-55
	∠50×5	0.2															
ZK-1-80	I20a	0.15	I20a	0.6/2个			δ=10	0.018	M12	4	12	4	M12×50	4	60×6	0.45	S1-15-55
	∠50×5	0.2															
ZK-1-100	I20a	0.15	I20a	0.6/2个			δ=10	0.018	M16	4	16	4	M16×60	4	60×6	0.54	S1-15-55
	∠50×5	0.2															
ZK-1-125	I20a	0.15	I20a	0.6/2个			δ=10	0.018	M16	4	16	4	M16×60	4	60×6	0.616	S1-15-55
	∠50×5	0.2															
ZK-1-150	I20a	0.15	I20a	0.6/2个			δ=10	0.018	M16	4	16	4	M16×60	4	60×6	0.68	S1-15-55
	∠50×5	0.2															
ZK-2-50	I32a	0.6/2个	I20a	0.15			δ=10	0.03	M12	4	12	4	M12×50	4	60×6	0.37	S1-15-55
	∠50×5	0.2															
ZK-2-65	I32a	0.6/2个	I20a	0.15			δ=10	0.03	M12	4	12	4	M12×50	4	60×6	0.42	S1-15-55
	∠50×5	0.2															
ZK-2-80	I32a	0.60/2个	I20a	0.15			δ=10	0.03	M12	4	12	4	M12×50	4	60×6	0.45	S1-15-55
			∠50×5	0.2													
ZK-2-100	I32a	0.60/2个	I20a	0.15			δ=10	0.03	M16	4	16	4	M16×60	4	60×6	0.54	S1-15-55
			∠50×5	0.2													
ZK-2-125	I32a	0.60/2个	I20a	0.15			δ=10	0.03	M16	4	16	4	M16×60	4	60×6	0.616	S1-15-55
			∠50×5	0.2													
ZK-2-150	I32a	0.60/2个	I20a	0.15			δ=10	0.03	M16	4	16	4	M16×60	4	60×6	0.68	S1-15-55
			∠50×5	0.2													
ZK-1-200	I20a	0.6/2个	I20a	0.15	δ=10	0.017			M20	4	20	4	M20×80	4	80×12	0.94	S1-15-56
			∠75×8	0.3													
ZK-1-250	I20a	0.6/2个	I20a	0.15	δ=10	0.017			M20	4	20	4	M20×80	4	80×12	1.12	S1-15-56
			∠75×8	0.3													

续表

支架型号	型钢				钢板				螺母		弹簧垫圈		螺栓		扁钢		施工图图号
	规格	数量/m	规格	数量/m	规格	数量/m^2	规格	数量/m^2	规格	数量/个	规格	数量/个	规格	数量/个	规格	数量/m	
ZK－1－300	I20a	0.6/2个	I20a	0.15	δ=10	0.017			M20	4	20	4	M20×80	4	80×12	1.28	S1－15－56
			∠75×8	0.3													
ZK－2－200	I20a	0.15	I32a	0.6/2个	δ=10	0.021			M20	4	20	4	M20×80	4	80×12	0.94	S1－15－56
			∠75×8	0.3													
ZK－2－250	I20a	0.15	I32a	0.6/2个	δ=10	0.021			M20	4	20	4	M20×80	4	80×12	1.12	S1－15－56
			∠75×8	0.3													
ZK－2－300	I20a	0.15	I32a	0.6/2个	δ=10	0.021			M20	4	20	4	M20×80	4	80×12	1.28	S1－15－56
			∠75×8	0.3													
ZK－3－200	I20a	0.15	∠75×8	0.3			δ=10	0.22	M20	4	20	4	M20×80	4	80×12	0.94	S1－15－56
ZK－3－250	I20a	0.15	∠75×8	0.3			δ=10	0.22	M20	4	20	4	M20×80	4	80×12	1.12	S1－15－56
ZK－3－300	I20a	0.15	∠75×8	0.3			δ=10	0.22	M20	4	20	4	M20×80	4	80×12	1.28	S1－15－56
ZK－1－350	I20a	0.15	∠75×8	0.6			δ=12	0.29	M24	4	24	4	M24×90	4	80×12	1.428	S1－15－57
ZK－1－400	I20a	0.15	∠75×8	0.6			δ=12	0.29	M24	4	24	4	M24×90	4	80×12	1.6	S1－15－57
ZK－1－450	I20a	0.15	∠75×8	0.6			δ=12	0.29	M24	4	24	4	M24×90	4	80×12	1.76	S1－15－57
ZK－1－500	I20a	0.15	∠75×8	0.6			δ=12	0.29	M24	4	24	4	M24×90	4	80×12	1.92	S1－15－57
ZK－2－350	I20a	0.15	∠75×8	0.6			δ=12	0.37	M24	4	24	4	M24×90	4	80×12	1.428	S1－15－57
ZK－2－400	I20a	0.15	∠75×8	0.6			δ=12	0.37	M24	4	24	4	M24×90	4	80×12	1.6	S1－15－57
ZK－2－450	I20a	0.15	∠75×8	0.6			δ=12	0.37	M24	4	24	4	M24×90	4	80×12	1.76	S1－15－57
ZK－2－500	I20a	0.15	∠75×8	0.6			δ=12	0.37	M24	4	24	4	M24×90	4	80×12	1.92	S1－15－57
ZK－3－350	I20a	0.15	∠75×8	0.6			δ=12	0.45	M24	4	24	4	M24×90	4	80×12	1.428	S1－15－57
ZK－3－400	I20a	0.15	∠75×8	0.6			δ=12	0.45	M24	4	24	4	M24×90	4	80×12	1.6	S1－15－57
ZK－3－450	I20a	0.15	∠75×8	0.6			δ=12	0.45	M24	4	24	4	M24×90	4	80×12	1.76	S1－15－57
ZK－3－500	I20a	0.15	∠75×8	0.6			δ=12	0.45	M24	4	24	4	M24×90	4	80×12	1.92	S1－15－57
DT－1－*DN*15～150	I20a	0.25/2个			δ=16	0.007											S1－15－58
DT－2－*DN*15～150	I32a	0.25/2个			δ=16	0.007											S1－15－58
DT－1－*DN*200～300	I20a	0.25/2个			δ=10	0.007	δ=16	0.007									S1－15－59

续表

支架型号	型钢				钢板				螺母		弹簧垫圈		螺栓		扁钢		施工图图号
	规格	数量/m	规格	数量/m	规格	数量/m^2	规格	数量/m^2	规格	数量/个	规格	数量/个	规格	数量/个	规格	数量/m	
DT－2－*DN*200～300	I32a	0.25/2个			δ＝10	0.01	δ＝16	0.007									S1－15－59
DT－3－*DN*200～300					δ＝10	0.13	δ＝16	0.007									S1－15－59
DT－1－*DN*350～500					δ＝12	0.19	δ＝16	0.007									S1－15－60
DT－2－*DN*350～500					δ＝12	0.24	δ＝16	0.007									S1－15－60
DT－3－*DN*350～500					δ＝12	0.3	δ＝16	0.007									S1－15－60
DK－1－50	I20a	0.25/2个			δ＝10	0.02	δ＝16	0.007	M12	4	12	4	M12×50	4	60×6	0.37	S1－15－61
DK－1－65	I20a	0.25/2个			δ＝10	0.02	δ＝16	0.007	M12	4	12	4	M12×50	4	60×6	0.42	S1－15－61
DK－1－80	I20a	0.25/2个			δ＝10	0.02	δ＝16	0.007	M12	4	12	4	M12×50	4	60×6	0.46	S1－15－61
DK－1－100	I20a	0.25/2个			δ＝10	0.02	δ＝16	0.007	M12	4	12	4	M12×50	4	60×12	0.54	S1－15－61
DK－1－125	I20a	0.25/2个			δ＝10	0.02	δ＝16	0.007	M12	4	12	4	M12×50	4	60×12	0.62	S1－15－61
DK－1－150	I20a	0.25/2个			δ＝10	0.02	δ＝16	0.007	M12	4	12	4	M12×50	4	60×12	0.68	S1－15－61
DK－2－50	I32a	0.25/2个			δ＝10	0.02	δ＝16	0.007	M16	4	16	4	M16×60	4	60×6	0.37	S1－15－61
DK－2－65	I32a	0.25/2个			δ＝10	0.02	δ＝16	0.007	M16	4	16	4	M16×60	4	60×6	0.42	S1－15－61
DK－2－80	I32a	0.25/2个			δ＝10	0.02	δ＝16	0.007	M16	4	16	4	M16×60	4	60×6	0.46	S1－15－61
DK－2－100	I32a	0.25/2个			δ＝10	0.02	δ＝16	0.007	M16	4	16	4	M16×60	4	60×12	0.54	S1－15－61
DK－2－125	I32a	0.25/2个			δ＝10	0.02	δ＝16	0.007	M16	4	16	4	M16×60	4	60×12	0.62	S1－15－61
DK－2－150	I32a	0.25/2个			δ＝10	0.02	δ＝16	0.007	M16	4	16	4	M16×60	4	60×12	0.68	S1－15－61
DK－1－200	I20a	0.35/2个			δ＝10	0.02	δ＝16	0.007	M20	4	20	4	M20×80	4	80×12	0.94	S1－15－62
DK－1－250	I20a	0.35/2个			δ＝10	0.02	δ＝16	0.007	M20	4	20	4	M20×80	4	80×12	1.12	S1－15－62
DK－1－300	I20a	0.35/2个			δ＝10	0.02	δ＝16	0.007	M20	4	20	4	M20×80	4	80×12	1.28	S1－15－62
DK－2－200	I32a	0.35/2个			δ＝10	0.025	δ＝16	0.007	M20	4	20	4	M20×80	4	80×12	0.94	S1－15－62
DK－2－250	I32a	0.35/2个			δ＝10	0.025	δ＝16	0.007	M20	4	20	4	M20×80	4	80×12	1.12	S1－15－62
DK－2－300	I32a	0.35/2个			δ＝10	0.025	δ＝16	0.007	M20	4	20	4	M20×80	4	80×12	1.28	S1－15－62
DK－3－200					δ＝10	0.15	δ＝16	0.007	M20	4	20	4	M20×80	4	80×12	0.94	S1－15－62
DK－3－250					δ＝10	0.15	δ＝16	0.007	M20	4	20	4	M20×80	4	80×12	1.12	S1－15－62
DK－3－300					δ＝10	0.15	δ＝16	0.007	M20	4	20	4	M20×80	4	80×12	1.28	S1－15－62

续表

支架型号	型钢				钢板				螺母		弹簧垫圈		螺栓		扁钢		施工图图号
	规格	数量/m	规格	数量/m	规格	数量/m^2	规格	数量/m^2	规格	数量/个	规格	数量/个	规格	数量/个	规格	数量/m	
DK－1－350					δ＝12	0.18	δ＝16	0.007	M24	4	24	4	M24×90	4	80×12	1.43	S1－15－63
DK－1－400					δ＝12	0.18	δ＝16	0.007	M24	4	24	4	M24×90	4	80×12	1.6	S1－15－63
DK－1－450					δ＝12	0.18	δ＝16	0.007	M24	4	24	4	M24×90	4	80×12	1.76	S1－15－63
DK－1－500					δ＝12	0.18	δ＝16	0.007	M24	4	24	4	M24×90	4	80×12	1.92	S1－15－63
DK－2－350					δ＝12	0.24	δ＝16	0.007	M24	4	24	4	M24×90	4	80×12	1.43	S1－15－63
DK－2－400					δ＝12	0.24	δ＝16	0.007	M24	4	24	4	M24×90	4	80×12	1.6	S1－15－63
DK－2－450					δ＝12	0.24	δ＝16	0.007	M24	4	24	4	M24×90	4	80×12	1.76	S1－15－63
DK－2－500					δ＝12	0.24	δ＝16	0.007	M24	4	24	4	M24×90	4	80×12	1.92	S1－15－63
DK－3－350					δ＝12	0.29	δ＝16	0.007	M24	4	24	4	M24×90	4	80×12	1.43	S1－15－63
DK－3－400					δ＝12	0.29	δ＝16	0.007	M24	4	24	4	M24×90	4	80×12	1.6	S1－15－63
DK－3－450					δ＝12	0.29	δ＝16	0.007	M24	4	24	4	M24×90	4	80×12	1.76	S1－15－63
DK－3－500					δ＝12	0.29	δ＝16	0.007	M24	4	24	4	M24×90	4	80×12	1.92	S1－15－63
DG－1－12、16、20					δ＝10	0.02											S1－15－64
DG－1－24					δ＝16	0.025											S1－15－64
DG－1－30					δ＝20	0.03											S1－15－64
DG－2－12、16、20					δ＝12	0.01											S1－15－65
DG－1－24					δ＝16	0.03											S1－15－65
DG－1－30					δ＝20	0.04											S1－15－65
DG－3－12					δ＝10	0.022			M12	1	M12	1	M12×55	1			S1－15－66
DG－3－16					δ＝10	0.022			M16	1	M16	1	M16×60	1			S1－15－66
DG－3－20					δ＝12	0.031			M20	1	M20	1	M20×80	1			S1－15－66
DG－3－24					δ＝14	0.034			M24	1	M24	1	M24×90	1			S1－15－66
DG－3－30					δ＝16	0.038			M30	1	M30	1	M30×115	1			S1－15－66

续表

支架型号	型钢				钢板				圆钢		螺母		螺栓		弹簧垫圈		施工图图号
	规格	数量/m	规格	数量/m	规格	数量/m^2	规格	数量/m^2	规格	数量/个	规格	数量/个	规格	数量/个	规格	数量/个	
DB－1－12					$\delta=8$	0.008											S1－15－68
DB－1－16					$\delta=8$	0.01											S1－15－68
DB－1－20					$\delta=12$	0.03											S1－15－68
DB－2 DN≤50					$\delta=8$	0.008											S1－15－69
DN80～150					$\delta=8$	0.02											S1－15－69
DN200～300					$\delta=12$	0.03											S1－15－69
DB－3 DN15～15					$\delta=10$	0.046											S1－15－70
DN200～300					$\delta=16$	0.08											S1－15－70
DB－4 DN200～300	88.9×5.56	0.5	焊接钢管		$\delta=10$	0.5											S1－15－71
DN350、400	114.3×46.02	0.5	焊接钢管		$\delta=12$	0.64											S1－15－71
DN450、500	168.3×57.1	0.5	焊接钢管		$\delta=12$	0.64											S1－15－71
DB－5 DN15～80	□60×6	0.60									M12	2	M12×50	2	12	2	S1－15－72
DN100～150	□60×6	0.84									M16	2	M16×60	2	16	2	S1－15－72
DN200～300	□80×12	1.50									M20	2	M20×80	2	20	2	S1－15－72
DN350～500	□80×12	2.20									M24	2	M24×90	2	24	2	S1－15－72
DB－6 DN100～150	□60×6	1.00									M16	3	M16×60	3	16	3	S1－15－73
DN200～300	□80×12	1.70									M20	3	M20×80	3	20	3	S1－15－73
DN350～500	□80×12	2.40									M24	3	M24×90	3	24	3	S1－15－73
DB－7 DN50～80	□60×6	0.60	$\delta=10$	0.07							M12	4	M12×50	4	12	4	S1－15－74
DN100～150	□60×6	0.84	$\delta=10$	0.07							M16	4	M16×60	4	16	4	
DN200～300	□80×12	1.50	$\delta=16$	0.13							M20	4	M20×80	4	20	4	
DN350～500	□80×12	2.20	$\delta=16$	0.15							M24	4	M24×90	4	20	4	
DL－1																	S1－15－75

续表

支架型号	型钢				钢板				圆钢		螺母		螺栓		扁螺母		施工图图号
	规格	数量/m	规格	数量/m	规格	数量/m^2	规格	数量/m^2	规格	数量/m	规格	数量/个	规格	数量/个	规格	数量/个	
									$\phi12$	L							
									$\phi16$	L							
									$\phi20$	L							
									$\phi24$	L							
									$\phi30$	L							
									$\phi36$	L							
									$\phi42$	L							
									$\phi48$	L							
									$\phi56$	L							
									$\phi64$	L							
DL-2									$\phi12$	$L+0.2$							S1-15-76
									$\phi16$	$L+0.2$							
									$\phi20$	$L+0.3$							
									$\phi24$	$L+0.3$							
									$\phi30$	$L+0.4$							
									$\phi36$	$L+0.5$							
									$\phi42$	$L+0.5$							
									$\phi48$	$L+0.5$							
									$\phi56$	$L+0.5$							
									$\phi64$	$L+0.5$							
DL-3									$\phi12$	$L+0.2$							S1-15-77
									$\phi16$	$L+0.2$							

续表

支架型号	型钢				钢板				圆钢		螺母		螺栓		扁螺母		施工图图号
	规格	数量/m	规格	数量/m	规格	数量/m^2	规格	数量/m^2	规格	数量/m	规格	数量/个	规格	数量/个	规格	数量/个	
DL – 4									φ20	$L+0.3$							S1 – 15 – 78
									φ24	$L+0.3$							
									φ30	$L+0.4$							
									φ36	$L+0.5$							
									φ42	$L+0.5$							
									φ48	$L+0.5$							
									φ56	$L+0.5$							
									φ64	$L+0.5$							
									φ12	L							
									φ16	L							
									φ20	L							
									φ24	L							
									φ30	L							
									φ36	L							
									φ42	L							
									φ48	L							
									φ56	L							
									φ64	L							
PK – 1																	S1 – 15 – 79

续表

支架型号	型钢 规格	型钢 数量/m	型钢 规格	型钢 数量/m	钢板 规格	钢板 数量/m^2	钢板 规格	钢板 数量/m^2	圆钢 规格	圆钢 数量/m	螺母 规格	螺母 数量/个	螺栓 规格	螺栓 数量/个	扁钢 规格	扁钢 数量/m	施工图图号
*DN*15 ~ 80									ϕ12	0.34	M12	4					
*DN*100 ~ 150A									ϕ16	0.55	M16	4					
*DN*200 ~ 300									ϕ20	1.0	M20	4					
*DN*350 ~ 500									ϕ24	1.5	M24	4					
*DN*600									ϕ30	1.8							
PK - 2																	S1 - 15 - 80
*DN*15 ~ 80									ϕ12	0.34	M12	4					
*DN*100 ~ 150A									ϕ16	0.55	M16	4					
*DN*200 ~ 300									ϕ20	1.0	M20	4					
*DN*350 ~ 500									ϕ24	1.5	M24	4					
*DN*600									ϕ30	1.8	M30	4					
PK - 3																	S1 - 15 - 81
*DN*15 ~ 80											M12	2	M12 × 50	2	60 × 6	0.36	
*DN*100 ~ 150A											M16	2	M16 × 60	2	60 × 6	0.56	
*DN*200 ~ 300											M20	2	M20 × 80	2	80 × 6	1.1	
*DN*350 ~ 500											M24	2	M24 × 90	2	80 × 12	1.6	
*DN*600											M30	2	M30 × 110	2	80 × 12	1.9	
PK - 4																	S1 - 15 - 82
*DN*15 ~ 50									ϕ12	0.20	M12	1					
PK - 5																	S1 - 15 - 83
*DN*80					δ = 8	0.006			ϕ12	0.41	M12	4					
*DN*100 ~ 150					δ = 8	0.006			ϕ16	0.84	M16	4					
*DN*200 ~ 300	∠63 × 6①	0.2			δ = 8	0.006			ϕ20	1.0	M20	4					
*DN*350 ~ 500	∠63 × 6①	0.2							ϕ24	1.5	M24	4					
*DN*600	∠63 × 6①	0.2							ϕ30	1.8	M30	4					
PK - 6																	S1 - 15 - 84
DN≤80									ϕ12	1.17	M12	4					
*DN*100 ~ 150									ϕ16	2.1	M16	4					
*DN*200 ~ 300									ϕ20	2.3	M20	4			50 × 10	0.62	
*DN*350 ~ 500									ϕ24	2.6	M24	4			80 × 10	1.0	
*DN*600									ϕ30	2.8	M30	4			80 × 10	1.2	

注：①仅用于 *DN*300 ~ 600。

续表

支架型号	钢板				焊接钢管				圆钢		螺母		螺栓		扁钢		施工图图号
	规格	数量/m^2	规格	数量/m^2	规格	数量/m	规格	数量/m	规格	数量/m	规格	数量/个	规格	数量/个	规格	数量/m	
PT－1－*DN*－H																	S1－15－85
DN≤50	δ＝8	0.023			25	*H*											
*DN*80～150	δ＝8	0.04			50	*H*											
*DN*200～350	δ＝8	0.09			80	*H*											
*DN*400	δ＝8	0.16			100	*H*											
PT－2－*DN*－H																	S1－15－86
DN≤50	δ＝8	0.045			25	*H*			ϕ12	0.25	M12	4					
*DN*80～150	δ＝8	0.08			50	*H*			ϕ16	0.55	M16	4					
*DN*200～300	δ＝8	0.18			80	*H*			ϕ20	1.0	M20	4					
*DN*350/400	δ＝8	0.32			80/100	*H*			ϕ24	1.20	M24	4					
WT－1－*DN*－H																	S1－15－87
DN≤50	δ＝8	0.023			25	*H*＋0.05											
*DN*80～150	δ＝8	0.04			50	*H*＋0.07											
*DN*200～350	δ＝8	0.09			80	*H*＋0.12											
*DN*400	δ＝8	0.16			100	*H*＋0.14											
WT－2－*DN*－H																	S1－15－88
*DN*50	δ＝12	0.10	δ＝6	0.06	40	*H*＋0.22											
*DN*65	δ＝12	0.10	δ＝6	0.06	50	*H*＋0.24											
*DN*80	δ＝12	0.10	δ＝6	0.06	50	*H*＋0.25											
*DN*100	δ＝12	0.10	δ＝6	0.06	80	*H*＋0.29											
*DN*125	δ＝12	0.21	δ＝6	0.07	100	*H*＋0.33											
*DN*150	δ＝12	0.21	δ＝6	0.07	100	*H*＋0.34											
*DN*200	δ＝12	0.21	δ＝6	0.07	150	*H*＋0.39											
*DN*250	δ＝12	0.21	δ＝6	0.07	150	*H*＋0.44											
WT－3－*DN*－H																	S1－15－89

续表

支架型号	钢板				焊接钢管				圆钢		螺母		螺栓		扁钢		施工图图号
	规格	数量/m^2	规格	数量/m^2	规格	数量/m	规格	数量/m	规格	数量/m	规格	数量/个	规格	数量/个	规格	数量/m	
*DN*50	$\delta=12$	0.10	$\delta=6$	0.06	40	$H+0.22$					M12	8	M12×50	4			
*DN*65	$\delta=12$	0.10	$\delta=6$	0.06	50	$H+0.24$					M12	8	M12×50	4			
*DN*80	$\delta=12$	0.10	$\delta=6$	0.06	50	$H+0.25$					M12	8	M12×50	4			
*DN*100	$\delta=12$	0.10	$\delta=6$	0.06	80	$H+0.29$					M12	8	M12×50	4			
*DN*125	$\delta=12$	0.21	$\delta=6$	0.06	100	$H+0.33$					M12	8	M12×50	4			
*DN*150	$\delta=12$	0.21	$\delta=6$	0.06	100	$H+0.34$					M12	8	M12×50	4			
*DN*200	$\delta=12$	0.21	$\delta=6$	0.06	150	$H+0.39$					M16	8	M16×60	4			
*DN*250	$\delta=12$	0.21	$\delta=6$	0.06	150	$H+0.45$					M16	8	M16×60	4			
WT－4－*DN*－H																	S1－15－90
*DN*300	$\delta=12$	0.29	$\delta=6$	0.06	200	$H+0.46$											
*DN*350	$\delta=12$	0.41	$\delta=6$	0.06	250	$H+0.54$											
*DN*400	$\delta=12$	0.41	$\delta=6$	0.06	250	$H+0.54$											
*DN*450	$\delta=12$	0.41	$\delta=6$	0.06	250	$H+0.54$											
*DN*500	$\delta=12$	0.41	$\delta=6$	0.06	250	$H+0.54$											
WT－5－*DN*－H																	S1－15－91
*DN*300	$\delta=12$	0.29	$\delta=6$	0.06	200	$H+0.45$					M20	8	M20×60	4			
*DN*350	$\delta=12$	0.41	$\delta=6$	0.06	250	$H+0.54$					M20	8	M20×60	4			
*DN*400	$\delta=12$	0.41	$\delta=6$	0.06	250	$H+0.54$					M20	8	M20×60	4			
*DN*450	$\delta=12$	0.41	$\delta=6$	0.06	250	$H+0.54$					M20	8	M20×60	4			
*DN*500	$\delta=12$	0.41	$\delta=6$	0.06	250	$H+0.54$					M20	8	M20×60	4			
WT－6－*DN*－H																	S1－15－92
*DN*50	$\delta=12$	0.10	$\delta=6$	0.06	40	$H+0.22$											
*DN*65	$\delta=12$	0.10	$\delta=6$	0.06	50	$H+0.24$											
*DN*80	$\delta=12$	0.10	$\delta=6$	0.06	50	$H+0.25$											
*DN*100	$\delta=12$	0.10	$\delta=6$	0.06	80	$H+0.29$											

续表

支架型号	钢板				焊接钢管				圆钢		螺母		螺栓		扁钢		施工图图号
	规格	数量/m^2	规格	数量/m^2	规格	数量/m	规格	数量/m	规格	数量/m	规格	数量/个	规格	数量/个	规格	数量/m	
*DN*125	δ=12	0.21	δ=6	0.06	100	*H*+0.33											
*DN*150	δ=12	0.21	δ=6	0.06	100	*H*+0.34											
*DN*200	δ=12	0.21	δ=6	0.06	150	*H*+0.39											
*DN*250	δ=12	0.21	δ=6	0.06	150	*H*+0.44											
WT-7-*DN*-H																	S1-15-93
*DN*50	δ=12	0.10	δ=6	0.06	40	*H*+0.22					M12	8	M12×50	4			
*DN*65	δ=12	0.10	δ=6	0.06	50	*H*+0.24					M12	8	M12×50	4			
*DN*80	δ=12	0.10	δ=6	0.06	50	*H*+0.25					M12	8	M12×50	4			
*DN*100	δ=12	0.10	δ=6	0.06	80	*H*+0.29					M12	8	M12×50	4			
*DN*125	δ=12	0.21	δ=6	0.06	100	*H*+0.33					M12	8	M12×50	4			
*DN*150	δ=12	0.21	δ=6	0.06	100	*H*+0.34					M12	8	M12×50	4			
*DN*200	δ=12	0.21	δ=6	0.06	150	*H*+0.39					M16	8	M16×60	4			
*DN*250	δ=12	0.21	δ=6	0.06	150	*H*+0.44					M16	8	M16×60	4			
WT-8-*DN*-H																	S1-15-94
*DN*300	δ=12	0.29	δ=6	0.06	200	*H*+0.45											
*DN*350	δ=12	0.41	δ=6	0.06	250	*H*+0.54											
*DN*400	δ=12	0.41	δ=6	0.06	250	*H*+0.54											
*DN*450	δ=12	0.41	δ=6	0.06	250	*H*+0.54											
*DN*500	δ=12	0.41	δ=6	0.06	250	*H*+0.54											
WT-9-*DN*-H																	S1-15-95
*DN*300	δ=12	0.29	δ=6	0.06	200	*H*+0.45					M20	8	M20×60	4			
*DN*350	δ=12	0.41	δ=6	0.06	250	*H*+0.54					M20	8	M20×60	4			
*DN*400	δ=12	0.41	δ=6	0.06	250	*H*+0.54					M20	8	M20×60	4			
*DN*450	δ=12	0.41	δ=6	0.06	250	*H*+0.54					M20	8	M20×60	4			
*DN*500	δ=12	0.41	δ=6	0.06	250	*H*+0.54					M20	8	M20×60	4			

续表

支架型号	钢板				焊接钢管				圆钢		螺母		螺栓		扁钢		施工图图号
	规格	数量/m^2	规格	数量/m^2	规格	数量/m	规格	数量/m	规格	数量/m	规格	数量/个	规格	数量/个	规格	数量/m	
WT-10-*DN*-H																	S1-15-96
*DN*250	δ=12	0.34			150	0.44	250	*H*			VEF-1	1组					
*DN*300	δ=12	0.47			200	0.46	300	*H*			VEF-2	1组					
*DN*350	δ=12	0.63			250	0.54	350	*H*			VEF-3	1组					
*DN*400	δ=12	0.66			250	0.54	350	*H*			VEF-4	1组					
*DN*450	δ=12	0.71			250	0.54	350	*H*			VEF-5	1组					
*DN*500	δ=12	0.75			250	0.54	350	*H*			VEF-6	1组					
WT-11-*DN*-H											螺柱						S1-15-97
*DN*15	δ=8	0.11			40	1.0	15	0.175			M24	1					
*DN*20	δ=8	0.11			40	1.0	20	0.180			M24	1					
*DN*25	δ=8	0.11			40	1.0	25	0.190			M24	1					
*DN*40	δ=8	0.11			40	1.21					M24	1					
*DN*50	δ=10	0.16			50	1.73					M24	1					
*DN*80	δ=10	0.16			50	1.73					M24	1					
*DN*100	δ=10	0.16			50	1.73					M24	1					
*DN*150	δ=10	0.23			80	1.77					M30	1					
*DN*200	δ=10	0.29			100	1.8					M56	1					
*DN*250	δ=10	0.29			100	1.8					M56	1					
*DN*300	δ=10	0.40			150	1.88					M80	1					
*DN*350	δ=10	0.40			200	1.95					M80	1					
*DN*400	δ=10	0.40			200	1.95					M80	1					
*DN*450	δ=10	0.70			250	2.03					M80	1					
*DN*500	δ=10	0.70			250	2.03					M80	1					

续表

支架型号	型钢				钢板				圆钢		扁钢		螺母		螺栓		施工图图号
	规格	数量/m	规格	数量/m	规格	数量/m^2	规格	数量/m^2	规格	数量/m	规格	数量/m	规格	数量/个	规格	数量/个	
LT-1-1																	
$L\leqslant200$																	S1-15-98
DN15~25					$\delta=8$	0.04											
DN32~50					$\delta=8$	0.04											
DN65~150					$\delta=14$	0.06											
DN200~300					$\delta=16$	0.07											
$200<L\leqslant400$																	
DN15~25					$\delta=10$	0.08											
DN32~50					$\delta=12$	0.08											
DN65~150					$\delta=18$	0.12											
DN200~300					$\delta=18$	0.14											
LT-1-2																	
$L\leqslant200$																	S1-15-99
DN15~25					$\delta=8$	0.04							M12	4	M12×55	2	
DN32~50					$\delta=8$	0.04							M16	4	M16×60	2	
DN65~150					$\delta=14$	0.06							M20	4	M20×80	2	
DN200~300					$\delta=16$	0.07							M24	4	M20×90	2	
$200<L\leqslant400$																	
DN15~25					$\delta=10$	0.08							M12	4	M12×60	2	
DN32~50					$\delta=12$	0.08							M18	4	M18×75	2	
DN65~150					$\delta=18$	0.12							M27	4	M27×95	2	
DN200~300					$\delta=18$	0.14							M30	4	M30×100	2	
LT-1-3																	
$L\leqslant200$																	S1-15-100
DN15~25					$\delta=8$	0.04							M12	4			
DN32~50					$\delta=8$	0.04							M16	4			
DN65~150					$\delta=14$	0.06							M20	4			
DN200~300					$\delta=16$	0.07							M24	4			
$200<L\leqslant400$																	
DN15~25					$\delta=10$	0.08							M16	4			
DN32~50					$\delta=12$	0.08							M20	4			
DN65~150					$\delta=16$	0.12							M30	4			
DN200~300					$\delta=18$	0.14							M30	4			

续表

支架型号	型钢				钢板				圆钢		扁钢		螺母		螺栓		施工图图号
	规格	数量/m	规格	数量/m	规格	数量/m^2	规格	数量/m^2	规格	数量/m	规格	数量/m	规格	数量/个	规格	数量/个	
LT-2-1																	
L≤200																	S1-15-101
DN15~32					δ=6	0.08											
DN40~65					δ=8	0.08											
DN80~125					δ=8	0.12											
DN150~350					δ=12	0.12											
200<L≤400																	
DN15~32					δ=6	0.16											
DN40~65					δ=10	0.16											
DN80~125					δ=12	0.16											
DN150~350					δ=18	0.26											
DN400~600					δ=22	0.32											
LT-2-2																	
L≤200																	S1-15-102
DN15~32					δ=6	0.08							M10	8	M10×45	4	
DN40~65					δ=8	0.08							M12	8	M12×50	4	
DN80~125					δ=8	0.12							M16	8	M16×60	4	
DN150~350					δ=12	0.12							M20	8	M20×70	4	
200<L≤400																	
DN15~32					δ=6	0.16							M12	8	M12×50	4	
DN40~65					δ=10	0.16							M16	8	M16×60	4	
DN80~125					δ=12	0.16							M20	8	M20×70	4	
DN150~350					δ=18	0.26							M24	8	M24×80	4	
DN400~600					δ=22	0.32							M27	8	M27×85	4	
LT-2-3																	
L≤200																	S1-15-103
DN15~32					δ=6	0.08							M10	4			
DN40~65					δ=8	0.08							M12	4			
DN80~125					δ=8	0.12							M16	4			
DN150~350					δ=12	0.12							M20	4			

续表

支架型号	焊接钢管				钢板				六角头螺栓		扁钢		螺母		螺栓		施工图图号
	规格	数量/m	规格	数量/m	规格	数量/m^2	规格	数量/m^2	规格	数量/个	规格	数量/m	规格	数量/个	规格	数量/个	
200 < L≤400																	
DN15 ~ 32					δ = 6	0.16							M12	4			
DN40 ~ 65					δ = 6	0.16							M16	4			
DN80 ~ 125					δ = 12	0.16							M20	4			
DN150 ~ 350					δ = 18	0.26							M24	4			
DN400 ~ 600					δ = 22	0.32							M30	4			
LT - 3 - 1																	S1 - 15 - 104
DN25 ~ 50					δ = 6	0.04			M12 × 50	2	40 × 4	0.5	M12	2			
DN65 ~ 80					δ = 6	0.04			M12 × 50	2	60 × 6	0.6	M12	2			
DN100					δ = 6	0.04			M12 × 60	2	60 × 6	0.7	M16	2			
DN125 ~ 150					δ = 6	0.04			M12 × 60	2	60 × 6	0.85	M16	2			
LT - 3 - 2																	S1 - 15 - 105
DN25 ~ 50					δ = 6	0.04			M12 × 50	2	40 × 4	0.5	M12	4	M12 × 50	4	
DN65 ~ 80					δ = 6	0.04			M12 × 50	2	60 × 6	0.6	M12	4	M12 × 50	4	
DN100					δ = 6	0.04			M16 × 60	2	60 × 6	0.7	M16	4	M16 × 60	4	
DN125 ~ 150					δ = 6	0.04			M16 × 60	2	60 × 6	0.85	M16	4	M16 × 60	4	
LT - 3 - 3																	S1 - 15 - 106
DN25 ~ 50					δ = 6	0.04			M12 × 50	2	40 × 4	0.5	M12	6			
DN65 ~ 80					δ = 6	0.04			M12 × 50	2	60 × 6	0.6	M12	6			
DN100					δ = 6	0.04			M16 × 60	2	60 × 6	0.7	M12	6			
DN125 ~ 150					δ = 6	0.04			M16 × 60	2	60 × 6	0.85	M16	6			
JT - 1 - DN - L DN25 ~ 150	同被支管	L + 0.46															S1 - 15 - 107 - 109
DN200 ~ 250	同被支管	L + 0.74															
DN300 ~ 600	同被支管	L + 1.1															
JT - 2 - DN - L DN25 ~ 150	同被支管	L + 0.1	DN 及材质同被支管	0.41	δ = 6	0.02					盲板 δ = 6 ϕ = DN	1					S1 - 15 - 110 - 112
DN200 ~ 250	同被支管	L + 0.1	DN 及材质同被支管	0.72	δ = 6	0.08					δ = 6 ϕ = DN	1					
DN300 ~ 600	同被支管	L	DN 及材质同被支管	1.1	δ = 6	0.2					δ = 6 ϕ = DN	1					

续表

支架型号	型钢				钢板				圆钢		扁钢		螺母		螺栓		施工图图号
	规格	数量/m	规格	数量/m	规格	数量/m^2	规格	数量/m^2	规格	数量/m	规格	数量/m	规格	数量/个	规格	数量/个	
LP－1																	
*DN*15～25	∠63×6	*L*							ϕ8	0.18			BM8	4			S1－15－113
LP－2																	
*DN*40～100									ϕ12	0.41			BM12	4			
LP－3																	
*DN*15～25	∠63×6	*L*							ϕ8	0.18			BM8	4			S1－15－113
*DN*40～100									ϕ12	0.41			BM12	4			
LP－4																	
*DN*15～25	∠63×6	*L*＋*H*							ϕ8	0.18			BM8	4			S1－15－113
*DN*40～100	∠63×6	*L*＋*H*							ϕ12	0.41			BM12	4			
LP－5																	
*DN*15～25	∠63×6	*L*＋*H*							ϕ8	0.18			BM8	4			S1－15－113
*DN*40～100	∠63×6	*L*＋*H*							ϕ12	0.41			BM12	4			
LP－6																	
*DN*15～25	∠63×6	*L*＋*H*							ϕ8	0.18			BM8	4			S1－15－113
*DN*40～100									ϕ12	0.41			BM12	4			
LP－7	[8	*L*＋0.2			δ＝8	0.06											S1－15－114
	[10	*L*＋0.2			δ＝8	0.06											
	[12.6	*L*＋0.2			δ＝8	0.07											
LP－8																	
*DN*40～80	[8([10	*L*							ϕ12	0.8			BM12	4×2			
*DN*100～150	12.6)								ϕ16	1.1			BM16	4×2			S1－15－115

续表

支架型号	型钢				钢板				圆钢		扁钢		螺母		螺栓		施工图图号
	规格	数量/m	规格	数量/m	规格	数量/m^2	规格	数量/m^2	规格	数量/m	规格	数量/m	规格	数量/个	规格	数量/个	
*DN*200～300									ϕ20	1.96			BM20	4×2			
*DN*350～500									ϕ24	2.93			BM24	4×2			
*DN*600									ϕ30	3.57			BM30	4×2			
LP－9	[8([10	*L*＋0.1			$\delta=8$	0.01			ϕ12	2.2			BM12	4			S1－15－116
	[12.6)				$\delta=8$	0.01			ϕ16	2.2			BM16	4			
LP－10	[8([10	*L*＋0.1			$\delta=8$	0.01			ϕ12	2.2			BM12	4			S1－15－116/2
	[12.6)				$\delta=8$	0.01			ϕ16	2.2			BM16	4			

支架型号	型钢				钢板				圆钢		扁钢		螺母		焊接钢管		施工图图号
	规格	数量/m	规格	数量/m	规格	数量/m^2	规格	数量/m^2	规格	数量/m	规格	数量/m	规格	数量/个	规格	数量/个	
ZJ－*DN*－*L*																	S1－15－117
*DN*50～150	∠40×4	1.4	120a	0.25											*DN*40～100	1.9	
			132a	0.25													
*DN*200～300	∠40×4	1.8	120a	0.35											*DN*150～200	2.1	
			132a	0.35													
*DN*350～500	∠40×4	1.8			$\delta=12$	0.3									*DN*250	2.3	

第四章
管道与设备绝热

第一节　典型绝热结构施工图

一、管道及管件的保温结构

(一)水平和垂直管道及管件的保温结构

1. 水平和垂直管道的保温

使用硬质、半硬质筒状、瓦状保温材料制品的直管保温一般为单层,当保温层厚度大于100mm时应为双层结构。单、双层(包括异种材质的保温材料制品)保温结构如图4-1-1所示。

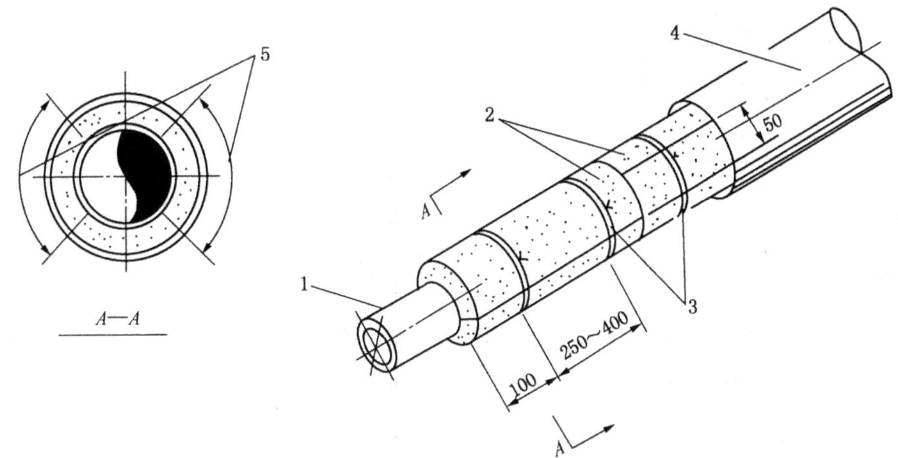

图4-1-1(a)　单层保温结构

1—管;2—保温材料制品;3—捆扎材料;4—金属薄板外护层;
5—允许接缝的范围,但多块拼接时其纵向接缝位置不限

注:两段保温材料制品的纵缝应相互错开约50mm。

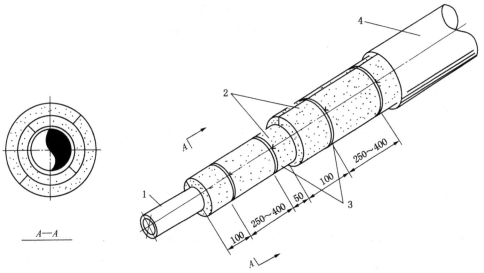

图4-1-1(b)　双层保温结构

1—管;2—保温材料制品;3—捆孔材料;4—金属薄板外护层

注:同层保温材料制品的纵缝相互错开50mm,上下层(内外层)的环缝应压缝约50mm。

2. 保温层的伸缩缝

水平管道保温层伸缩缝如图 4－1－2(b)所示；垂直管道保温层的伸缩缝结构如图 4－1－2(a)(c)所示。

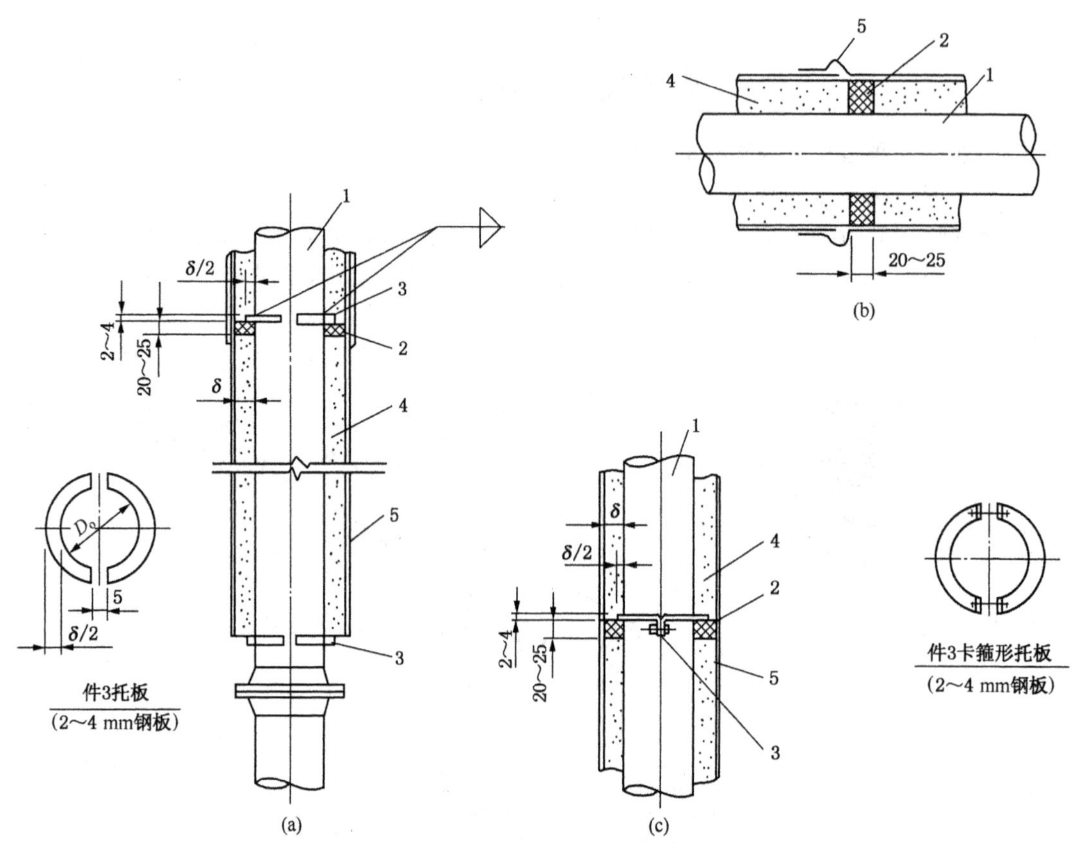

图 4－1－2　保温管道伸缩缝结构

1—管；2—软质保温材料；3—托板(支承环)；4—保温材料制品；5—金属薄板外护层

注：当管道上不得焊接托板时，可使用卡箍型托板。

3. 水平保温管道的金属薄板外护层(简称金属板，下同)

通常环缝采用搭接结构，纵缝采用插接或咬接结构，如图 4－1－3 所示。

4. 垂直保温管道的金属板接缝与安装

垂直保温管道外护层的金属板，环向重叠部分应向下搭接，并压出凸筋或再设 S 形挂钩以支撑上段金属板，如图 4－1－4 所示。

5. 弯头(管)的保温

通常使用弯头状成型保温材料制品或将保温筒切割成扇形，安装成虾米腰状，其接缝应无间隙，一般使用密封材料，并用镀锌铁丝捆扎，如图 4－1－5(a)所示。

对于小直径($DN \leqslant 40$)的弯头，可将两段保温筒加工成 90°相交的肘管状，如图 4－1－5(b)所示。

6. 三通的保温

使用硬质或半硬质筒状、瓦状保温材料制品的三通保温，应将保温筒、瓦等加工成马鞍形接口，安装后捆扎。其接缝应填充、密封。外护层的金属板在马鞍状接缝处采用搭接，如图 4 -1 -6 所示。

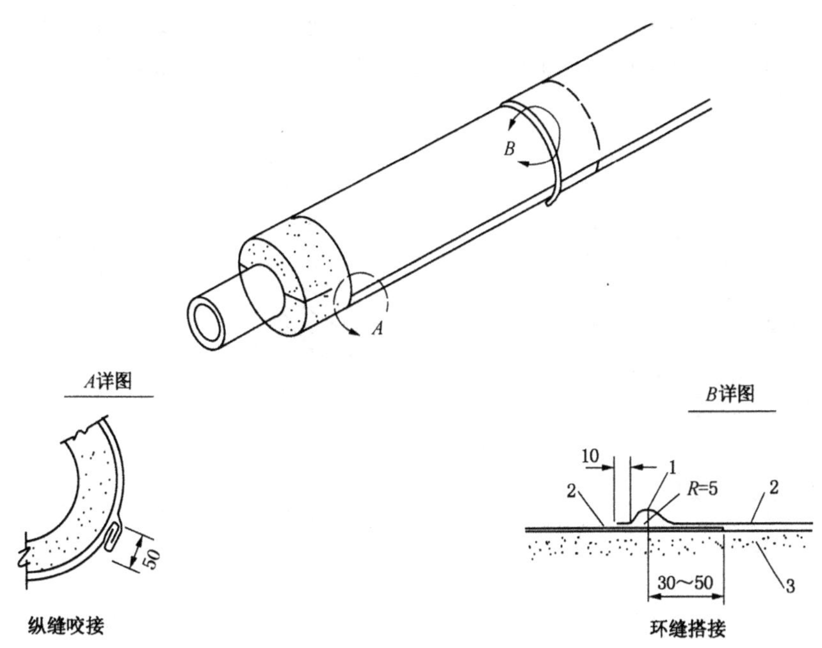

图 4 - 1 - 3　金属板的接缝结构

1—将金属板搭接端压出凸筋；2—金属板；3—保温材料制品

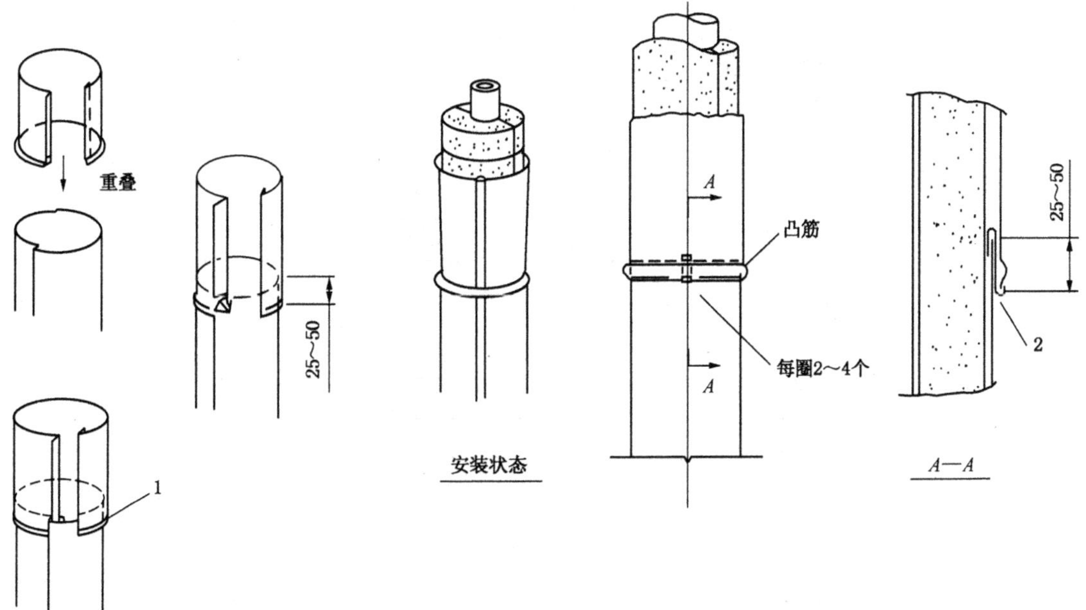

图 4 - 1 - 4　金属板的接缝与安装方法

1—压出凸筋；2—S 形挂钩(一般每圈 2 ~ 4 个)

注：1. 视管径大小确定 S 形挂钩的数量，大管径可设 3 ~ 4 个。

2. S 形挂钩尺寸见图 2 -5 -4(b)。

7. 异径管(大小头)的保温

使用硬质或半硬质筒状、瓦状保温材料制品的保温管道，在异径管处，可将筒状或瓦状保温材料制品，按异径管外形进行加工或使用导热系数大体相同的软质保温毡、席，并如图4-1-7所示样捆扎。其金属板外护层的接缝与直管保温的金属板接缝相同。

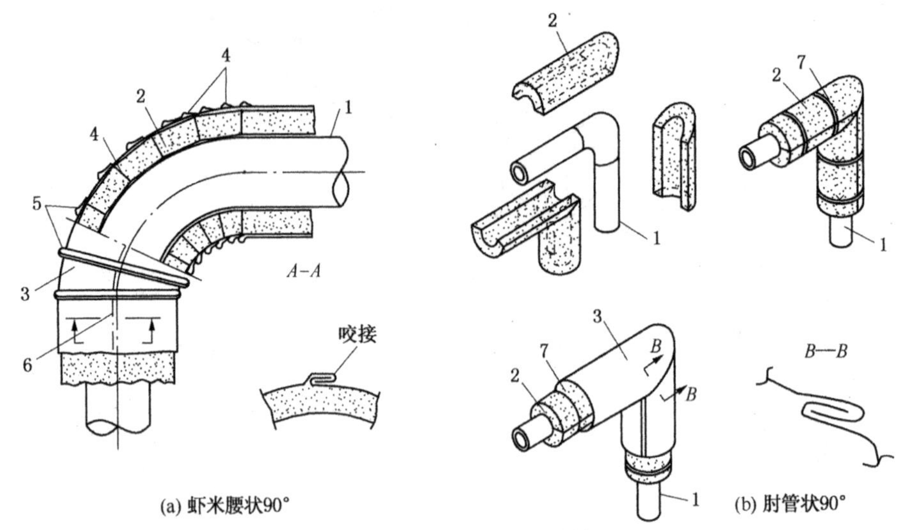

图4-1-5　90°弯头保温结构

1—管；2—保温筒、瓦；3—金属板；4—密封材料；5—压出凸筋；6—咬接；7—捆扎材料

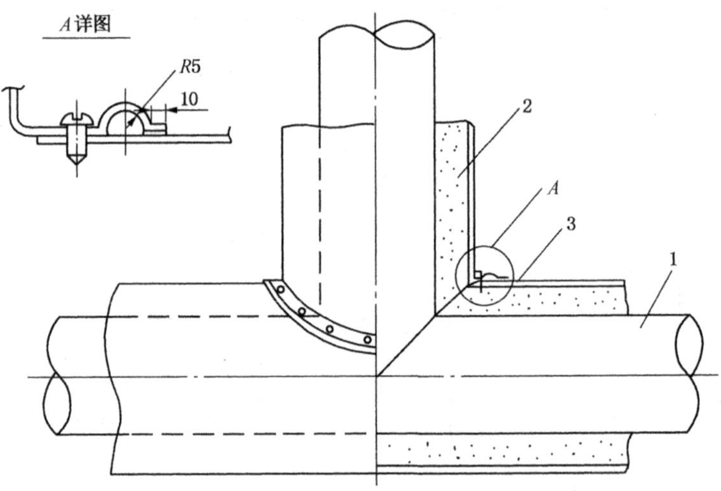

图4-1-6　三通的保温结构

1—三通；2—保温材料制品；3—金属板

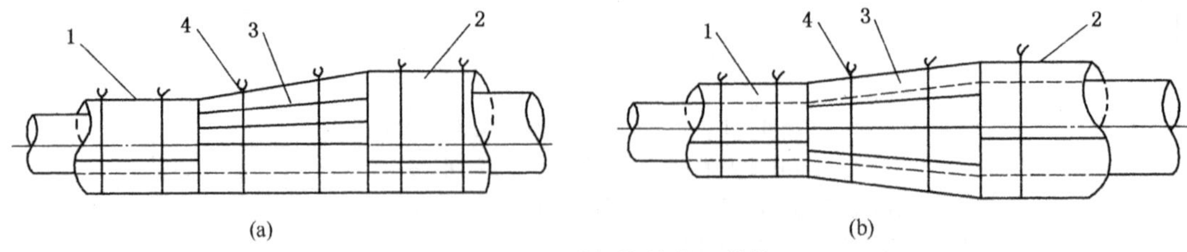

图4-1-7　异径管的保温结构

1，2—保温筒或瓦；3—加工成瓦状或毡、席状的保温材料；4—捆扎材料

8. 管道端部的保温

使用硬质或半硬质筒状、瓦状保温材料制品的保温管道，其端部的保温结构和金属板外护层接缝结构如图4-1-8所示。公称直径等于或大于1m的管道，其端部应按设备的封头处理。

9. 法兰不保温的管道保温

在保温管道上的法兰，因工艺要求而不保温时，法兰处的管道保温结构如图4-1-9所示。

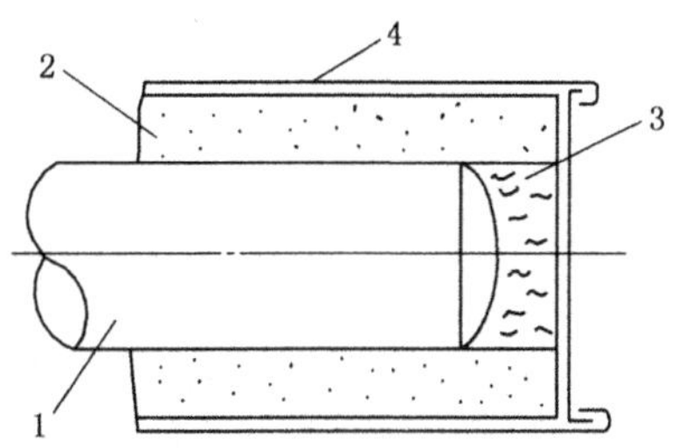

图4-1-8　管道端部保温结构

1—管；2—保温筒；

3—填充保温材料；4—金属板

(二)法兰的保温结构

保温管道上的法兰，一般采用可拆卸式结构，制成剖分式法兰保温罩，如图4-1-10所示。

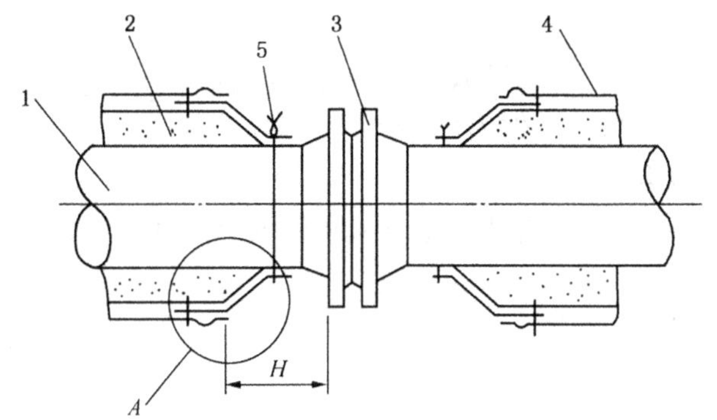

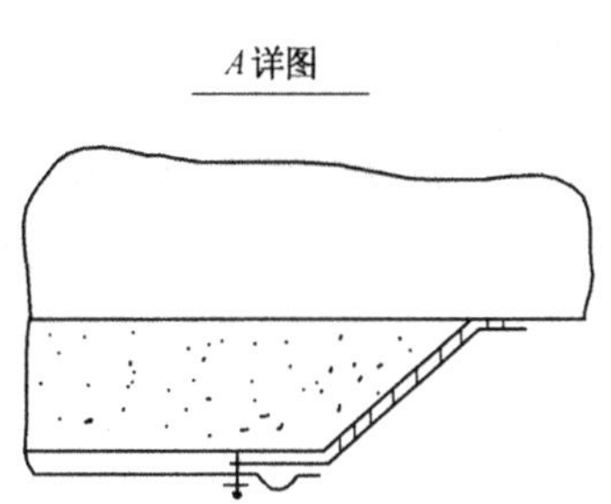

图4-1-9　不保温法兰处管道的保温结构

1—管；2—保温材料制品；3—法兰；4—金属板；5—捆扎材料

注：H为不保温长度，一般H=法兰螺栓长度+30mm。

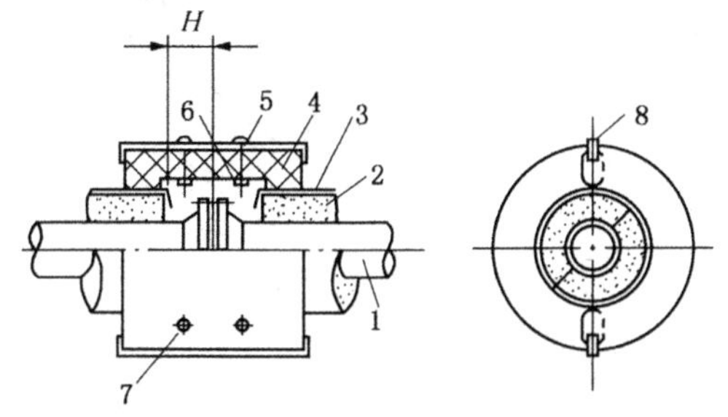

图4-1-10　剖分式法兰保温罩

1—管；2—保温筒；3—金属板；4—软质保温材料；

5—固定保温层的螺钉；6—垫板；7—法兰保温罩；8—活套

注：H为可取下螺栓的距离，一般H=螺栓长度+30mm。

(三)阀门的保温结构

保温管道上的阀门，除不需保温外，一般采用可拆卸式结构、制成剖分式阀门保温罩，如图4-1-11所示。

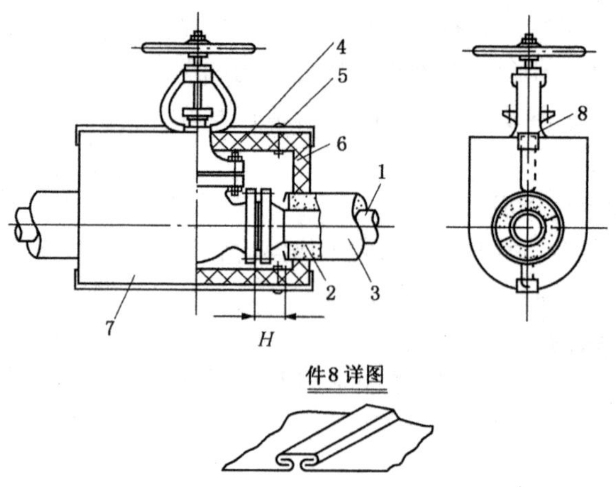

图 4－1－11　剖分式阀门保温罩

1—管；2—保温筒；3—金属板；4—软质保温材料；5—固定保温层螺钉；6—垫板；7—阀门保温罩；8—活套

注：H 为可取下螺栓的距离，一般 H＝螺栓长度＋30mm。

(四)设备或管道上人孔、手孔的保温结构

设备或管道上的人孔、手孔的保温，一般采用可拆卸式人孔、手孔保温罩，如图 4－1－12 所示。

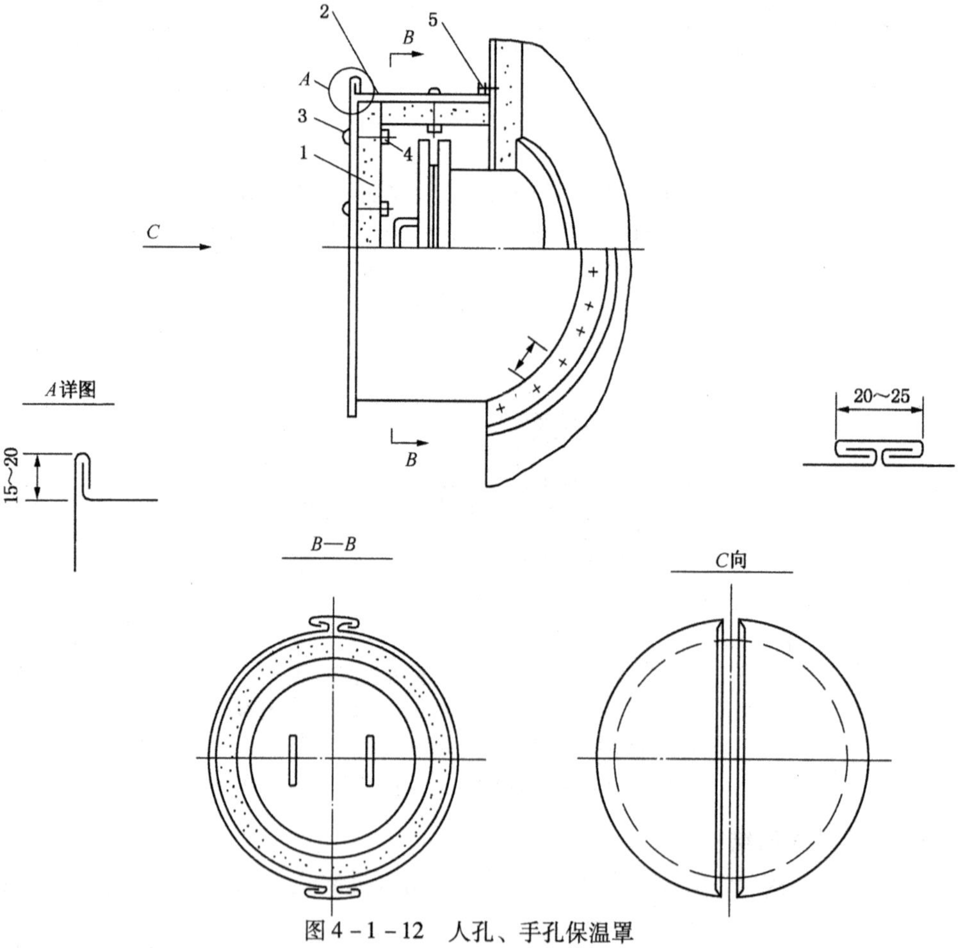

图 4－1－12　人孔、手孔保温罩

1—硬质保温材料制品；2—金属板；3—固定保温层的螺栓；4—垫圈(板)；5—自攻螺钉

(五)接管法兰处的保温结构

一般设备或管道上的接管(管嘴)长度约200mm，其法兰的保温结构如图4-1-13所示。

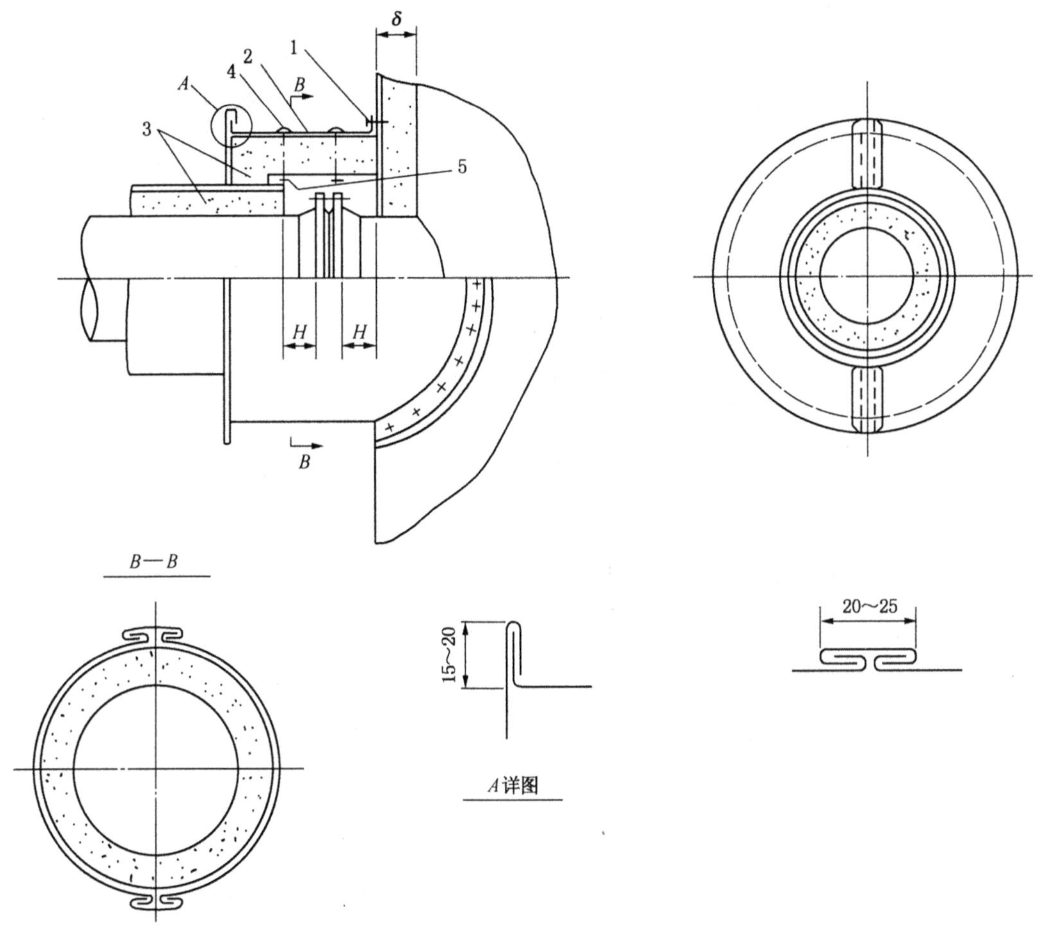

图4-1-13　接管保温结构

1—自攻螺钉；2—金属板；3—保温层；4—固定保温层的螺钉；5—垫圈(板)

注：H为可取下螺栓的距离，一般H=螺栓长度+30mm。

(六)管道支吊架处的保温结构

1. 管托处保温

一般将保温层和金属薄板外护层按管托外形切口，并在切口处密封，如图4-1-14所示。

2. 管卡、管吊处保温

一般将管段上的保温层中断，留出安装管卡的地方，并填充软质保温材料，保温层末端密封，如图4-1-15所示。

3. 绝热管托处的保温

根据工艺要求，必须低温降或控制热损失量的高温管道，一般采用绝热管托、管卡。该处的保温结构与图4-1-31~图4-1-33所示相同。

(七)埋地管道保温结构

埋地管道保温结构施工图见图4-1-16。

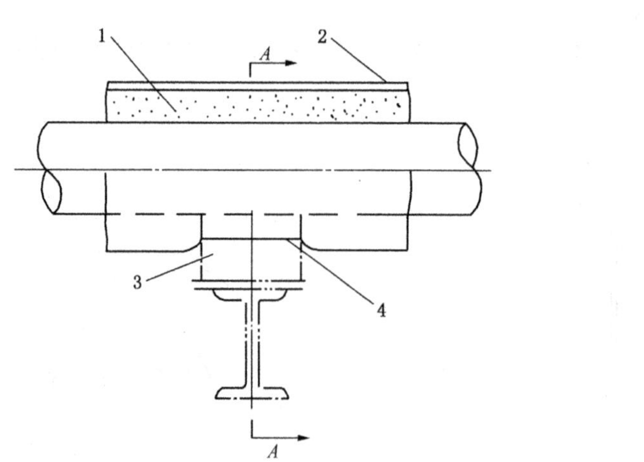

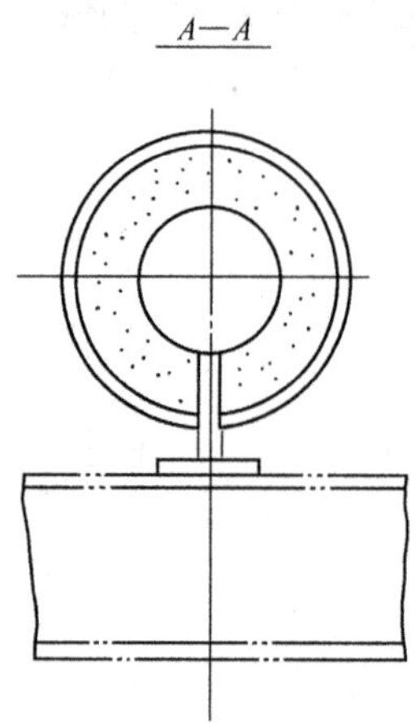

图 4-1-14　管托处保温结构

1—保温层；2—金属板；3—管托；4—切口密封

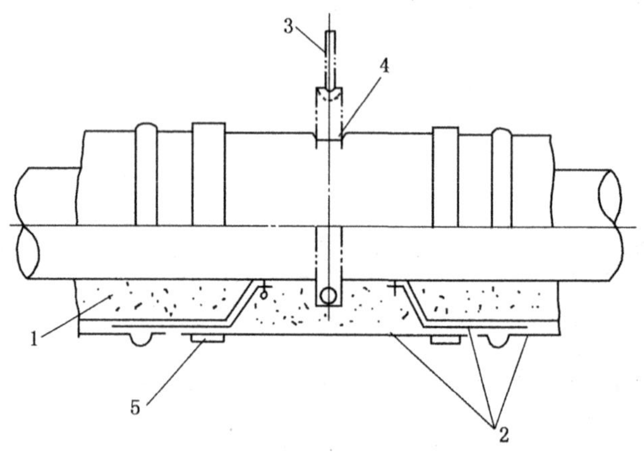

图 4-1-15　管卡、管吊处保温结构

1—保温层；2—金属板；3—管卡；4—切口密封（填充保温材料）；5—捆扎薄钢带 20mm×0.5mm

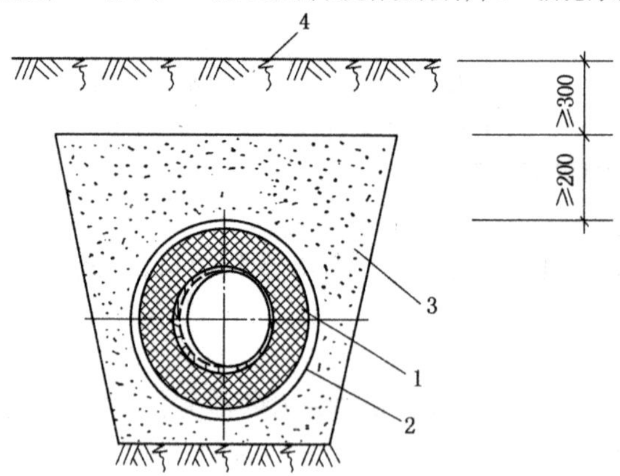

图 4-1-16　埋地管道保温结构

1—保温层；2—防潮层；3—粗砂；4—地面线

注：① 图中尺寸单位为 mm；② 埋地管道应尽可能在地面上进行保温施工；③ 管道调整标高后，才允许填充粗砂，填充高度应超过保温层 200mm，④ 防潮层要求严密、连续，用 10 号沥青；⑤ 当穿越修马道路时，应加套管，套管顶离马路面应大于 500mm。

二、设备保温结构

(一)立式圆筒设备的保温

1. 保温结构

使用硬质或半硬质板、瓦、块状保温材料制品保温的立式圆筒设备，当不使用保温钉固定保温层时，其保温结构和金属薄板外护层如图 4-1-17(a)所示；当使用保温钉保温时，其结构如图 4-1-17(b)所示。

2. 金属薄板外护层的接缝布置

按 GB 50126—2008《工业设备及管道绝热工程施工规范》的要求，金属板接缝的布置如图 4-1-18 所示。

(二)卧式圆筒设备的保温

使用硬质或半硬质板、瓦、块状保温材料制品保温的卧式圆筒设备，其筒体的保温结构如图 4-1-19(a)所示；其封头的保温结构如图 4-1-19(b)所示。

(三)设备法兰的保温

一般采用可拆卸式结构，制成剖分式法兰保温罩，如图 4-1-20 所示。

(四)设备人孔、手孔的保温

通常采用整体可拆卸式人孔、手孔保温罩，如图 4-1-21 所示。

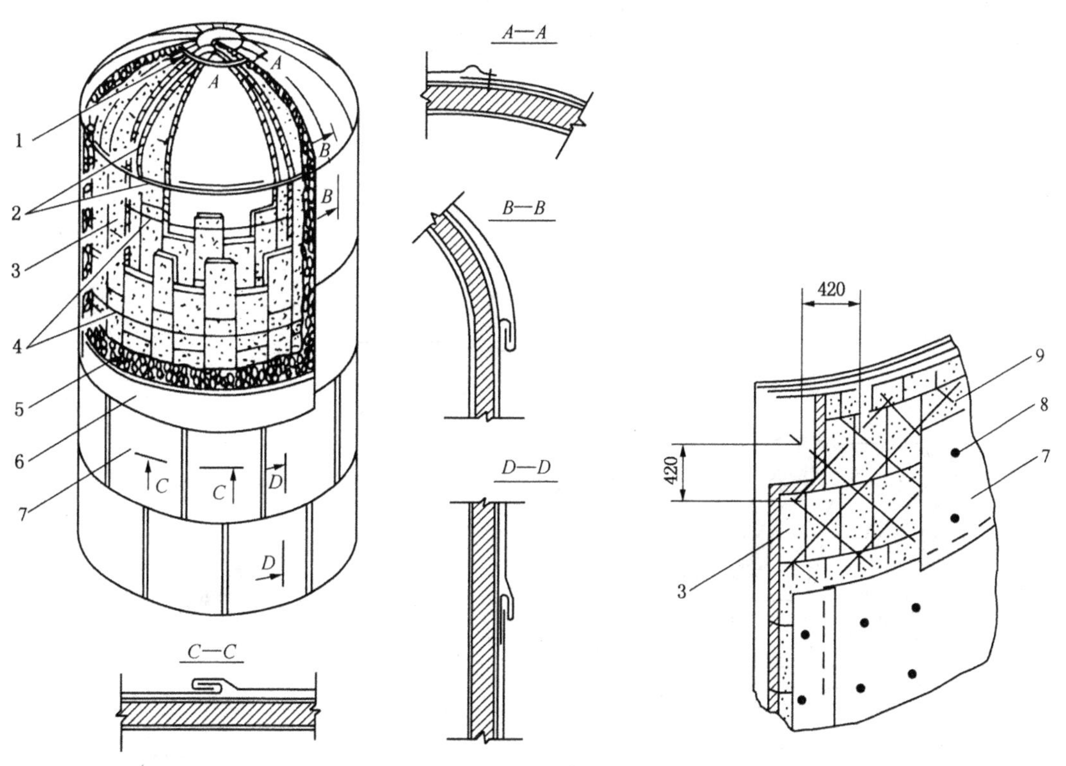

(a)不使用保温钉　　(b)使用保温钉

图 4-1-17　立式圆筒设备的保温结构

1—捆扎(活动)环；2—咬接；3—保温板；4—捆扎材料；5—镀锌铁丝网；6—抹面保护层；7—金属板；8—螺母垫圈；9—镀锌铁丝

注：在保温层表面，最好涂抹面材料和捆扎镀锌铁丝网，最后再设金属薄板外护层。

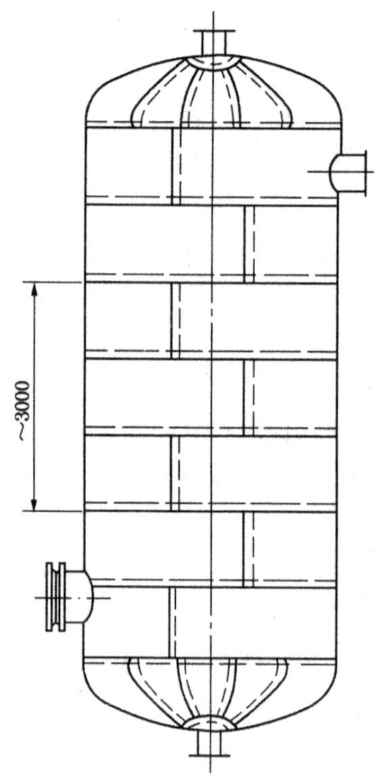

图 4－1－18　金属板接缝布置图

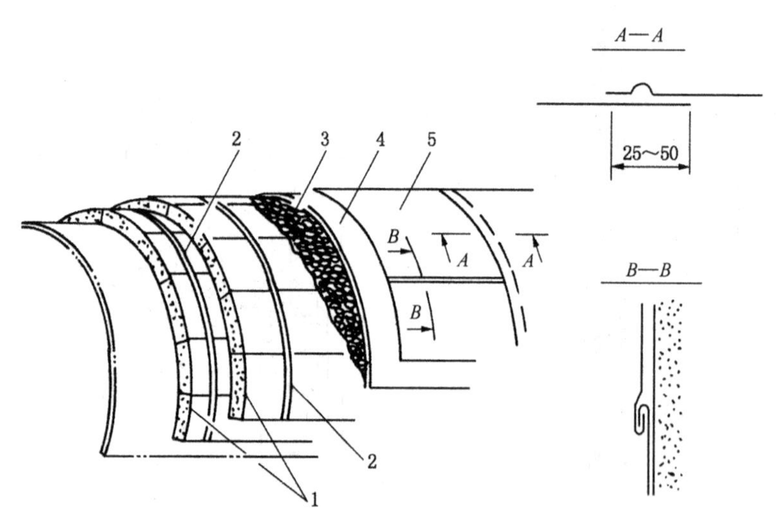

图 4－1－19(a)　筒体的保温

1—保温板；2—捆扎材料；3—镀锌金属网；4—抹面保护层；5—金属板

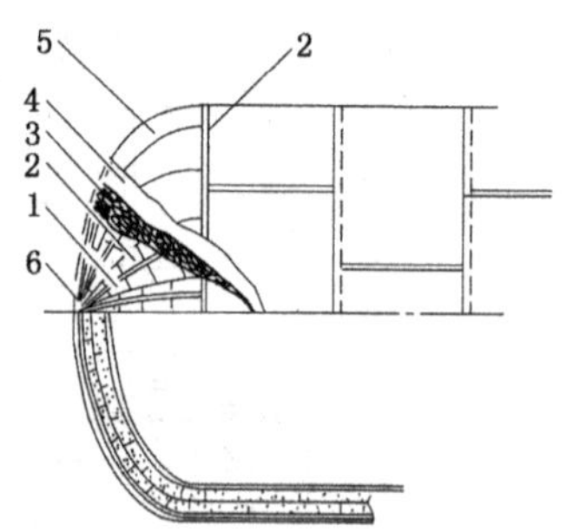

图 4－1－19(b)　封头的保温

1—保温板；2—捆扎材料；3—镀锌铁丝网；4—抹面材料；5—金属板；6—捆扎(活动)环

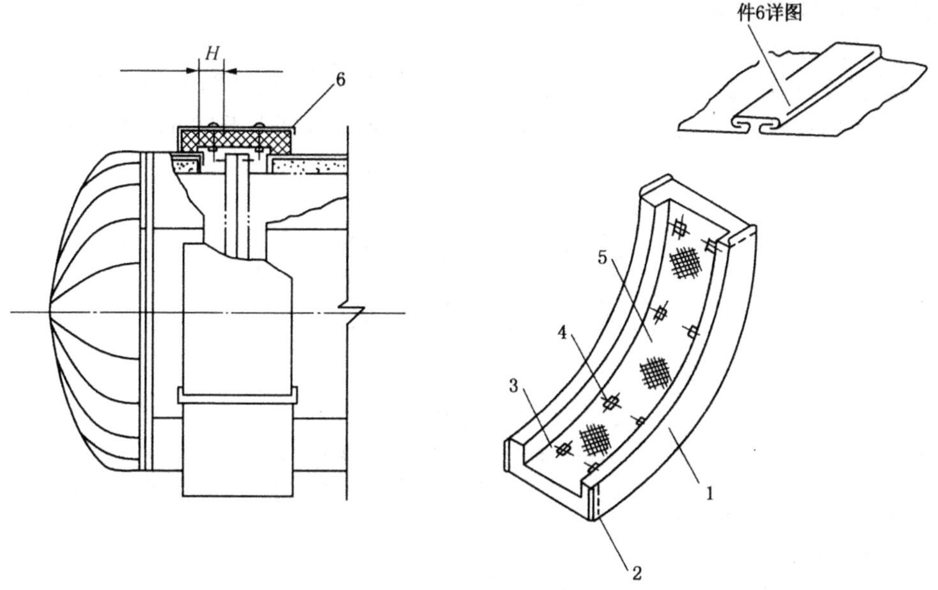

图 4-1-20　设备法兰的保温

1—法兰保温罩；2—伸缩接缝；3—垫圈(板)；
4—固定保温层螺栓；5—软(硬)质保温材料；6—活套

注：H 为可取出法兰螺栓的距离，一般 H = 螺栓长度 + 30mm。

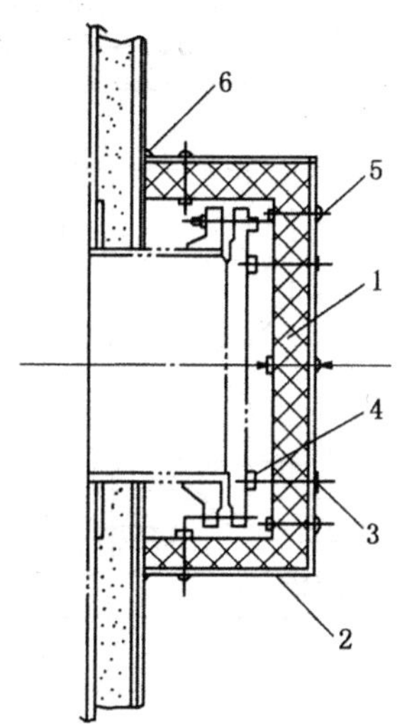

图 4-1-21　可拆卸式设备人孔(手孔)保温罩

1—软(硬)质保温材料；2—金属板；3—长丝螺栓；
4—螺母(焊接)；5—圆头螺栓螺母；6—防水材料(仅用于室外)

三、管道及管件的保冷结构

(一)水平和垂直管道及管件的保冷结构

1. 直管管道的保冷

使用筒状保冷材料制品(以下简称保冷筒)的直管管道保冷结构如图 4-1-22 所示。其金属薄板外护层结构与图 4-1-3、图 4-1-4 相同。当保冷层厚度大于 80mm 时应为双层结构。

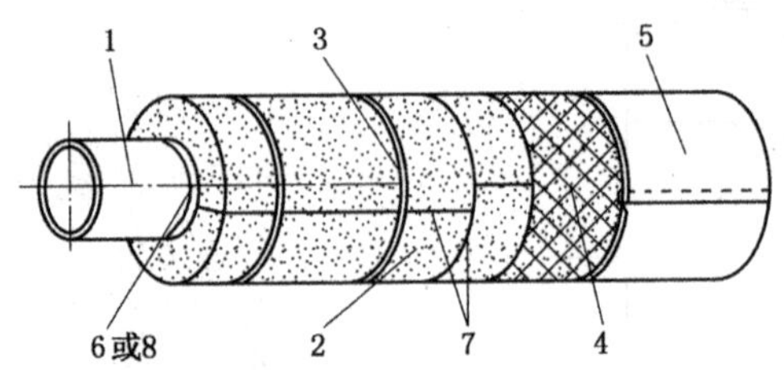

图 4-1-22　直管保冷结构

1—管；2—保冷筒；3—捆扎材料；4—防潮层；5—金属板；6—黏结剂；7—接缝密封；8—绝热层

注：① 保冷层材料不能承受管道或设备的吹扫温度时，应设绝热层，其材料宜为超细玻璃棉或岩棉制品。

② 有绝热层时不涂黏结剂。

2. 管道单、双层保冷伸缩缝

保冷层的伸缩缝应用软质保冷材料填充，外面用 50mm 宽的不干性胶带粘贴密封，同时在缝的外面必须再进行保冷，如图 4-1-23(a)所示。双层或多层保冷的各层伸缩缝必须错开，错开距离不宜大于 100mm，如图 4-1-23(b)所示。

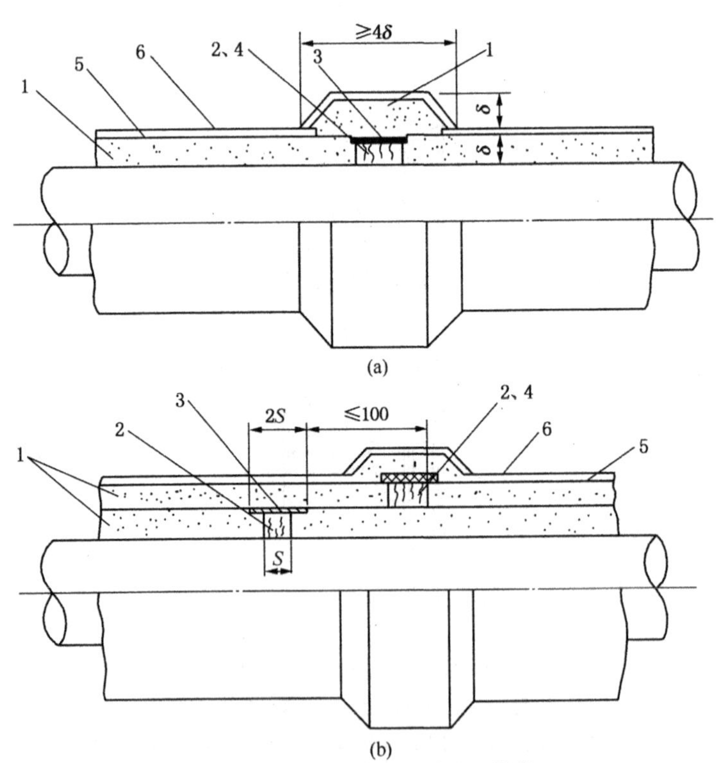

图 4-1-23　保冷层的伸缩缝结构

1—保冷层；2—伸缩缝；3—不干性胶带；4—填充软质保冷材料；5—防潮层；6—金属板

3. 垂直管道保冷层支承环处的保冷结构

垂直管道保冷层支承环处结构与图 4－1－2(a)(c)基本相同，唯在支承环下部填充保冷材料的外面粘贴不干性胶带，并在其上再进行保冷，其结构如图 4－1－24 所示。

4. 弯头保冷

使用保冷筒的弯头保冷，通常将保冷筒切割成扇形，安装成虾米腰状，接缝处密封。其保冷层结构如图 4－1－25 所示，金属薄板外护层如图 4－1－5(a)所示。

对于 $DN \leqslant 40$mm 的弯头可将保冷筒加工成肘管状。除在保冷层上面设防潮层并将接缝处密封外，其他结构与图 4－1－5(b)相同。

5. 三通、异径管、管道端部的保冷

除在保冷层上面，按设计规定施以防潮层并将保冷层的接缝严密密封外，其他分别与图 4－1－6、图 4－1－7、图 4－1－8 的三通、异径管、管道端部的保温结构相同。

(二)法兰的保冷结构

保冷管道上的法兰，其保冷结构如图 4－1－26 所示。

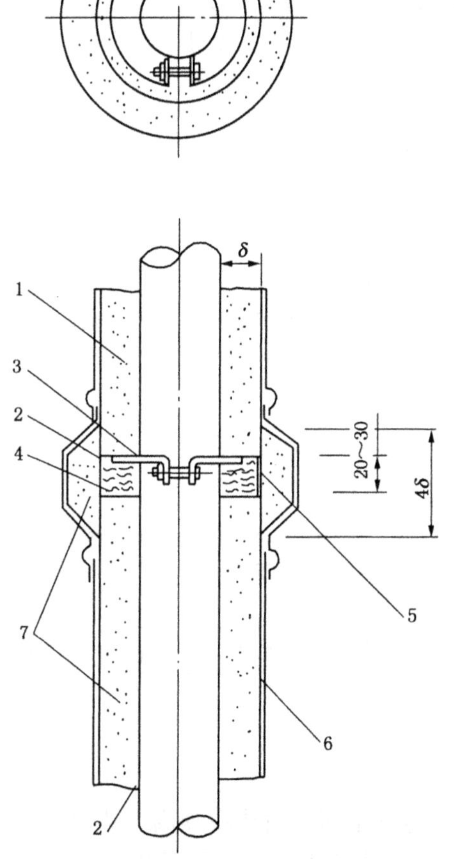

图 4－1－24　垂直管道支承环处保冷结构

1—保冷层；2—黏结剂；3—保冷层支承环；
4—填充保冷材料；5—不干性胶带；
6—防潮层；7—筒、瓦状保冷材料制品

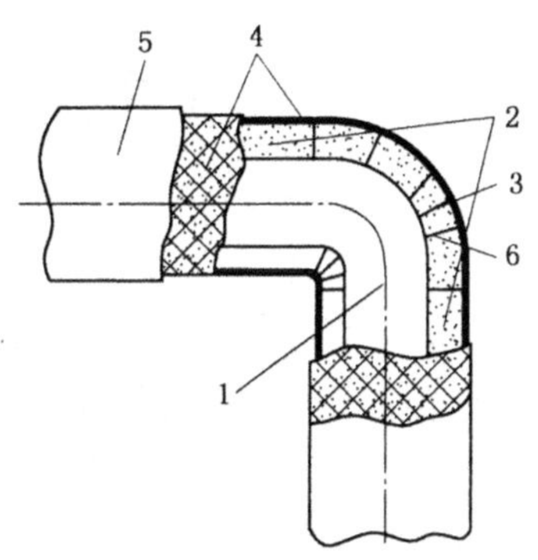

图 4－1－25　弯头的保冷结构

1—弯头；2—保冷筒；3—切割成扇形的保冷筒；
4—防潮层；5—金属板；6—接缝密封

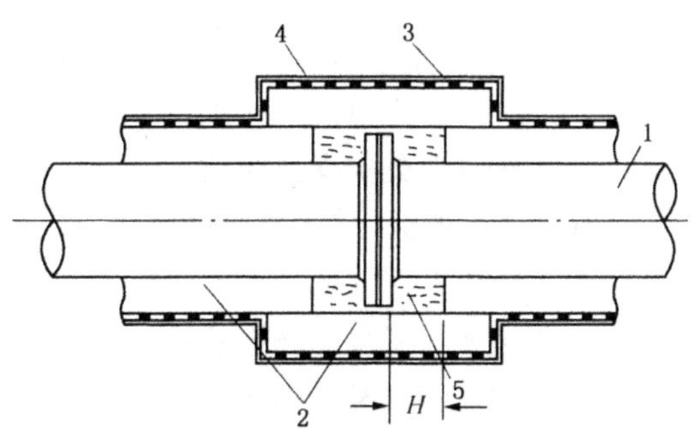

图 4－1－26　法兰保冷

1—管；2—保冷层；3—防潮层；
4—金属板；5—填充软质保冷材料
注：H 为可取下法兰螺栓的距离，
一般 H＝螺栓长度＋30mm。

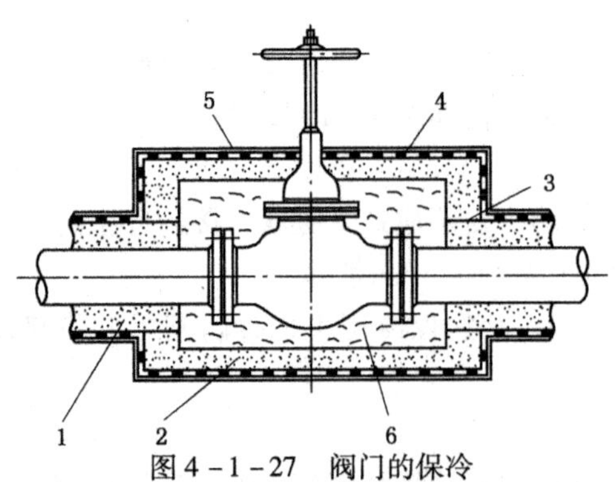

图 4 - 1 - 27　阀门的保冷

1—筒状保冷材料制品；2—阀门用成型保冷材料制品；3—粘结剂；4—防潮层；5—金属板；6—软质保冷材料

(三)阀门的保冷结构

保冷管道上阀门的保冷，一般采用阀门成型保冷材料制品和填充软质保冷材料，如图 4 - 1 - 27 所示。

(四)Y 型过滤器的保冷结构

Y 型过滤器的保冷，一般使用筒状保冷材料制品，将其按过滤器外形切割成型后用镀锌铁丝捆扎于过滤器的表面，每段至少捆扎两道。双层结构的内层应用不锈钢丝捆扎。过滤器的法兰可按人孔、手孔的保冷结构制作法兰保冷罩，如图 4 - 1 - 28 所示。

(五)设备和管道上人孔、手孔的保冷结构

设备和管道上的人孔、手孔的保冷结构与图 4 - 1 - 12 基本相同，唯增加防潮层、填充软质保冷材料和接缝处密封，如图 4 - 1 - 29 所示。

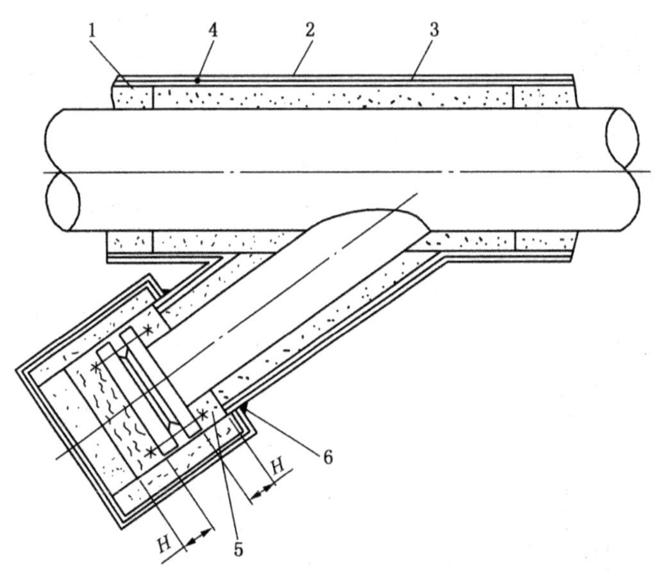

图 4 - 1 - 28　Y 型过滤器保冷结构

1—筒状保冷材料制品；2—防潮层；3—金属板；4—捆扎材料；5—填充软质保冷材料；6—密封剂

注：H 为安装法兰螺栓的距离，一般 H = 法兰螺栓长度 + 30mm。

(六)接管法兰处的保冷结构

接管法兰处的保冷结构与图 4 - 1 - 13 基本相同，唯增设防潮层、填充软质保冷材料和接缝密封，如图 4 - 1 - 30 所示。

(七)管道支吊架处的保冷结构

1. 水平管道管托处的保冷

如图 4 - 1 - 31 所示。为防止冷桥效应，在管卡与管子间应由垫块隔离。垫块应用导热系数较小、强度较高的材料制成，一般为硬木块(柞木或桦木，经干燥后侵入浸渍剂中浸渍，使其防潮、防蛀、阻燃)或其他绝热材料。垫块的大小如表 4 - 1 - 1 所示。

当保冷层厚度小于或等于 80mm 时，选用 A 型垫块；当保冷层厚度大于 80mm，小于或等于160mm时选用B型垫块；当保冷层厚度大于160mm，小于或等于250mm时选用C型垫块。

2. 弯头支托处的保冷

如图4－1－32所示。垫块尺寸应按弯头管托底板尺寸确定，垫块与底板应固定。垫块厚度约50～100mm，大管径取上限值。

3. 管吊、管卡处的保冷

如图4－1－33所示，其垫块尺寸与表4－1－1规定相同。

4. 垂直管道承重支架处的保冷

如图4－1－34所示。支耳处保冷，其底部垫块厚度约50～100mm，大管径取上限值。

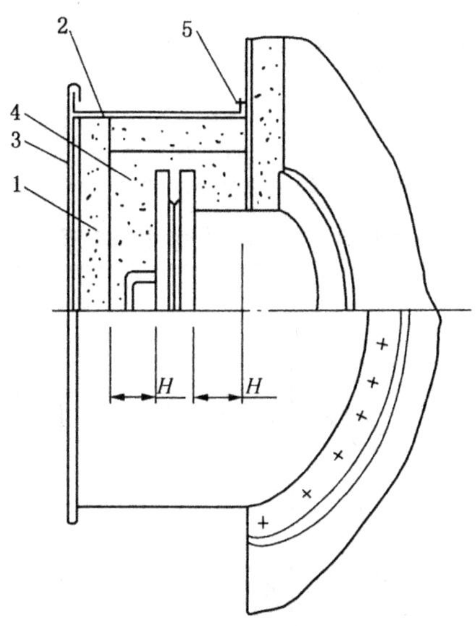

图4－1－29　人孔或手孔保冷结构

1—保冷层；2—防潮层；3—金属板；
4—填充软质保冷材料；5—自攻螺钉并密封

注：H为安装人孔法兰螺栓的距离，一般H＝法兰螺栓长度＋30mm。

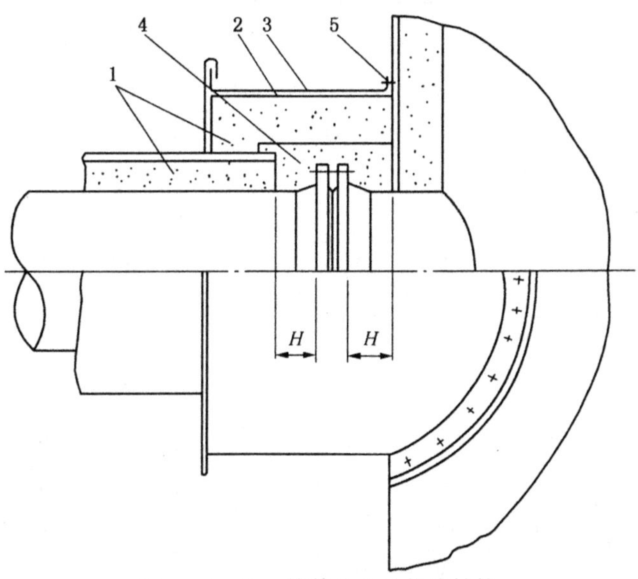

图4－1－30　接管法兰处保冷结构

1—保冷层；2—防潮层；3—金属板；4—填充软质保冷材料；5—自攻螺钉并密封

注：H为安装法兰螺栓的距离，一般H＝螺栓长度＋30mm。

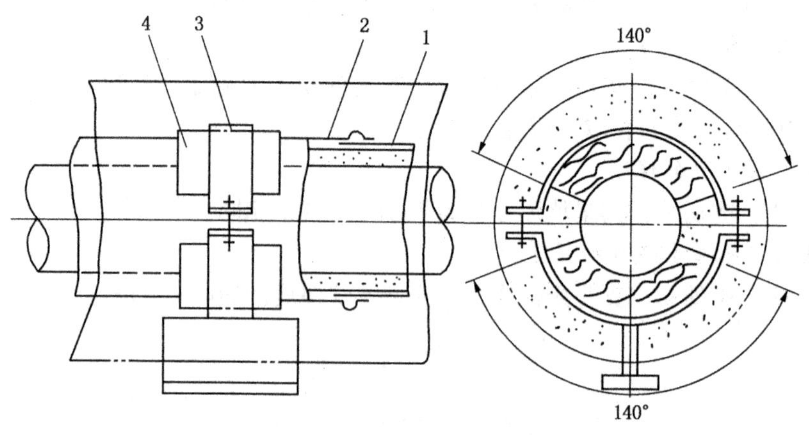

图 4-1-31　保冷管托

1—防潮层；2—金属板；3—管卡；4—垫块

表 4-1-1　保冷用管卡垫块尺寸　(mm)

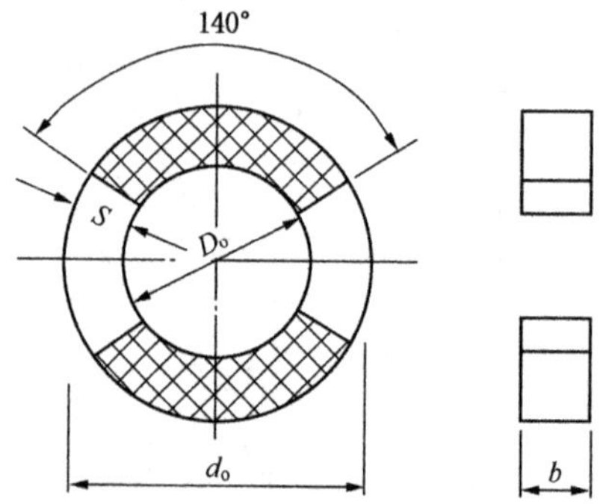

管公称直径 DN	管外径 D_o	形式	垫块 d_o	垫块 b	垫块 S	管公称直径 DN	管外径 D_o	形式	垫块 d_o	垫块 b	垫块 S
25	34	A B C	89 89 114	40 40 50	27.5 27.5 40	250	273	A B C	325 406.4 457	60 60 70	26 66.7 92
40	48	A B C	114 140 140	40 50 50	33 46 46	300	325	A B C	406.4 426 508	70 70 70	40.7 50.5 91.5
50	60	A B C	114 140 159	50 50 50	27 40 49.5	400	426	A B C	508 530 610	70 70 100	41 52 92
80	89	A B C	140 168 219	50 50 50	25.5 39.5 65	500	530	A B C	610 630 711	100 100 100	40 50 90.5
100	114	A B C	168 219 219	50 50 60	27 52.5 52.5	600	630	A B C	711 813 820	100 100 120	40.5 91.5 95
150	168	A B C	219 273 325	50 60 60	25.5 52.5 78.5	800	820	A B C	914 1016 1016	120 120 120	47 98 98
200	219	A B C	273 325 406.4	60 60 60	27 53 93.7						

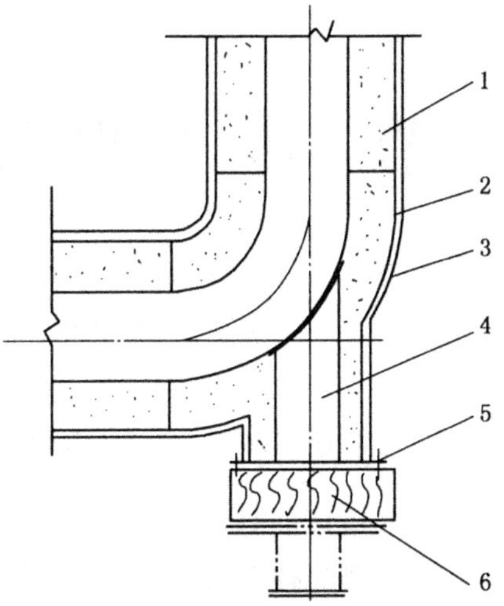

图 4-1-32　保冷弯头管托
1—保冷层；2—防潮层；3—金属板；4—弯头管托；5—固定螺栓；6—垫块

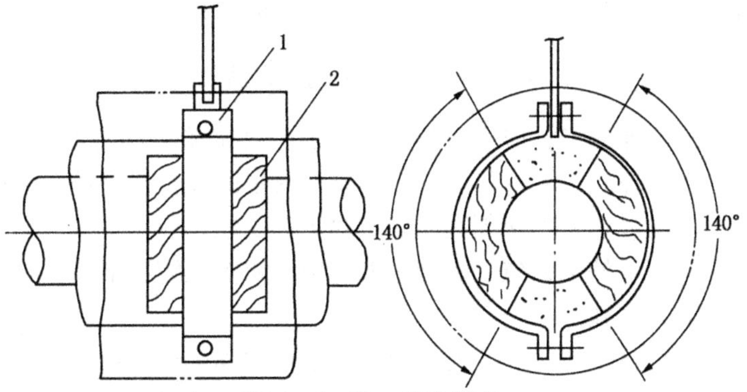

图 4-1-33　保冷管卡
1—管卡；2—垫块

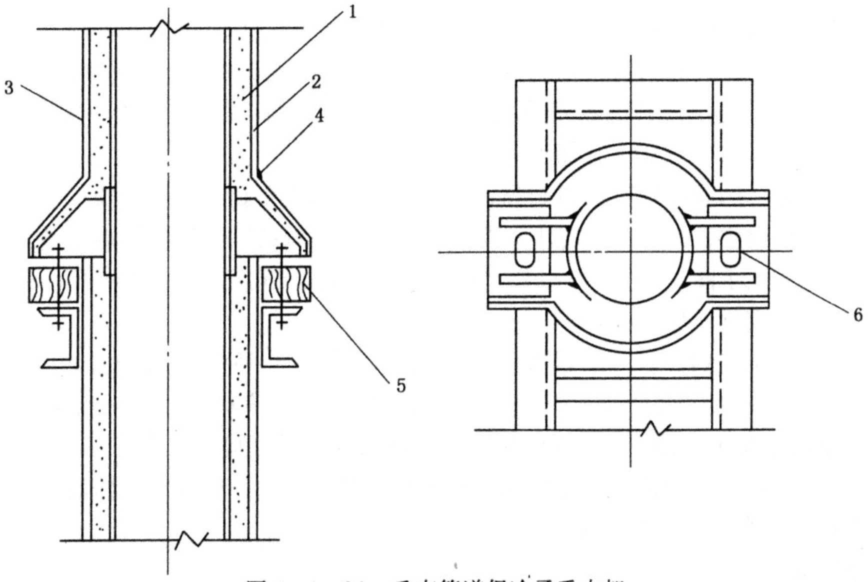

图 4-1-34　垂直管道保冷承重支架
1—保冷层；2—防潮层；3—金属板；4—密封材料；5—垫块；6—椭圆孔

第二节 施工要领

设备和管道绝热工程的施工，应按《工业设备及管道绝热工程施工规范》(GB 50126—2008)、《工业金属管道工程施工规范》(GB 50235—2010)和《石油化工设备和管道绝热工程设计规范》SH 3010—2012 执行。

一、绝热材料的质量

绝热材料及其制品，必须具有产品质量证明书或出厂合格证。其规格、性能等技术要求符合设计文件的规定，尤其绝热材料、制品种类及其导热系数、使用密度、抗压(折)强度、含水量、pH 值，卤族元素等重要技术指标必须符合设计文件要求，这是确保绝热效果的前提条件。

受潮的绝热材料及其制品，当经过干燥处理后仍不能恢复合格性能时则不得使用。

二、施工前的准备

设备或管道的绝热工程施工，应在设备或管道的强度试验、严密性试验以及气密试验、泄漏量试验合格及防腐工程完工后进行。在有防腐、衬里的设备或管道上焊接绝热层的固定件、支承件时，焊接及焊后热处理必须在防腐、衬里和试压之前进行。

在雨雪天、寒冷季节室外工程施工时应采取防雨、防雪和防冻措施。在湿度较大，气温较低的季节还应采取防露措施。

在绝热层施工前应将设备或管道上的绝热层支承件、固定件、设备平台或管道支吊架结构件、仪表接管部件、热介质伴热管、电伴热带等安装完毕并经试压或通电合格，清除设备或管道表面的油污、铁锈后方可进行绝热工程施工。

对于设备或管道上的绝热层支承件、固定件的安装应符合 GB 50126—2008 的规定：

(1) 用于固定绝热层的钩钉、销钉可采用 $\phi3\sim6$mm 的镀锌铁丝或低碳圆钢制作，直接焊在碳钢制设备或管道上，其间距不应大于 350mm，一般每 m^2 表面积上的钩钉或销钉数为：上部、侧部不应少于 6 个；底部不少于 8 个。

(2) 不允许穿孔的硬质绝热材料制品，钩钉位置应布置在制品的拼缝处。

(3) 在保冷结构中，钩钉或销钉不得穿透保冷层。塑料销钉应用黏结剂粘贴。

(4) 绝热层的支承圈(环)材质应根据设备或管道的材质确定。对于碳钢制设备或管道，一般采用普通碳素钢板或型钢制作。

(5) 高于 3m 的立式设备、垂直管道以及与水平夹角大于 45°且长度超过 3m 的管道，应设支承圈，其间距一般为 2 ~ 5m。当管道采用软质毡、席绝热材料时，其支承圈间距约为 1m。当采用金属薄板外护层时，其环向接缝与支承圈的位置应基本一致。

(6) 卡箍式支承圈与设备或管道之间，在下列情况之一时，应设置石棉板等隔垫：

a. 设备或管道外壁温度等于或大于 200℃；

b. 保冷结构；

c. 设备或管道系非铁素体碳钢。

(7) 设备封头处固定件的安装，当采用焊接时，可在封头与筒体相交的切线处焊设支承圈，并在支承圈上断续焊置固定环；当不允许焊接时应采用卡箍型支承圈。多层绝热层应逐层设置活动环及固定环；多层保冷的里层应用不锈钢制的活动环、固定环、钢丝或钢带。

三、绝热层的施工

设备或管道的绝热，多采用预制品结构，按捆扎法施工。一般捆扎材料为镀锌铁丝、包装钢带或粘胶带等。

（一）捆扎法施工

对于硬质绝热材料制品，可采用16号至18号镀锌铁丝双股捆扎。捆扎间距不应大于400mm，且每段筒、板、瓦块状绝热材料制品不得少于两道。公称直径等于和大于600mm的设备或管道应在捆扎后，另用10号至14号镀锌铁丝或包装钢带加固，加固间距约500mm。

对于半硬质和软质绝热材料制品，可采用包装钢带、14号至16号镀锌铁丝或宽度为60mm的粘胶带进行捆扎。其捆扎间距，对半硬质制品不应大于300mm；对软质毡、愫不应大于200mm。

双层或多层的绝热层，应逐层捆扎，并对各层表面进行找平和严缝处理。

允许穿孔的硬质绝热制品，应钻孔穿挂，其孔缝应采用矿物棉填塞。穿挂或嵌装于销钉上的半硬质绝热制品的绝热层，应采用自锁紧板固定。自锁紧板必须紧锁于销钉上，并将绝热层压下4～5mm。

公称直径小于100mm未装设支承圈的垂直管道，应采用8号镀锌铁丝，在管壁上拧成扭辫箍环，利用扭辫索挂镀锌铁丝固定绝热层。

（二）拼砌和缠绕法施工

用水性胶泥拼砌硬质保温材料时，拼缝不满处及砌块的破损处应用胶泥填补。拼砌时可用铁丝临时捆扎。

采用保温带缠绕保温的小管径管道、应螺旋缠绕，其搭接尺寸应为1/2带宽，缠绕保温绳时，第二层应与第一层反向缠绕并应压缝。绳的两端应用镀锌铁丝捆扎于管道上。

（三）绝热层伸缩缝的留设

(1) 按GB 50126—2008的规定："设备或管道采用硬质绝热材料制品时，应留设伸缩缝。"伸缩缝的位置、宽度一般应由设计规定。但是下述的常规留设位置，即使设计未曾规定，亦应留设。

a. 立式设备及垂直管道，应在支承环下面留设伸缩缝，管道的伸缩缝如图4－1－2、图4－3－2所示。

b. 两固定管架间水平管道绝热层的伸缩缝，至少应留设一道。

c. 弯头两端的直管段上，应各留一道伸缩缝；当两弯头之间的间距很小时，其直管段上是否留设伸缩缝，应由设计计算确定。公称直径大于300mm的高温管道，必须在弯头中部增设一道伸缩缝。

d. 对于绝热的卧式设备，应在筒体上、距封头连接处100～150mm处留设伸缩缝。

(2) 伸缩缝的宽度一般为20～25mm，其补偿量约为10～13mm，水平管道大致每5m间距设一道伸缩缝。

当设计文件未规定时，可按下述例题计算：

例 2-3-1 设环境温度为20℃，管内介质温度为-100℃，使用聚氨酯泡沫塑料做保冷层。当使用铝管和奥氏体不锈钢管时，试分别计算每 m 管道保冷层的伸缩缝尺寸。

解： 聚氨酯泡沫塑料的线收缩量❶

$$71 \times 10^{-4} \times \left[\frac{1}{2}(-100+20)-20\right] = -0.426 \text{ cm/m}$$

a. 铝管的线收缩量❷

$$19.2 \times 10^{-4} \times [-100-20] = -0.2304 \text{ cm/m}$$

当铝管用聚氨酯泡沫塑料保冷时，每 m 管道相对收缩量为 0.426 - 0.2304 = 0.196cm/m≈0.2cm/m。若伸缩缝宽度为20mm 时，应每5m 间距设一道。

b. 奥氏体不锈钢管的线收缩量❷

$$15.45 \times 10^{-4} \times (-100-20) = -0.1854 \text{ cm/m}$$

当奥氏体不锈钢管用聚氨酯泡沫塑料保冷时，每 m 管道相对收缩量为 0.426 - 0.1854 = 0.241cm/m≈0.25cm/m。若伸缩缝宽度为25mm 时，应每5m 间距设一道。

（3）多层绝热层伸缩缝的留设，一般中低温保温层的各层伸缩缝可不错开，而保冷层及高温保温层的各层伸缩缝，必须错开，错开距离不宜大于100mm。

（4）在金属管道热胀或冷缩变形量较大处，其绝热层应在相应的位置留有伸缩缝。

四、防潮层的施工

防潮层的施工，一般以冷法施工为主。保冷材料为无机材料时方可热法施工。

涂抹型的防潮层，其外表面应平整、均匀，达到设计规定厚度；包捆型防潮层，其包捆材料的接缝搭接不应小于50mm，搭接处必须粘贴密实。卧式设备或水平敷设的管道，纵向接缝位置应在两侧搭接，缝口朝下。立式设备或垂直管道的环向接缝应是“上搭下”。

包捆型防潮层的玻璃布应随沥青玛𤧛脂或改性沥青边涂边贴。粘贴方式可采用螺旋形缠绕或平铺。待第一层干燥后，再敷第二层直至达到设计规定的厚度。

石油化工企业用的沥青玛𤧛脂应为阻燃型。

五、金属薄板外护层的施工

（一）金属薄板的接缝形式

金属薄板的接缝，大致有搭接、插接、咬接和嵌接等形式。

1. 搭接

外面的金属板搭在里面的金属板之上的连接形式，称为搭接。一般用于环向接缝。常见的搭接形式如图 4-2-1 所示，其中(a)(b)为通常应用的形式。直管段上有伸缩活动的环向接缝和弯管处虾米腰状金属外护层宜采用(a)的形式。

2. 插接

一金属薄板的直边端，插入另一金属薄板端部插口的连接形式，称为插接。一般用于纵向接缝。常用的插接结构如图 4-2-2 所示。

---

❶ 聚氨酯泡沫塑料的线膨胀系数可查本书附录 F 或其他有关资料。

❷ 管材的线膨胀系数可查本书附录 E 或其他有关资料。

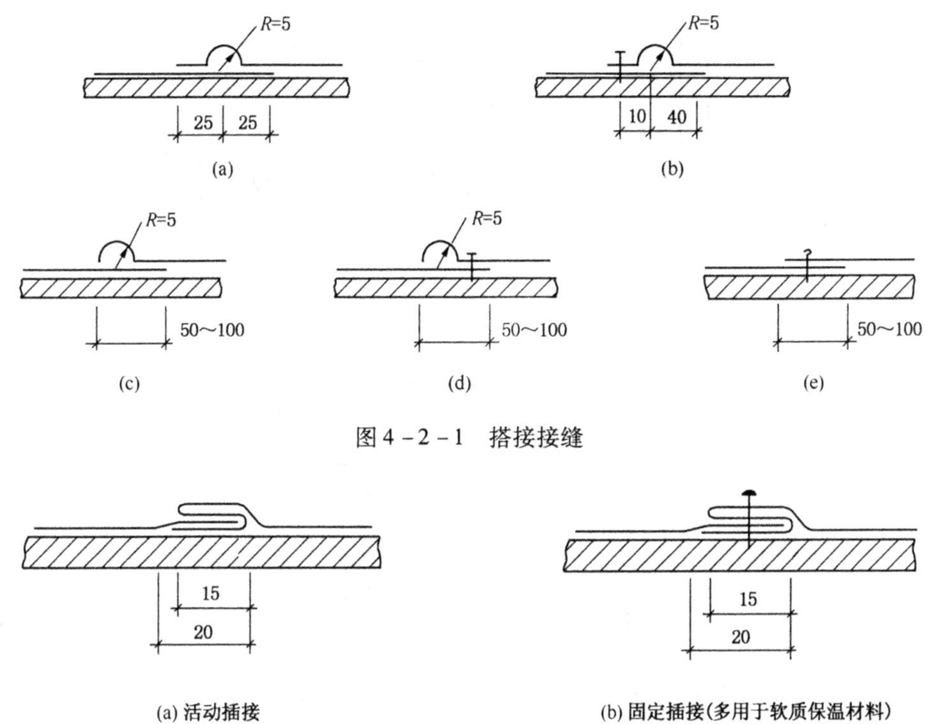

图4－2－1 搭接接缝

(a) 活动插接　(b) 固定插接(多用于软质保温材料)

图4－2－2 插接接缝

3. 咬接

接合的两金属薄板，互相咬口的结合形式称为咬接，如图4－2－3所示。一般用于纵向接缝。

咬接结构的金属薄板接缝。其结合力强、严密性能好。但在安装时需敲打加工，因而不宜做软质保温材料的外保护层。即使在硬质保温材料上施工，敲打时也要避免损伤里面的保温材料(在施工时可在内侧垫上一层窄铁皮，施工完毕必须抽出)。采用咬接接缝时，宜选用较薄的镀锌铁板或铝板。

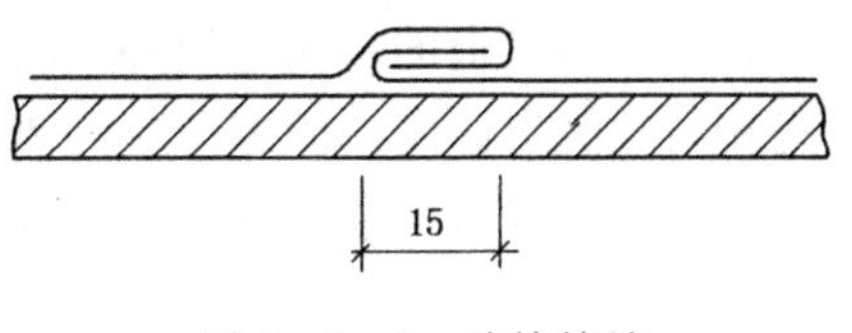

图4－2－3 咬接接缝

4. S形挂钩

在搭接的接缝上，用于垂直管道，每周2～4个；用于平面壁搭接，每张金属板不应少于2个挂钩。连接形式如图4－2－4(a)所示，其S形挂钩如图4－2－4(b)所示。

5. 其他连接形式

对于平面壁接缝可采用图4－2－5所示的形式；对于转角处的接缝可采用图4－2－6所示的形式。

(二)施工要求

(1) 金属薄板外护层材料，宜采用镀锌薄钢板(或称镀锌铁皮)、薄铝板或铝合金板，除在其表面涂刷必要的色标外不应涂敷防锈涂料。当采用普通薄钢板(或称黑铁皮)时，其内外表面均应涂敷防锈涂料。

(2) 弯头与直管段上的金属板搭接尺寸，高温管道应为75～150mm；中低温管道应为50～75mm；保冷管道应为30～50mm。搭接部位不得固定。

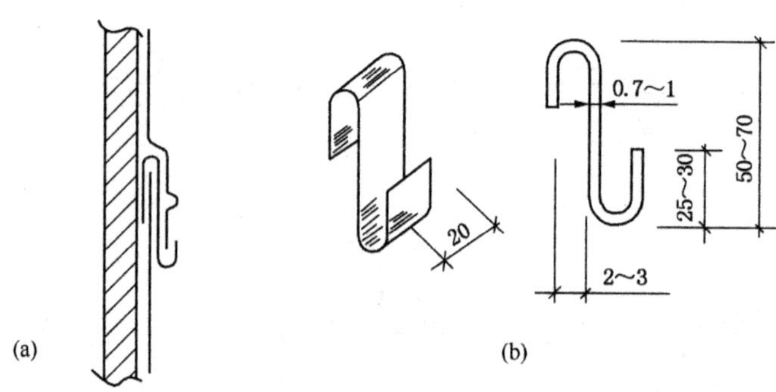

图 4－2－4　垂直管道上的 S 形挂钩

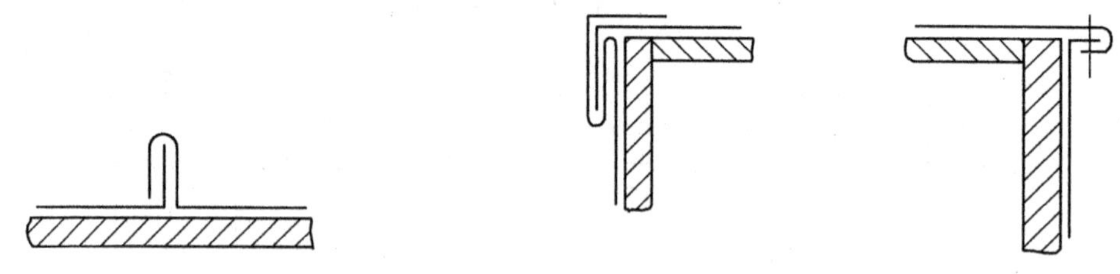

图 4－2－5　平面壁接缝形式

图 4－2－6　转角处接缝形式

（3）金属薄板外护层应紧贴保温层或防潮层。硬质绝热材料制品的金属板外护层纵向接缝处宜咬接，不得损坏里面的绝热层或防潮层。半硬质和软质绝热制品的金属薄板外护层纵向接缝可采用插接或搭接。

（4）露天或潮湿环境中的保温设备、管道和室内外的保冷设备、管道以及保冷管道的直管段与阀门、法兰、管件等的金属板外护层接缝部位和管道支吊架穿出金属板的部位，应按规定嵌填密封剂或在接缝处包缠密封带。

（5）绝热管道的金属薄板外护层接缝，除环向活动缝外，应用抽芯铆钉固定。保温管道也可用自攻螺钉固定。固定间距约 200mm，但每道接缝不得少于 4 个。

（6）一般设备的金属外护层，其环向接缝宜采用搭接或插接，纵向接缝可咬接或插接，搭接或插接尺寸应为 30～50mm。

（7）直管段或设备的金属板外护层膨胀缝的环向接缝部位不得固定，作成活动接缝。

第三节　绝热工程材料用量

(一)绝热层材料用量

绝热层材料的体积计算，详见《石油化工装置工艺管道安装设计手册》第一篇第二十一章附表与附图。

(二)管道保温或保冷金属薄板外护层用量(表4-3-1)

表4-3-1　管道保温或保冷金属薄板外护层用量　　(m^2/10m)

保温或保冷层厚度/mm	管径 *DN*															
	20	25	40	50	80	100	150	200	250	300	350	400	450	500	600	700
30	3.4	3.6	4.1	4.5	5.7	6.6	8.6	10.5	—	—	—	—	—	—	—	—
40	4.1	4.4	4.8	5.2	6.6	7.4	9.2	11.2	13.3	15.1	17.0	18.7	20.6	22.4	—	—
50	4.7	5.1	5.5	6.1	7.4	8.0	9.9	12.0	14.0	15.6	17.8	19.5	21.4	23.2	27.0	30.8
60	5.4	5.8	6.3	6.7	8.1	8.8	10.6	12.8	14.7	16.7	18.5	20.3	22.1	23.9	27.7	31.5
70	6.0	6.5	7.0	7.6	8.8	9.5	11.3	13.5	15.5	17.3	19.2	21.0	22.8	24.6	28.4	32.2
80	6.6	7.2	7.7	8.1	9.5	10.2	12.0	14.2	16.2	18.0	19.9	21.7	23.5	25.4	29.2	33.0
90	7.3	8.0	8.5	8.9	10.2	10.9	12.7	14.9	16.9	18.7	20.7	22.4	24.3	26.1	29.9	33.8
100	8.0	8.7	9.2	9.6	11.0	11.7	13.5	15.7	17.6	19.4	21.4	23.1	25.0	26.8	30.6	34.4
110	8.7	9.4	10.0	10.3	11.7	12.4	14.2	16.3	18.3	20.2	22.1	23.8	25.7	27.5	31.3	35.1
120	9.4	10.2	10.7	11.0	12.4	13.1	14.9	17.0	19.0	20.9	22.8	24.6	26.4	28.2	32.0	35.7
130	—	11.0	11.5	11.7	13.1	13.9	15.6	17.7	19.7	21.6	23.5	25.3	27.3	28.9	32.6	36.3
140	—	11.7	12.2	12.5	13.9	14.6	16.4	18.5	20.5	22.3	24.2	26.0	27.8	29.6	33.3	37.0
150	—	12.4	13.0	13.3	14.7	15.4	17.1	19.2	21.2	23.0	24.9	26.7	28.6	30.4	34.0	37.6
160	—	13.2	13.7	14.0	15.4	16.1	17.8	19.9	21.9	23.7	25.6	27.4	29.3	31.1	34.7	38.3
170	—	—	—	—	16.1	16.8	18.5	20.6	22.6	24.4	26.3	28.1	30.0	31.8	35.5	39.1
180	—	—	—	—	16.8	17.6	19.2	21.3	23.3	25.1	27.0	28.8	30.7	32.5	36.2	39.8
200	—	—	—	—	—	—	—	—	—	26.7	28.4	30.2	32.1	33.9	37.6	41.3

(三)可拆卸阀门、法兰等保温或保冷金属薄板外护层用量(表4-3-2)

表4-3-2　可拆卸阀门、法兰等保温或保冷金属薄板外护层用量　　(m^2/个)

管径 *DN*	阀　门	法　兰	波型补偿器
40	0.39	0.22	—
50	0.39	0.22	—
80	0.57	0.41	—
100	0.57	0.41	—
150	0.88	0.41	1.6
200	1.2	0.68	2.0
250	1.8	0.81	2.2
300	2.2	0.96	2.5
350	2.7	1.2	2.7
400	3.0	1.3	2.9
450	—	1.4	3.1
500	—	1.6	3.3

(四)管道保温结构辅助材料用量(表 4-3-3)

表 4-3-3　管道保温结构辅助材料用量

项　　目	单　位	用　量
一、外护层		
1. 用铁皮作保护层时:		
0.5mm 厚镀锌铁皮或黑铁皮	m^2/10m 管长	见表 4-3-1
半圆头自攻螺钉 4×16　GB 841—66	kg/100m 管长	1.04
2. 用玻璃布作保护层时:		
细格玻璃布(0.1×250 或 0.1×125)	m^2/m^2 保温层	2.64
二、捆扎铁丝,14 号镀锌铁丝	kg/m^2 保温层	0.56
三、立管托板,4mm 厚钢板	kg/m^2 保温层	1.0
四、伴热管用卡子,6mm 圆钢		
1. 1 根 *DN*20~25 伴热管	kg/100m 长伴热管	1.0
2. 1 根 *DN*40~50 伴热管	kg/100m 长伴热管	2.0
五、勾缝用胶泥	kg/m^3 保温材料	50
水玻璃(胶泥调料)	kg/m^3 保温材料	50

(五)管道保冷结构辅助材料用量(表 4-3-4)

表 4-3-4　管道保冷结构辅助材料用量

项　　目	单　位	用　量
一、防潮层		
1. 用沥青玻璃布作防潮层	m^2/m^2 保冷层	2.4
2. 用一层玻璃布和一层沥青玛琋脂		
粗格玻璃布(0.2×250 或 0.2×125)	m^2/m^2 保冷层	1.2
沥青玛琋脂	kg/m^2 保冷层	5
二、外保护层		
1. 用铁皮作保护层		
0.5mm 镀锌铁皮或黑铁皮	m^2/10m 管长	见表 4-3-1
半圆头自攻螺钉,4×16　GB 841—66	kg/100m 管长	0.9
2. 用玻璃布作保护层		
细格玻璃布(0.1×250 或 0.1×125)	m^2/m^2 保冷层	2.4
三、立管托板(4mm 钢板)	kg/m^2 保冷层	0.5
四、捆扎用铁丝(14 号镀锌铁丝)	kg/m^2 保冷层	0.56

注:沥青玻璃布为里外均附有一层沥青的玻璃布制品。

附　　录

附录 A　一般用途的低碳钢镀锌钢丝的规格

线规 B · W · G/号	钢丝直径/mm	每米钢丝理论质量/kg	备　　注
35	0.16	0.000158	
34	0.18	0.000200	
33	0.20	0.000247	
32	0.22	0.000302	
31	0.25	0.000381	
30	0.28	0.000478	
29	0.30	0.000555	
28	0.35	0.000755	
27	0.40	0.000987	
26	0.45	0.00125	
25	0.50	0.00154	
24	0.55	0.00186	
23	0.60	0.00219	
22	0.70	0.00298	
21	0.80	0.00395	
20	0.90	0.00493	
19	1.0	0.00617	
18	1.2	0.00888	捆扎用
17	1.4	0.0121	
16	1.6	0.0158	捆扎及加强用
15	1.8	0.0200	加强用
14	2.0	0.0247	
13	2.2	0.0302	*DN*650 ~ <1500mm 捆扎用
12	2.5	0.0381	
11	2.8	0.0478	*DN*1500 ~ 4000mm 捆扎用
10	3.0	0.0555	
9	3.5	0.0743	*DN* > 4000mm 捆扎用
8	4.0	0.0986	
7	4.5	0.12454	
6	5.0	0.15375	
5	5.5	0.18604	
4	6.0	0.22140	

注：1. 镀锌钢丝的镀锌工艺分为电镀（GB 9972—1988）和热镀（GB 3081—1982）两种，前者性质较软，光泽较暗，拉力较差，受潮后易变质。后者较硬，光泽明亮，拉力较强，耐潮性较好。

2. 镀锌钢丝——俗称镀锌铁丝；钢丝——俗称铅丝或铁丝。

附录 B　钢带规格

宽度	mm	13			16			19		
	in	$\frac{1}{2}$			$\frac{5}{8}$			$\frac{3}{4}$		
厚度	mm	0.56	0.41	0.36	0.51	0.41	0.36	0.90	0.56	0.51
	相当 B · W · G	24	27	28	25	27	28	20	24	25
长度	m	≥30								

注：钢带用于捆扎绝热材料。

附录C 铁丝网规格

网眼尺寸/in	线规B·W·G/号	宽 度	长 度	备 注
$\frac{1}{2}$	21～23号			
$\frac{5}{8}$	21～23号			
$\frac{3}{4}$	21～23号	3、4、5、6ft	120、150ft	
1	18～22号	及	及	用于*DN*150～<1000mm
$1\frac{1}{2}$	18～22号	1.2m	22m	用于*DN*1000～4000mm
2	18～22号			用于*DN*>4000mm

注:常用的铁丝网为镀锌六角形铁丝网。

附录D 铝及铝合金板规格(GB 3194—82)

厚 度/mm	宽 度/mm	质量/(kg/m^2)
0.3	400～1200	0.855
0.4	400～1200	1.14
0.5	400～1500	1.425
0.6	400～1600	1.71
0.7	400～1600	1.995
0.8	400～1800	2.28
0.9	400～1800	2.565
1.0	400～2000	2.85
1.2	400～2000	3.42
1.5	400～2200	4.275

附录E 常用管材的平均线膨胀系数α

管材种类	碳钢低铬钢(Cr3Mo)	中铬钢(Cr5Mo～Cr9Mo)	奥氏体钢	铝
温度/℃	α/[10^{-4}cm/(m·℃)]			
-196			14.67	17.80
-100	9.89		15.45	19.20
-50	10.39	9.77	15.97	20.30
20	10.90	10.30	16.40	22.10
100	11.50	10.90	16.80	23.40
200	12.20	11.40	17.20	24.40
300	12.90	11.90	17.60	25.40

附录F 低温保冷材料的线膨胀系数α

材料名称	密度/(kg/m^3)	平均温度或温度范围/℃	线膨胀系数α/[10^{-4}cm/(m·℃)]
聚苯乙烯泡沫塑料	12～20	-193～20	79
	24	-80～15	70
	24	-18～-150	76
	38	-150～15	57
聚氨酯泡沫塑料	80	-196～27	71
	80	-196	50
	80	27	123
泡沫玻璃	170	-80	6.5
	170	-26	7.6
	170	42	10.8